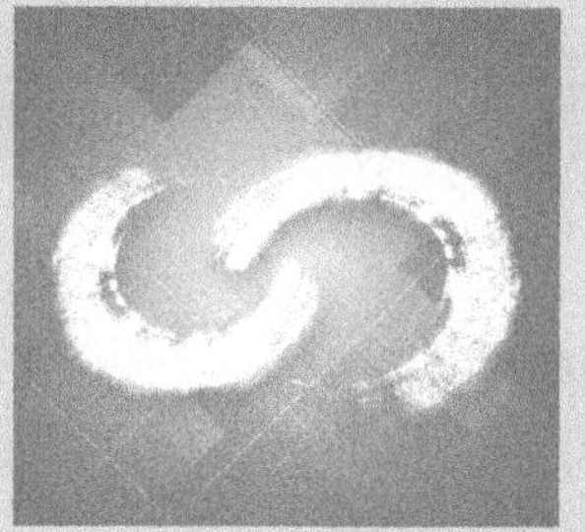

丛书主编：赵焕光

文化数学欣赏丛书-3

梦想相遇无穷

赵焕光　应裕林　章勤琼　著

科学出版社
北京

内 容 简 介

本书以无穷概念为基础，以极限方法为工具，以微分积分为核心，以无穷运算为拓展，介绍最简无穷数学即微积分初步的数学文化内涵及其生活应用. 主要内容包括无穷启蒙、无穷集合、奇妙实数、数列极限、函数极限与连续函数、微分初步、积分初步、微分方程初步、无穷级数、无穷乘积与无穷迭代.

本书可作为高等院校所有专业的本(专)科生、硕士生、中学数学智优生、中学数学教师，具有一定数学基础知识的高校教师及其行政管理人员的数学文化修养提高读本，也可作为数学师范本科、数学教育硕士、重点中学拓展课程的选修课教材或教学参考书.

图书在版编目(CIP)数据

梦想相遇无穷/赵焕光，应裕林，章勤琼著. —北京：科学出版社，2014.3
(文化数学欣赏丛书)
ISBN 978-7-03-039942-7
Ⅰ. ①梦… Ⅱ. ①赵… ②应… ③章… Ⅲ. ① 微积分-青年读物 Ⅳ. ① 0172-49

中国版本图书馆 CIP 数据核字(2014) 第 040376 号

责任编辑：王丽平／责任校对：张怡君
责任印制：赵 博／封面设计：王 浩

科学出版社出版
北京东黄城根北街 16 号
邮政编码：100717
http://www.sciencep.com
北京科印技术咨询服务有限公司数码印刷分部印刷
科学出版社发行 各地新华书店经销
*
2014 年 3 月第 一 版 开本：720 × 1000 1/16
2025 年 1 月第六次印刷 印张：18 1/2
字数：370 000
定价：59.00 元
(如有印装质量问题，我社负责调换)

本书获得浙江省温州人经济研究中心、
温州大学社科联资助

序

A golden bridge between the finite and the infinite: Mathematics

Lizhen Ji, University of Michigan

December 31, 2013

1 The infinite

Ever since the beginning of the civilization, people have been thinking about and exploring the meaning of the infinite. In their finite life time and limited space and ability, they have often met difficult situations and have to turn to the infinite, or the God (or Gods), for many purposes.

Philosophers have also been thinking deeply, trying to understand and explain the infinite. But what is the infinite exactly? More precise questions on infinite phenomena were raised by the Greek philosophers and mathematicians thousands of years ago. They knew how to add and divide finite numbers. But how to understand infinite processes and handle infinite numbers?

A precise and systematical theory of infinite was a recent creation by a single mathematician, Cantor. In comparison with finite objects, people used to think that there is a single infinite set or quantity, which was isolated from the rest and had not much structure. But Cantor said that there are infinite sets of different sizes, and the world of infinite sets is complex and even richer than the world of finite sets, and it has a direct bearing on the latter.

The theory of Cantor, or rather his perspective, had forever changed the landscape of mathematics, starting from the foundation of mathematics to the forefront of the contemporary mathematics. In order to understand and enjoy mathematics: Its subtlety and beauty, it is necessary to meet and become familiar with the infinite.

The book "A dreamy encounter with the infinite" by Zhao, Ying and Zhang gives a basic introduction to the theory of infinite from a mathematical, historical and philosophical point of view. It contains real mathematics, yet it is interesting and accessible to high school and college students. I wish that I could read this book when I was studying calculus in the first year of university many decades ago.

2 Limit and continuity

How to apply the infinite perspective and quantities to finite functions and spaces? There are *infintely small and infinitely large* quantities and spaces, and the interaction between them is like an eternal tango which has stimulated the never ending flow of the mathematics river. One of the best example is probably the dual theory of differentiation and integration, related by the fundmental theorem of Calculus.

In both theories, the notions of limit and continuity are crucial. How close is close enough? How big is big enough? The former requires something which is as small as desired, and the latter something as big as desired. In both cases, it is an infinite process.

Before defining these concepts, the spaces where functions live must and can support these infinite operations. The set of rational numbers is not sufficiently complete for these purposes, and irrational numbers need to be added in by an infinite process in spaces between rational numbers to form a set without hole or break, the continuous set of real numbers (or the continuous line $\mathbb{R}$ of real numbers). The book starts with the basic set theory, and the Dedekind cut construction of real numbers.

3 Completion

The completion of the set $\mathbb{Q}$ of rational numbers to the set $\mathbb{R}$ of real number is probably the first completion of $\mathbb{Q}$. There are several, or rather infinitely many, related completions and compactifications. Every student knows that the partial sums of the infinite sequence $1+2+2^2+2^3+\cdots$ form a sequence of rational numbers which diverges to the infinite of the real line $\mathbb{R}$, i.e.,

$$1+2+2^2+2^3+\cdots=+\infty.$$

But if we apply the famous formula,

$$x^0+x+x^2+x^3+\cdots=\frac{1}{1-x},$$

without remembering the condition $|x| < 1$, the answer should be

$$1+2+2^2+2^3+\cdots=\frac{1}{1-2}=-1.$$

We have obtained a finite value -1 out of the infinite. But how can the sum of positive numbers be negative? It sounds impossible. Yet, it can be true and desirable to do so if we complete the field $\mathbb{Q}$ of rational numbers in a different way. We can declare that when n is really large, 2^n is really small. Such a measurement is true in the field of 2-adic numbers $\mathbb{Q}_2$, a special case of the field of p-adic numbers $\mathbb{Q}_p$, where p is a prime number.

One basic point of modern mathematics, or number theory, is that the embedding $\mathbb{Q} \to \mathbb{R}$ is only one of the infinitely many completions of $\mathbb{R}$, one for each prime number p and the infinite ∞.

We need the infinite perspective to deal with finite rational numbers. The above example also shows that relations between *the infinitely small* and *infinitely large* can be more interesting than expected.

The heart of analysis consists of derivtives and integrals. We all know that Newton and Leibniz co-discovered calculus. What was the difference between their works? And what was known before them, who else made essential contributions? What happenned after their work?

This book gives a careful and lively discussion to answer these questions. Which calculus student does not want to learn the full story?

The introduction of integrals of continuous functions can be viwed as the beginning of another type of completion, which are infinite processes built on the earlier infinite process.

Given a finite interval, say $[0; 1]$, the space of continuous functions on $[0; 1]$ with a distance defined using the integral is not complete as in the case of the field $\mathbb{Q}$ of rational numbers. To understand this space better, we need to complete it by adding some ideal functions. This infinite process leads us out of this topic of this book (or out of functions considered) and into a much bigger world of functional analysis, one of the expertise of the first author of this book, Prof. Zhao.

As in the case of completions of $\mathbb{Q}$ into $\mathbb{R}$ and $\mathbb{Q}_p$, there are also infinitely many completions of this function spaces (Banach spaces and Hilbert spaces), which are filled in by measurable functions. These concepts are not important at this moment for the reader who does not known them yet. The essential point is that we need the infinite process to understand finite things.

4 Compactification and degeneration

There is another related interaction between finite and infinite objects. The real line $\mathbb{R}$ is infinite. If one walks on it in either direction, one can never reaches a point. But if we add one point at infinity, two directions at infinity of $\mathbb{R}$ wrap up, and we have obtained a circle. The crucial point here is to add an ideal point at infinity. The essential point of the Dedekind cut is to add ideal points between rational numbers.

The theory of compactification and the idea of going to infinity is used extensively in the contemporary mathematics. It is also related to considering degeneration of mathematical objects, for example, manifolds. This approach has been used to prove important results from the famous Mostow strong rigidity to the proof of the famous Poincare conjecture in the three dimensional topology by Perelman.

This book often merges philosophical discussions with mathematical results. This idea of taking a bigger perspective, viewing things from the infinity, is also useful in life. It filters out unimportant things and shows people what is really important in life, which is also how it is often used in mathematical proofs.

5 Conclusion

This book is a labor of love. The authors have tried to convey their enthusiasm towards mathematics and its broad connection with humanities, for example, the ancient Chinese literature, and the Chinese and Western philosophy. The book gives well-rounded descriptions of basic results and examples in mathematics related to the notions of the infinity, limit and calculus. It also covers both the continuous and discrete mathematical worlds. This book can be a good supplementary book besides the standard textbooks on calculus since many comments and historical facts will enlarge the reader's horizon. It can also serve as a bridge to the more advanced topics in mathematics as the above brief discussion shows.

Another feature of this book is that contains many quotes from famous mathematicians from the last few centuries. By reading this book, the reader can explore an essential concept and its ramifications together with the many great minds in the history of mankind.

This book is only one of the many books by Prof. Zhao and his co-authors to present a comprehensive picture of mathematics in a friendly and fun way. These books will contribute to a better understanding of mathematics for the people who are willing to pick them up and read or browse them. Their efforts and courage to carry out such a large project will be admired and appreciated by the educated public, mathematics students and mathematicians.

序译文

数学：连接有限与无限的金桥

季理真

(密歇根大学, 美国, 密歇根, 48109)

1. 无穷

自人类文明开始以来, 人们就已经开始思考并探索无穷的意义. 在有限的生命内, 由于空间与能力的限制, 人们经常会遇到不易解决的难题, 出于各种原因, 他们只能将问题转向无穷的上帝或众神.

哲学家们通常也会深入思考这一问题, 试着去理解并解释无穷. 但究竟什么是无穷？数千年以前, 古希腊哲学家已经提出更精确的问题, 他们知道如何对有限数字进行加与除. 但如何理解无穷过程并处理无限数字呢？

关于无穷的严格的系统理论是晚近才由奇特的数学家康托尔创造出来的. 与有限对象相比, 人们过去会认为存在一个单独的无穷集合或无穷量, 独立于所有其余的集合或量, 本身并没有什么结构. 但康托尔说存在不同形式的无穷集合, 而无穷集合的世界非常复杂, 甚至比有限集的世界还要丰富, 而且直接对其产生影响.

康托尔的理论, 或者说他的观点, 已经永远改变了数学的全部景观, 从数学的基础直至当代数学的最前沿. 因此, 为了理解并欣赏数学的精妙与美丽, 有必要接触并熟悉无穷.

温州大学赵焕光教授、应裕林副教授、章勤琼博士合著的《梦想相遇无穷》, 从数学、历史以及哲学的观点对无穷理论作了初步介绍. 这是一本真正讨论数学的文化著作, 全书不失趣味性与可读性, 而且适合高中与大学学生阅读. 我多么希望数十年前我在大学一年级开始学习微积分时, 能有机会阅读这样的书.

2. 极限与连续

如何将无穷的观点与数量应用到有限的函数与空间中？我们知道有无穷小与

无穷大的数量与空间, 而它们之间的相互作用就像一支永不停歇的探戈, 刺激着数学长河川流不息的发展. 其中一个最好的例子可能是微分与积分的对偶理论, 以及将两者联系起来的微积分基本定理.

在这两个理论中, 极限与连续的概念都非常关键. 如何接近才是足够接近? 多大才是足够大? 前者需要期望有多小就有多小, 而后者则是需要期望有多大就有多大. 这两种情形都是无限的过程.

在定义这些概念之前, 函数存在的空间必须能支持这些无限运算. 在有理数集内, 对达成上述目的并不完备, 需要在有理数之间通过一个无限的过程将无理数添加进去构成一个没有空洞或缺口的实数连续统集. 这本著作正是从基本的集合论与实数构造的戴德金分割开始的.

3. 完备性

从有理数集到实数集的完备可能是最早的完备化. 除此之外, 还有许多种, 甚至可以说有无穷多种相关的完备化和紧致化方式. 每个学生都知道无限级数

$$1+2+2^2+2^3+\cdots$$

的部分和形成一个发散于实数轴上无穷的有理数列, 即

$$1+2+2^2+2^3+\cdots=+\infty.$$

但若我们应用著名的公式

$$x^0+x^1+x^2+x^3+\cdots=\frac{1}{1-x},$$

并且无视条件 $|x|<1$, 那答案将是

$$1+2+2^2+2^3+\cdots=\frac{1}{1-2}=-1.$$

这样, 我们就从无限的运算中得到了有限数 -1. 但是正数的和怎么能是负数呢? 这似乎是不可能的. 然而, 如果我们用不同的方式对有理数域进行完备化, 这样是可以正确而且可取的. 我们可以声明, 当 n 充分大时, 2^n 是充分小的. 这样一个度量在 2 进制数域 Q_2 中是成立的, Q_2 是 p 进制数域 Q_p 的一个特殊情况, 其中 p 是一个素数.

现代数学或数论的一个基本观点是从 Q 到 R 的嵌入的方式, 仅仅是无穷多种完备化中的一种. 在这些完备化中, 每一种都对应一个素数 p 或无穷 ∞.

我们需要用无穷的观点来处理有限的有理数. 上面的示例还显示出无穷大和无穷小之间的关系可以比人们预期的更有趣.

分析的核心由微分与积分组成. 我们都知道, 牛顿和莱布尼茨共同发明了微积分. 他们之间工作的区别是什么? 在他们之前, 还有谁做出了重要贡献? 在他们的工作之后又发生了什么? 这本著作提供了细致且生动的论述来回答这些问题. 有哪个学习微积分的学生会不想知道这其中完整的故事呢?

连续函数积分的引入可以看作是另一种形式的完备化的开始, 它是一个建立在先前的无限过程之上的无限过程. 比如说, 给定一个有限区间 [0,1], 我们用积分定义一个在 [0,1] 上的连续函数的距离, 它像有理数域的情况一样不完备. 为了更好地理解这个空间, 我们需要通过添加一些理想的函数来使之完备化. 这个无穷过程将引导我们离开本书的话题 (或者说离开我们所考虑的函数) 并进入一个更广阔的泛函分析世界, 而这正是本书第一作者赵教授的专长之一.

就像将 Q 完备化为 R 和 Q_p 的情形一样, 若往其中添加可测函数, 关于这类函数空间 (巴拿赫空间和希尔伯特空间) 也有无限多种完备化方法. 这些概念对于目前还不了解它们的读者而言并不十分重要, 然而重要的一点是, 我们需要以无限的过程去理解有限的事情.

4. 紧致与退化

在有限与无限的对象之间还有另一个有关联的交互. 实直线 R 是无限的, 如果有人沿着实直线的任一方向行走, 他永远都到达不了某一个点. 但如果我们在无限中添加一个点, 将 R 无穷的两个方向包起来, 我们就得到了一个圆. 这里的关键之处是在无限中添加了一个理想的点. 戴德金分割的核心之处就是在有理数之间添加理想点.

紧致化的理论以及走向无限的想法在当代数学中被广泛地运用. 有关数学对象退化的探讨同样与之相关, 比如流形. 佩雷尔曼 (G. Perelman, 1966~, 俄罗斯数学家, 2006 年第 25 届数学家大会欲为他颁发菲尔兹奖, 但他拒绝领取) 在三维拓扑学中著名的庞加莱猜想和莫斯托 (G. D. Mostow, 1923~, 美国数学家, 获 2013 年沃尔夫奖) 强刚性重要结论的证明中都运用了这种方法.

该书常将哲学层面的讨论融入到数学结论中. 这种利用更广阔的视角从无穷的视野来看待事物的观点, 在生活中也非常有用. 它能够帮助人们过滤掉无关紧要的事物而突显出什么才是人生中真正重要的, 这一方法也常常被人们用到数学证明中.

5. 小结

这一著作是源于对数学的爱的劳动成果. 作者试图向读者传递他们对数学的热情以及数学与人文, 诸如中国古代文献以及中西方哲学的关联. 本书对与无穷、极限以及微积分相关的数学结论与例子给出了全面的描述. 她同样涵盖了连续与离散数学的世界. 本书可以作为微积分标准教材之外良好的补充读物, 因为书中诸多的评论与历史事实可以拓宽读者的视野. 从上面的论述可以看出, 本书还能作为了解数学中更高深主题的桥梁.

本书的另一特点是其中引用了近几个世纪以来著名数学家的许多名言. 通过阅读本书, 读者可以与人类历史上的伟大心灵一起, 探索数学核心概念以及它们的分支.

本书仅是赵焕光教授与他的合作者们系列著作中的一本, 这一系列著作试图以一种友好与轻松的方式展现数学的综合面貌. 如果人们愿意挑选这一系列著作阅读或浏览, 将会有助于他们对数学有更好的理解. 作者们承担如此宏大工程所付出的努力及其勇气, 必将受到数学爱好者、数学学生和数学研究工作者的钦佩与赞赏.

附: 季理真教授简介

季理真, 1964 年出生于浙江温州, 1985 年赴美攻读硕士学位. 他于 1991 年在美获得博士学位 (博士导师为 Mark Goresky 与丘成桐) 后, 曾在麻省理工学院、普林斯顿高等研究院从事研究工作, 目前为美国密歇根大学教授, 研究领域主要是几何、拓扑及数论这些主流数学的交叉学科. 在其学术生涯中, 获荣誉无数, 代表性的有 Sloan 研究奖, Simons Fellowship, 美国自然科学基金会数学科学博士后奖和晨兴数学银质奖等, 其中晨兴数学奖为华人数学家大会的最高奖, 被誉为 “华人菲尔兹奖”.

前　言

国家有强国富民的梦想, 人民有人生幸福的梦想. 每个人在不同的人生阶段都有不同的人生梦想, 这是不需争议的事实. 旧约圣经中有一句箴言: "没有愿景, 便会灭亡." 人生没有梦想, 生命的航船就会迷失方向, 个人的正能量就不能很好地释放. 古希腊哲人苏格拉底 (Socrates, 公元前 469~ 前 399) 说过, 不经过察省的人生是不值得过的. 其实, 没有梦想的人生也是不值得过的. 法国思想家帕斯卡 (Blaise Pascal , 1623~1662) 曾说过: "人的全部尊严在于思想, 思想造就人的伟大." 与其说是思想, 还不如说是梦想造就人的伟大. 梦想让人类的生活变得如此丰富多彩. 每一项伟大的发明、每一个人类进化和发展史上的里程碑、每一件伟业都是靠人类的双手创造出来的, 而这一切真正的功臣是源自人类内心的梦想. 进一步, 每个伟人的成就都是远大梦想的最终产品.

人们常说, 人的欲望是无穷的. 有生命体征的人必然有欲望, 灵魂干净的欲望往往能成为一股无形的力量, 引领人们不断提升自己、不断追求进步; 贪得无厌的欲望却有可能引诱人们走上犯罪道路, 成为走上邪恶道路的动力. 唯有正能量的欲望, 才能发展为美丽的梦想. 古印度的圣贤们认为:

有了微观世界, 也就有了宏观世界.

有了原子, 也就有了宇宙的诞生.

有了人的肉身, 也就有了宇宙之身.

有了人的思想, 也就有了宇宙思想.

实际上, 把这里的思想换作梦想, 把宇宙换作国家也很贴切. 国家是由每个活生生的、呼吸着的、思考着的个体 (公民) 组成的, 每个公民都有自己的梦想, 国家才会有梦想. 国家具有美丽的梦想, 才能够更好地生存和发展.

梦想通常不现实, 也不合逻辑, 这很正常. 伟大的英国剧作家萧伯纳 (George Bernard Shaw, 1856~1950) 说过: "理性的人适应这个世界, 非理性的人固执地想让世界适应自己, 因此所有进步都取决于非理性的人." 事实上, 非理性的人总是顽强地用自己的生命能量书写自己的梦想赞歌. 当然, 并非所有的梦都能圆, 然而只要坚持不懈, 装上梦想的翅膀总能飞向远方. 印度教的圣经《吠陀》中有这样一句话: "每一粒种子都能够长成一片森林." 的确, 一粒种子能够长成一千棵树木, 一千棵树木又可以长出另外的一千棵树木, 如此循环往复, 便是上百万棵树木, 一大片森林便得以形成，而这一切只源自一粒小小的种子. 这就是梦想的巨大力量.

"无穷", 是哲学、数学与科学共同探究的课题."相识无穷", 是哲学家、数学家与科学家们的长期梦想. 无穷既是人类最伟大的朋友, 又是人类心灵宁静的最大敌人. 实际上, 从古希腊开始的两千多年以来, 无穷一直在刺激人们的无限想象力, 无穷又像优雅的风笛诱惑一大批乐于探索的"老鼠"跳进无穷的黑洞中. 德国数学家希尔伯特 (David Hilbert, 1862~1943) 曾经说: "自远古以来, 无穷问题就比任何其他问题更加激动人的情感. 几乎没有任何其他概念如此有效地刺激着心智. 然而, 也没有任何其他概念比无穷更需要阐明." 在数学王国中不知有多少才华卓越的数学家不断燃烧自己的生命, 努力为数学无穷大厦添砖加瓦. 德国数学家康托尔 (Georg Cantor,1845~1918) 大胆探索无穷王国的秘密, 创建集合论为数学大厦奠基, 作出了令人敬仰不止的卓越贡献.

英国大科学家牛顿 (Newton, 1643~1727) 与德国大学者莱布尼茨 (Leibniz, 1646~1716) 从前人纷繁的成果中清理并提炼出精粹的思想方法, 各自独立创建微积分理论, 极大地推动数学与近代科学得到长足发展, 充分展示了无穷数学的巨大魅力. 毫不夸张地说, 没有牛顿与莱布尼茨的卓越贡献, 恐怕人造卫星至今还上不了天, 人们想到月球上行走的梦想恐怕只能永远是梦想. 时至今日, 微积分的优美思想仍然在分析学科及其应用科学进一步发展中起主导作用. 恩格斯曾高度评价这一人类智慧的结晶: "在一切理论成就中, 未必再有什么像 17 世纪下半叶微积分的发明那样被看作人类精神的最高胜利."

法国数学家柯西 (Cauchy, 1789~1857)、德国数学家魏尔斯特拉斯 (Weierstrass, 1815~1897) 等创建并不断完善的极限概念, 为捕捉无穷精灵找到卓有成效的工具, 给微积分打下坚实可靠的基础. 应用数学之王、瑞士数学家欧拉 (Leonhard Euler, 1707~1783)、高耸欧州科学金字塔尖上的法国数学家拉格朗日 (Lagrange, 1736~1813) 等, 也一直在无穷乐园里忙碌地耕耘着并且取得丰硕成果. 为无穷数学作出贡献的数学家名单还可列出很长很长 ……

本书以无穷概念为基础, 以极限方法为工具, 以微分积分为核心, 以无穷运算为拓展, 介绍最简无穷数学即微积分初步的数学文化内涵及其生活应用. 全书分 4 章. 第 1 章为探索无穷, 主要内容包括无穷启蒙、无穷集合及奇妙实数; 第 2 章为捕捉无穷, 主要内容包括数列极限、函数极限与连续函数; 第 3 章为魅力无穷, 主要内容包括微分 (屠龙宝刀)、积分 (积微成著) 及微分方程初步 (窥视世界); 第 4 章为乐在无穷, 主要内容包括无穷级数、无穷乘积与无穷迭代.

写作本书的主要目的是为以下几类人员提供一本能激发学习微积分兴趣的微积分文化阅读材料:

(1) 想学好微积分但是学得不够好, 特别是那些想尽早找到学习微积分窍门的文科学生以及高中数学智优生;

(2) 正在学习微积分, 希望进行深入思考、理解微积分本质的理工科学生 (包括数学专业的学生);

(3) 学习过微积分, 现在已经进入社会、参加工作的那些人, 特别是那些已经意识到在工作中不一定用具体的微积分知识但微积分的思想方法却随时影响到他们的工作质量的那些人;

(4) 至今还没有厌倦微积分, 特别是想把微积分作为拓展心智历练, 不断提升自身文化修养的那些人;

(5) 教授微积分及其相关学科的大、中学数学教师.

本书写作的思路与框架由我与应裕林副教授、章勤琼博士共同讨论形成, 初稿由我提供, 应裕林与章勤琼参与修改及其定稿工作. 本书在写作过程中参阅了大量文献, 为此向被本书引用的参考文献作者表示特别的感射. 本书在修改过程中得到温州大学数学学院诸多同仁的帮助; 吾妻钱亦青在书稿打印及文献查阅中付出巨大的努力; 本书得到浙江省重点学科 “应用数学”、浙江省省级教学团队 “数学课程与教学论团队”、浙江温州人经济研究中心、温州大学社科联、温州大学重点学科 “数学”、温州大学优势专业 “数学与应用数学”、温州大学重点教材建设等项目资助, 在此一并表示感谢!

赵焕光

2013 年 10 月

目　录

第 1 章

探索无穷

“无穷” 是一个与神秘感相伴的常用名词, 也是一个既让人迷惑又令人兴奋的学术研究话题. 数千年来, 它始终刺激着人类永不枯竭的想象力, 至今依然魅力不减. 大多数人在思考无穷时, 倾向于往大的方面考虑. 其实, 这个概念涉及两个方向, 朝向大的和小的两种方向的无穷分别引出宇宙学与逻辑学的种种问题. 朝向大的方向的问题称为无穷大 (多) 量问题; 朝向小的方向的问题就是无穷小 (量) 的问题, 它又涉及连续性或无限可分性问题. 古希腊诡辩学家芝诺 (Zeno of Elea, 约公元前 490 年～公元前 425 年) 基于对时空连续性与可分性的困惑, 提出著名的四大悖论 (“两分法”, “阿基里斯追龟”, “飞矢不动”, “运动场”) 困惑了读书人许多个世纪. 要深入了解无穷并非易事, 本章分 3 节对 “无穷” 进行初步探索.

1.1　无穷启蒙

1.1.1　有穷相遇无穷

从本质上说, 人类所接触到的事物都是有穷 (有限) 的, 人类已认识的事物也都是有穷的. 当生活在有穷世界中的人相遇无穷时, 必然会感到莫名其妙. 美国著名科普作家约瑟夫 · 马祖尔在其科普著作《雨林中的欧几里得》有一首描写 “有穷遇到无穷” 的优美诗词:

“他以为自己看见了一个天使
在一颗大头针上跳舞;
他又看了一次, 结果发现它是
一个孪生子的影子;
‘如果针帽上可以放两个’, 他说,
‘为什么不可以放第三个呢?’”
“他以为自己明白了无穷

需要一些东西来修正;
他又看了一次, 结果发现它需要
大量东西来添加;
'那么现在我问你', 他说,
'它究竟怎样才能终结呢?'"

"无穷", 看不见摸不着, 的确会让人想得头昏脑胀、困惑不已! 无穷带给人的第一印象是什么也看不见的黑暗和恐惧, 应该尽量避免. 如罗马皇帝和哲学家奥勒利乌斯 (Aurelius, 121~180) 说: "无穷是一个深不可测的海湾, 所有的东西都会在其中消失." 美国数学家丹齐克 (Dantzig, 1914~2005) 在《数: 科学的语言》中说: "无穷大曾经是禁忌, 必须不惜任何代价回避它; 否则, 如果做不到, 必须借助达到荒谬程度的各种理由把它隐藏起来."

"无穷", 这只独角兽有时候还会难倒一个自认为很有才智的高人. 我们不妨阅读日本笑话集《浮世根问》中的一则笑话:

老八来到知识渊博的闲居老人的家和老人聊天, 话题转到地球的问题上时, 老八问: "一直往西走会走到什么地方呢?" 闲居老人回答: "长崎." 老八坐在榻榻米上问: "从长崎继续往西走会走到哪儿呢?" 闲居老人终于言尽词穷, 只好说: "像你这样总是追根究底地问, 是非常不礼貌的."

从笑话中, 我们不难知道, 老八不断地问 "继续往西走", 这种问题就会不断地继续下去, 闲居老人迟早会回答不上来的. 其实, 他们问答谈话的背后隐藏着 "无穷" 这个怪物.

无穷的起源是什么? 美国科普作家西奥妮 · 帕帕斯 (Theoni Pappas,1944~) 在其科普著作《数学的奇妙》中说 "在早些时候, 无穷的概念或对或错地与大数相联系. 古代人们对于无穷的感觉是因观察恒星和行星或海滩上的沙粒而获得的." 丹齐克在《数: 科学的语言》中却持不同的观点: "无限这个概念的根源、对于计数过程是无止境的这个信念的根源, 究竟是什么呢? 是经验吗? 当然不是! 经验教给我们的是一切事物、一切人类过程的有限性. 我们知道, 如果我们想通过计数把一切数字穷举完毕, 其结果只是耗光了我们自己的力量. 无限的存在也不是由数学所能确定的, 因为无限亦即计数过程的无止境, 只是一种数学的假设, 是算术的基本假设, 全部数学就建筑在这上面."

也许我们根本用不着去追问无穷的起源. 实际上, "无穷" 只不过是人类心智构造出来的一种神奇概念, 或者说它仅仅是人类心灵的产物. 我们知道, 现实的东西是客观存在的, 不能随意去讲, 否则就会马上露馅, 因为人们完全可以利用现实的原型直接判断. 这就是说, 现实的东西其正确性可由实践仲裁. 唯独像无穷这种人脑想象出来的理想概念, 不同的人可以有不同的想象, 其是非曲直不能直接利用现实的原型进行判断, 只能通过由这个理想概念衍生出来的结论间接地进行判断. 这给人们研究无穷概念及其应用带来极大的困难.

从辩证法的观点看, 无穷就是对有穷的否定. 有穷与无穷两者在观念上相互补充, “你中有我, 我中有你”, 谁都离不开对方. 英国哲学家怀特海 (A.N.Whitehead, 1861~1947) 在 1939 年在哈佛大学作的题为《数学与善》的著名演讲中有如下精彩的论述:

“没有自我存在的有限实体, 有限本质上涉及一个无限的背景. 我们还可得出相反的原理: 即无限本来是无意义的和无价值的, 它靠具体化为有限实体而获得意义和价值. 离开有限, 无限没有意义, 并且不能同非实体相区别. 所有事物之间的本质联系的思想是理解下述问题的主要步骤: 有限实体如何需要无限制的宇宙, 宇宙如何靠具体化为有限物的活动获得意义和价值.”

我们已经知道, 数学中的无穷都是通过有穷刻画的. 然而在生活中, 我们会时常会遇见关于有穷与无穷的混乱说法. 例如, 有人说 “空气有限”、财产有限 “水资源有限”、“雪花数目有限”、“音乐作品有限”、“宇宙有限” …… 也有人说 “空气无限”、“财产无限”、“水资源取之不尽用之不竭”、“雪花数目无限”、“音乐作品无限”、“宇宙无限” …… 其实这两种类型的说法都不是很确切. 我们认为, 如果前面所说的都是指存量上的有限, 肯定正确! 但是用流量的角度去看, 就不一定正确. 以水为例, 此刻全世界的水的总量是有限的, 但在使用水的那一时刻中同时还有另一部分的水会再生, 这就像人口一样, 死去一部分又会生出一部分. 从数学的角度看, 只有对同一性质的量 (要么大家都是存量, 要么大家都是流量) 进行比较, 才能有明确的意义. 一般说来, 人口的总存量越来越大是一种必然规律, 那么水的总存量是否一直保持不变或者变得越来越少, 我们不清楚有哪个科学家认真研究过! 煤炭、石油等不能再生的资源越用越少是不证自明的. 至于宇宙是否有限, 科学界至今还没有定论. 通常所说的有限宇宙, 都是指在哈勃望远镜意义下的有限. 如果人类进一步发明出更先进的观察工具, 结论又会怎样呢?

1.1.2 观念作用的无穷

哪里能找到无穷? 美国哈佛大学教授罗伯特 · 卡普兰 (Robert S. Kaplan, 1940~) 在其名作《无穷的艺术》中发出这样的感叹 “无穷的真正的家是我们自己, 我们的思想, 还是我们的灵魂? 或许无穷既不在这里也不在那里, 它是诗歌的一种可爱的幻想, 仅仅在语言中而已?” 我国著名数学家张景中院士为顾森所著《思考的乐趣》写的序言中有如下精彩回答:

“平心而论, 在现实世界确实没有无穷. 既没有无穷大也没有无穷小. 无穷大和无穷小都是人们智慧的创造物. 有了无穷的概念, 数学家能够更方便地解决或描述仅仅涉及有穷的问题. 数学能够思考无穷, 而且能够得出一系列令人信服的结论, 这是人类精神的胜利. 但是, 对无穷的思考、描述和推理, 归根结底只能通过语言和文字符号来进行. 也就是说, 我们关于无穷的思考, 归根结底是有穷个符号排列组合所表达出来的规律."

按照德国大数学家希尔伯特的观点, 无穷是超乎一切经验之外的一种重要观念.1925 年, 他在纪念维尔斯特拉斯的数学会会议上所作的题为《论无限》的演讲中说 "无穷在现实中的任何地方都找不到, 不管是求助于什么经验、观察和认识. 无穷既不存在于自然界中, 也不为理性思维提供合法的基础 …… 留给无穷起的作用只有一个观念的作用". 然而, 作为观念作用的无穷, 却一直是诗人、艺术家、文学家、哲学家、神学家、科学家关注的焦点, 而且有着极为丰富的内涵, 在不同的思想领域中有着不同的表现形式.

在诗人 (包括艺术家、文学家) 那里, "无穷" 是一种意境, 它可以刺激想象力, 它能唤起一种壮丽的感觉、浩瀚、神秘, 但超出常人的理解力, 诸如 "黄河之水天上来, 奔流到海不复回"(李白)、"孤帆远影碧空尽, 唯见长江天际流"(李白)、"前不见古人, 后不见来者"(陈子昂)、"欲穷千里目, 更上一层楼"(王之涣)、"人生代代无穷已, 江月年年只相似"(张若虚) 等壮丽的诗句, 就是从不同的角度对 "无穷" 这一意境的描写.

文学家们常利用在现实中根本找不到原型的无穷为其作品增添悬念. 比如, 在科幻小说《爱丽丝奇遇记》中这么一则题为 "无穷大的窗户" 的生动故事:

怀特皇后在窗前顾影自怜, 这扇窗户由粉色和绿色的方块玻璃交叉嵌合而成, 但是没有窗框. 无论爱丽丝怎样看, 她都看不到窗户的尽头, 看不到左边, 看不到右边, 看不到顶. 她就问皇后.

皇后这样回答: "是的, 这很令人惊奇是吗? 每一个方块玻璃的左边右边上边都有另一个方块玻璃, 无限延伸."

爱丽丝说: "它肯定很贵重, 但是, 它不会处于危险当中么?"

皇后回答: "贵重, 是的, 但是你指的危险是什么?"

爱丽丝说: "假设几个孩子在玩板球, 他们抛出了球, 球飞向窗户怎么办?"

皇后指着一块方块玻璃说: "没关系, 你认为球击中这块方块玻璃的可能性大吗?"

爱丽丝说: "看起来不太可能, 因为还有那么多其他的窗格."

皇后: "对啊, 同样的情况适用于所有的方块玻璃, 对不对?"

爱丽丝考虑了一下, 不情愿地说: "我想是这样的."

"所以, " 皇后说, "如果球不能击中任何一块方块玻璃, 那么, 窗户就不会有危险."

爱丽丝点点头, 抛出了一个球, 破坏了这个完美的结构.

在哲学家 (神学家) 那里, 无穷就是万能的上帝; 无穷是一种境界, 无穷就是博大精深. 大科学家 (也是哲学家、神学者) 牛顿在他的名著《上帝与第一推动力》中说:“我们必须得承认有一个上帝,他是无限的、永恒的、无所不在、无所不知、无所不能的;他是万物的创造者,最聪明、最公正、最善良、最神圣.我们必须爱戴他、畏惧他、尊敬他、信任他、祈求他、感谢他、赞美他、赞颂他的名字,遵守他的戒律······”牛顿虽然被公认为有史以来最伟大的科学家,但他最终还是皈依了上帝.鲁迪·洛克在《无穷大与思维》中说“对无穷大的研究绝非仅是一种枯燥的学术游戏.对绝对无穷大的追寻是灵魂追寻神明的一种形式.无论目标达到与否,在这一过程中我们都会受到启迪.”

在探险家那里,“无穷”是心灵的家,无穷能治疗孤独时的心理创伤.德国著名的撒哈拉沙漠探险家海因里西·巴特说:“我已经习惯了沙漠,习惯了无穷大的空间,在这里我不必为那些使人窒息的琐事而烦恼.”的确是这样,无穷能激发人们的敬畏之心,无穷能让人看清自己的渺小.无穷在某种场合是一种很有疗效的心理治疗剂,它能帮助人们解决有些不必要引起烦恼的心理问题.

在科学家那里,“无穷”是一种科学研究的对象,也是科学研究中使用的工具.现代科学已经告诉人们,人类得以安身立命的这个有陆地、有海洋、有动植物的地球村,只不过是太阳系中的一个小伙伴.整个太阳系在银河系中又不过是一个小伙伴.银河系也不是唯一的星系,宇宙中还有无限多的其他星系.现在的天文望远镜已经观察到,像银河系一样的星系有10亿个以上,其中最远的和我们的距离是150亿光年,这还远不是尽头,也走不到尽头.这样看来,天外有天,整个银河系在宇宙中的地位还不如大海中的一点水.这里是从大的方面说,空间是无限的.实际上,从小的方面说,“空间”也是无限的.我国战国时期就有“一尺之棰,日取其半,万世不竭”的说法.一尺长的一根木棒,每天分去一半,分到一万世还可以再分.这是对物质无限可分的天才猜测.曾经有一段时间,人们认为原子是物质的最小组成单位.后来人们发现,原子又可以分成电子、中子等基本粒子.有的人认为粒子不能再分了,是构成物质的基本单位,所以称为基本粒子.现代科学表明基本粒子还可以分成层子,层子还可以继续分下去······所以,物质之小,也是无限的.

大家明白,奠基在时间与空间无限可分的牛顿物理学以及数学中的微积分,为人类科学研究的繁荣起着功不可没的作用.然而,研究相对论与量子理论的科学家们却对时空的连续性及无限可分性提出完全不同的观点.这就是说,时间与空间是否无穷?是否无限可分?至今还没有科学定论.

1.1.3 数学运用的无穷

现代数学是难以回避无穷的,尤其是以数学分析、实变函数论、测度论、泛函分析等为代表的现代分析学科更是如此.其实,在数学家眼里,无穷就是数学的灵魂,无穷就是数学的本质,无穷也是一种数学信念.时至今日,虽然没有人能证明无穷存在,也没有人能证明无穷不存在,但数学家们却用公理化的方法假设了无穷存

在 (集合论中的无穷公理). 尽管科学家 (包括天文学家、物理学家、生物学家、化学家等) 一直在探索 “无穷”, 然而只有数学家才真正把 “无穷” 的理论建立在理性基础之上. 自从 “无穷” 来到人世间, 数学家们一代接一代地一直在 “无穷” 王国里忙忙碌碌地耕耘着, 辛苦多多, 硕果多多. 诸如数学家们通过 “数学归纳法” 构筑了通向天堂的 “天梯”; 通过 “一一对应” 找到开启天门的金钥匙; 通过 “添加理想元” 的手段创造出意念的上帝; 通过无穷运算 (无穷和、无穷积、无穷分数、无穷迭代等) 使得数学王国的风景越来越迷人 ……

数学史书记载, 1655 年, 英国数学家约翰 · 沃利斯 (John Wallis, 1616~1703) 在他的《无穷算术》一书中首次引入了代表无穷的数学符号 ∞. 有时候, 说起数学历史挺好玩的. 第一个首先使用数学符号 ∞ 的数学家, 竟然没有弄明白数学中的无穷到底为何物? 沃利斯在他的书中, 居然得出了 “负数比无穷还要大” 的怪论. 他的推导是这样的:

比如一个分式 $\frac{10}{x}$, 当分母 x 取值 10, 1, 0.1, 0.01, 0.001, $\cdots$ 时, 分式的值分别是 1, 10, 100, $\cdots$ 规律是分母越小, 分式的值越大. 当分母接近 0 的时候, 分式的值变成 “无穷大”. 这时如果分母的值再进一步变小, 即变到小于 0 的时候, 那么分式的值就变得比 “无穷大” 还要大.

现在我们知道, 分母比 0 小的时候分式 $\frac{10}{x}$ 的值是一个负数. 上述推理的问题就是没有弄明白正负数如何比大小. 其实, 读过高等数学的人都明白 ∞ 并不是真正的数, 它只不过是一个数学符号, 更准确地说是一个数学概念. 数学家们用这个概念表达一个变量 x(或 n) 无限地增大的意思, 常简记作 $x\to\infty$(或者 $n\to\infty$), 而不会直接写作 $x=\infty$(或 $n=\infty$). 然而, 为了数学上的叙述方便, 数学家们也常把 ∞ 直接作为一个数学对象使用. 比如, 在实变函数论中, 数学家常把 $+\infty$ 和 $-\infty$ 当作广义实数使用, 允许函数取值广义实数. 为了便于区分, 人们称通常的实数为有限实数. 数学家们把 $+\infty$ 和 $-\infty$ 扩充到实数集中之后, 就默认 $+\infty$ 是全体有限实数组成的实数集 $\mathbf{R}$ 的上确界, $-\infty$ 是实数集 $\mathbf{R}$ 的下确界. 于是, 自然规定有限实数 a 与广义实数 $\pm\infty$ 具有下述大小关系:

$$-\infty < a < +\infty.$$

进一步, 还约定有限实数与广义实数成立下述运算法则:

(1) 对于任何有限实数 a,

$$a\pm(\pm\infty)=(\pm\infty)\pm a=\pm\infty,$$

$$(\pm\infty)+(\pm\infty)=\pm\infty,\quad \frac{a}{\pm\infty}=0,$$

(2) 对任何有限实数 $a>0(<0)$,

$$a(\pm\infty)=(\pm\infty)a=\frac{\pm\infty}{a}=\pm\infty\quad(\mp\infty),$$

$$(+\infty)(+\infty)=(-\infty)(-\infty)=+\infty,$$

$$(-\infty)(+\infty)=(+\infty)(-\infty)=-\infty,$$

$$0\cdot(\pm\infty)=(\pm\infty)\cdot 0=0.$$

此外, $(\pm\infty)-(\pm\infty),(\pm\infty)+(\mp\infty),\frac{\pm\infty}{\pm\infty},\frac{\mp\infty}{\pm\infty},\frac{a}{0},\frac{\pm\infty}{0}$ 都认为是无意义的.

有必要指出, 数学中让 ∞ 直接参与运算的场合是不多的, 既使在实变函数论中, 明确规定了 $\pm\infty$ 是广义实数, 而且在有意义的场合下允许广义实数直接参与运算, 然而在实际运用的过程中, 却常常利用"几乎处处"这个数学概念将广义实数排斥在外, 最终回归到有限实数范围内讨论.

在数学分析学科中, 有时也把 $\pm\infty$ 作为数学对象直接使用, 特别在级数与广义积分理论中无法回避 $\pm\infty$. 不过, 数学分析中的 $\pm\infty$ 主要作为数学符号使用, 而不是让 $\pm\infty$ 直接参与运算. 比如, 我们不能把 $n=\infty$ 直接代入下述表达式中:

$$\frac{2n+1}{3n+4}.$$

如果把 ∞ 直接代入, 那么将会出现

$$\frac{2\infty+1}{3\infty+4}=\frac{\infty}{\infty},$$

上述等式的右边是没有意义的. 人们常说, "哪里有权力, 哪里就有危险." 在数学中也是如此, 如果我们滥用 ∞, 那么就有可能误入歧途!

1.1.4 违反直觉的无穷

我们先看一个虚构的"无穷宾馆诉讼案".

在宇宙的尽头开设了一家有无穷多个客房的无穷宾馆. 这家宾馆的主人挑战一直在做宾馆扩张的经营, 每当一间客房有客人入住时, 挑战就再建两间新客房. 因此, 客人们来这里永远不会遇到客满不能入往的情况, 大家都很喜欢这家宾馆.

挑战的合伙人征服见到无穷宾馆生意兴隆, 就动了心, 辞别挑战而另立门户, 他要建一座按任何规格来说都毫不亚于挑战的无穷宾馆的新无穷宾馆. 作为新的竞争者, 总得想出点子做得比挑战更好, 否则怎么能招来宾客呢? 征服发誓要使他的宾馆比挑战的宾馆更大. 可是, 挑战的宾馆已有无穷多间客房, 怎样才能超过它吗?

征服聘来的经理不假思索地想了一想, 兴高采烈地说"办法有了, 现有的客房都很大, 我们把它一分为二, 1 号客房就成了 $1A$ 和 $1B$ 两间客房, 2 号客房就成了 $2A$ 和 $2B$ 两间客房, 依此类推, …… 我们的客房刚好多出一半."

征服一听十分开心，就做广告说他的宾馆的客房比挑战的无穷宾馆的客房多一倍. 挑战听说后忍俊不禁“什么比无穷还多，我得告他做虚假广告”. 于是，挑战把征服告上天堂广告标准审议会，其理由是任何东西都不能比无穷更多，征服是在做虚假广告.

谁对？天堂广告准审议会该如何裁决？

天堂广告标准审议会的会员们凭直觉认为，挑战的无穷宾馆的客房只有 $1,2,3,\cdots$ 编号的客房，而征服的无穷宾馆却有 $1A,1B,2A,2B,3A,3B,\cdots$ 编号的客房，因此后者的客房比前者的客房明显多. 于是，天堂广告标准审议会就裁定挑战败诉.

有一位名叫康托尔的数学家刚好路过这里，他争辩说，如果把征服的无穷宾馆的 $1A$ 号改为 1 号，$1B$ 号改为 2 号，$2A$ 号改为 3 号，$2B$ 号改为 4，依此类推，$\cdots$ 那么征服的无穷宾馆的客房数实际上与挑战的无穷宾馆完全一样. 因此，该判挑战胜诉.

这一申辩让天堂广告标准审议会陷入了审判不公的“尴尬”境地.

上面的故事完全是虚构的，然而故事所反映的内容却是德国数学家康托尔建立的无穷理论重要组成部分. 在涉及无穷的话题中，我们如果光凭直觉，那么就有可能无法得出正确的结论. 下面我们再举一个能让我们大跌眼镜的违反直觉的典型例子.

抛球问题　在天堂入口处放着一只容量为无穷大的大木桶，在无穷木桶的边上放着一只装有无穷多个乒乓球的大口袋. 计数神从口袋里摸出 10 个乒乓球扔进木桶里，然后将手伸进去抓出一个扔到地上，小学生都能明白此时木桶里有 9 个球. 接着又从大口袋中摸出 10 个球放到木桶里，然后另外再拿出一个扔到地上；既使小学数学学得不太好的人也能够同意此时木桶中还剩 18 个球. 再来一次，木桶中剩有 27 个球；再来一次，木桶中剩有 36 个球；再来一次，木桶中剩有 45 个球…… 按照这样的模式一直进行下去，最终木桶会空无一球，你能相信吗？

如果用现实世界的事件去解释，那么木桶永远不可能是空的. 然而在无穷的王国中，不论什么神出鬼没的事情都有可能发生. 不妨让我们的大脑开展一次疯狂的思想实验.

想象装有无穷多个乒乓球的大口袋被拉成一条管状线，乒乓球就像小小的圆形战士被安置在管道中，每个球依次编上号码 $1,2,3,4,5,\cdots$，而且这些球按数字顺序排列. 紧挨着这支标了号码的乒乓球部队旁边放着一个巨大的木桶. 现在我们准备在想象的思维王国里进行 60s 的高速冒险思维实验.

启动计时器，计时器有个红色秒针，从 0 开始，转一圈 60s. 开始的时候，我们可以很悠闲：在第一个半分钟 (30s)，我们让编号 1 到 10 的球滚落到桶中，然后把手伸到木桶里，将编号为 1 的拿出来扔掉. 这次操作可以在 30s 内完成，毫不费力.

现在还剩 30s，我们得加快一点，用剩下时间的一半 (15s)，我们将编号 11 到 20

的球倒入桶里, 然后把编号为 2 的球拿出来扔掉. 如果你认为自己的手脚还灵活的, 那是你还没有看到更疯狂的事情即将到来. 用剩下时间的一半 (7.5s) 再让编号为 21 到 30 的球滚到桶里, 然后把手伸进去把 3 号球掏出来扔掉. 按照这样的方式一直进行下去, 即用剩下时间的一半把 10 个依次编号的球加到桶里, 然后把桶里编号最小的球找出来扔掉.

我们来看看这到底是怎么运行的. 在第一个一半时间 (即, 第一个 30s: 60s 的一半), 我们将 $1\sim10$ 号球扔进桶里然后拿掉 1 号球. 在第二个一半时间 (15s, 剩下时间的一半), 我们加入 $11\sim20$ 号球然后迅速拿掉 2 号球. 在第三个一半时间 (7.5s), 我们扔进 $21\sim30$ 号球然后拿掉 3 号球. 在第 4 个一半时间 (3.75s), 我们扔进 $31\sim40$ 号球然后拿掉 4 号球 …… 这个过程一直持续 60s, 到了时间试验就结束.

注意随着我们越来越接近终点, 我们干得也越来越快, 速度相当惊人地快. 事实上, 在很短的时间内, 我们的速度就会超过音速, 我们甚至都没有时间想. 再接下来我们干活的速度就会比光速还快; 再过一会儿, 我们会干得远远超过光速, 差不多我们自己都要消失了 …… 当然这是不可能的. 请注意, 我们这里暂且抛开了真实世界的限制, 而是用头脑想象这个疯狂的试验.

让每一轮越来越快的目的是让我们可以想象实施无穷多回合的 "10 进 1 出", 然后看看会发生什么. 总之, 无穷多个回合之后, 60s 走完, 试验结束. 我们也累了, 因为以比光速还快的速度干活, 最强健的灵魂也会筋疲力尽. 等我们缓过劲来, 再次变得泰然自若之后, 我们走到桶边去往里瞅瞅. 我们看到了什么呢? 木桶现在装满了无穷多个乒乓球? 还是只有有限多个乒乓球? 还是空的? 你怎么认为呢? 大胆猜一猜.

先让我们做一个合乎情理的猜测. 思考这个问题的一条途径是先考虑在试验进行过程中桶里剩多少球. 第一个一半时间后桶里有 9 个 (我们放进 10 个然后拿掉一个). 第二个一半时间后我们有 18 个 (添了 10 个然后又拿掉另一个). 第三个一半时间后我们看到桶里有 27 个. 模式出现了. 第 4 个一半时间后我们看到 $36(4\times9)$ 个; 第 5 个一半时间后我们看到 $45(5\times9)$ 个; 因此每过一半时间桶里的球的数量就增加 9 个. 从而一个不错的猜测是将会有无穷多个球留下, 这是因为我们无穷多次地加 9 个球. 得到这样的结论看起来合情合理.

如果说桶里没有一个球留下, 那么你能相信吗? 假定你认为一分钟过后桶里留下了一些球, 然后你可以往桶里瞅瞅并且看到球在那儿. 有点意思 …… 你可以把手伸进去拿一个出来, 神奇的事情发生需要我们记得每个乒乓球表面都印了号码, 你手里拿着的球上面必定印着某个号码, 我们现在请多读一读那个数字, 那个号码会是什么呢?

会是 4 吗? 不会, 因为我们确切地知道 4 号球是什么时候拿掉的: 第 4 个一半时间. 会是 17 吗? 当然不是, 因为我们在第 17 个一半时间已经把 17 号球拿掉了. 那么是 9993228 吗? 不是, 那个球在第 9993228 个一半时间拿掉了. 那么从桶里拿出来的那个球的号码到底是多少呢? 也许有人可能会说 “无穷大”, 但 “无穷大” 不是一个数字, 也没哪个球上面写了这么个玩意. 事实上, 没有数字可以被写在这个被认为存在的球上面, 可是所有的球都有号码, 因此事实必然是没有球剩下来. 这就是说, 桶完全是空的!

我们能让违反直觉的诡异事情变得更直观一些吗? 桶里没有球留下来, 这难以置信的事实看上去完全与我们的直觉不符. 如果我们调整我们的思维, 那么就可以让空桶答案合乎情理. 为了帮助我们建立起便于理解的直观的感觉, 让我们稍微调整一下场景. 假设我们从所有的编了号的球都在桶里开始, 然后每过一半时间就拿掉号码最小的球. 因此在第 1 个一半时间我们拿掉 1 号球; 在第 2 个一半时间我们拿掉 2 号球; 在第 3 个一半时间我们拿掉 3 号球 …… 一直这样进行下去. 在这个调整了的场景里, 很清楚每个编有号码的球编号从小到大逐个被拿掉, 这样 60 秒之后 (无穷多个一半时间), 装球的桶就完全空了. 在某种意义上说, 这个调整了的场景表明每次放入 10 个球只不过是障眼法. 对我们来说重要的是专注于所有的球被系统地拿掉这个事实.

其实, 我们这里是巧妙地运用 1.2 节将要介绍的康托尔的一一对应原理非常直观地解释了违反直觉的逻辑思维问题.

1.2　无穷集合

集合论的思想起源很早. 远在集合论创立前的两千多年, 古希腊的原子论学派就把直线看成一些原子的排列, 集合概念的萌芽已经出现. 但集合论作为一门学科, 它是由德国数学家康托尔于 19 世纪 70 年代首创. 集合论的早期工作与数学分析的深入研究密切相关. 随着集合论的逐渐系统化, 集合论发展为现代数学的一个独立分支. 集合论是关于无穷集合与超穷数的数学理论, 主要研究无穷集合的各种性质, 但也研究有限集合 (例如有限群) 的特性.

集合论的创立是数学发展史上的一个里程碑, 它不仅给数学大厦奠定了坚实的基础, 而且引发了数学中无穷观的一场革命. “集合论观点” 与现代数学的发展不可分割地联系在一起, 集合论的思想不仅渗透到现代数学的各个领域, 甚至渗透到许多自然科学学科 (如物理学、现代力学、生物学等) 与社会科学学科 (如语言学、经济学等) 中, 并促进了这些学科的进一步发展.

微积分理论建立在集合论的基础上, 没有集合论的知识就无法谈论实数、极限、微分、积分等微积分核心概念. 本节介绍无穷集合的基本知识.

1.2.1 集合与一一对应

1. 集合概念

面对浩瀚的大千世界，人们总要先把林林总总的客观事物按其某一方面的特性进行适当划分，再分门别类地加以研究. 所谓“物以类聚”，正是反映人类某种普遍的思维模式，在各个领域中被广泛使用的集合概念正是这一思维模式的最基本体现. 在某种意义上说，人们引入“集合”这个名词出自方便交流的需要. 我国著名数学家张景中院士在他的著作《漫话数学》中说：

“在数学世界里，集合就像生活世界里的空气一样无所不在，像空气一样无比重要，像空气一样极为平凡. 但到目前为止，集合还没有一个统一的定义，就像空气一样，看不见，摸不着，抓不住. 事实上，集合是一个原始概念，即最基本的数学概念.”

张院士还说：“它太基本了，基本得无法用其他更基本的东西定义它，而只能由它来定义人家. 打个比喻，就像从自然界采集的原材料（比如野果子），只能采集而不能用别的原材料制造它.” 尽管这样，还是有不少数学家努力追求用公理化的方法给集合下一个统一的定义. 20 世纪初，欧洲有几位著名的数学家在集合公理化定义的探索中取得很大成绩，但后人认为他们仍然没有解决定义中最根本的问题. 因此，在数学界基本上达成共识，不必花大力气给集合下统一的公理化定义，而只需给出描述性定义即可. 甚至还有人说，连描述性定义的统一性也不必要求，因为描述性定义统一与否并不影响集合论的理论发展. 目前，比较通用而且比较简洁的描述定义为：“具有某种特定性质的事物的全体称为集合，组成集合的每一事物称为该集合的元素.”

其实，这个描述性定义的本质就是康托尔当年用描述法所给出的集合概念的现代版本. 康托尔当年（注：具体日期是 1873 年 12 月 7 日，后人把该日子定为集合的生日，并把此时期认作现代数学的开端）是这样描述的：

“把在我们直观或思维中的某些确定的、彼此区别的对象作为一个整体来考虑，称之为（这些对象的）集合，而称这些对象为该集合的元素.”

康托尔还用记号 $x \in S$ 表示对象 x 是集合 S 的元素，或 x 属于集合 S; x 不是 S 的元素，记作 $x \notin S$; 康托尔还称不含元素的集合为空集，记作 $\varnothing$.

要理解集合概念，以下几个细节需引起注意：

(1) 如今集合论中使用的属于符号“$\in$”，直到 1889 年由意大利数学家佩亚诺 (G.Peano,1858~1932 年) 在他的著作才首先使用的. 他用符号“$\in$”表示属于关系，即 $a \in A$ 就是指 a 是集合 A 的元素. 至于 $a \notin A$ 即 a 不是集合 A 的元素是后人创用的.“$\in$”和“$\notin$”是集合论中的一种基本关系，即元素与集合的从属关系. 中文字“属于”的笔画有多笔，而属于“$\in$”只有两笔，这充分说明使用恰当的数学符号能使得数学事项表述简明扼要.

(2) 空集的符号 “$\varnothing$” 通常人都认为是希腊字母, 读成斐 (fěi), 这是错误的. 在英国的现代中学数学教科书中指出, $\varnothing$ 不是一个希腊字母, 而是丹麦字母, 应近似地读成欧 (O). 符号 $\varnothing$ 出现得很晚, 到底由谁首先创用? 通常的数学史书上找不到记载. 平时学习与使用集合论中的空集符号 “$\varnothing$” 时, 需要注意以下几点差别:

(i) 数字 0 与集合 $\varnothing$ 是不同的: 数字 0 代表一个数, 可以是某个数集中的元素; 集合 $\varnothing$ 是一个集合, 绝对不能因为空集中没有元素而误认为是数字 0.

(ii) $\{0\}$ 和 $\varnothing$ 有共同点也有不同点: 它们都表示集合, 但 $\{0\}$ 是指含有一个数 0 的集合; 而 $\varnothing$ 是指没有任何元素的集合, 故 $\{0\} \neq \varnothing$.

(iii) $\varnothing$ 与 $\{\varnothing\}$ 是两个不同的集合: $\varnothing$ 表示一个空集, 不含任何元素; $\{\varnothing\}$ 是一个集合, 它里面有一个元素即集合 $\varnothing$, 故 $\varnothing \neq \{\varnothing\}$.

(3) 集合论中的空集与生活中的 “空” 有很大差别, 在许多场合, 空集能客观地反映实际问题的意义. 例如, 方程 $x^2+1=0$ 在实数范围内无解, 于是用 $\varnothing$ 表示该方程在实数集范围内的解集.

(4) “存在” 与 “虚无”, 在具体的现实问题中, 人们是很容易区分的. 然而在某些抽象科学的研究中 (例如抽象数学、政治学等), 不少人无法 (也许是无意) 对两者加以区分, 这就是通常人们所说的在空集中做文章. 最典型的例子就是光学中的 “以太”. 在学术大跃进的年代里, 在空集中做文章的现象是普遍存在的. 例如, 某些加了很多条件的抽象数学问题的解决, 其结果看起来很漂亮, 但往往没有搞清楚问题本身是否真正存在, 也许根本就是在那虚无飘渺的世界 (即空集) 里绕圈子, 然而人们又很难找到确切的理由反驳它.

现在我们再重新回到集合概念上来. 按照现代数学的观点, 康托尔的集合概念是经离散化等置抽象 (即把对象整体离散化) 而获得的. 也就是说, 康托尔舍弃了物质世界的和数学对象的所有性质、形式和关系的具体限定性, 把它们的任意确定的对象汇集抽象为集合模型. 再换句话说, 集合概念就是对于使对象组成一个整体的 “汇集作用” 的存在性抽象. 对此, 前苏联数学家鲁金 (1883~1950) 作了非常好的说明: “我们想象的一只封闭的袋子, 其中装有某些确定的对象, 除此而外别无一物, 这只袋子定是表示将对象汇集在一起的作用, 由于这个作用才产生了集合.” 下面, 我们再介绍著名的美籍华人数学家王浩 (Wang Hao, 1921~1995) 给出一个在数学界很知名的描述性定义:

“集合是一些预先给出的对象的汇集; 对每一给定对象, 如果是否属于某个集合是确定的, 则这个集合就是确定的. 属于这个集合的对象是这个集合的成员 (或元素), 而这个集合就是把这些成员集合在一起所形成的单一对象.”

从上述所给出的集合的描述性定义中我们可以看到, “确定性” 是集合元素的重要特性. 例如, “著名的科学家”、“好心肠的人”、“高个子学生” 这类对象, 一般无法构成数学意义上的集合, 这是因为我们找不到用以判别每一具体对象是否属于所给集合的明确标准, 也就是说在这里缺乏确定性. 然而某学校在读全体学生就能组成数学意义上的集合, 因为可以根据学籍准确地判断一个人是否为该校的在读学生. 当然换作某学校全体学生, 其含义还是确定的 (包括毕业的学生). 此外, 集合的元素还有互异性及无序性等容易理解的特性.

使用集合时, 首先要涉及集合的表示方法, 表示集合的方式通常有两种. 第一种是枚举法, 就是将集合的元素逐一列举出来的方式. 例如, 光学中的三基色可以用集合

$$\{红, 绿, 蓝\}$$

表示, 由 a, b, c, d 四个字母组成的集合 A 可用

$$A=\{a,b,c,d\}$$

表示, 如此等等. 枚举法还包括尽管集合的元素无法一一列举, 但可以将它们的变化规律表示出来的情况. 例如, 正整数集 $\mathbf{N}^+$ 和整数集 $\mathbf{Z}$ 可以分别表示为

$$\mathbf{N}^+=\{1,2,3,\cdots,n,\cdots\} \text{ 和 } \mathbf{Z}=\{0,\pm1,\pm2,\pm3,\cdots,\pm n,\cdots\}.$$

另一种表示集合的方式是描述法. 设集合 S 是由具有某种性质 P 的元素全体所构成的, 则可以采用描述集合中元素公共属性的方法来表示集合:

$$S=\{x|x具有性质P\}.$$

例如, 由 2 的平方根组成的集合 B 可表示为

$$B=\{x|x^2=2\};$$

而有理数集 $\mathbf{Q}$ 和正实数集 $\mathbf{R}^+$ 则可以分别表示为

$$\mathbf{Q}=\left\{x\middle|x=\frac{q}{p},其中p\in\mathbf{N}^+并且q\in\mathbf{Z}\right\} \text{ 和} \mathbf{R}^+=\{x|x\in\mathbf{R} \text{ 并且 } x>0\}.$$

全体正整数的集合, 全体整数的集合, 全体有理数的集合, 全体实数的集合是我们常用的集合, 习惯上分别用字母 $\mathbf{N}^+, \mathbf{Z}, \mathbf{Q}$ 和 $\mathbf{R}$ 来表示. 在微积分中, 还常用区间表示实数集的一部分, 用区间表示点的邻域等, 由于篇幅关系这里不再论述.

在实际应用中, 经常涉及子集与集合相等问题. 给定两个集合 S_1, S_2, 如果对于任意的 $x\in S_1$ 有 $x\in S_2$, 则称 S_1 是集合 S_2 的子集, 记作 $S_1\subseteq S_2$ 或者 $S_2\supseteq S_1$; 如果 $S_1\subseteq S_2$ 而且 $S_2\subseteq S_1$, 那么称集合 $S_1=S_2$; 如果 $S_1\subseteq S_2$, 而且存在 $x\in S_2$ 但 $x\notin S_1$, 则称 S_1 是 S_2 的真子集, 记作 $S_1\subset S_2$(或 $S_2\supset S_1$).

关于子集与集合相等, 下述三个细节需要交代:

(1) 符号 "$\subseteq$" 是刻画集合与集合之间的关系, 它与符号 "$\in$" 的用法是大不相同的, 初学集合论者往往把两者混淆起来. 符号 "$\subseteq$" 也是佩亚诺在 1889 年创用的 (注: 现代数学中用 "$\subset$" 取代 "$\subseteq$", 这样做有利于讨论简便).

(2) $\varnothing$ 是任何集合的子集, 它在集合论中的地位特别重要. 事实上, 空集在反映集合与集合之间的关系上起到 "桥梁" 的作用, 它可以使一些难以表达的问题 (甚至不可能问题) 得到简明扼要的表达.

(3) 集合 S_1 与 S_2 相等 (通常指两者表述方法不相同即不显性相等的情形), 就是指集合 S_1 与集合 S_2 中的元素完全相同, 也就是说从本质上看, 它们是同一个集合. 证明集合相等, 通常用左右互相包含的方法证之, 即 $S_1 = S_2$ 当且仅当 $S_1 \subseteq S_2$ 而且 $S_2 \subseteq S_1$(这里不是同义反复!).

2. **集合运算**

集合的基本运算有并、交、补、差四种, 下面给出详细叙述.

设 A, B 是给定的集合. 把所有属于 A 或属于 B 的元素组成的集合, 称为集合 A 与 B 的并, 记作 $A \cup B$(读作 "A 并 B"), 即 $A \cup B = \{x|x \in A \text{ 或 } x \in B\}$; 把所有属于 A 而且属于 B 的元素所组成的集合, 称为 A 与 B 的交, 记作 $A \cap B$(读作 "A 交 B"), 即 $A \cap B = \{x|x \in A \text{ 且 } x \in B\}$; 把属于 A 但不属于 B 的所有元素组成的集合, 称为 A 与 B 的差, 记作 $A\backslash B$(读作 A 差 B), 亦即 $A\backslash B = \{x|x \in A \text{ 且 } x \notin B\}$; 如果 $A \supseteq B$, 则称 $A\backslash B$ 为 B 关于 A 的补; 设 I 为全集, 称 A 关于 I 的补为 A 的补集, 简记作 $A^C = \{x|x \notin A\}$, 即 $A^C = \{x|x \in I \text{ 且 } x \notin A\}$(在不混淆的情况下, 通常约定 $A^C = \{x|x \notin A\}$, 即 $x \in A^C$ 当且仅当 $x \notin A$).

关于集合的基本运算有几个细节问题需要作说明:

(1) 集合的并是日常生活中 "合并" 思想在数学中的反映, "并" 能扩大疆域、"海纳百川"; 集合的交是日常生活中 "求同" 思想在数学中的反映, "交" 虽然缩小范围, 却能获得共性; 集合的补是日常生活中 "互补" 思想在数学中的反映, "补" 能 "知己知彼"、"取长补短".

(2) 符号 "$\cup$" 与 "$\cap$" 最早由德国的莱布尼茨给出, 他原先用 "$\cup$" 表示 "和", 用 "$\cap$" 表示 "乘积", 没有被大家采纳. 集合论创立后, 人们借用它们来表示集合的 "并" "交" 运算, 沿用至今.

(3) 有了交集的概念, 差可以利用交与补表示出来, 即 $A\backslash B = A \cap B^C$. 中学教材中没有引进差集的概念, 也许原因就在这里吧! 此外, 我们这里所采用的补集记法与中学数学中的补集符号用法略有区别.

(4) 集合的交、并运算与取补运算还可以用韦恩 (J·Venn, 1834~1923, [英]) 图直观表示, 通常用圆、椭圆或矩形的内部形式地表示所给的集合. 这种图形只是示意图 (不像几何学中的图形要准确), 其目的是帮助人们直观地理解集合的运算.

(5) "交""并""差" 等运算都可以推广到集族的情形 (也就是说任意多个集合的情形).

与数的运算一样, 集合的基本运算也满足特定的运算律, 这里仅介绍若干条最基本的运算律. 设 A, B, C, I 是给定的集合.

(1) 幂等律 $A \cup A = A$, $A \cap A = A$.

(2) 吸收律 若 $A \subset B$, 则 $A \cap B = A$, $A \cup B = B$.

(3) 交换律 $A \cup B = B \cup A$, $A \cap B = B \cap A$.

(4) 结合律 $A \cup (B \cup C) = (A \cup B) \cup C$,

$A \cap (B \cap C) = (A \cap B) \cap C$.

(5) 分配律 $A \cup (B \cap C) = (A \cup B) \cap (A \cup C)$,

$A \cap (B \cup C) = (A \cap B) \cup (A \cap C)$.

(6) 互补律 $A \cup A^C = I$, $A \cap A^C = \varnothing$, $(A^C)^C = A$.

(7) de Morgan 对偶法则 $(A \cap B)^C = A^C \cup B^C$, $(A \cup B)^C = A^C \cap B^C$.

有必要指出, 集合的运算律与传统的数的运算律是有区别的. 实际上, 这些运算律是以古典逻辑为基础的, 它们的证明可直接由定义 (左右包含或等价表述) 获得, 或者利用定义再结合已经获得的运算律推得, 这里不详细展开.

3. 集合的划分

如果集合 A 能表示成集合的 n 个两两不相交的子集的并, 即

$$A = \bigcup_{i=1}^{n} A_i \text{且} A_1 \cap A_j = \varnothing \ (i, j = 1, 2, \cdots, n, i \neq j),$$

则称 $\{A_1, A_2, \cdots, A_n\}$ 是集合 A 的一个划分.

集合的划分, 也称集合的分解. 它是日常生活中 "分类思想" 在数学中的反映, 它在解决与分类有关的数学问题中特别有用. 若把集合的并看作是合成, 那么集合的划分与并刚好是哲学中分解与合成对立统一辩证思想的体现. 两者巧妙结合正是集合论方法在数学各个分支中得以灵活运用的重要途径.

4. 一一对应

直观地说, "一一对应" 就是指两个不同集合元素之间所建立的一种关系.

定义 1.2.1 设 A, B 为两个给定的集合. 若任给集合 A 中的一个元素 a, 集合 B 中有一个唯一的元素 b 与 a 对应, 而且集合 B 中的任何一个元素 b 也有 A 中唯一的元素与它对应, 则称集合 A 与 B 之间建立了一个一一对应. 若集合 A 与 B 之间能建立一个一一对应, 则称 A 与 B 对等.

在中小学数学里, 通常说有限集就是元素个数有限的集合, 而无限集就是有无限个元素的集合. 这句话本身并没有错误, 但它根本没有说出什么, 只不过是说了

一句很明显同义反复的话. 有了"一一对应"概念, 我们就可以给有限集与无限集下数学定义.

定义 1.2.2 凡是与正整数集 $\mathbf{N}^+$ 的某前 n 片断 $J_n=\{1,2,\cdots,n\}$ 对等的集合, 统称为有限集; 不是有限集的非空集合, 称其为无限集.

有限集与无限集的最大差别在于该集合能否与其自身的真子集对等, 这里先给出有限集特征定理.

定理 1.2.1(有限集的特征) 任何有限集都不能与其真子集对等.

证 仅需证明, 任何正整数 $\mathbf{N}^+$ 的前 n 片断不与其真子集对等即可. 以下用数学归纳法证之. $n=1$, 显然成立. 假设 $n=k$ 时结论成立.

当 $n=k+1$ 时, 若 J_{n+1} 与其真子集 J' 对等, 可设 φ 是 J_{k+1} 到 J' 上的一一映射, 记 $\varphi(k+1)=l$, 以下分几种情况讨论:

(1) 若 $l=k+1$, 则 $J_{k+1}\backslash\{k+1\}=J_k$ 与 J_k 的真子集 $J'\backslash\{k+1\}$ 对等, 与归纳假设矛盾.

(2) 若 $l\neq k+1$, $k+1\in J'$, 则存在 $m\in J_{k+1}$, 使得 $\varphi(m)=k+1$. 令

$$\psi(i)=\begin{cases}\varphi(i), & i\neq m, i\neq k+1,\\ l, & i=m,\\ k+1, & i=k+1,\end{cases}$$

则 ψ 是 J_{k+1} 到 J' 上的一一映射, 而且归结到 (1) 的情形.

(3) 若 $l\neq k+1$, $k+1\notin J'$, 则 $J_{k+1}\backslash\{k+1\}=J_k$ 与 J_k 的真子集 $J_k\backslash\{l\}$ 对等. 这又与归纳假设矛盾. 综上所述, J_n 不能与其真子集对等.

评注 "一一对应"概念的思想源头最早可追溯到远古时代. 我们先回顾一下与计数有关的两个经典故事.

第一个是关于原始部落族长分配食物的故事. 故事的大意是这样的, 一个原始部落的族长分配一天所捕获的野兔时, 先是给每个人分一只, 如果有人没有分到, 他就知道今天捕获的野兔太少了; 如果每人分得一只还有剩余, 他就很高兴地说: "嘿! 今天的兔子可真够多的!" 要是每人分两只仍有剩余, 那他一定会惊叫起来: "啊! 今天的兔子实在太多了!"

第二个是古希腊荷马史诗中记载的一个故事. 该故事说, 波吕斐摩斯被俄底修斯刺瞎后, 以放羊为生. 他每天坐在山洞口照料他的羊群, 早晨母羊出洞吃草, 出来一只, 他就从一堆石子中捡起一颗石子儿; 晚上母羊返回山洞, 进去一只, 他就扔掉一颗石子儿, 当把早晨捡起的石子儿全部扔光后, 他就放心了, 因为他知道他的母羊全都平安地回到了山洞!

从这两个故事里, 我们可以发现, 古代人就是运用一一对应的方法来确认事物对象的"多"和"少"的, 真是非常了不起."一一对应"这一最原始、最朴素又最伟

大的计数思想是人类祖先留给世人的最宝贵的文化遗产. 这种表面看起来如此简单, 但背后却隐藏着伟大数学思想的文化宝藏, 直至今天, 仍然对人类文明的进程发挥不可估量的作用.

在一一对应思想基础上引申出来的一一映射方法, 就是指把一个不容易直接解决的问题通过一一映射技巧转换成比较容易解决的等价问题, 使得原问题通过迂迴的道路获得解决. 该方法已被广泛地应用于科学研究的各个领域, 而且成为科学研究的一种基本方法.

康托尔大胆利用 "一一对应" 这一伟大的数学思想发展出对无穷集合的元素多少进行比较的一整套基数理论, 丰富了集合论的思想宝库, 并为现代数学的蓬勃发展打下重要的基础. 有不少书本上都说康托尔创建了无穷比大小的理论, 这种说法有不妥之处. 实际上, 康托尔的理论是对无穷集合的元素多少进行比较的理论, 对 "无穷" 比大小是极限的任务. "大小" 与 "多少" 是有区别的, 下面举几个仅从直观上理解可让我们困惑不已的例子.

例 1.2.1(斜边与直角边比)　我们只需要欧几里得公理和一把尺子, 可画一条如下的直线段 (图 1-2-1):

图 1-2-1

线段 PQ 的长度是线段 QR 的三倍. 既然线段是由点组成的, 那么有理由得出 PQ 上的点也是 QR 上的三倍多. 但是, 我们利用 "一一对应" 可以马上发现这两者的点一样多. 把 PQ 片上折起, 连接 P 和 R 两点, 并使得 PR 垂直于 QR. 这样就得到一个直角三角形 QPR(图 1-2-2):

然后由欧几里得的平行公理, 过线段 PQ 上任意一点总存在一条线平行于 PR, 而这条线与 QR 正好交于一点. 过 PQ 上一点作一条平行线, 这条线总是与 QR 交于唯一一点. 对 PQ 上的任意一点来说都是如此的 (图 1-2-3).

没有哪个点找不到 QR 上的对应的, 也不会有几个点对应 QR 上的一个点. 这就意味着 PQ 上的每一个点都对应着 QR 上的一个点, 也就说明即使 PQ 是 QR 的三倍长, 这两条线段的点却一样多 (图 1-2-4).

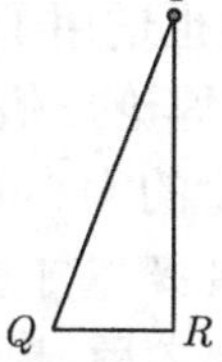

图 1-2-2

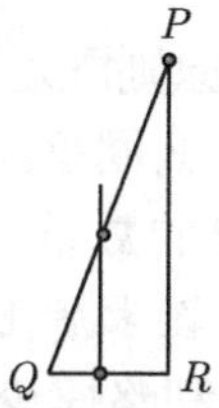

图 1-2-3

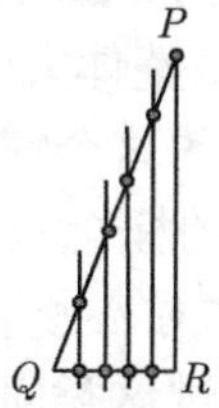

图 1-2-4

例 1.2.2(大圆与小圆比)　我们画一对同心圆, 大圆的半径是它里面的小圆的两倍. 因为圆的周长和它的半径成正比. 所以大圆的周长是小圆的两倍. 一个圆的圆周也是一条线, 所以大圆的圆周上的点应该也是小圆的两倍那么多. 然而, 利用"一一对应" 原理我们很容易知道两个圆周上的点一样多. 这是因为这两个圆有同一个圆心, 简单地画几条半径就可以知道任何和大圆交于点 N 的半径也会和小圆交于唯一的对应点 N_1, 没有多余也不会重复 (图 1-2-5). 因而就证明了两个圆周上点一样多.

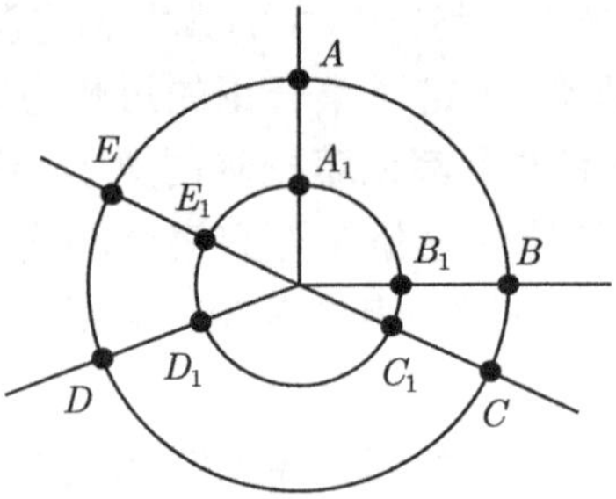

图 1-2-5

例 1.2.3(伽利略悖论)　在欧几里得几何学中, 每个人都承认 "整体大于部分" 这个公理.1636 年, 意大利物理学家伽利略 (Galileo Galilei,1564～1642) 在《关于两门新科学的对话》一书中, 发现了自然数 "部分不小于整体" 的悖论. 自然数的个数是无穷的, 每个数的平方的个数也是无穷的, 那么这两个无穷究竟哪一个大呢? 似乎自然数个数比其平方的个数多, 因为全体自然数不仅包含了所有的平方数, 而且还有无穷多的非平方数 (素数就有无穷多个). 但另一方面, 对于每一个自然数都有一个唯一确定的平方数与之对应. 反之, 每一个平方数都有一个唯一确定的算术根 (自然数) 与之对应:

$$\begin{array}{ccccc} 1 & 2 & 3 & 4 & \cdots \\ \updownarrow & \updownarrow & \updownarrow & \updownarrow & \\ 1^2 & 2^2 & 3^2 & 4^2 & \cdots \end{array}$$

按照这种一一对应的关系, 自然数的个数就应该与其平方数的个数一样多. 人们把这一奇怪现象称为 "伽利略悖论".

伽利略坚信, 整体大于部分这一原则既适用于有限集也适用于无穷集, 但他弄不清楚自己发现的这个悖论到底是怎么回事. 为了避免 "悖论", 他认为 "相等""大小" 和 "小于" 的概念只适用于有限的数量, 比较无穷量的大小是不可能的. 他说: "无穷量和不可公度量 (无理量) 在本质上对我们来说是不可理解的." 后来他就再也没有思考过这类问题了. 在伽利略悖论出现 250 年之后, 康托尔证明了 "整体大于部分" 这一原则不完全适用于无穷集. 他用一一对应的思想深刻而透彻地阐明了相等、大于和小于的概念,创立了无穷集合的理论,消除了许多因对无穷的模糊认识而产生的所谓“悖论”,破除了笼罩于无穷这一千古难题之上的重重迷雾,开启了人类用理性把握无穷的新纪元.正是这位天才的数学家开创对无穷问题进行研究的先河,才使得其后的数学研究取得如此的辉煌成就.

人物聚焦 康托尔 (Cantor) 是德国数学家,1845 年 3 月 3 日出生于俄国的彼得堡,1856 年随父母移居德国,1863 年入柏林大学,1867 年获柏林大学数学博士学位,1869 年成为哈雷大学讲师,1872 年任副教授,1879 年任教授,1884 年始患精神分裂症,1918 年 1 月 6 日病逝于哈雷精神病医院.

康托尔对数学的最大贡献是创立了集合论.19 世纪 70 年代,康托尔以大无畏的顽强精神,敢于向传统挑战,以最具想象力的创造意识创建了他的无穷集合论,首次把哲学中的无穷概念变成精确的数学对象,把数学从潜无穷的观点转移到实无穷上来.康托尔的集合论为奠定 (经典) 数学的基础立下了不朽功勋.可以说,因为有了康托尔的集合论,今天的基础数学才有生命力.康托尔除了给世人留下他所创建的集合论,留下以他的名字命名的定理外,还留下“对角线方法”“二分法”“三分法”“区间套法”等大量解决数学难题的创造性方法.康托尔认为,在数学中提出问题的艺术要比解决问题的方法更为重要.康托尔留给世人的名言“数学的本质就在于它的充分自由”,揭示了数学创造的本质,激励着一代又一代数学工作者勇攀数学科学的高峰.

康托尔的人生道路崎岖不平,失意颇多,遭受了很多不公平的待遇.他受到同时代的一些大数学家 (如当时德国的大数学家 F. 克莱因、H. 庞加莱) 的粗暴反对与非难,尤其是受到他的老师克罗内克 (Kronecker,1823~1891) 的强烈压制甚至人身攻击、脱离师生关系,使得康托尔在柏林无立足之地.康托尔在一些权威和学者的攻击下,精神崩溃了,他得了抑郁精神病,进入医院治疗.在治疗中他病情一好转就投身到他的集合论研究中,经过反复论证后,最后他充满信心地说:“我的理论坚如磐石,任何想要动摇它的人都将是搬起石头砸他的脚.”

然而,真理是不可战胜的,康托尔最终获得了世界的承认,至今仍享有极高的声誉.20 世纪世界上最伟大的德国数学家希尔伯特曾说:“从远古时代起,无限的概念就比任何其他的概念更激动着人们的感情,彻底弄清这一概念的实质已远远超出了特殊的科学兴趣的范围,它是维护人类智力本身尊严的需要,迄今,对‘无限’最深刻的洞察要属于康托尔创立的集合论,它与一般哲学理论的关系,要比它与数学的关系更为密切.我认为它是数学天才的最优秀作品,是人类纯智力活动的最高成就之一.因此,没有人能把我们从康托尔为我们创造的乐园中赶走.”俄国著名数学家柯尔莫戈洛夫 (Kolmogoror, 1903~1987) 说:“康托尔不朽的功绩在于向无限冒险逼近.”英国哲学家罗素 (Russell, 1872~1970) 把康托尔的工作誉为“可能是这个时代能夸耀的最巨大的成就.”英国数学家弗兰克尔 (A.Fraenkel,1891~1965) 评价更高: "康托尔的集合论对于数学, 同哥白尼的日心说对于天文学和相对论、量子力学对于物理学一样, 具有同样革命的意义." 德国数学家朗道 (Landau, 1877~1938) 说: "康托尔和他所代表的一切是永存的, 人类应当感谢被赐予康托尔这样一位伟人, 未来的一代将从他的著作中受到教益."

1.2.2 可列集与连续统集

研究极限无法回避无穷, 数列极限过程依赖于可列无穷, 函数极限过程依赖于连续统无穷. 接下来, 我们将介绍可列集与连续统集的基本知识.

1. 可列集

定义 1.2.3 凡与正整数集 $\mathbf{N}^+$(也称自然数集) 对等的集合, 统称为可列 (数) 集; 若集合 A 是可列 (数) 集, 则称 A 的基数 (超限数) 为 a, 记作 $\overline{\overline{A}}=a$.

注 $\overline{\overline{A}}=a \Leftrightarrow$ 按照某种规则, A 的元素可以排成下述的序列:

$$a_1, a_2, \cdots, a_n, \cdots,$$

此时简记作 $A=\{a_n\}$.

由定义不难直接验证下列集合都是可列集:

$$\begin{aligned}
A&=\{1,4,9,\cdots,n^2,\cdots\},\\
B&=\{1,8,27,\cdots,n^3,\cdots\},\\
C&=\{2,4,6,\cdots,2n,\cdots\},\\
D&=\{1,3,5,\cdots,2n-1,\cdots\},\\
E&=\{1,1/2,1/3,\cdots,1/n,\cdots\}.
\end{aligned}$$

例 1.2.4 求证下述集合都是可列集:

(1) $\mathbf{Z}=\{0,\pm1,\pm2,\cdots\}$;

(2) $\mathbf{N}^+\times\mathbf{N}^+=\{(n,m)|n,m\in\mathbf{N}^+\}$.

证 (1) 令 $\varphi(n)=(-1)^n\left[\dfrac{n}{2}\right], n\in\mathbf{N}^+$. 易见 φ 是 $\mathbf{N}^+$ 到 $\mathbf{Z}$ 上的一一对应, 因此 $\overline{\overline{\mathbf{Z}}}=a$;

(2) 令 $P(i,j)=2^{i-1}(2j-1), (i,j)\in\mathbf{N}^+\times\mathbf{N}^+$. 不难证明 P 是 $\mathbf{N}^+\times\mathbf{N}^+$ 到 $\mathbf{N}^+$ 上的一一对应, 因此 $\overline{\overline{\mathbf{N}^+\times\mathbf{N}^+}}=a$.

定理 1.2.2(极小性) 任何无限集都含有可列子集.

注 极小性告诉我们, 无限集的最小基数是 a. 通常说自然数集是最小的无限集, 就是在这个意义下说的, 这与直观意义下的容量大小是有区别的.

证 由 $A\neq\varnothing$, 可任取 $a_1\in A$. 再由 $A\backslash\{a_1\}\neq\varnothing$, 可任取 $a_2\in A\backslash\{a_1\}$, $\cdots$. 假设 $\{a_1,a_2,\cdots,a_k\}$ 已经取好, 由条件 $A\backslash\{a_1,a_2,\cdots,a_k\}\neq\varnothing$, 又取 $a_{k+1}\in A\backslash\{a_1,a_2,\cdots,a_k\}$, 由数学归纳法, 我们可取可数子集 $\{a_n\}\subset A$.

定理 1.2.3(无限集的特征) 集合 A 是无限集当且仅当 A 有真子集与 A 自身对等.

证 必要性 由极小性, 存在 $\{a_n\}\subset A$. 令 $A_0=A\backslash\{a_1\}$, 则 A_0 是 A 的真子集. 令

$$\varphi(x)=\begin{cases}a_{n+1}, & x=a_n, n=1,2,\cdots,\\ x, & x\in A\backslash\{a_n\}.\end{cases}$$

易证 φ 是 A 到 A_0 上的一一映射, 即 $A\sim A_0$.

充分性 利用定理 1.2.1 反证可得.

评注 定理 1.2.1 告诉我们, 在有限集的范畴中, "整体大于部分". 定理 1.2.3 却告诉我们, 而在无限集的王国中, "整体大于部分" 不再是真理.

2. 可列集运算与无穷旅馆奇遇

运用挪位方法, 我们可以证明可列集添加任何有限个元素仍为可列集. 这就是说, 对于任何自然数 n, $n+a=a$. 大数学家希尔伯特曾用 "无穷旅馆" 的故事给予生动的解释, 故事大意如下:

有一个无穷旅馆, 它有可数多个房间, 这些房间的编号是 1 号, 2 号, 3 号 $\cdots\cdots$. 一天, 旅馆已经客满, 即已经入住了可数多个客人 (每人一间). 可是到晚上又来了一位客人要求入住, 老板还能安排吗? 精通数学的老板让原来住 1 号, 2 号, 3 号 $\cdots\cdots$ 各房间的客人, 分别搬到 2 号, 3 号, 4 号 $\cdots\cdots$ 各房间, 而把 1 号房间让给新来的这位客人.

点评 很显然, 对于只有有限个房间的现实旅馆, 不管它有上万间还是上亿间房间, 一旦客满就无法入住. 这种神奇的事情只能发生在无穷的场合. 其实, 再来可列个客人照样还可以入住. 此时得采用奇偶穿插的技巧解决, 即让原来已入住的客人分别搬到房号是 2 倍的房间中, 即 2 号, 4 号, 6 号 $\cdots\cdots$ 各房间, 让新来的可列个客人住奇数号房间, 即 1 号, 3 号, 5 号 $\cdots\cdots$ 各房间, 用这种技巧我们证明了 $a+a=a$.

更为神奇的事情是既使来了可列个团队每个团队有可列个客人, 照样还能入住. 此时需要用到自然数集的可列分解方法, 即把原来从小到大编号重写成下述形式:

$$n=2^{i-1}(2j-1),\quad 其中 i,j 是自然数.$$

让原来的客人住在 $2j-1(j=1,2,\cdots)$ 号房间内, 而第 i 个团队 $(i=1,2,\cdots)$ 的客人住进 $2^i(2j-1)(j=1,2,\cdots)$ 号房间内. 这样, 就可让所有的客人都入住.

实际上, 我们这里是用可列分解的方法, 证明了

$$a+a+a+\cdots=a.$$

3. 有理数与自然数一样多

自然数是稀疏地、离散地排列在实数轴上，而有理数在实数轴上是很“稠密”的，即任何两个不同的有理数 (不管相距多近) 之间都存在另一个 (实际上是无限多个) 有理数. 按人们的直觉，自然数集不可能和有理数集对等 (即一一对应). 也就是说，有理数集不是可数集. 然而，康托尔以数学家特有的洞察力颠覆了常人的认识. 他用一种非常巧妙的对角线方法，把全体有理数一个一个地排列起来，从而证明了有理数集是可列集. 于是他得到了令人震惊的结论：自然数和有理数一样多！

证明分二步. 首先证明全体正有理数是可数的. 因为每个正有理数写成 $\dfrac{a}{b}$ 的形式，其中 a,b 都是自然数. 于是全体正有理数排成下面的方阵，即把每个正有理数 $\dfrac{a}{b}$ 在第 a 列第 b 行的位置. 注意这个方阵的右方和下方是无限延伸的：

$$
\begin{array}{ccccccccccc}
1 & \rightarrow & 2 & & 3 & \rightarrow & 4 & & 5 & \rightarrow & \cdots \\
 & \swarrow & & \nearrow & & \swarrow & & \nearrow & & & \\
\frac{1}{2} & & \frac{2}{2} & & \frac{3}{2} & & \frac{4}{2} & & \frac{5}{2} & & \cdots \\
\downarrow & \nearrow & & \swarrow & & \nearrow & & & & & \\
\frac{1}{3} & & \frac{2}{3} & & \frac{3}{3} & & \frac{4}{3} & & \frac{5}{3} & & \cdots \\
 & \swarrow & & \nearrow & & & & & & & \\
\frac{1}{4} & & \frac{2}{4} & & \frac{3}{4} & & \frac{4}{4} & & \frac{5}{4} & & \cdots \\
\downarrow & \nearrow & & & & & & & & & \\
\frac{1}{5} & & \frac{2}{5} & & \frac{3}{5} & & \frac{4}{5} & & \frac{5}{5} & & \cdots \\
\vdots & & & & & & & & & &
\end{array}
$$

将方阵中的全体正有理数按箭头 (即斜对角线) 所示的次序相继排列起来，就得到如下的序列：

$$1,2,\frac{1}{2},\frac{1}{3},\frac{2}{2},3,4,\frac{3}{2},\frac{2}{3},\frac{1}{4},\frac{1}{5},\frac{2}{4},\frac{3}{3},\cdots.$$

在这个序列中去掉非既约分数，再把该序列重新排列，便得到下面的序列：

$$1,2,\frac{1}{2},\frac{1}{3},3,4,\frac{3}{2},\frac{2}{3},\frac{1}{4},\frac{1}{5},\cdots.$$

这个序列中包含全部正有理数，而且只包含一次. 于是全体正有理数可以表示为 $\{r_1,r_2,\cdots\}$. 这样，就证明了全体正有理数是可数的. 不难发现，全体有理数可以排列成形如 $\{0,r_1,-r_1,r_2,-r_2,\cdots\}$ 这样的序列，故有理数集是可列集.

评注　大家清楚，自然数集可以按大小顺序排列. 然而，有理数集虽然能按照对角线的方法将其排列出来，但它是根本无法按大小的次序将其排列，这是因为两个有理数之间都有无穷多个有理数. 对此, 美国数学家丹齐克有过精彩的评论:“我们之所以能把有理数枚举成功, 正因为是在新的排列中我们不固执着按大小顺序排列, 我们牺牲了连续性, 得到了次第性.” 进一步, 利用集合分解的方法, 不难证明从直观上看比有理数多许多的代数数全体也是可列集, 这里不再展开讨论.

4. 连续统集

康托尔运用神奇的对角线方法证明了有理数集可以与自然数集建立一一对应, 高兴之余, 很自然地关注起实数集能否与自然数集建立一一对应的问题.

1873 年 11 月 29 日, 康托尔写信给德国数学家戴德金 (Dedekind,1831~1916), 提出自然数集 $\mathbf{N}$ 能否与实数集 $\mathbf{R}$ 建立一一对应的问题. 起初, 他认为这两个集合可以建立一一对应, 并在 1873 年 12 月 7 日写信给戴德金, 断言实数集 $\mathbf{R}$ 是可列集. 可是几天之后, 当他整理修改手稿时, 发现证明中出了错误, 并戏剧性地推翻了原来的结论, 证明实数集 $\mathbf{R}$ 是不可列集.

为证明实数集不可列, 康托尔首先证明了开区间 $(0,1)$ 与 $(-\infty,+\infty)$ 是对等的. 康托尔当年的证明方法是较复杂的, 现在我们知道

$$f(x)=\frac{1}{1-x}-\frac{1}{x}$$

是 $(0,1)$ 到 $(-\infty,+\infty)$ 上的一一映射. 也就是说, $(0,1)$ 与 $(-\infty,+\infty)$ 对等. 再令

$$\varphi(x)=\begin{cases}\dfrac{1}{n+1}, & x=\dfrac{1}{n}, n\in\mathbf{N}^+,\\ x, & x\in(0,1]\backslash\left\{\dfrac{1}{n}\right\}_{n=1}^{\infty}.\end{cases}$$

易见 φ 是 $(0,1]$ 到 $(0,1)$ 上的一一映射. 这就是说, $(0,1]$ 到 $(0,1)$ 对等.

定理 1.2.4 $(0,1]$ 不是可列集.

证 (反证) 若不然, 可设 $(0,1]=\{x_i\}$. 现把 $(0,1]$ 中的数用正规十进制无限小数表示 (即小数表示中不能在某一位之后全是 0, 如 0.5 不能写成 $0.5000\cdots$, 而只能写成 $0.499\cdots$). 设 $x_i=0.x_{i1}x_{i2}\cdots$, $i=1,2,\cdots$. 令

$$b_i=\begin{cases}2, & x_{ii}=1,\\ 1, & x_{ii}\neq 1,\end{cases}\quad i=1,2,\cdots;$$

$$x_0=0.b_1b_2\cdots,$$

则 $x_0\notin\{x_i\}$, 但 $x_0\in(0,1]$. 这与 $(0,1]=\{x_i\}$ 矛盾.

评注 由上所述, 可知实数集 $\mathbf{R}$ 不可数. 不难证明, 不管什么样的区间都与 $\mathbf{R}$ 对等; 进一步, 利用挖补与穿插的技巧, 不难证明无理数集以及超越数集都与实数集对等.

定义 1.2.4 凡与实数集对等的集合, 统称为连续统集. 连续统集的基数 (第 2 个超限数) 用 c 表示, 即

$$\overline{\overline{A}} = c \Leftrightarrow A \sim \mathbf{R}(\Leftrightarrow A \sim (0,1)).$$

康托尔运用他的对角线方法及其集合对等的技巧证明了实数集不可数之后, 乘胜追击, 进一步证明了实数集与二维平面 (从而三维空间, 甚至无穷维空间) 是对等的. 发现这个完全没有预料到的结果, 让康托尔兴奋不已, 在他写给友人的信中说 “我看着它, 但不相信它”. 即使在今天, 这个结果仍然是完全出乎平常人的意料之外: 谁能相信无穷的宇宙可以一一对应地投影到不足一厘米长的线段上呢?

有一位日本数学家说 “数学是燃烧生命的事业”. 超人康托尔一直在他的超限数王国中不断燃烧自己的生命, 最后介绍由他的名字命名的基数定理.

定理 1.2.5(康托尔定理) 任何集合 M 的幂集 2^M 必定不与 M 自身对等, 这里 $2^M = B|B \subset M\}$.

证 不然. 设 φ 是 M 到 2^M 上的一一映射, 令

$$M_* = \{x \in M | x \notin \varphi(x)\},$$

则 $\exists x_* \in M$ 使得 $M_* = \varphi(x_*)$. 以下分两种情形讨论:

(1) 若 $x_* \in M_* = \varphi(x_*)$, 则由 M_* 的定义, $x_* \notin \varphi(x_*)$, 矛盾;

(2) 若 $x_* \notin M_* = \varphi(x_*)$, 则由 M_* 的定义, 又有 $x_* \in M_*$, 矛盾.

因此, 2^M 不能与 M 自身对等.

评注 显然 2^M 的子集 $\tilde{M} = \{\{x\}|x \in M\}$ 与 M 对等, 因此 2^M 的元素个数远远多于 M 的元素个数. 这就是说, 在一一对应的观点下, 不存在最大的无穷. 可列集与连续统集, 只不过是无穷天梯中让人很容易亲密接触的最前面的两阶而已. 难道不正是 “天外有天” 的生动写照吗?

趣味思考题

思考题 1(玩规避球的游戏) 这个游戏是在两张不同的棋盘上进行的. 如果在棋盘的方格中画上 “○” 就表示放白球, 如果在方格中打上 “×” 就表示放黑球.A 的棋盘上有 6 行, 每行上有六个方格, B 的棋盘只有一行, 也有六个方格. 规则是: 由 A 先画满第一行, B 画第一个空格; 接着, A 画满第二行, B 画第二个空格, …… 一直下去. 如果在 A 的 6×6 棋盘上找不到一行也找不到一列与 B 画出的那行有相同的符号, B 就算规避成功, 这个游戏就归 B 胜出. 否则由 A 胜出.

朋友, 你愿意选择 A 还是选择 B 呢? 如果把 A 的棋盘增加到有 10000×10000 个格子, 而 B 的棋盘是一行中有 10000 格, 游戏规则不变, 那么你愿意选择 A 还是选择 B?

答案是选 B 必胜! 为什么? 进一步, 换作有无穷个格子的棋盘, 结论又如何?

思考题 2(无穷旅馆延伸) 无穷多个客房的无穷旅馆总要有人搞清洁卫生工作吧? 有一位 "稀奇古怪" 先生准备开设一家 "稀奇古怪" 清洁公司, 这家公司专门为无穷旅馆服务. 他这家公司里的员工很能干, 无穷旅馆每天不管有多少个房间需要打扫卫生, 只需一个人就可完成了. 但这些员工也很怪异, 每个人都只能打扫特定编号需要打扫的那种类型的房间. 比如编号 $10101010\cdots$ 的员工只能在奇数号房间需要打扫的这一天出工, 又如编号为 $1001000\cdots$ 的员工只能在第 1 号与第 4 号房间需要打扫的那一天出工. 无穷旅馆的老板与 "稀奇古怪" 清洁公司的老板签订了下述的 "稀奇古怪" 合同: 只要在无穷旅馆淡季的时候, 让 "稀奇古怪" 公司的清洁工入住一天, 附加条件是每个人住一间, 而且在同一天入住. 那么, 无穷旅馆的老板全年都不需要给 "稀奇古怪" 清洁公司的清洁工人付工资. 如果合同的条款不能满足, 无穷旅馆老板就得把整家旅馆无偿地送给 "稀奇古怪" 先生.

现在, 我们问你, 无穷旅馆的老板果真全年不需要给 "稀奇古怪" 清洁公司的清洁工付工资了吗?

1.2.3 实无穷与潜无穷

自从 "无穷" 来到人世间不久, 数学界与哲学界一直存在着两种相互对立的观点: "实无穷观" 与 "潜无穷观". 何谓实无穷? 何谓潜无穷? 实无穷观点认为无穷是无限延伸或无限变化过程可以自我完成的无限实体或无限整体. 潜无穷观点认为无穷是无限延伸的, 且永远完成不了的一个过程. 举个简单的例子来说, 实无穷观点认为 "全体自然数" 是存在的, 因为每个自然数都是可以数到的, 既然每个自然数都存在, 那么 "全体自然数" 当然存在. 潜无穷观点则认为 "全体自然数" 是不存在的, 因为自然数是数不完的, 这表明自然数的产生是个无穷无尽的过程, 只有这个过程结束了, 才能得到自然数的全体, 但这个过程永远不结束, 因而无法得到自然数的全体. 两种无穷观的根本区别在于: 承认不承认无限延伸过程能否自我完成.

在数学上, 条条大道通古希腊. 这两种观点的源头可追溯到古希腊时期. 爱奥尼亚 (Ionia) 哲学学派认为物质无限可分, 因而永远处在分割的过程中, 这可看作是潜无穷观点的萌芽. 以德谟克利特 (Democritus, 约公元前 470~ 约前 380) 为代表的朴素原子论学派存在着物质的最小不可分粒子, 而视物质为这些粒子的无限堆积, 这可看作是实无穷观点的萌芽. 古希腊有一位哲学家说过 "在小的当中没有最小, 在大的当中没有最大的, 但其中总有某个最小、也总有某个东西最大." 也可看作是实无穷思想的前驱. 埃里亚学派的芝诺以悖论形式表达了他对上述两无穷观点的异议. 他所提出的四个著名悖论中的前两个是对潜无穷观的责难, 而后两个则是对实无穷的批评. 古希腊大哲学家柏拉图 (Platon, 约前 427 年 ~ 前 347 年) 的理念论则倾向于 "不能以经验方法证明而必须借助思维才能把握" 的实无穷思想,后来的人们通常把柏拉图当作实无穷观点的奠基人.

古希腊学术集大成者亚里士多德 (Aristotle, 公元前 384 年 ~ 前 322 年) 是对无穷深入研究的第一人, 他明确区分实无穷与潜无穷, 而且反对实无穷. 他认为正整数是潜在无穷的, 因为任何整数加上 1 以后总能得到一个新的数. 但是他认为所谓 "无穷集合" 是不存在的. 他认为空间是潜在无穷的, 时间在延长上是潜在无穷的, 在细分上也是潜在无穷的.

他还认为潜无穷的特点是 "此外永有", 而实无穷的特点是 "此外永无". 他对无穷作了这种区分之后明确指出, 无穷只能是 "潜能上的存在", 而不是实在的存在, 他还清楚地表明了他对实无穷的排斥态度. 他的理由是: "说 '无限' 潜在地存在, 意思并不是说, 它会在什么时候现实地具有独立地存在; 它的潜在的存在, 只是对知识而言. 因为, 分割的过程永远不会告终, 这件事实保证了这种活动潜在地存在, 却并不保证 '无限' 独立地存在." 亚里士多德进一步认为, 如果坚持潜无限而否定实无限, 不会对数学造成任何困难, 他说: "这对数学家的证明工作是没有什么影响的." 由于亚里士多德在学术界具有举足轻重的地位, 他的观点对后人的影响非常大.

如果采用 "潜无限" 的观念, "有理数多, 还是无理数多" 这一问题就没有什么意义, 因为有理数和无理数都是无穷无尽的, 而 "无限" 是一个不断发展着的、又永远无法完成的过程, 不能加以比较. 现代科学奠基人伽利略认为: "等于" "大小" 和 "小于" 诸性质不能用于无限, 而只能用于有限的数量.

文艺复兴时期之后, 实无限的观点又在数学中占统治地位长达三个世纪之久. 17 世纪下半叶, 牛顿、莱布尼茨创立的微积分理论, 在很长时期内是建立在无穷小量的自由应用之上的. 由于无穷小量被认为是无穷分割的最终结果, 即是一种实无限的对象. 因此, 无穷小分析事实上就是建立在实无限的观念之上. 当时的微积分被称为 "无穷小分析", 并被誉为 "无穷的交响乐". 但建立在无穷小量分析基础上的微积分, 逻辑上很混乱, 而且缺乏严密性, 受到了哲学家贝克莱 (George Berkeley, 1685~1753) 等人的严厉批评和无情嘲笑.

历史的车轮滚到 18 世纪, 哲学家与数学家又对这两种对立的无穷观进行争论. 那个提出敬畏 "头顶灿烂星空、心中道德律令" 的著名德国大哲学家康德 (Immanuel Kant, 1724~1804) 意识到潜无穷的局限性. 他说, 这种无穷的说法像 "最远世界总也还有一个更远的世界, 无论回溯到多么远的过去, 后面也总还有一个更远的过去, 无论前进多么远的将来, 前面也总还有一个更远的将来; 想象穷于这样不可测度的遥远的前进, 思想也穷于这样不可测度的想象; 像一个梦一样, 一个人永远漫长地看不出还有多远地向前走, 看不到尽头, 尽头就是摔了一跤或是晕倒的地方." 实际上, 康德所说的晕倒的地方仍然不是无穷而是有穷.

德国哲学家黑格尔 (Georg Wilhelm Friedrich Hegel , 1770~1831) 把潜无穷称

作消极无穷, 甚至把这种无穷贬称为 “坏的无穷”“恶的无穷”. 他认为: 由 1 过渡为 2, 由 2 过渡为 3, 一般地由 n 过渡为 $n+1$, 在此过程中, 无法扬弃有限, 无力飞跃到反映真正无限的自然数无限总体. 他还认为: 真正的无限不停留在有限之不断重复的阶段, 不断过渡的进程能够穷竭, 而成为一个自我完成了的无限总体. 因此他称这种无限为积极无限. 他又把积极无限表达为 “否定之否定” 公式. 作为积极无限的自然数全体便是一个否定之否定: 首先否定有限的常驻性, 即肯定了进展; 第二个否定是进展之完成, 从而真正扬弃了有限; 而这个真正的无限同时在更高形式上回复到有限, 即高一层次的单体对象. 黑格尔的这种观点后来给康托以深刻的影响.

数学王子、德国数学家高斯 (C·Gauss, 1777 ~1855) 坚持潜无限观, 他在给友人的一封信中指出: “我反对把无穷量作为现实的实体来用, 在数学中这是永远不能允许的, 无限只不过是一种说话的方式…….”

捷克数学家、哲学家波尔察诺 (B·Bolzan, 1781~1848) 则维护实无限观, 他指出, 对无限整体来说, 部分可以同总体建立一一对应. 但他关于无限之研究的哲学意义远远胜于其数学意义. 当时的大多数数学家避免对实无限的明确承认, 尽管他们每天在使用无穷级数和实数系. 不过就古典分析的要求而言, 这种态度还不至于妨碍他们的具体研究.

法国分析学大师柯西 (Cauchy, 1789~1857) 在 19 世纪前半叶是坚决的潜无限论者, 他运用潜无穷的观点建立极限理论, 相继又用极限定义微积分中的无穷小量, 朝分析基础精确化迈出关键的一步. 他所创建的极限理论把极限过程理解为不能完结的变量变化进程, 而把极限值看成是变量趋向的目标, 且是达不到的目标. 稍后, 人们便发现, 为使极限论完善化, 必须明确定义无理数概念. 可是无理数的存在性又必须以实无限观为前提. 这是当年戴德金、康托尔和魏尔斯特拉斯同时意识到的实际情况.

著名的 “戴德金分划” 就是一种界定实数 (包括无理数) 的漂亮方法, 这里用到有理数集分划为左右集的方式. 因为有理数可以和自然数建立一一对应, 所以有理数集合是和自然数集合具有相同基数的真无限集合. “戴德金分划” 还可用以验明无理数和有理数一样满足各种运算律. 所以 “实无限观” 的第一个重要应用就是帮助建立了实数理论. 继之, 魏尔斯特拉斯给出极限的 ε-δ 准则, 使极限概念完全摆脱了几何直观而纯粹以实数为基础. 但实数系结构问题至此尚未解决. 显然, 如何认识、解释无穷已成为无法规避的问题.

康托尔以顽强的斗志在无穷王国里勤奋耕耘, 是他在数学大世界中给 “实无穷” 找到一个合法的家 (超穷数理论). 他认为: 无穷是某种完成了的确定的东西, 是某种不但能由数学表示而且可用数学来定义的东西, 这是建立集合论的关键. 因为只有把无穷看成完成了的确定东西的整体才能构成集合. 康托尔的集合论中, 对无穷概念作了精确的数学表述, 揭示了无穷集合的本质特征: 无穷集合的部分可以等价于整体. 他坚信只要承认数学理论就必须肯定实无穷. 他提出: 在数学中要完全排斥实无穷的概念是不可能的. 因为很多最基本的数学概念, 如一切正整数, 圆周上的一切点等, 事实上都是实无穷性的概念. 关于极限理论, 康托尔指出: 它是建立在实数理论之上的, 而实数理论的建立 (无理数的引进) 又必须以这样或那样的实无穷的概念为基础. 康托尔还进而指出, 极限理论本身事实上也是建立在实无穷的概念之上的. 因为变量如能取无穷多个值, 就必须有一个预先给定的、不能再变的取值 "域", 而这个域就是一个实无穷. 康托尔又指出, 数学证明中应用实无穷 (无穷集合) 由来已久, 并且也是不可避免的. 以前的许多数学家在证明中都使用过. 确实, 在康托尔之前的时代, 许多数学家其实都偷偷运用了实无限. 比如欧几里得几何中毫无顾忌地说到直线上或平面上的任意点等. 一句话, 数学是离不开实无限的. 康托尔的实无穷观还表明, 在数学对象的创造中, 数学家们具有创造上的充分的自由, 这恰恰就是现代数学的一个重要特征.

大数学家希尔伯特所持的无穷观又是别有风味. 他把数学分为处理不涉及实无穷的现实数学和涉及实无穷的理想数学两部分. 他对实无穷的存在性抱有疑虑, 但并不完全否定其存在, 相反认为实无穷是数学中所不可缺少的理想元素. 简而言之, 他是 "理想数学" 中的实无限论者, "现实数学" 中的有限论者. 他说过 "没有人把我们从康托尔创造的乐园中赶走." 由此足见, 希尔伯特也是实无穷观的支持者.

"潜无穷观" 与 "实无穷观" 的争论远远还没有结束, 20 世纪 60 年代, 美国数学家鲁滨孙创建的 "非标准分析" 又是对无穷观的一次挑战 …….“潜无穷观” 与 "实无穷观" 的争论, 对促进数学本身发展是有益处的, 但深陷泥潭拔不出来就大可不必.

从哲学意义上讲, 实无限与潜无限是既对立又统一的, 它们之间既相互依存又相互转化. 任何潜无限的过程, 都必须有一个与之相应的实无限为依托, 否则, 潜无限就成了无源之水. 反之, 任何实无限都是潜无限的无限过程中的一个阶段或一个环节, 否认潜无限, 实无限也就不复存在了. 皮之不存, 毛将焉附? 正如我国著名数学家徐利治教授所称 "实无穷、潜无穷只是一枚硬币的两个面罢了". 这就是说, 从辩证唯物主义观点看, 持实无穷观点与潜无穷观点只是站在不同的角度看无穷. 潜无穷是动态的, 它是对有穷的否定. 实无穷是静态的, 从这一点看, 它与有穷共有相同的一面. 但从本质上看, 两者有天然之别, 比如 "整体大于部分" 不适用于实无穷而适用于有穷. 实际上, 实无穷是在潜无穷的基础上抽象出来的, 实无穷又是对潜无穷的否定, 即 "有穷 — 潜无穷 — 实无穷."

数学发展历史已经证明: 把实无穷与潜无穷引入数学具有同等重要性, 两者都为丰富数学王国的理论宝库有着功不可没的功劳.

趣味思考题: "汤姆森灯悖论."

有一盏汤姆森灯，它有一个按钮，按一下灯亮，再按一下灯灭，再按一下灯亮，一直这样重复下去. 现在设想有一个超自然的精灵按下面的方式玩这盏灯：把灯亮 1/2 分钟，然后熄灭 1/4 分钟，再亮 1/8 分钟，熄灭 1/16 分钟，一直这样重复下去. 这个序列末恰好是 1 分钟，而到 1 分钟的最后一瞬为止，这个精灵按了无穷多次开关. 现在问：最后一刹那，灯是开着的，还是关着的？

1.3 奇妙实数

大家公认，优美的微积分理论建立在具有连续性的实数体系上. 自从笛卡儿的解析几何诞生以来，数学家们就规定了实数与实数轴上的点建立一一对应关系. 这就是说，任一实数都对应数轴上唯一的一个点；反之，实数轴上的每一点都唯一地代表一个实数. 所谓实数轴，就是在一条直线 (通常画成水平直线) 上确定一个点 O 作为原点，指定一个方向为正方向 (通常把指向右方的方面规定为正向)，并规定一个单位长度. 这种依赖于几何直观的形式规定，并没有获得逻辑上的证明，要从逻辑上讲请实数的基本理论并非易事，在本节中我们将介绍实数理论的冰山一角.

1.3.1 起源于几何直觉与方程求根的无理数

构建实数理论的关键是构建无理数的理论，无理数的概念是建立在有理数的理论的基础之上. 产生有理数的指导原则之一是用数来度量长度. 在毕达哥拉斯学派的度量理论中，长度是通过用一个给定的较小单位去分割来度量的，这个单位可以是 1 米、1 毫米或者是别的什么，这里所使用的单位名称对这种理论不会有什么影响. 操作过程是这样的，将所选单位置于待测长度的起点处，接着首尾相接地连续放置，就像用步长方法测距离一样，脚趾挨着脚后跟一步一步直线前行那样，如果我们足够幸运，该长度刚好被整数 12 对应. 通常情况 —— 更有可能是最后一个放置的单位并未与长度的末端对齐，此时，毕达哥拉斯学派的几何学家们会添加另一个长度，它与第一个长度相同，再继续度量，这一过程一直重复下去 …… 如果 m 个单位恰好与 n 个长度的末端对齐，那么就称该长度与单位长度是可公度的，并通过比数 (也称有理数) $\frac{m}{n}$ 表示该长度的度量结果. 于是，可公度数或者说有理数就这样产生了.

大家明白，让毕达哥拉斯名垂千秋的是那以他的名字命名的关于直角三角形的不朽定理 (在中国称为勾股定理)：

$$a^2+b^2=c^2,$$

其中 a,b 分别为直角边，c 为斜边. 特别地，当 a 与 b 取单位长度时，即当 $a=b=1$

时有

$$c^2 = 1^2 + 1^2 = 2.$$

这就是说, 单位正方形的对角线的长的平方是 2, 按照现代术语, 该对角线的长是 $\sqrt{2}$. 毕达哥拉斯学派的成员, 利用整数的奇偶性及其数学中的反证法, 从逻辑上证明了 $\sqrt{2}$ 不是可公度数 (即不可比的数), 数学家们称它为无理数. 关于 $\sqrt{2}$ 是无理数的证明方法有很多. 这里仅利用质因数分解定理给出一种极为简明扼要的证明方法:

若 $\sqrt{2} = \dfrac{q}{p}$, 这里 p, q 分别大于 1 而且没有公约数的整数, 则有 $q^2 = 2p^2$. 由算术基本定理可知任何平方数分解质因数都有偶数个质因数, 于是在上述等式的左边有偶数个质因数, 而等式的右边有奇数个质因数, 再由算术基本定理, 这是不可能的. 因此, $\sqrt{2}$ 不是有理数.

$\sqrt{2}$ 是数学史上第一个无理数. 其后, 大约在公元前 425 年, 希腊数学家狄奥多鲁斯又证明了 $\sqrt{3}, \sqrt{5}, \sqrt{6}, \sqrt{7}, \sqrt{8}, \sqrt{10}, \sqrt{11}, \sqrt{12}, \sqrt{13}, \sqrt{14}, \sqrt{15}, \sqrt{17}$ 等都不是有理数. 狄奥多鲁斯的证明已无从考查, 这里证明更为一般的命题.

命题 1.3.1 若 $n \in \mathbf{N}^+$(即正整数集) 不是完全平方数 (即存在 $k \in \mathbf{N}^+$ 使 $k^2 < n < (k+1)^2$), 则 $\sqrt{n}$ 不是有理数.

证 若 $\sqrt{n} = q/p$ 为既约分数, 其中 $p, q > 1$. 由算术基本定理, 存在素数组 $\{q_i\}$ 及 $\{p_i\}$ 使得 $q_1 \leqslant q_2 \leqslant \cdots \leqslant q_m$, $p_1 \leqslant p_2 \leqslant \cdots \leqslant p_n$ 而且有

$$\sqrt{n} = \frac{q}{p} = \frac{q_1 q_2 \cdots q_m}{p_1 p_2 \cdots p_n}, \text{即 } n = \frac{q_1^2 q_2^2 \cdots q_m^2}{p_1^2 p_2^2 \cdots p_n^2},$$

后一等式表明分母 $p_1^2 p_2^2 \cdots p_n^2$ 全部因约分去掉, 因而 $p_i \in \{q_1, q_2, \cdots, q_m\}(i = 1, 2, \cdots)$, 设 $p_i = q_{j_i}(i = 1, 2, \cdots)$, $j_i \in \{1, 2, \cdots, m\}$, 因此既约分数 q/p 有分母大于 1 的公因数 $p_i = q_{j_i}$, 这与 q/p 是既约分数矛盾.

注 仿照上述命题的证明方法可以证明下述更一般的命题.

命题 1.3.2 若 N 与 n 都是大于 1 的正整数, 而且不存在正整数 k 使得 $k^n = N$, 则 $\sqrt[n]{N}$ 必是无理数.

上面介绍的带根号的无理数仅仅是代数无理数的一部分, 所谓代数数就是指整系数方程的根. 关于代数无理数有下述重要结论.

命题 1.3.3 若 $a_i(i = 1, 2, \cdots, n)$ 都是整数, 则 n 次代数方程

$$x^n + a_1 x^{n-1} + a_2 x^{n-2} + \cdots + a_{n-1} x + a_n = 0$$

的实根或者是整数, 或者是无理数.

证 若 n 次代数方程有一个非零的有理根 $x=\dfrac{b}{a}$(这里 $a\geqslant 1$, a 与 b 是没有大于 1 的公约数的整数), 把 $x=\dfrac{b}{a}$ 代入原方程可得

$$\left(\frac{b}{a}\right)^n+a_1\left(\frac{b}{a}\right)^{n-1}+\cdots+a_{n-1}\left(\frac{b}{a}\right)+a_n=0,$$

两边同时乘以 a^{n-1}, 再移项整理可得

$$\frac{b^n}{a}=-(a_1b^{n-1}+a_2ab^{n-2}+\cdots+a_{n-1}a^{n-2}b+a_na^{n-1}).$$

这个等式的右边是整数, 左边是分数, 由假定 a 与 b 没有大于 1 的公约数, 故只能有 $a=1$. 这样, 就证明了 $x=b$. 这就是整系数代数方程的有理根都是整数, 从而非整数的实根必是无理数.

我们很自然要问, 除了由代数方程求根方式产生的无理数之外, 是否还有其他类型的无理数? 数学家们花了九牛二虎之力证明了著名的无理数 e 与 π 都不是代数数 (注意有理数必是代数数). 不是代数数的无理数, 称其为超越数. 康托尔证明了代数数全体是可数集, 而实数集是不可数集, 从而超越数远远多于代数数, 而且超越数集与实数集本身对等 (即可建一一对应), 关于超越数的深入探讨是一个很困难的课题, 这里不展开讨论.

大家不难发现, 通过有理数与无理数的简单代数运算, 我们可以产生许许多多新的无理数. 例如, 形如 $ra+s$(其中 r 与 s 是有理数, $r\neq 0$, a 是无理数) 的类型的数都是无理数. 在已知的无理数的基础上产生新的无理数的方法有很多, 比如利用超越函数 (指数函数、对数函数、三角函数等) 可以产生许许多多新的无理数, 由于篇幅关系, 这里不详细介绍.

上述仅以消极的方式介绍无理数 (即将无理数定义作不是有理数的数), 并没有充分揭示出无理数的本质. 德国数学家戴德金、康托尔、魏尔斯特拉斯在 19 世纪后半叶 (确切地说是在 1872 年) 对这一主题各自进行了探讨, 并且各自得到了一种在数学中具有持久地位的有用定义, 其中戴德金的 "分割" 理论被后人公认为在逻辑上是最合理的, 接下来我们将给予较详细的介绍.

1.3.2 美妙的戴德金分割

1872 年, 德国数学家戴德金在他的著作《连续性与无理数》中发表了他的无理数理论, 但他的思想来源却要回溯到 1858 年. 当时他需要开微积分的课程, 在上课的过程中, 他发现实数系还没有逻辑基础, 微积分中的一些最简单的定理都得借助几何直观来论证, 甚至许多基本的算术定理都没有得到证明, 像等式 $\sqrt{2}\cdot\sqrt{3}=\sqrt{6}$ 从来都没有严格地证明过.

经过长期的深思熟虑之后, 1858 年 11 月 24 日, 戴德金基于有理数建立了他的"分割"理论. 不难推证有理数全体是数直线上的有序稠密集, 但不是连续集. 这就是说, 有理数密密麻麻, 而且有序地分布在数直线上, 然而却没有填满连绵不断的数直线. 建立实数理论的关键技术就在于如何弥补有理数所留下的空隙, 也就是说要解决数系的连续性问题. 戴德金选择了一条与众不同的途径, 即在数直线上定义分割来建立连续性. 通俗地说, 他把数轴想象成无限长的管子, 管中按顺序塞满了有理数, 用一把快刀把这个管子切割成 A 和 B 两段, 并把管子的两个截面露在外面, 这就是集合 A 和 B 的端点. 通过观察两个截面, 如果某一个截面上有数字, 就读取截面上的数; 如果任一个截面上都没有读到数, 那么就说实现了一个无理数的分割. 在戴德金定义分割时只用到了有理数, 这样就避免了以往用无理数定义无理数的缺陷. 下面, 我们正式给出戴德金分割的数学定义.

定义 1.3.1 设有理数集 $\mathbf{Q}$ 的两个非空子集 A 与 B 满足下述条件:

(1) $Q = A \cup B$(不漏),

(2) $\forall a \in A, b \in B$ 都有 $a < b$(不乱).

则称 (A, B) 是有理数集 Q 的一个分割.

注 从逻辑上讲, 有理数集 Q 的任何分割 (A, B), 下述四知情况有且仅有一种出现:

(1) 集合 A 有最大数 a_0, 集合 B 没有最小数;

(2) 集合 A 没有最大数, 集合 B 有最小数 b_0;

(3) 集合 A 没有最大数, 集合 B 没有最小数;

(4) 集合 A 有最大数 a_0, 集合 B 有最小数 b_0.

上述情况 (4) 不可能发生. 这是因为由定义, 有 $a_0 < b_0$, 由于 $\dfrac{a_0 + b_0}{2} \in Q$, 但

$$a_0 < \frac{a_0 + b_0}{2} < b_0,$$

于是由定义可得 $\dfrac{a_0 + b_0}{2}$ 既不属于 A 也不属于 B, 这与 $Q = A \cup B$ 矛盾!

对于情况 (1), 分割 (A, B) 产生了有理数 a_0; 对于情况 (2), 分割 (A, B) 产生了有理数 b_0; 对于情况 (3), 就有理数集 $\mathbf{Q}$ 而言, 集合 A 与 B 之间存在一个"空隙", 为弥补这里的"空隙", 必须引进新的数 $\alpha = (A, B)$ 标记这一分割, 并称其为无理数.

定义 1.3.2 设 (A, B) 是有理数集 $\mathbf{Q}$ 的一个分割, 如果 A 中没有最大数, B 中没有最小数, 则称分割 (A, B) 定义了一个无理数 $\alpha = (A, B)$, 这里的 α 大于 A 中的任何有理数, 同时小于 B 中的任何有理数. 进一步, 有理数与无理数统称为实数, 实数集用 $\mathbf{R}$ 表示.

戴德金还利用不是完全平方数的平方根, 对不是由有理数产生的分割作了如下说明:

设 D 是正整数, 但它不是某个整数的平方, 则存在一个正整数 λ, 使得

$$\lambda^2 < D < (\lambda+1)^2.$$

如果我们指定 B 中的数 b 为任何平方大于 D 的正有理数, 所有其他的有理数 a 都归在 A 中. 这样得出的分类得出一个分割 (A, B), 即满足 A 中的每个数 a 小于 B 中的每个数 b, …… 这一分割就不是由有理数产生的.

按照现在的术语, 戴德金的上述说明中的 λ 就是 $\sqrt{D}$ 的整数部分, 他在这里说明了像 $\sqrt{2}$, $\sqrt{5}$ 这样的数都是无理数. 进一步, 戴德金还利用他的分割定义了实数的序与实数的代数运算, 以及实数的连续性 (即对实数集作分割不会产生新的数). 由于篇幅关系, 这里不再展开.

点评 戴德金实质上已经在使用无限集来定义实数. 因此, 实数系是以无穷这一概念作为严格基础的. 这就是说, 构建实数理论是无法回避无穷的. 戴德金虽然在逻辑上滴水不漏地定义了他的分割, 但并没有说明将怎样去实施他的分割, 用一句通俗的语言来说, 戴德金的分割 "能切得下点, 但找不到点". 尽管戴德金的实数理论, 曾被当时的数学界誉为人类智慧最美丽的创造物, 可能由于其实际应用不强的原因, 如今并没有被广泛地流传. 如今普遍使用的反而是逻辑上并不那么严密的利用十进制小数表示的实数理论.

1.3.3 实数的十进制小数表示

十进制小数体系的发明给实数的表示与计算都带来了巨大便利, 它使用一个点将一个实数的整数部分和小数部分 (分数部分) 分开. 现在大家普遍习惯于用无限十进制小数表示实数, 常把正实数写作

$$z.a_1a_2a_3\cdots a_n\cdots$$

的形式, 其中 z 表示整数部分, $a_i(i=1,2,\cdots,n,\cdots)$ 分别取 $0\sim 9$ 中的某个数字. 整数与有限小数都可以用两种不同的方式表示为无限十进制小数, 比如

$$0.577 = 0.577000000\cdots = 0.5769999\cdots,$$

$$-3 = -3.000000\cdots = -2.999999\cdots.$$

为防止引起使用混乱, 需要规定其中一种, 通常用循环节 9 的无限循环小数表示. 实数的无限十进制小数的逻辑合理性解释需要级数收敛理论来解释 (暂时跳过). 这里仅通过具体的例子作一些直观说明.

从几何直观上看, 实数的无限十进制小数表示建立在单位区间连续十等分基础之上. 预设表示非零小数的点 P 始终不会作为子区间的一个端点 (并默认永远不与最右边子区间的右端点重合), 但是, P 能够以我们所希望的任意精确度包含在越来越小的十进位划分的区间中. 这近似过程可以描述如下:

不妨假设点 P 在第一个单位区间 $[0,1]$ 内. 我们把这个区间分为十等分, 每个长为 10^{-1}, 并且发现, 如 P 在第三个这样的区间内. 这时我们能说 P 在十进位小数 0.2 和 0.3 之间. 我们把 0.2 到 0.3 这区间又分为十等分, 每个长为 10^{-2}. 例如, 发现 P 在第四个这样的区间内. 再把它十等分, 我们发现 P 在第一个长为 10^{-3} 的区间内, 现在我们能说 P 在 0.230 和 0.231 之间. 这过程能无限地继续进行下去, 而引出一个无穷的数码序列 $a_1, a_2, a_3, \cdots, a_n, \cdots$, 它存在下述性质:

不论我们取多么大的 n, 点 P 总在区间 I_n 中, 这 I_n 的左端点是十进位小数 $0.a_1a_2\cdots a_n$, 它的右端点是 $0.a_1a_2\cdots a_{n-1}(a_n+1)$, I_n 的长度是 10^{-n}.

如果我们不断选取 $n=1,2,3,\cdots$, 我们看到这些区间 $I_1, I_2, \cdots$ 中的每一个包含在前一个之中, 而它们的长度为 $10^{-1}, 10^{-2}, 10^{-3}, \cdots$, 趋向于零. 我们说点 P 包含在一串十进位区间的区间套中.

例如, P 点为有理数 $\frac{1}{3}$ 时, 所有数码 $a_1, a_2, a_3, \cdots$ 都等于 3, P 包含在每一个这样的区间 I_n 内: I_n 由 $0.333\cdots33$ 到 $0.333\cdots34$, 即 $\frac{1}{3}$ 大于 $0.333\cdots33$ 而小于 $0.333\cdots34$, 这里数码的个数可以任意多. 我们这样来表述这个事实, n 个数码的十进位小数 $0.333\cdots33$, 当 n 增大时, "趋向于 $\frac{1}{3}$", 写成

$$\frac{1}{3} = 0.333\cdots,$$

后面这些点表示这十进位小数 "无限" 伸展.

1. 有理数与循环小数

定义 1.3.3 在形如 $a_0.a_1a_2\cdots a_mb_1b_2\cdots b_n\cdots$ 的无限小数中, 如果存在自然数 r 使得 $b_{kr+i}=b_i, i=1,2,\cdots,r-1,r; k=1,2,\cdots$, 则称其为无限循环小数. 并称 $b_1b_2\cdots b_r$ 为其循环节, 并简单地记作 $a_0.a_1a_2\cdots a_m\dot{b}_1b_2\cdots\dot{b}_r$. 如果 $m=0$, 则称其为纯循环小数, 否则称其为混合循环小数.

英国数学家瓦里斯 (J.Wallis,1616~1703) 在 1696 年把既约分数与无限循环小数等同起来. 这样, 无限循环小数就可作为有理数的一个等价定义. 这个事实的逻辑证明并不太困难, 由于篇幅太长, 这里仅给出简单的直观说明.

假如有理数 $\frac{p}{q}$ 不是有限十进位小数, 那么通过不断地作除法能表示为一个无限的十进位小数. 在这过程中每次必然有一个非零的余数, 否则这十进位小数是有

限的. 在除的过程中出现的所有不同余数将是 1 和 $q-1$ 之间的整数, 所以最多只能有 $q-1$ 个不同的余数值, 这意味着, 最多除 q 次, 某个余数 k 将第二次出现. 但由此随后而来的所有余数, 将按照余数 k 第一次出现后它们出现的同样次序重复. 这说明任何有理数的十进位小数表示式是循环的; 开始出现有限个数码, 随后同样的一个数码或一组数码将无限次地再现.

以下举几个具体的例子.

$$\frac{1}{6}=0.166\,66\cdots=0.1\dot{6};$$

$$\frac{1}{7}=0.142\,857\,142\,857\cdots=0.\dot{1}4285\dot{7};$$

$$\frac{1}{11}=0.090\,909\cdots=0.\dot{0}\dot{9};$$

$$\frac{11}{90}=0.122\,222\cdots=0.1\dot{2};$$

$$\frac{15}{308}=0.048701298701\cdots=0.04\dot{8}7012\dot{9}.$$

前面已经介绍过, 有限十进位小数可以表示为无限十进位小数, 比如 $0.5=0.499999\cdots=0.4\dot{9}$ 等. 反之, 利用无穷等比级数的性质, 每个循环小数都可以化为既约分数. 例如

$$0.\dot{1}\dot{6}=0.16+0.0016+0.000016+\cdots=\frac{0.16}{1-0.01}=\frac{16}{99},$$

$$0.33\dot{2}=\frac{33}{100}+\frac{2}{10^3}\left(1+\frac{1}{10}+\frac{1}{10^2}+\cdots\right)=\frac{33}{100}+\frac{2}{1000}\cdot\frac{10}{9}=\frac{2990}{9000}=\frac{299}{900}.$$

对于更一般的情形可作如下推导:

不妨设无限循环小数 $x_*=a_0.a_1a_2\cdots a_m\dot{b}_1b_2\cdots\dot{b}_r$, 再令 $B=0.b_1b_2\cdots b_r$, 则

$$x_*=a_0.a_1a_2\cdots a_m+10^{-m}B(1+^{-r}+10^{-2r}+10^{-3r}+\cdots),$$

由几何级数求和公式可得

$$1+10^{-r}+10^{-2r}+10^{-3r}+\cdots=\frac{1}{1-10^{-r}}=\frac{10^r}{10^r-1},$$

这样我们就有 $x_*=a_0.a_1a_2\cdots a_m+\dfrac{10^rB}{10^m(10^r-1)}$.

评注 如果学习过正项级数的基本知识, 那么还可以利用解代数方程的方法把循环小数化为分数. 例如, 转化 $0.\dot{1}\dot{6}$, 令 $x=0.\dot{1}\dot{6}$, 则 $100x=16.\dot{1}\dot{6}$(这里用到正项级数的知识), 因此 $100x=16+x$, 因此有 $x=16/99$. 另外, 通过分子分母同时乘以 10^n, 再通过约分, 就可以很轻松地把有限十进位小数化为分数.

2. 无理数与无限不循环小数

德国数学家 F· 克莱因 (F·Klein,1849~1925) 认为, 在某种程度上说, 无理数的一般概念是考虑十进制小数的结果. 沃利斯把有理数等同于无限循环小数, 那么人们就很自然地想到把无限不循环小数命名为无理数.

德国数学家施笃兹 (Otto Stolz,1842~1905) 在他的著作《一般算术教程》(1886年出版) 中证明了每个无理数都可以表示成无限十进制不循环小数这一重要结论, 其后人们就无意识地把这个事实用来定义无理数. 现行中学教科书中就是用这种方式定义无理数的, 无限十进制不循环小数只不过是无理数的一种表示方式, 将其作为定义, 在逻辑上说是不完善的. 当然, 按照不循环的生成原则, 我们可以很容易地构造出所谓的无理数, 比如下面的实数

$$0.101\,001000100001000001\cdots$$

1 个 0 后跟 1, 2 个 0 后跟 1, 3 个 0 后跟 1, $\cdots$ 这样一直下去, 显然不出现重复块, 也就是说该实数不是循环小数, 从而是无理数.

另外, 数学家们已经求得无理数 π 的无限十进位小数的前 30 位数字是

$$3.141\,592\,653\,589\,793\,238\,462\,643\,383\,279\cdots.$$

尽管数学家已经清楚, 上述展开式永远不会成为无限循环的形式 (因为已用反证法证明 π 不是有理数), 但是我们不能说, 这里的无限小数就是 π. 因为到目前为止, 人类根本没有能力证实没有任何规律的具体无限小数是不循环小数. 借用德国数学家斯蒂费尔 (Ethan Stiefel , 1487~1567) 的一句话, 在无限小数展开中结尾的无规律性表明无理数隐藏在 “无穷广大的云雾之中”. 由此看来, 人类要真正认识无理数还有很长的路要走, 到目前为止, 最好的办法是人们能通过无限多个有理数逼近一个无理数的过程去认识无理数. 实际上, 任何无理数都需要通过无限多个有理数才能将其确定, 在这里我们又再次看到, 理解数学中的无穷有何等重要. 不管怎么说, 无限十进制小数作为认识实数的工具, 明显具有不可替代的作用, 因为它非常直观而且很容易理解.

1.3.4 实数集的上 (下) 确界

目前国内不少数学分析教材都将确界原理作为极限理论的基础, 确界理论也曾经为丰富实数理论作出很大贡献, 而且确界概念蕴涵着丰富的数学思想. 这里将介绍与确界理论相关的数学基本知识.

定义 1.3.4(最大数与最小数) 设 S 是实数集的子集. 如果存在 $\xi \in S$, 使得 $\forall x \in S$ 都有 $x \leqslant \xi$, 则称 ξ 是数集 S 中的最大数, 记作 $\xi = \max S$(其中 max 是

maximum 的缩写). 通过改变不等号的方向, 类似地可定义 S 中的最小数, S 的最小数用 $\min S$ 表示 (其中 min 是 minimum 的缩写).

点评 在追求个人利益最大化的经济社会中, $\max S$ 与 $\min S$ 是很容易理解的数学概念. 在现实生活中, 人们通常喜欢 “max”(灾害例外), 但也有例外, 比如有不少商品是用 “迷你”(mini) 命名的. 比较有趣的事情是数学工作者往往喜欢 “无穷小” 而不习惯于 “无穷大”(“大” 了难以 “把握”).

由定义可见, 当 S 是非空有限数集, 即 S 只含有有限个实数时, $\max S$ 与 $\min S$ 显然存在, 而且 $\max S$ 就是这有限个实数中的最大者, 而 $\min S$ 就是这有限个实数中的最小者. 但与 S 是实数集 R 的无限子集时, 最大数与最小数未必存在. 例如, 集合 $A=\{x|x\geqslant 0\}$ 显然没有最大数, 但有最小数 $\min A=0$; 集合 $B=\{x|1<x\leqslant 2\}$ 有最大数, 却没有最小数 (用反证法证之).

定义 1.3.5(上界与下界) 设 S 是实数集 $\mathbf{R}$(有序数集!) 的子集. 如果存在 $M\in\mathbf{R}$ 使得 $\forall x\in S$ 都有 $x\leqslant M$, 则称 S 是有上界的数集 (M 是 S 的一个上界); 类似地可定义数集的下界. 当数集 S 既有上界又有下界时, 称其为有界集; 若 S 不是有界集时, 称其为无界集.

由定义不能证明 $\mathbf{N}^+=\{n|n$ 为正整数$\}$有下界 (不超过 1 的任何实数都是它的下界) 但无上界 (用取整的方法反证之); 实数集的任何有限子区间都是有界数集而无限区间是无界集. 有上 (下) 界的数集的上 (下) 界可以有无穷个, 但最小 (大) 的上 (下) 界 (如果存在的话) 必定是唯一, 其地位的重要性显然易见, 这就是接下来要介绍的上 (下) 确界.

定义 1.3.6(上确界与下确界) 设 S 是实数集 $\mathbf{R}$ 的子集. 如果 η 是数集 S 的一个上界, 而且 $\forall\beta<\eta$, $\exists x_\beta\in S$ 使得 $x_\beta>\beta$, 则称 η 是数集 S 的上确界, 记作 $\eta=\sup S$(其中 sup 是 supremum 的缩写). 等价说法如下:

$$\eta=\sup S\Leftrightarrow\forall x\in S\text{有}x\leqslant\eta\text{而且}\forall\varepsilon>0,\quad\exists x_\varepsilon\in S\text{使得}x_\varepsilon>\eta-\varepsilon.$$

如果 ξ 是数集 S 的一个下界, 而且 $\forall\alpha>\xi$, $\exists x_\alpha\in S$ 使得 $x_\alpha<\alpha$, 则称 ξ 是 S 的下确界, 记作 $\xi=\inf S$(其中 inf 是 infimum 的缩写). 等价说法如下:

$$\xi=\inf S\Leftrightarrow\forall x\in S\text{有}x\geqslant\xi\text{而且}\forall\varepsilon>0,\text{必存在}x_\varepsilon\in S\text{使得}x_\varepsilon<\xi+\varepsilon.$$

注 如果 S 是 R 中无上界的子集, 规定 $\sup S=+\infty$, 如果 S 是 R 中无下界的数集, 规定 $\inf S=-\infty$. 为省事起见, 若不作特别说明, 通常假定 S 是有界数集.

背景聚焦 在数学历史上, 德国数学家魏尔斯特拉斯等伟人曾经想通过确界概念的引入建立 “确界理论” 为完善极限理论奠基, 可惜这套理论在论证上不能自足 (无法回避实数存在性即极限的存在性). 尽管上 (下) 确界是体现数学简洁美最好的数学概念 (工具) 之一, 而且这套理论在实际应用中非常有效率 (“秩序” 与 “量度"有机结合的典范), 但数学史家们并没有给魏尔斯特拉斯等在构建"实数理论"的功劳薄中记上一笔, 少许有点美中不足之感.

由定义不难证明, 非空有界数集 S 的上 (下) 确界与最大 (小) 数具有下述关系:

(1) $\sup S = \eta \in S \Leftrightarrow \eta = \max S$; (2)$\inf S = \xi \in S \Leftrightarrow \xi = \min S$.

为了加深对确界概念的理解, 接下来举几个例子.

例 1.3.1 设 $A = \left\{\frac{m}{n} | m, n \in \mathbf{N}^+, m < n\right\}$. 求证:

(1) $\max A$ 与 $\min A$ 不存在; (2) $\sup A = 1$, $\inf A = 0$.

证 (1) $\forall m, n \in \mathbf{N}^+$, 若 $m < n$, 则 $2m < 2n$, 且 $2m + 1 < 2n$, 再由

$$\frac{2m-1}{2n} < \frac{m}{n} = \frac{2m}{2n} < \frac{2m+1}{2n},$$

可知 $\max A$ 与 $\min A$ 不存在.

(2) $\forall \varepsilon > 0$, 要 $\dfrac{n}{n+1} = 1 - \dfrac{1}{n+1} > 1 - \varepsilon$, 只要 $\dfrac{1}{n+1} < \varepsilon$, 即 $n + 1 > 1/\varepsilon$, 令 $n = [1/\varepsilon]$, 则 $n + 1 > 1/\varepsilon$, 因此 $\sup A = 1$, 同理可证 $\inf A = 0$.

例 1.3.2 设 A, B 是 R 的非空子集, 且 $\forall x \in A$, $\forall y \in B$ 有 $x < y$, 则 $\sup A \leqslant \inf B$.

证 任何 $y \in B$ 都是 A 的上界, 因此 $\sup A$ 存在, 而且 $\forall y \in B$ 有 $\sup A \leqslant y$, $\sup A$ 是 B 的一个下界, 因此 $\inf B$ 存在, 而且 $\inf B \geqslant \sup A$.

例 1.3.3 设 A, B 是给定的有界数集, $A + B = \{x + y | x \in A, y \in B\}$. 求证:

$$(1)\ \sup(A + B) = \sup A + \sup B,\ (2)\ \inf(A + B) = \inf A + \inf B.$$

证 (1) 易见 $\sup(A + B) \leqslant \sup A + \sup B$, 由定义 $\forall \varepsilon > 0$, $\exists x_\varepsilon \in A$, $y_\varepsilon \in B$ 使得 $x_\varepsilon > \sup A - \varepsilon/2$, $y_\varepsilon > \sup B - \varepsilon/2$, 于是有

$$\sup(A + B) \geqslant x_\varepsilon + y_\varepsilon > \sup A + \sup B - \varepsilon,$$

再由 ε 的任意性可得 $\sup(A + B) \geqslant \sup A + \sup B$.(2) 类似可证.

确界理论中最重要的结果是下述确界存在定理, 也称确界原理, 通常被认为极限理论的重要基础之一, 经常被应用, 需要引起足够重视.

定理 1.3.1(确界存在定理) 若 S 是 $\mathbf{R}$ 中有上界 (相应地有下界) 的子集, 则 $\sup S$(相应地 $\inf S$) 必定存在 (这里的存在指 $\sup S \in \mathbf{R}$).

该定理的证明需要用到实数的十进制小数表示 (从本质上说涉及无穷级数收敛问题), 而且篇幅较长, 这里从略.

点评 确界存在定理反映了实数系连续性这一基本性质, 这可以从几何上加以理解: 假若实数全体不能布满整条数轴而是留有"空隙", 则"空隙"左边的数集

就没有上确界, "空隙" 右边的数集就没有下确界. 比如, 由于有理数集合 $\mathbf{Q}$ 在数轴上有 "空隙", 它就不具备实数集合 $\mathbf{R}$ 所具有的 "确界存在定理", 也就是说: $\mathbf{Q}$ 内有上 (下) 界的集合 T 未必在 $\mathbf{Q}$ 内有它的上 (下) 确界. 以下举一个具体的例子.

例 1.3.4 设 $A=\{x|x\in\mathbf{Q},x>0\text{ 而且 }x^2<2\}$. 求证: A 在 $\mathbf{Q}$ 内没有上确界 (事实上 $\sup A=\sqrt{2}!$).

证 假设 A 在 $\mathbf{Q}$ 内有上确界, 记 $\sup A=\dfrac{n}{m}(m,n\in\mathbf{N}^+$, 而且 m,n 互质).

(1) 由于有理数的平方不能等于 2, 记 $r=\dfrac{n}{m}$, 不可能有 $r^2=2$;

(2) $r^2>2$ 不可能. 事实上, 若 $r^2>2$, 那么只要找到正有理数 ε 使得 $r-\varepsilon>0$ 且

$$(r-\varepsilon)^2>2,$$

就可导出 r 不是 A 的最小上界. 其实, 此时我们可用下述方法把 ε 找出来:

由 $(r-\varepsilon)^2>2$ 得 $r^2-2r\varepsilon+\varepsilon^2>2$, 移项整理得

$$2r\varepsilon-\varepsilon^2<r^2-2.$$

任取正有理数 $\varepsilon<\min\left\{r,\dfrac{r^2-2}{2r}\right\}$ 就有

$$2r\varepsilon-\varepsilon^2<2r\varepsilon<r^2-2,$$

这样就有 $r-\varepsilon>0$ 而 $(r-\varepsilon)^2>2$;

(3) $r^2<2$ 不可能. 事实上, 若 $r^2<2$, 那么只要找到正有理数 ε' 使得

$$(r+\varepsilon')^2<2,$$

就可导出 r 不是 A 的上界. 此时, 我们可用下述方法把正数 ε' 找出来, 由

$$(r+\varepsilon')^2<2\Leftrightarrow r^2+2r\varepsilon'+(\varepsilon')^2<2\Leftrightarrow 2r\varepsilon'+(\varepsilon')^2<2-r^2,$$

选取正有理数 $\varepsilon'<\min\left\{2r,\dfrac{2-r^2}{4r}\right\}$, 则有

$$2r\varepsilon'+(\varepsilon')^2<r\varepsilon'<2-r^2,$$

即 $(r+\varepsilon')^2<r$ 而且 $r<r+\varepsilon'$.

综上所述, A 在 $\mathbf{Q}$ 内没有上确界.

1.3.5 实数集的主要性质及其常用不等式

1. 实数集的主要性质

实数集的基本性质可由 18 条实数公理来刻划, 这里仅介绍常用的 6 条主要性质.

(1) 一一对应关系　实数集 $\mathbf{R}$ 与实数轴可以建立一一对应关系, 即每个实数对应于实数轴上的唯一的一点; 实数轴上的每个点对应唯一的实数.

(2) 四则运算封闭性　实数集 $\mathbf{R}$ 对加、减、乘、除 (除数不为 0) 四则运算是封闭的, 即任意两个实数的和、差、积、商 (除数不为 0) 仍然是实数.

(3) 有序性　任给实数 x 与 y, 下述关系有且仅有一个成立:

$$\text{(i) } x < y, \text{ (ii) } x > y, \text{ (iii) } x = y.$$

(4) 传递性　实数集 $\mathbf{R}$ 上的大小关系具有传递性, 即若 $a > b$, $b > c$, 则有 $a > c$.

(5) 阿基米德性质　任给正实数 $h > 0$, $a > 0$, 必有 $n \in \mathbf{N}^+$ 使得

$$(n-1)h \leqslant a < nh.$$

(6) 稠密性　任给实数 $x < y$, 必有有理数 r 及无理数 q 使得

$$x < r < y, \quad x < q < y.$$

(1)~(4) 需从实数的定义 (即实数的构造) 出发给予证明, 由于篇幅关系, 这里略. 下面给出 (5)、(6) 的逻辑证明:

证　(5) 令 $n = [a/h]+1$(其中 $\forall x$, $[x]$ 表示不超过 x 的最大整数, $x = [x]+(x-[x])$, $\{x\} = x-[x]$ 称为 x 的小数部分, 易见 $0 \leqslant \{x\} < 1$). 由 $[a/h] \leqslant a/h < [a/h]+1$ 可得

$$[a/h]h \leqslant a < ([a/h]+1)h,$$

于是有 $(n-1)h \leqslant a < nh$.

注　阿基米德性质中的 $a > 0$ 可换作任何实数 (相应地把 n 换作整数).

(6) 由 $y-x > 0$ 及 $1 > 0$ 必存在 $m \in \mathbf{N}^+$ 使得

$$m(y-x) > 1,$$

由于区间 (mx, my) 的长度超过 1, 令 $n = [mx]+1$, 则必有 $n \in (mx, my)$, 于是

$$x < n/m < y;$$

由刚才所证, 必有有理数 $q \in (\sqrt{2}x, \sqrt{2}y)$, 即 $x < q/\sqrt{2} < y$.

2. 实数集上的常用不等式

(1) 实数集上的三角不等式　若 $a, b \in \mathbf{R}$, 则

$$||a| - |b|| \leqslant |a \pm b| \leqslant |a| + |b|.$$

证明思路　右边不等式两边通过平方即得, 左边只要注意到

$$|a| = |a \pm b \mp b| \leqslant |a \pm b| + |b|$$

及对称性即得.

(2) 算术根不等式　若 a, b 是非负实数, $n \in \mathbf{N}^+$, 则

$$|\sqrt[n]{a} - \sqrt[n]{b}| \leqslant \sqrt[n]{|a-b|}.$$

证明思路　不妨设 $a > b \geqslant 0$, 由二项式定理有

$$(\sqrt[n]{a-b} + \sqrt[n]{b})^n \geqslant (\sqrt[n]{a-b})^n + (\sqrt[n]{b})^n = a,$$

两边再开 n 次方即得.

(3) 伯努利不等式　若 $h \in R$ 且 $h > -1$, $n \in \mathbf{N}^+ (n \geqslant 2)$, 则

$$(1+h)^n \geqslant 1 + nh,$$

其中等号成立当且仅当 $h = 0$.

证明思路　当 $n = 2$ 时显然成立. 若 $n = k$ 时有

$$(1+h)^k \geqslant 1 + kh,$$

当 $n = k + 1$ 时, 由

$$(1+h)^{k+1} = (1+h)^k(1+h) \geqslant (1+kh)(1+h) = 1 + (k+1)h + kh^2 \geqslant 1 + (k+1)h$$

及数学归纳法可知需证不等式成立, 等号成立的条件可由证明推导过程可得.

(4) 平均值不等式　若 $\{x_i\}_{i=1}^n$ 是给定的正实数组, 则

$$n\left(\frac{1}{x_1} + \frac{1}{x_2} + \cdots + \frac{1}{x_n}\right)^{-1} \leqslant \sqrt[n]{x_1 x_2 \cdots x_n} \leqslant \frac{1}{n}(x_1 + x_2 + \cdots + x_n),$$

其中等号成立当且仅当 $x_1 = x_2 = \cdots = x_n$.

先证下述引理.

引理 1.3.1　若 $\{x_i\}_{i=1}^n$ 是给定的正实数组且 $x_1 x_2 \cdots x_n = 1$, 则

$$x_1 + x_2 + \cdots + x_n \geqslant n,$$

其中等号成立当且仅当 $x_1 = x_2 = \cdots = x_n = 1$.

证 当 $n = 2$ 时显然成立.

假设 $n = k$ 时命题成立, 当 $n = k + 1$ 时, 分两种情形:

若 $x_1 = x_2 = \cdots = x_n = 1$, 则等号成立;

若有一个比如 $x_1 > 1$, 必有另一个比如 $x_2 < 1$, 于是有

$$(x_1 - 1)(1 - x_2) > 0,$$

即 $x_1 + x_2 > 1 + x_1x_2$, 由归纳假设有

$$x_1 + x_2 + x_3 + \cdots + x_{k+1} > 1 + x_1x_2 + x_3 + \cdots + x_{k+1} \geqslant 1 + k,$$

由数学归纳法证得所证不等式成立, 至于等号成立的条件可在推理过程中获得.

(5) 的证明思路 若 $\{x_i\}_{i=1}^n$ 是给定的正实数组, 由

$$t_i = \frac{x_i}{\sqrt[n]{x_1x_2\cdots x_n}} \ (i = 1, 2, \cdots, n)$$

代入引理中的 x_i 即得右边的不等式成立.

如果用 $\{x_i^{-1}\}_{i=1}^n$ 代替 $\{x_i\}_{i=1}^n$ 代入右边的不等式重新整理可得左边的不等式.

(6) 分数介值不等式 若 $\{a_i\}_{i=1}^n$ 是给定的实数组, $\{b_i\}_{i=1}^n$ 是给定的正实数组, 则

$$\min_{1\leqslant i\leqslant n}\{a_i/b_i\} \leqslant \frac{a_1 + a_2 + \cdots + a_n}{b_1 + b_2 + \cdots + b_n} \leqslant \max_{1\leqslant i\leqslant n}\{a_i/b_i\}.$$

证明思路 不妨设 $\dfrac{a_1}{b_1} \leqslant \dfrac{a_2}{b_2} \leqslant \cdots \leqslant \dfrac{a_n}{b_n}$, 于是有

$$\frac{a_1}{b_1}b_i \leqslant a_i \leqslant \frac{a_n}{b_n}b_i \ (i = 1, 2, \cdots, n)$$

对上述不等式组连加再除以 $\sum\limits_{i=1}^n b_i$ 即得.

实数逻辑思考题

思考题 1 设 a, b 是实数. 若 $|a+b|$ 与 $|a-b|$ 都小于 $1/2$, 试问 $|a|$ 与 $|b|$ 中是否有一个有可能不小于 $1/2$?

思考题 2 设 a, b 是实数. 试问 $|a+b|, |a-b|$ 与 $|1-b|$ 中至少有一个不小于 $1/2$?

思考题 3 设 a, b 是实数. 若 $|a|$ 与 $|b|$ 都小于 1, 试问 $\left|\dfrac{a+b}{1+ab}\right|$ 是否也小于 1?

第 2 章

捕 捉 无 穷

在日常生活中, 我们经常听到: “挑战生命极限, 挑战生存极限, 挑战体能极限, ……” 我们还会听到: “不要再刺激我, 我的忍让已到极限了” 等等, 这里所说的 “极限”, 所表述的仅仅是某种心理状态, 或者说是某一种思维 “界限”, 而且这种 “界限” 是难以逾越的. 在数学中, 极限是一个既高雅又漂亮的数学概念, 它源自人们对变量变化趋势的研究, 用之描述变量在一定的变化过程中的终极状态. 最初数学家们为使初期漏洞百出的微积分理论能自圆其说, 创建了极限概念, 如今极限已成为帮助人们捕捉无穷的一种重要数学工具.

德国大数学家希尔伯特说: “无穷在数学分析中起主导作用, 在某种意义上, 数学分析就是有关无穷的交响乐. 在数学分析中所获得的巨大进展, 主要是对无限多元素的数学系统进行运算的结果.” 其实, 在具有无穷个元素的数学系统里进行的数学运算正是各种各样的极限运算. 极限运算是一种用 “可以操作的有限” 去把握 “无法接触的无限” 的数学方法, 是一种 “从有限中找到无限, 从暂时中找到永久, 并且使之确定起来” 的辩证思想. 人们研究极限运算的目的在于探索与认识无穷世界中的 “秩序”.

体现 “人类精神的最高胜利” 的微积分奠基在极限这块基石上. 极限方法是微积分的主要研究方法. 微积分中要研究的一系列重要概念, 比如函数的连续性、可微性及可积性等都需要借助严密的极限概念来定义. 简单地说, 微积分就是用极限作工具研究函数性态及其应用的一门分析学科. “极限” 是微积分这座精美绝伦的壮丽殿堂的 “主脉络”, 抽掉极限这根 “筋”, 微积分将会成为没有架构的杂木堆积. 实际上, 我们把 “微积分” 更名为 “极限学” 也很贴切. 本章分 3 节介绍极限的基本知识及其极限的数学文化内涵.

2.1 数列极限

所谓数列, 就是指按照一定的顺序把若个数排成一列, 通常用 $\{a_n\}$, $\{x_n\}$ 等数学符号表示. 数列极限是最简单的极限, 直观易懂, 遵照循序渐进的原则, 学习极限通常都从学习数列极限入手.

2.1.1 数列极限概念

不少微积分教材都以中国古代哲学家庄周所著的《庄子 · 天下篇》中所引用的一句话"一尺之棰, 日取其半, 万世不竭"作为引子介绍数列极限的含义. 同样一件事情, 西方的微积分却以生动的爱情故事的面目呈现.

骑士佐罗前往 1km 外的城堡, 跟住在那里的美丽公主会面, 但他却被万恶的女魔施了魔法. 佐罗前往城堡的过程中, 每到达距离的一半总要与魔鬼搏斗, 战胜魔鬼之后才能继续前进. 试问佐罗最终能否到达心仪的公主那里呢?

我们明白, 最初佐罗只前进了 1km 的一半 0.5km, 接着他又前进了 0.25km, 再接着是 0.125km⋯⋯ 也许有人认为"到达城堡的距离不断地在缩短, 只要前进若干回, 总能到达城堡." 是这样吗? 既使到达城堡的距离最终"剩下 1cm", 接下来可以前进的距离也只有 0.5cm, 再接下来还剩 0.25cm⋯⋯ 总是会剩下一半的距离.

啊! 难道佐罗永远不能到达城堡吗? 到达城堡的"剩下距离"可用数学语言表述如下:

$$\text{第一次前进后所剩的距离} = 0.5\text{km} = \left(\frac{1}{2}\right)^1 \text{km},$$

$$\text{第二次前进后所剩的距离} = 0.25\text{km} = \left(\frac{1}{2}\right)^2 \text{km},$$

$$\text{第三次前进后所剩的距离} = 0.125\text{km} = \left(\frac{1}{2}\right)^3 \text{km},$$

⋯⋯

$$\text{第 } n \text{ 次前进后所剩的距离} = \left(\frac{1}{2}\right)^n \text{km},$$

⋯⋯

当 n 不断增大, 剩下的距离无限趋近于 0. 但是, 不管正整数 n 有多大, 剩下的距离不可能为 0.

这里所遇到的事情, 数学上将用 $\lim\limits_{n\to\infty}\left(\frac{1}{2}\right)^n = 0$ 这样的术语来表述. 接下来, 我们介绍数列极限的数学定义.

定义 2.1.1 设 $\{a_n\}$ 是给定的实数列, $a \in \mathbf{R}$. 如果 $\forall \varepsilon > 0$, $\exists N$(与 ε 有关), 使得 $\forall n > N$ 有 $|a_n - a| < \varepsilon$, 则称数列 $\{a_n\}$ 以 a 为极限, 并记作 $\lim\limits_{n\to\infty} a_n = a$.

数列极限的几何直观解释如下:

数列 $\{a_n\}$ 以 a 为极限 $\Leftrightarrow \forall \varepsilon > 0$, $\{a_n\}$ 至多只有有限项落在区间 $(a-\varepsilon, a+\varepsilon)$ 之外 (注: 不能说成有无穷多项落在 $(a-\varepsilon, a+\varepsilon)$ 之中).

按照数学逻辑常识，我们可以推得：

数列 $\{a_n\}$ 不以 a 为极限 $\Leftrightarrow \exists\varepsilon_0>0, \forall N, \exists n_N>N$ 使得 $|a_{n_N}-a|\geqslant\varepsilon_0$(即落在区间 $(a-\varepsilon_0, a+\varepsilon_0)$ 之外有无穷多项).

习惯上，我们称有极限的数列为收敛数列，而称不收敛的数列为发散数列. 例如，$\left\{\dfrac{1}{2^n}\right\}$, $\left\{\dfrac{n}{n+1}\right\}$, $\left\{2+\dfrac{(-1)^n}{n}\right\}$ 等都是收敛数列; 而 $\{(-1)^n\}$, $\{n^2\}$ 等都是发散数列.

背景聚焦 数学符号"∀"与"∃"由德国数学家弗雷格 (G.F.L.Frege, 1848~1925) 在 1884 年出版的《数论的基础》一书首先使用. "∀"表示"任意给定","任意一个"的英语单词是"any",首个字母 a 的大写"A"的上下对称便是"∀";"存在"的英语单词是"exist",首个字母 e 的左右对称便是"∃";"ε"是英语单词"error"(误差) 的第一个字母 e 的大写字母"E"的变型.

极限符号"lim"是英语单词的"limit"的缩略语，当然省略掉的不仅仅是"it". 换句话说，这里的省略手法很意味很深长，讲不清楚的东西就略去吧! 符号"lim"在德国数学家西蒙·罗依里埃 (L'Huilier,s) 在 1786 年出版的书中首先使用，但其明确的含义直到 19 世纪初由柯西将其解释清楚，因此人们公认"lim"这个符号为柯西首先使用.

前面我们已经介绍,"∞"这个符号由英国数学家沃里斯在其著作《无限的算术》(1656 年) 首先使用. 刚开始的时候在数学界没有"$n\to\infty$"这种写法，都使用 $n=\infty$. 匈牙利数学家黎斯 (F.Riesz, 1880~1956) 在 1905 年引入记号"→",表示连续地趋向一个极限，人们才用"→"代替"=". 从 19 世纪活跃到 20 世纪的英国数学家哈代 (G.H.Hardy,1877~1949) 写下了 $\lim\limits_{n\to\infty}(1/n)=0$, 这种写法与现在所使用的是相同的. 事实上，使用符号"$n=\infty$"将会影响到对极限概念本质的理解，甚至会出错.

点评 真正理解由"ε-N 语言"给出的数列极限的定义，对于初学者来说，的确是一件很困难的事情. 在数学发展的历史上，柯西当年曾经从动态的观点对极限概念给出定性的直观描述：

"如果随着 n 的逐渐增大，数列 $\{a_n\}$ 的一般项 a_n 与常数 a 越来越接近，或者说 a_n 与 a 的误差 $|a_n-a|$ 越来越小，则称 a 是数列 $\{a_n\}$ 的极限."

这种生活化的语言虽然容易理解，但"越来越接近"、"误差越来越小"这种模糊的术语在数学运算中如何操作却是非常大的难题. 比如数列 $\{3+1/n\}$ 与常数 2 也会"越来越接近", 2 却不是该数列的极限; 又如数列 $\{1+[(n+1)+(-1)^{n+1}]^{-1}\}$ 的一般项与它的极限 1 的误差 $[(n+1)+(-1)^{n+1}]^{-1}$ 并非"越来越小".

问题是何谓小? 或者说到达什么样的程度才算小? 比如说 1 亿分之 1, 即 0.00000001, 这个数对一般人来说可真是太小了. 但是对于原子物理学家来说，这可是非常大的数, 因为电子只有 9.109×10^{-28}g; 反过来, 对于观测直径为 9.5×10^{17}km 的银河系的天文学家来说, 即使是 1 亿也只不过是极其小的数. 从这里我们可以看到, 判断一个数是大还是小, 是没有绝对标准的. 所谓数的大或小, 只有在给出明确的比较标准的意义上才能有答案.

大家明白, 在数学中, 能直观地理解数学概念是很重要的, 但直观往往又是不可靠的. 在依靠直观理解极限概念的那个时代, 数学家们曾经认为: "数列 $\{a_n\}$ 中的数 a_n 可以无限接近它的极限值, 但永远无法到达 a." 这样, 人们就无意之中把"常数列也有极限"这个重要事实排除在外. 由此可见, 要让极限成为名副其实的数学工具, 利用准确的数学语言表述是无法回避的. 不可否认, 数学专用的极限"ε-N"语言, 对于不具备一定数学修养的人来说, 确实很难领会其精髓. 难在哪里? 下面我们将略作分析.

首先, 从数学思维论的层面看, "$\forall\varepsilon>0$" 这一术语蕴涵着"静"与"动"的对立统一."ε" 代表误差"很小"; "任意给定"有两个方面的含义, 其一是给定之前是"任意"的, 其二是一旦给定, 就要固定下来不能再改变."N" 代表很大, "$\exists N$(与 ε 有关)", 就是意味着要找到 N, 对于 N 之后的所有 n, 都有不等式 $|a_n|<\varepsilon$ 成立. 这里的"N"与 ε 密切相关, 这就是说"ε"变了, "N"也要跟着变. 但 N 却不是 ε 的确定函数. 实际上, 找到某个大"N"之后, "N"之后的任何一个 N_* 都可充当 N 的"角色". 换句话说, 要找的大"N"并不唯一! 从本质上说, 找"N"的过程就是寻找一个关于 n 的无穷不等式组 (即无穷不等式代数) 的解的充分条件 (不是必要条件!), 这里蕴涵着"有限与无限"对立统一的辩证思想. 进一步, 考察极限过程中的误差"ε"不能是零, 具体的"a_n"只能是 a 的近似值, 但当误差"ε"越来越小时, 量变引起质变, 其变化趋势最终要达到精确值"a". 因此, 从整体视野看, 极限"ε-N 语言"中蕴涵着"精确与近似""量变与质变""等与不等""过程与结果"等诸多对立统一的辩证思想. 对于初学者而言, 能明白这一点并不容易但却至关重要!

从数学方法论的层面看, 数列极限的"ε-N 语言"涉及无限不等式代数新方法, 即用误差不等式作度量工具认识无穷世界的"秩序"的一种数学新方法. 这是到目前为止人类找到的用"可以操作的有限"去认识"无法接触的无限"的最有效的数学方法. 这种不等式代数方法诞生的数学学科背景来自 18 世纪的科学家们对近似方法的重视. 希尔伯特在 1900 年国际数学家大会上所作的精彩报告中说: "数学中每一步真正的进展都与更有力的工具和更简单的方法的发现密切联系着, 这些工具和方法同时会有助于理解已有的理论并把陈旧的、复杂的东西抛到一边. 数学科学发展的这种特点是根深蒂固的." 正是柯西与魏尔斯特拉斯把这种不等式代数方法作为近似计算的一种工具转变为严格的极限语言, 才为微积分这门初始只作为产生成果的有效方法转变为今天大家所熟悉的严格科学奠定坚实的基础.

2.1.2 无穷小与无穷大数列

无穷小数列是与极限密切相关的重要概念. 所谓无穷小数列, 就是指极限值为 0 的数列.

定义 2.1.2 若 $\lim\limits_{n\to\infty} a_n = 0$, 则称 $\{a_n\}$ 为无穷小数列.

评注 这种约定是由柯西作出的, 这在数学史上是一件非常了不起的工作. 正是因为这种天才式的约定, 让人们找到了捕捉争议颇多的 "无穷小" 这个魔鬼的数学工具. 其实, 无穷小就是极限概念的灵魂, 只要捕捉住 "无穷小", 顺水推舟就可得极限概念的精髓. 由定义不难直接推出:

$$\lim_{n\to\infty} a_n = a \text{当且仅当} \{a_n - a\} \text{是无穷小数列}.$$

考虑非零无穷小数的倒数, 就可获得无穷大数列的概念. 当然, 无穷大数列也可利用有限不等式组给予定义.

定义 2.1.3 设 $\{a_n\}$ 是给定的数列. 如果对于任意给定的正数 c, 数列 $\{a_n\}$ 中只有有限项满足 $|a_n| \leqslant c$, 则称 $\{a_n\}$ 是无穷大数列.

其等价说法如下:

$\{a_n\}$ 是无穷大数列 $\Leftrightarrow \forall c > 0, \exists N$(与 c 有关), 使得 $\forall n > N$ 时有 $|x_n| > c$

$\Leftrightarrow \forall c > 0, \{a_n\}$ 中至多只有前有限项所对应的点落在区间 $[-c, c]$ 中.

类似地可定义正 (负) 无穷大数列. 例如, $\{n\}$, $\{-n\}$ 分别是正、负无穷大数列, $\{(-1)^n \cdot n\}$ 是无穷大数列.

但需注意无穷大数列与无界数列有着本质不同. 数列 $\{a_n\}$ 无界是指 $\forall M > 0$, 都存在 n_M 使得 $|a_{n_M}| > M$. 其反面是指 $\{a_n\}$ 有界, 即存在 $M > 0$, 使得 $\forall n$ 有 $|a_n| \leqslant M$.

类似地可定义有 (无) 上 (下) 界数列, 不难验证数列 $\{[1 + (-1)^n]n^2\}$ 是无界数列但却不是无穷大数列.

关于无穷小数列, 具有以下两个重要性质:

命题 2.1.1(对偶性) 若数列 $\{a_n\}$ 的各项不为 0, 则

$$\{a_n\}\text{是无穷小数列} \Leftrightarrow \left\{\frac{1}{a_n}\right\}\text{是无穷大数列}.$$

命题 2.1.2(优数列判别准则) $\{a_n\}$ 是无穷小数列 $\Leftrightarrow$ 存在单调递降的正无穷小数列 $\{d_n\}$(称其为优数列) 满足 $|a_n| \leqslant d_n (n = 1, 2, \cdots)$.

评注 命题 2.1.1 的证明由定义可得, 命题 2.1.2 的充分性显然, 必要性要用到上 (下) 数列极限的知识, 这里略."对偶性" 虽然是一条很很简单的性质, 但却是

一条非常重要的性质. 有了“对偶性”, 对于无穷小数列与无穷大数列来说, 我们只要研究其中之一就可以了. 人们习惯上喜欢研究无穷小数列. 注意常数列 $\{0\}$ 是常数列中唯一的无穷小数列.

无穷小数列未必是单调数列, 如 $\{(n+(-1)^n)^{-1}\}$ 就是无穷小数列但不单调. 单调意味着有“秩序”, 由命题 2.1.2 可知任何无穷小数列都可由某个单调的正无穷小数列控制. 这个结果的哲学意义是很深刻的, 它告诉我们, 不论在什么样的混乱世界中, 我们总有办法找到“秩序”加以控制; 从数学方法论的意义上说也是很深刻的, 只要“放大的尺度”是合理的 (保证放大之后的数列仍然是无穷小数列), 我们就可以用求解简单的 (系列) 不等式组替代求解复杂的 (系列) 不等式组. 从这里还不难发现, 我国数学家张景中院士等人所倡导的非 ε 语言极限理论的根据就蕴藏在这里的命题 2.1.2 中.

例 2.1.1 证明下列数列 $\{a_n\}$ 是无穷小数列:

(1) $a_n=c/n$(其中 c 为非零常数); (2) $a_n=r^n$(其中常数 $|r|<1$);

(3) $a_n=\dfrac{a^n}{n!}$(其中 a 为正的常数); (4) $a_n=\dfrac{n^2}{a^n}$(常数 $a>1$).

证 (1) $\forall\varepsilon>0$, 要 $|a_n|=|c|/n<\varepsilon$, 只要 $1/n<\varepsilon/|c|$, 即 $n>|c|/\varepsilon$, 令 $N=[|c|/\varepsilon]+1$(这里 $[|c|/\varepsilon]$ 表示不超过 $|c|/\varepsilon$ 的最大整数), 那么当 $n>N$ 时必有 $n>|c|/\varepsilon$, 即 $1/n<\varepsilon/|c|$, 即 $|a_n|<\varepsilon$. 因此 $\{c/n\}$ 无穷小数列;

(2) $\forall 0<\varepsilon<1$, 要 $|r|^n<\varepsilon$, 只要 $n\ln|r|<\ln\varepsilon$, 即 $n>\ln\varepsilon/\ln|r|$.

令 $N=[\ln\varepsilon/\ln|r|]+1$, 则当 $n>N$ 时必有 $|r|^n<\varepsilon$, 因此 $\{r^n\}(|r|<1)$ 是无穷数列;

(3) 若 $a<1$, 则 $a_n\leqslant 1/n!$, 若 $a>1$, 则由

$$a_n\leqslant\frac{([a]+1)^n}{n!}<\frac{([a]+1)^{[a]+1}}{([a]+1)!}\cdot\frac{1}{n}(\text{当}n>[a]+1\text{时})$$

可得 $a_n\to 0$;

(4) 设 $a=1+d$(其中 $d>0$), 由二项式定理有

$$\begin{aligned}(1+d)^n&=1+nd+\frac{n(n-1)}{2!}d^2+\frac{n(n-1)(n-2)}{3!}d^3+\cdots+d^n\\&\geqslant\frac{n(n-1)(n-2)}{3!}d^3,\end{aligned}$$

于是当 $n\geqslant 2$ 时有

$$\frac{n^2}{a^n}=\frac{n^2}{(1-d)^n}\leqslant\frac{6n^2}{n(n-1)(n-2)}\cdot\frac{1}{d^3}\leqslant\frac{24}{nd^3}\to 0(n\to\infty).$$

例 2.1.2 证明下述命题:

(1) 若数列 $\{a_n\}$ 满足 $a_n^3+2a_n+1/n=0$, 则 $\{a_n\}$ 是无穷小数列.

(2) 若 $\{a_{n-1}+2a_n\}$ 是无穷小数列, 则 $\{a_n\}$ 也是无穷小数列.

证明思路 (1) 由条件有 $a_n(a_n^2+2)=-1/n$, 由

$$|a_n|=|-(n(a_n^2+2))^{-1}|\leqslant 1/n$$

可知 $\{a_n\}$ 是无穷小数列;

(2) $\forall\varepsilon>0$, 存在 N, 当 $n>N$ 时有 $|a_n|<\varepsilon/2$, 由

$$|a_n|\leqslant\frac{|a_{n-1}|}{2}+\frac{\varepsilon}{2}\leqslant\frac{\varepsilon}{2}+\frac{\varepsilon}{4}+\frac{|a_{n-2}|}{2}\leqslant\cdots\leqslant\sum_{k=1}^{k-N}\frac{\varepsilon}{2^k}+\frac{|a_N|}{2^{n-N}}<\varepsilon+\frac{|a_N|}{2^{n-N}}$$

可推得 $\{a_n\}$ 是无穷小数列.

例 2.1.3 证明下述极限:

(1) $\lim\limits_{n\to\infty}\sqrt[n]{n}=1$; (2) $\lim\limits_{n\to\infty}[(n+1)^\alpha-n^\alpha]=0$(其中 $0<\alpha<1$ 为常数).

证 (1) 令 $\alpha_n=\sqrt[n]{n}-1$, 重新整理得

$$n=(1+\alpha_n)^n=1+n\alpha_n+n(n-1)\alpha_n^2/2+\cdots+\alpha_n^2\geqslant n(n-1)\alpha_n^2/2,$$

于是有

$$\alpha_n\leqslant\sqrt{2/(n-1)},$$

故 $\lim\limits_{n\to\infty}\alpha_n=0$;

(2) 由 $(n+1)^\alpha-n^\alpha=n^\alpha[(1+n^{-1})^\alpha-1]\leqslant n^\alpha n^{-1}=n^{\alpha-1}$ 可得.

2.1.3 数列极限性质及计算

定理 2.1.1(收敛数列的特性) 下述命题成立:

(1) 唯一性 若 $\lim\limits_{n\to\infty}a_n=a$ 且 $\lim\limits_{n\to\infty}a_n=b$, 则 $a=b$;

(2) 有界性 若数列 $\{a_n\}$ 收敛, 必存在常数 $M>0$ 使得 $|a_n|\leqslant M(n=1,2,\cdots)$;

(3) 保向性 若 $\lim\limits_{n\to\infty}a_n=a$, 那么 $\forall b<a$, 必存在 N(与 b 有关) 使得 $n>N$ 时有 $a_n>b$; 同时 $\forall d>a$, 也必存在 N 使得 $n>N$ 时有 $a_n<d$;

(4) 保序性 若 $\lim\limits_{n\to\infty}a_n=a$, $\lim\limits_{n\to\infty}a_n=b$, 而且 $\exists N_0$, 当 $n>N_0$ 时有 $a_n<b_n$, 那么必有 $a\leqslant b$;

(5) 保序性之逆 设 $\lim\limits_{n\to\infty}a_n=a$, $\lim\limits_{n\to\infty}a_n=b$. 若 $a<b$, 则存在 $n>N$ 时有 $a_n<b_n$;

(6) 迫敛性 若 $a_n\leqslant b_n\leqslant c_n(n\geqslant N_0)$ 而且 $\lim\limits_{n\to\infty}a_n=\lim\limits_{n\to\infty}c_n=\alpha$, 则 $\lim\limits_{n\to\infty}b_n=\alpha$.

(7) 四则运算封闭性　若 $\{a_n\}$ 与 $\{b_n\}$ 都是收敛数列, 那么 $\{a_n \pm b_n\}$ 与 $\{a_n b_n\}$ 都是收敛数列, 而且有

(i) $\lim\limits_{n\to\infty}(a_n \pm b_n) = \lim\limits_{n\to\infty} a_n \pm \lim\limits_{n\to\infty} b_n$;

(ii) $\lim\limits_{n\to\infty}(a_n b_n) = (\lim\limits_{n\to\infty} a_n)(\lim\limits_{n\to\infty} b_n)$;

(iii) 若 $b_n \neq 0$ 且 $\lim\limits_{n\to\infty} b_n = b \neq 0$, $\lim\limits_{n\to\infty} a_n$ 存在, 则 $\{a_n/b_n\}$ 收敛而且

$$\lim_{n\to\infty}(a_n/b_n) = (\lim_{n\to\infty} a_n)/(\lim_{n\to\infty} b_n).$$

证　(1)(2) 由定义及三角不等式放大技巧可得;

(3) 令 $\varepsilon_0 = a - b$, 由定义存在 N, 当 $n > N$ 时 $|a_n - a| < \varepsilon_0$, 于是当 $n > N$ 时有 $a_n > a - \varepsilon_0 = b$;

(4) 用反证法. 若 $a > b$, 由 $a > (a+b)/2 > b$, 取 $\varepsilon_0 = (a-b)/2$, 由条件, 必存在 N_1, N_2, 当 $n > N_1$ 时有

$$|a_n - a| < (a-b)/2,$$

而当 $n > N_2$ 时

$$|b_n - b| < (a-b)/2,$$

取 $n_0 = N_1 + N_2 + N_0$, 则 $n_0 > \max\{N_1, N_2, N_0\}$, 而且有

$$a_{n_0} > a - (a-b)/2 = (a+b)/2, \quad b_{n_0} < b + (a-b)/2 = (a+b)/2,$$

由条件 $a_{n_0} < b_{n_0}$, 矛盾!

(5) 令 $\varepsilon_0 = (b-a)/2$, 由定义存在 N_1, 当 $n > N_1$ 时有

$$|a_n - a| < \varepsilon_0,$$

于是有 $a_n < a + \varepsilon_0 = (a+b)/2 (n > N_1)$;

同理存在 N_2, 当 $n > N_2$ 时有 $|b_n - b| < \varepsilon_0$, 于是有

$$b_n > b - \varepsilon_0 = (a+b)/2 (n > N_2);$$

此时取 $N = \max\{N_1, N_2\}$, 则当 $n > N$ 时有 $a_n < b_n$.

(6) 通过取较大者 (或相加) 的手法, $\forall \varepsilon > 0$, 必存在 $N(\geqslant N_0)$, 当 $n > N$ 时有

$$|a_n - \alpha| < \varepsilon, \quad |c_n - \alpha| < \varepsilon,$$

于是当 $n > N$ 有

$$\alpha - \varepsilon < a_n \leqslant b_n \leqslant c_n < \alpha + \varepsilon,$$

因此当 $n>N$ 时有 $|b_n-\alpha|<\varepsilon$. 这就证得 $\lim\limits_{n\to\infty} b_n=\alpha$.

(7) (i) 由定义可得; (ii) 利用 (2) 及定义可得; (iii) 只需证 $\lim\limits_{n\to\infty} b_n^{-1}=b^{-1}$. 由 $\lim\limits_{n\to\infty} b_n=b$ 可推得 $\lim\limits_{n\to\infty}|b_n|=|b|>0$, 由保号性, 存在 N_1 时有 $|b_n|>|b|/2$, 再由

$$|b_n^{-1}-b^{-1}|=(|b||b_n|)^{-1}|b_n-b|\leqslant 2|b|^{-2}|b_n-b|$$

及 $\lim\limits_{n\to\infty} b_n=b$, $\forall\varepsilon>0$, 存在 N_2 使得 $n>N_2$ 时, 有

$$|b_n-b|<|b|^2\varepsilon/2,$$

于是当 $n>N=N_1+N_2$ 时有

$$|b_n^{-1}-b^{-1}|\leqslant 2|b|^{-2}|b_n-b|<\varepsilon,$$

因此 $\lim\limits_{n\to\infty} b_n^{-1}=b^{-1}$.

推论 2.1.1(无穷小数列的主要特性) 下述命题成立:

(1) 无穷小数列必是有界数列;

(2) 任何有限个无穷小数列的代数和是无穷小数列;

(3) 无穷小数列与有界数列的乘积是无穷小数列;

(4) 任意有限个无穷小数列的乘积是无穷小数列.

利用追敛性及极限的四则运算封闭性, 再结合基本的无穷小数列 (如 $\lim\limits_{n\to\infty} n^{-\alpha}=0$(其中 $\alpha>0$) 以及 $\lim\limits_{n\to\infty}|r|^n=0$(其中 $|r|<1$), 我们就可以计算大量常规数列的极限.

例 2.1.4 计算下列数列 $\{a_n\}$ 的极限:

(1) $a_n=\dfrac{2n^2+4n-3}{3n^2-5n+9}$; (2) $a_n=\dfrac{5^{n+1}-(-2)^n}{3\times 5^n+2\times 3^n}$;

(3) $a_n=\dfrac{1}{2}\cdot\dfrac{3}{4}\cdot\cdots\cdot\dfrac{2n-1}{2n}$; (4) $a_n=\dfrac{1!+2!+\cdots+n!}{n!}$;

(5) $a_n=\dfrac{n+1}{n^2+1}+\dfrac{n+2}{n^2+2}+\cdots+\dfrac{n+n}{n^2+n}$; (6) $a_n=\dfrac{1}{r}+\dfrac{2}{r^2}+\cdots+\dfrac{n}{r^n}$(其中 $r>1$).

解 (1) 分子、分母同时除以 n^2 可得 $\lim\limits_{n\to\infty} a_n=2/3$;

(2) 分子、分母同时除 5^n, 可得 $\lim\limits_{n\to\infty} a_n=5/3$;

(3) 令 $a_n=\dfrac{1}{2}\cdot\dfrac{3}{4}\cdot\cdots\cdot\dfrac{2n-1}{2n}$, $b_n=\dfrac{2}{3}\cdot\dfrac{4}{5}\cdot\cdots\cdot\dfrac{2n}{2n+1}$, 则有

$$a_n^2<a_nb_n=\frac{1}{2n+1}$$

于是有

$$a_n < \sqrt{\frac{1}{2n+1}} \to 0.$$

(4) 由 $1 \leqslant a_n \leqslant 1 + \frac{2(n-1)!}{n!} = 1 + \frac{2}{n}$ 可得 $a_n \to 1$;

(5) 由 $\frac{3n+1}{2(n+1)} = \frac{n+1}{n^2+n} + \cdots + \frac{n+n}{n^2+n} \leqslant a_n \leqslant \frac{n+1}{n^2+1} + \cdots + \frac{n+n}{n^2+1} = \frac{n(3n+1)}{2(n^2+1)}$ 可得 $\lim\limits_{n\to\infty} a_n = 3/2$;

(6) 由 $\frac{a_n}{r} = \frac{1}{r^2} + \frac{2}{r^3} + \cdots + \frac{n-1}{r^n} + \frac{n}{r^{n+1}}$ 得

$$\left(1-\frac{1}{r}\right)a_n = \frac{1}{r} + \frac{1}{r^2} + \cdots + \frac{1}{r^n} - \frac{n}{r^{n+1}} = \frac{1}{r}\left(1-\frac{1}{r}\right)^{-1}\left[1-\left(\frac{1}{r}\right)^n\right] - \frac{n}{r^{n+1}},$$

于是有 $\lim\limits_{n\to\infty} a_n = \frac{r}{(r-1)^2}$.

例 2.1.5 证明下述命题

(1) $\lim\limits_{n\to\infty} \frac{1}{\sqrt[n]{n!}} = 0$;

(2) $\lim\limits_{n\to\infty} \frac{\lg n}{n^\alpha} = 0$(其中 $\alpha \geqslant 1$);

(3) 若 $a_n > 0$ 且 $\lim\limits_{n\to\infty} \sqrt[n]{a_n} = q < 1$, 则 $\lim\limits_{n\to\infty} a_n = 0$;

(4) 若 $\lim\limits_{n\to\infty} a_n = 0$, $c > 0$, 则 $\lim\limits_{n\to\infty} \sqrt[n]{c+a_n} = 1$.

证 (1) $\forall \varepsilon > 0$, 由 $\left\{\frac{(\varepsilon^{-1})^n}{n!}\right\}$ 是无穷小数列, 由保序性之逆, 存在 N 使得 $n > N$ 时有 $\frac{(\varepsilon^{-1})^n}{n!} < 1$, 即 $\frac{1}{\sqrt[n]{n!}} < \varepsilon$, 于是 (1) 成立;

(2) 由 $\left|\frac{\lg n}{n^\alpha}\right| \leqslant \lg \sqrt[n]{n}$, $\forall \varepsilon > 0$, 要 $\lg \sqrt[n]{n} < \varepsilon$, 只要 $\sqrt[n]{n} < 10^\varepsilon$, 由 $\lim\limits_{n\to\infty} \sqrt[n]{n} = 1$ 及 $10^\varepsilon > 1$ 存在 N, 当 $n > N$ 时有 $\sqrt[n]{n} < 10^\varepsilon$, 故 (2) 成立;

(3) 取 $\varepsilon_0 > 0$ 使得 $q + \varepsilon_0 < 1$, 由保序性之逆, 存在 N_1, 当 $n > N_1$ 时有

$$\sqrt[n]{a_n} < q + \varepsilon_0,$$

即 $a_n < (q+\varepsilon_0)^n (n > N_1)$, 再由 $\lim\limits_{n\to\infty} (q+\varepsilon_0)^n = 0$ 及追敛性即得 (2).

(4) 由条件有 $\lim\limits_{n\to\infty} (c + a_n) = c$, 由极限的定义必存在 N, 当 $n > N$ 时, 有

$$\frac{c}{2} < c + a_n < \frac{3c}{2},$$

再由 $\lim\limits_{n\to\infty} \sqrt[n]{a} = 1$(这里 $a > 0$) 及追敛性即得.

例 2.1.6(柯西简单平均值定理) 下述命题成立:

(1) 若 $\lim\limits_{n\to\infty} a_n = a$, 则 $\lim\limits_{n\to\infty}(a_1+a_2+\cdots+a_n)/n = a$;

(2) 若 $a_n > 0$ 而且 $\lim\limits_{n\to\infty} a_n = a$, 则 $\lim\limits_{n\to\infty}\sqrt[n]{a_1a_2\cdots a_n} = a$.

简证 由 $\{a_n - a\}$ 替代 $\{a_n\}$, 可设 $\lim\limits_{n\to\infty} a_n = 0$. 于是 $\forall\varepsilon>0, \exists N_1$ 使得 $n>N_1$ 时有 $|a_n|<\varepsilon/2$, 设 $M=|a_1|+\cdots+|a_N|$, 令 $N=[2M/\varepsilon]+N_1$, 则当 $n>N$ 时

$$
\begin{aligned}
|(a_1+a_2+\cdots+a_n)/n| &\leqslant (|a_1+|\cdots+|a_N|)/n+(|a_{N+1}|+\cdots+|a_n|)/n\\
&<\varepsilon/2+\varepsilon/2=\varepsilon.
\end{aligned}
$$

故 $\lim\limits_{n\to\infty}(a_1+a_2+\cdots+a_n)/n = a$.

至于 (2), 若 $\lim\limits_{n\to\infty} a_n = 0$, 那么由 $\sqrt[n]{a_1a_2\cdots a_n}\leqslant(a_1+a_2+\cdots+a_n)/n$ 即得; 若 $\lim\limits_{n\to\infty} a_n \neq 0$, 再结合 $\lim\limits_{n\to\infty} a_n^{-1} = a^{-1}$, 就可利用平均值不等式推得.

例 2.1.7 设 $M(1,1)$ 是双曲线 $xy=1$ 上的点, 求与双曲线内切于点 M, 且半径最大的圆 P 的圆心坐标和半径的长.

解 在双曲线 $xy=1$ 上构造两个点列:

$$
A_n\left(\frac{n}{n+1},\frac{n+1}{n}\right),\quad B_n\left(\frac{n+1}{n},\frac{n}{n+1}\right).
$$

易见 A_n 在 M 的上方沿双曲线向 M 趋近, 而 B_n 则在 M 下方沿双曲线向 M 趋近, $\triangle A_nB_nM$ 的外接圆的极限位置就是所求圆 P 的位置. 设 $\triangle A_nB_nM$ 的外接圆的圆心为 $P_n(x_n,y_n)$, 那么圆 P 的圆心就是点 $P(\lim\limits_{n\to\infty}x_n,\ \lim\limits_{n\to\infty}y_n)$. 设 $\triangle A_nB_nM$ 的外接圆方程为

$$
(x-x_n)^2+(y-y_n)^2=r_n^2,
$$

再把点 M, A_n 与 B_n 的坐标分别代入上述方程, 然后解联立方程组, 就可求得

$$
x_n=y_n=1+\frac{n^2+(n+1)^2}{2n(n+1)},
$$

于是有 $\lim\limits_{n\to\infty}x_n=\lim\limits_{n\to\infty}y_n=2$, 这样我们求得圆心 $P(2,2)$. 再由

$$
\lim_{n\to\infty}r_n^2=\lim_{n\to\infty}[(1-x_n)^2+(1-y_n)^2]=2\lim_{n\to\infty}(1-x_n)^2=2(1-2)^2=2,
$$

可知 $\lim\limits_{n\to\infty}r_n=\sqrt{2}$, 因此所求圆的半径 $r=\sqrt{2}$.

2.1.4 数列极限存在的条件

在研究比较复杂的数列极限问题时, 通常先考察该数列是否有极限 (极限的存在性问题); 若有极限, 再考虑如何计算此极限 (极限值的计算问题). 这是极限理论的两个基本问题. 在实际应用中, 解决了数列 $\{a_n\}$ 极限的存在性问题之后, 即使极

限值的计算较为困难, 但由于当 n 充分大时, a_n 能充分接近其极限 a, 故可用 a_n 作为 a 的近似值.

接下来, 我们将利用单调数列、子列及柯西列这三个数学概念建立数列极限存在的三个准则.

1. 单调有界收敛定理

定义 2.1.4 若数列 $\{a_n\}$ 满足

$$a_n \leqslant a_{n+1}\ (n \geqslant 1),$$

则称数列 $\{a_n\}$ 为单调递增数列.

类似可定义单调递减数列, 利用单调性, 魏尔斯特拉斯建立了首个极限存在的准则.

定理 2.1.2(单调有界收敛准则) 单调递增 (递减) 有上界 (下界) 的实数列必有极限.

点评 大家明白, 在现实世界中, "秩序" 决定一切, 只要有秩序存在, 任何事情都有章可循. 在数学中, 单调意味着有 "秩序". 魏尔斯特拉斯的单调有界收敛准则就是秩序观念下的产物. 该定理有许多种证明方法, 建立在魏尔斯特拉斯建立的确界原理上的证明只需利用确界的定义及数列极限定义即得, 甚为简单, 这里略.

关于确界与极限的关系, 具有下述重要结论.

定理 2.1.3(确界与极限的关系) 下述命题成立:

(1) 若 $\eta = \sup S$, 则存在 $\{x_n\} \subset S$ 使得 $\lim\limits_{n\to\infty} x_n = \eta$.

(2) 若 $\eta = \sup S \notin S$, 则存在严格单调的 $\{x_n\} \subset S$ 使得 $\lim\limits_{n\to\infty} x_n = \eta$.

(3) 若 $\{x_n\}$ 是单调递增 (递减) 数列且 $\lim\limits_{n\to\infty} x_n$ 存在, 则 $\lim\limits_{n\to\infty} x_n = \sup\{x_n\}$ $(\inf\{x_n\})$.

(4) 若 $\lim\limits_{n\to\infty} x_n = a$ 存在, 则 $\sup\{x_n\}$ 或 $\inf\{x_n\}$ 中必有一个在 $\{x_n\}$ 中.

简证 (1) 的证明由定义即得 (取 $\varepsilon = 1/n$);

(2) 的证明可以借助几何直观 (介值不等式) 进行推导:

任取 $x_1 \in S$, 则 $x_1 < \eta$, 令 $\alpha_1 = x_1 + (\eta - x_1)/2$, 则 $\alpha_1 < \eta$, 由定义存在 $x_2 \in S$ 使得 $\alpha_1 < x_2 < \eta$, 此时有 $x_1 < x_2$, 且

$$\eta - x_2 < \eta - \alpha_1 = (\eta - x_1)/2.$$

令 $\alpha_2 = x_2 + (\eta - x_2)/2$, 则 $\alpha_2 < \eta$, 由定义存在 $x_3 \in S$ 使得 $\alpha_2 < x_3 < \eta$, 易见 $x_2 < x_3$ 而且

$$\eta - x_3 < \eta - \alpha_2 = (\eta - x_2)/2 < (\eta - x_1)/2^2.$$

这样的过程一直重复下去, 假设 $\{x_i\}_{i=1}^n$ 已经构造好而且满足:

$$x_1 < x_2 < \cdots < x_n, \quad \eta - x_n < (\eta - x_1)/2^{n-1}.$$

再令 $\alpha_n = x_n + (\eta - x_n)/2$, 则 $\alpha_n < \eta$, 由定义存在 $x_{n+1} \in S$ 使得 $\alpha_n < x_{n+1} < \eta$, 此时又有 $x_n < x_{n+1}$, 且

$$\eta - x_{n+1} < \eta - \alpha_n = (\eta - x_n)/2 < (\eta - x_1)/2^n,$$

由数学归纳法完成了 $\{x_n\}$ 的构造, 而且 $\lim\limits_{n\to\infty} x_n = \eta$.

(3) 由 $x_n \leqslant \sup\{x_n\}$ 可得 $\lim\limits_{n\to\infty} x_n \leqslant \sup\{x_n\} = \eta$.

$\forall \varepsilon > 0$, 由定义, $\exists x_N \in \{x_n\}$ 使得 $x_N > \eta - \varepsilon$, 由 $\{x_n\}$ 的单调递增性, 当 $n > N$ 时有 $x_n \geqslant x_N > \eta - \varepsilon$. 因此有 $\lim\limits_{n\to\infty} x_n \geqslant \eta - \varepsilon$, 由 ε 的任意性得 $\lim\limits_{n\to\infty} x_n \geqslant \eta$.

(4) 若 $\sup\{x_n\} = \inf\{x_n\}$, 则 $\{x_n\}$ 是常数列. 若 $\inf\{x_n\} < \sup\{x_n\}$, 则有

$$\inf\{x_n\} \leqslant \lim_{n\to\infty} x_n = a \leqslant \sup\{x_n\}.$$

若 $a < \sup\{x_n\}$, 则

$$a < (a + \sup\{x_n\})/2 < \sup\{x_n\},$$

由 $\lim\limits_{n\to\infty} x_n = a$, 必存在 N, 当 $n > N$ 时有

$$a_n < (a + \sup\{x_n\})/2 < \sup\{x_n\},$$

于是有

$$\sup\{x_n\} = \max\{x_1, x_2, \cdots, x_N\} = \max\{x_n\},$$

即 $\sup\{x_n\} \in \{x_n\}$. 同理可证, 若 $a > \inf\{x_n\}$, 则 $\inf\{x_n\} \in \{x_n\}$.

例 2.1.8 (1) 设 $0 < a_1 < 1$, $a_{n+1} = a_n(1 - a_n)(n \geqslant 1)$. 求证 $\{a_n\}$ 收敛并求极值;

(2) 设 $a_n = 1 + \dfrac{1}{2^\alpha} + \cdots + \dfrac{1}{n^\alpha}(n \geqslant 1$, 常数 $\alpha > 1)$. 求证 $\{a_n\}$ 收敛.

证 (1) 由数学归纳法可证 $0 < a_n < 1$, 由

$$a_{n+1} - a_n = -a_n^2$$

可知 $\{a_n\}$ 单调下降有下界, 于是 $\lim\limits_{n\to\infty} a_n$ 存在; 再解一元二次方程

$$a = a(1 - a)$$

可得 $\lim\limits_{n\to\infty} a_n = 0$;

(2) 易见 $\{a_n\}$ 单调递增, 再由

$$\begin{aligned} a_{2n} &= \left(1+\frac{1}{3^\alpha}+\cdots+\frac{1}{(2n-1)^\alpha}\right)+\left(\frac{1}{2^\alpha}+\cdots+\frac{1}{(2n)^\alpha}\right) \\ &< 1+\left(\frac{1}{3^\alpha}+\cdots+\frac{1}{(2n-1)^\alpha}\right)+\left(\frac{1}{2^\alpha}+\cdots+\frac{1}{(2n)^\alpha}\right) \\ &< 1+2\left(\frac{1}{2^\alpha}+\cdots+\frac{1}{(2n)^\alpha}\right) \\ &= 1+\frac{1}{2^{\alpha-1}}a_n < 1+\frac{a_{2n}}{2^{\alpha-1}}, \end{aligned}$$

于是有

$$a_{2n} < \left(1-\frac{1}{2^{\alpha-1}}\right)^{-1}.$$

再由 $a_n < a_{2n}$, 可得

$$a_n < \left(1-\frac{1}{2^{\alpha-1}}\right)^{-1} \quad (n \geqslant 1).$$

因此, 由单调有界收敛准则可知 $\lim\limits_{n\to\infty} a_n$ 存在 (然而很难求出具体数值!).

定理 2.1.4(重要常数 e 的两种极限形式)　下述命题成立:

(1) e 的第一种极限形式　若设 $a_n = \left(1+\dfrac{1}{n}\right)^n$, $b_n = \left(1+\dfrac{1}{n}\right)^{n+1}$, 则有

(i) $a_1 \leqslant a_2 \leqslant \cdots$, $b_1 \geqslant b_2 \geqslant \cdots$;

(ii) $\lim\limits_{n\to\infty} a_n = \lim\limits_{n\to\infty} b_n (\triangleq \mathrm{e})$;

(iii) $\left(1+\dfrac{1}{n}\right)^n < \mathrm{e} < \left(1+\dfrac{1}{n}\right)^{n+1} \quad (n=1,2,\cdots)$.

(2) e 的第二种极限形式　若设 $b_n = 1+\dfrac{1}{1!}+\dfrac{1}{2!}+\cdots+\dfrac{1}{n!}$, 则 $\lim\limits_{n\to\infty} b_n = \mathrm{e}$.

简证　(1) 应用平均值不等式 (几何平均 $\leqslant$ 算术平均) 或二项式定理可得 $\{a_n\}$ 单调递增; 通过取倒数的技巧, 应用平均值不等式可得 $\{b_n\}$ 单调下降; 再次利用二项式定理可得

$$\begin{aligned} \left(1+\frac{1}{n}\right)^n &= \left(1+1+\frac{n(n-1)}{2!}\cdot\frac{1}{n^2}+\cdots+\frac{n!}{n!}\cdot\frac{1}{n^n}\right) \\ &< 1+1+\frac{1}{2!}+\cdots+\frac{1}{n!} \\ &< 1+1+\frac{1}{2\times 1}+\frac{1}{3\times 2}+\cdots+\frac{1}{n(n-1)} \\ &= 3-\frac{1}{n} < 3. \end{aligned}$$

因此 $\{a_n\}$ 有上界, 于是由单调有界收敛定理可知 $\lim\limits_{n\to\infty} a_n$ 存在, (ii) 中的等号显然成立;

(iii) $\forall n<k$, 由 $(1+n^{-1})^n<(1+k^{-1})^k\leqslant \mathrm{e}$ 可得.

(2) 从 $(1+n^{-1})^n<3$ 的推导过程中可得 $\mathrm{e}\leqslant \lim\limits_{n\to\infty} b_n$; 给定 k, 当 $n>k$ 时有

$$\begin{aligned}\left(1+\frac{1}{n}\right)^n&=\left(1+1+\frac{1}{2!}\left(1-\frac{1}{n}\right)+\cdots+\frac{1}{k!}\left(1-\frac{1}{n}\right)\cdots\left(1-\frac{k-1}{n}\right)+\cdots+\frac{1}{n^n}\right)\\&>\left(1+1+\frac{1}{2!}\left(1-\frac{1}{n}\right)+\frac{1}{k!}\left(1-\frac{1}{n}\right)\cdots\left(1-\frac{k-1}{n}\right)\right),\end{aligned}$$

固定 k, 令 $n\to\infty$ 得 $\mathrm{e}\geqslant b_k$(这种思维方法值得关注), 于是有 $\lim\limits_{n\to\infty} b_n\leqslant \mathrm{e}$.

背景聚焦 数 "e" 称为自然对数的底, 人们也把常数 e 称为纳皮尔数 (J.Napier, 1550~1617), 这是因为纳皮尔是对数发明人的缘故. 1727 年, 瑞士数学家欧拉 (L. Euler, 1707~1783) 从纳皮尔想到的对数的底出发发现 $\lim\limits_{n\to\infty}\left(1+\frac{1}{n}\right)^n$ 存在, 并用他自己的姓中的第一个字母 e 命名它. 因此, "e" 应该是两位伟人的伟大思想的结晶.

现在, 人们已经知道 $\mathrm{e}=2.718281828549045\cdots$. 德国数学家兰伯特 (J.H. Lambert) 在 1768 年证明 e 是无理数 (事实上, 利用 e 的第二种极限形式及余项放缩技巧, 反证可得); 最先猜测 e 是超越数 (即不是有理系数代数方程的根) 的是法国数学家刘维尔 (Liouville, 1809~1882), 而法国数学家埃尔米特 (C.Hermite, 1822~1901) 最早证明 e 是超越数 (1873 年). 这个用数列极限定义的 e, 表面上看起来很复杂, 如果没有极限, 那么就没有 e. 然而, 有了它, 许多复杂的话题却变得非常轻松且完美, 诸如指数函数 e^x 的导数与积分都是它自己等等. 不仅如此, 由于这个 e 的诞生, 许多新的数学理论得到了多方面的发展, 比如当 x 取复数时, 复指数函数把所有的初等函数统一在一个定义中, 从而发挥出不可思议的威力.

点评 这个奇妙的 e 初看起来似乎属于分析的范畴, 但它却与几何学息息相关, 实际上, 很多平面图形的计算都与 e 有关. e 的影响力远远不限于数学邻域, e 在自然科学中也有着特别重要的地位和作用, 如原子物理和地质科学中考察放射性物质的衰变规律或地球年龄时要用到 e, 在用俄国科学家齐奥尔科夫基 (1857~1935) 公式计算火箭速度时要用到 e; 给医院的诊断带来革命的 CT 扫描也用到 e; 甚至连计算 "见利忘义" 的利息也与 e 密切相关; 大自然中太阳花的种子排列、鹦鹉螺壳上的花纹等都呈现螺线的形状, 而螺线的方程正是用 e 来定义的; 甚至建构音乐符的音阶, 也离不开 e 这个神秘的数字.

例 2.1.9(欧拉常数 γ) 若设 $c_n=1+2^{-1}+\cdots+n^{-1}-\ln n$, 则有 $\gamma=\lim\limits_{n\to\infty} c_n$ 存在.

证 对上例 2.1.8 中的 (iii) 取对数有

$$\frac{1}{(n+1)}<\ln\left(1+\frac{1}{n}\right)<\frac{1}{n},$$

由此可推知 $\{c_n\}$ 单调下降而且 $c_n > 0(n=1,2,\cdots,n)$, 从而 $\lim\limits_{n\to\infty} c_n$ 存在.

背景聚焦 上述极限值 γ 叫欧拉常数, 对于这个常数, 欧拉本人计算出了十进制小数点后第十五位, 即 $\gamma = 0.577215664901532\cdots$. 许多重大的数学问题都与欧拉常数的算术属性相关, 到目前为止还没有人知道 γ 是代数数还是超越数. 现在, 人们习惯上利用欧拉常数建立调和数列 (任何相邻三项构成一个调和数!) 的前 n 项部分和的近似计算公式:

$$C_n = 1 + \frac{1}{2} + \cdots + \frac{1}{n} = \ln n + \gamma + \gamma_n,$$

其中 $\gamma_n > 0$ 而且 $\lim\limits_{n\to\infty} \gamma_n = 0$.

例 2.1.10 求证下述命题:

(1) $\lim\limits_{n\to\infty}\left(\dfrac{1}{n+1}+\dfrac{1}{n+2}+\cdots+\dfrac{1}{2n}\right)=\ln 2$;

(2) $\lim\limits_{n\to\infty}\left[1-\dfrac{1}{2}+\dfrac{1}{3}-\cdots+(-1)^{n+1}\dfrac{1}{n}\right]=\ln 2$.

证 (1) 令 $b_n = \dfrac{1}{n+1}+\dfrac{1}{n+2}+\cdots+\dfrac{1}{2n}$, 则有

$$b_n = C_{2n} - C_n = \ln 2n - \ln n + \gamma_{2n} - \gamma_n \to \ln 2;$$

(2) 记 $d_n = 1-\dfrac{1}{2}+\dfrac{1}{3}-\cdots+(-1)^{n+1}\dfrac{1}{n}$, 并记 $C'_{2n} = 0+1+0+\dfrac{1}{2}+\cdots+0+\dfrac{1}{n}$, 则有

$$d_{2n} = C_{2n} - C'_{2n} = \ln 2 + \gamma_{2n} - \gamma_n \to \ln 2,$$

再结合 $d_{2n+1} = d_{2n} + \dfrac{1}{2n+1}$ 可得 $\lim\limits_{n\to\infty} d_n = \ln 2$.

2. 致密性定理

定义 2.1.5 设 $\{a_n\}$ 是给定的数列. 从 $\{a_n\}$ 中选取部分项 (无限项) 组成的新的数列称为 $\{a_n\}$ 的子列 (或部分数列), 通常记作 $\{a_{n_i}\}$(其中 $\{n_i\}$ 单调上升). 仅从 $\{a_n\}$ 中去掉有限项的数列称其为平凡子列 (例如 $\{a_{1001},a_{1002},\cdots\}$), 如果从 $\{a_n\}$ 中去掉无限项的数列称其为非平凡子列 (例如 $\{a_{2n}\}$ 与 $\{a_{2n+1}\}$).

评注 子列概念的引进是一项有意义的工作, 通过研究整体与部分的关系获得整体问题解决, 这是一种重要的数学思维方法. 关于子列有下述命题成立:

(1) 若 $\lim\limits_{n\to\infty} a_n = a$, 则 $\forall\{a_{n_i}\}\subset\{a_n\}$ 都有 $\lim\limits_{i\to\infty} a_{n_i} = a$;

(2) 若 $\lim\limits_{n\to\infty} a_{2n} = \lim\limits_{n\to\infty} a_{2n+1} = a$, 则 $\lim\limits_{n\to\infty} a_n = a$;

(3) 若 $\lim\limits_{n\to\infty} a_{2n}$, $\lim\limits_{n\to\infty} a_{2n+1}$ 与 $\lim\limits_{n\to\infty} a_{3n}$ 都存在, 则 $\lim\limits_{n\to\infty} a_n$ 存在.

(1) 与 (2) 的论证由定义可得.(3) 须注意到 $\{a_{6n}\}$ 既是 $\{a_{2n}\}$ 又是 $\{a_{3n}\}$ 的子列以及 $\{a_{3(2n+1)}\}$ 既是 $\{a_{3n}\}$ 又是 $\{a_{2n+1}\}$ 的子列即可.

定理 2.1.5(单调子列存在性) 任何实数列必有单调子列.

证 若 $\{a_n\}$ 有单调递增子列, 结论已证.

不然, 必存在 n_1 使得 $\forall n > n_1$ 都有 $a_n \leqslant a_{n_1}$(否则 $\{a_n\}$ 就有单调递增子列), 同样地 $\{a_{n_1}, a_{n_1+1}, \cdots\}$ 也没有单调递增子列, 因此必存在 $n_2(> n_1)$ 使得 $n > n_2$ 时有 $a_n \leqslant a_{n_2}$, ...这项工作一直做下去, 我们就可获得单调递降子列 $\{a_{n_i}\}$.

点评 单调子列存在性定理的哲学意义很深刻. 它从数学的视角告诉人们, 不论大自然与人类社会的各种现象有多复杂, 始终都有 "秩序" 存在. 进一步, 由定义不难证明:

若单调数列 $\{a_n\}$ 有子列收敛, 则 $\{a_n\}$ 本身必收敛.

定理 2.1.6(致密性定理) 任何有界数列必有收敛子列.

证明由定理 2.1.5 及单调有界收敛准则可得.

3. 柯西准则

定义 2.1.6 如果 $\forall \varepsilon > 0, \exists N$, 当 $n, m > N$ 时有

$$|a_n - a_m| < \varepsilon,$$

则称 $\{a_n\}$ 为基本列 (也称柯西列).

易见收收数列必是柯西列. 关于柯西列有下述命题成立:

(1) 柯西列必有界;

(2) 若柯西列有子列收敛, 其自身必收敛;

(3) 单调递增有上界的数列必是柯西列.

注 (1) 与 (2) 的论证由定义可得.(3) 可利用反证法获得. 若 $\{x_n\}$ 不是柯西列, 则利用 $\{x_{n_i}\}$ 的单调性必存在 ε_0 及子列 $\{x_{n_i}\}$ 使得 $|x_{n_i} - x_{n_{i-1}}| \geqslant \varepsilon_0$, 于是有

$$x_{n_i} \geqslant x_{n_{i-1}} + \varepsilon_0 \geqslant \cdots \geqslant x_{n_1} + (i-1)\varepsilon_0,$$

这与 $\{x_{n_i}\}$ 有上界矛盾.

定理 2.1.7(柯西判别准则) 柯西列必收敛.

证 由定义不难证明柯西列必有界, 由致密性定理及上述 (2) 即可完成证明.

点评 柯西收敛准则的条件称为柯西条件, 它反映这样的事实:

收敛数列各项的值越到后面, 彼此越是接近, 以至充分后面的任何两项之差的绝对值可小于预先给定的任意小正数.

或者形象地说, 收敛数列的各项越到后面越是 "挤" 在一起. 另外, 柯西收敛准则把 ε-N 定义中 a_n 与 a 的关系换成了 a_n 与 a_m 的关系, 其好处在于无需借助数列以外的数 a, 只要根据数列本身的特征就可以鉴别其 (收) 敛 (发) 散性.

例 2.1.11 (1) 设 $x_n = 1 + \dfrac{1}{2^2} + \dfrac{1}{3^2} + \cdots + \dfrac{1}{n^2}$. 求证 $\{x_n\}$ 是基本列;

(2) 设 $y_n=1+\dfrac{1}{2}+\dfrac{1}{3}+\cdots+\dfrac{1}{n}$. 求证 $\{y_n\}$ 不是基本列.

证 (1) 当 $m>n$ 时, 注意到下述不等式即可:

$$\begin{aligned}x_m-x_n&=\frac{1}{(n+1)^2}+\frac{1}{(n+2)^2}+\cdots+\frac{1}{m^2}\\&<\frac{1}{n(n+1)}+\frac{1}{(n+1)(n+2)}+\cdots+\frac{1}{(m-1)m}\\&=\frac{1}{n}-\frac{1}{m}<\frac{1}{n}.\end{aligned}$$

(2) 由 $y_{2n}-y_n=\dfrac{1}{n+1}+\cdots+\dfrac{1}{n+n}>\dfrac{n}{n+n}=\dfrac{1}{2}$ 可得.

例 2.1.12 设 $\{x_n\}$ 是由天体力学中的开普勒 (J.Kepler, 1571~1630, [德]) 方程所确定的递推数列:

$$x_{n+1}=q\sin x_n+a\quad(n=0,1,2,\cdots),$$

其中 x_0 是任意给定的实数, a,q 为常数且 $0<q<1$. 求证:

(1) $\lim\limits_{n\to\infty}x_n=l$ 存在;

(2) l 是方程 $x=q\sin x+a$ 的根 (即开普勒方程有解).

证 (1) 由
$$\begin{aligned}|x_{n+1}-x_n|&=q|\sin x_n-\sin x_{n-1}|\\&=q\left|2\sin\frac{x_n-x_{n-1}}{2}\cos\frac{x_n+x_{n-1}}{2}\right|\\&\leqslant q|x_n-x_{n-1}|\leqslant\cdots\leqslant q^n|x_1-x_0|\end{aligned}$$

可得

$$\begin{aligned}|x_{n+p}-x_n|&\leqslant|x_{n+p}-x_{n+p-1}|+|x_{n+p-1}-x_{n+p-2}|+\cdots+|x_{n+1}-x_n|\\&\leqslant(q^{n+p-1}+q^{n+p-2}+\cdots+q^n)|x_1-x_0|\\&=\frac{q^n}{1-q}(1-q^p)|x_1-x_0|<\frac{q^n}{1-q}|x_1-x_0|\end{aligned}$$

可知 $\{x_n\}$ 是基本列, 从而 $\lim\limits_{n\to\infty}x_n=l$ 存在.

(2) 进一步, 由

$$|\sin x_n-\sin l|\leqslant|x_n-l|$$

可知 $\lim\limits_{n\to\infty}\sin x_n=\sin l$, 在递递式中两边取极限得

$$l=q\sin l+a.$$

2.2 函数极限

函数极限是探究函数的局部变化趋势的数学概念，它是研究微分学的主要数学工具. 可以毫不夸张地说，如果没有函数极限概念，那么微分学将不复存在. 本节介绍函数极限的常识及其数学文化内涵.

2.2.1 函数极限概念及性质

1. 函数极限概念

定义 2.2.1(无穷远处的极限) 设函数 $f(x)$ 在 $+\infty$ 的某个邻域 $U(+\infty)=\{x|x>X_0\}(=(X_0,+\infty)$, 其中 X_0 为正常数) 内有定义, A 是给定的常数. 如果 $\forall\varepsilon>0$, $\exists X(>X_0)\in\mathbf{R}^+$($\mathbf{R}^+$ 表示正实数集), 使得 $\forall x>X$ 时有

$$|f(x)-A|<\varepsilon,$$

则称 $f(x)$ 在 $+\infty$ 处有极限, 并记作 $A=f(+\infty)=\lim\limits_{x\to+\infty}f(x)$.

评注 $+\infty$ 不是真正意义上的数, 这里的 $f(+\infty)$ 也不是函数值, 仅仅是一种符号约定. 函数极限 $f(+\infty)$ 可以通过与数列极限类比的方式获得. 不难证明有下述等价说法:

$$f(+\infty)=A\Leftrightarrow\forall n\in\mathbf{N}^+,\quad\exists X_n(>X_0)\in\mathbf{R}^+\text{使得}\forall x>X_n\text{时有}|f(x)-A|<1/n.$$

这里的 $1/n$ 还可以根据需要换作 n^{-2} 或 2^{-n} 等.

如果把上述定义的 $x>X_0$ 换作 $|x|>X_0$, 即把 $U(+\infty)$ 换作 ∞ 的邻域

$$U(\infty)=\{x||x|>X_0\},$$

相应地把 $x>X$ 换作 $|x|>X$, 那么就可获得 $f(\infty)$ 的定义; 类似地可定义 $f(-\infty)$.

定义 2.2.2(函数在有限点处的极限) 设函数 $f(x)$ 在某 $U_0(x_0,\delta_0)$ 内有定义 (其中 $U_0(x_0,\delta_0)=\{x|0<|x-x_0|<\delta_0\}=(x_0-\delta,x_0+\delta)\backslash\{x_0\}$ 称为 x_0 的空心邻域), A 是给定的常数. 如果 $\forall\varepsilon>0$, $\exists\delta\in(0,\delta_0)$ 使得 $\forall x\in U_0(x_0,\delta)(\subset U_0(x_0,\delta_0))$ 都有

$$|f(x)-A|<\varepsilon,$$

则称 A 是函数 $f(x)$ 在 $x=x_0$ 处的极限, 并记作 $\lim\limits_{x\to x_0}f(x)=A$.

评注 考察函数 $f(x)$ 在 x_0 处的函数极限, 与函数 $f(x)$ 在 x_0 处取什么值无关, 而且 $f(x)$ 在 x_0 处可以没有意义. 由定义不难证明有下述等价说法:

$$\lim_{x\to x_0}f(x)=A\Leftrightarrow\forall n\in\mathbf{N}^+,\quad\exists\delta_n\in(0,\delta_0)\text{使得}\forall x\in U_0(x_0,\delta_n)\text{有}|f(x)-A|<1/n.$$

如果把空心邻域 $U_0(x_0,\delta_0)$ 换作右半邻域 $U_0^+(x_0,\delta_0)(=(x_0,x_0+\delta_0))$, 把 $U_0(x_0,\delta)$ 换作 $U_0^+(x_0,\delta)$, 那么就可获得 $f(x)$ 在 $x=x_0$ 处的右极限的概念, 并记作 $A=\lim\limits_{x\to x_0+0}f(x)=f(x_0+0)$(这里数学符号 $f(x_0+0)$ 代表右极限, 不代表函数值). 类似地可获得左极限 $f(x_0-0)$ 的定义.

点评 从通俗直观的语言表述, 函数极限概念本身很简单. 大致可以这样说:

若函数的自变量 (输入) 越来越接近某个数 (或某种状态) 时其相应的函数值 (输出) 也越来越接近某个常数 (或某种状态), 则称该常数 (或状态) 为函数在某处的极限.

然而, 难就难在将直观化成精确. 对于初学极限概念的人, 不能正确地理解函数极限的本质应该是属于情理之中的. 实际上, 在魏尔斯特拉斯之前, 不管多么伟大的数学家也只能凭几何直观来理解函数极限. 许多有关极限的问题在这些大人物眼里是想当然的, 然而要他们给提问题的人作出清晰的解释却又一筹莫展. 事实上, 他们自己也是一头雾水, 根本没有弄懂是怎么回事.

现在, 大家要学习的函数极限的 "ε-δ 语言", 已被数学界公认为是数学中最精美、最简洁、最重要的数学语言之一, 到目前为止还没有更好的数学语言可以取代它. 这种极限语言的本质与数列极限的 "ε-N 语言" 是相通的 (序列化!), 要真正理解极限概念的本质, 必须大胆地走进数学家们创造的符号王国. 大家明白, 在抽象环境下的数学推理比在现实情意中的事实推断要困难许多. 唯有通过不断地学习与实践, 学习者才有可能不断地提高离线思考的数学能力, 即不断提高自己将抽象世界想象为感性的现实世界的数学转化能力. 如果对这种思想内涵极其丰富的精确数学语言采取遮遮掩掩的回避态度, 将会对真正理解微积分造成重大的损失.

例 2.2.1 试用 "ε-X 语言" 证明下列极限:

(1) $\lim\limits_{x\to-\infty}\arctan x=-\pi/2$; (2) $\lim\limits_{x\to\infty}(2x+1)/(3x+1)=2/3$.

证明思路 (1) $\forall\varepsilon\in(0,1)$, 由

$$|\arctan x+(\pi/2)|<\varepsilon\Leftrightarrow-(\pi/2)-\varepsilon<\arctan x<\varepsilon-(\pi/2)$$

$$\Leftrightarrow\arctan x<\varepsilon-(\pi/2)\Leftrightarrow x<\tan(\varepsilon-(\pi/2))=-\tan((\pi/2)-\varepsilon)\text{可得;}$$

(2) 由 $\left|\dfrac{2x+1}{3x+1}-\dfrac{2}{3}\right|=\left|\dfrac{1}{3(3x+1)}\right|\leqslant\dfrac{1}{3}\cdot\dfrac{1}{3|x|-1}<\dfrac{1}{6|x|}$(当 $|x|>1$ 时), $\forall\varepsilon\in(0,1)$, 令 $X=(6\varepsilon)^{-1}$, 则当 $|x|>X$ 时有

$$\left|\frac{2x+1}{3x+1}-\frac{2}{3}\right|<\frac{1}{6|x|}<\varepsilon,$$

因此 $\lim\limits_{x\to\infty}\dfrac{2x+1}{3x+1}=\dfrac{2}{3}$.

例 2.2.2 试用 "ε-δ 语言" 证明下列极限:

(1) $\lim\limits_{x\to 3} x^2 = 9$; (2) $\lim\limits_{x\to 2} \dfrac{x}{4x-7} = 2$;

(3) $\lim\limits_{x\to -1+0} \sqrt{1-x^2} = \lim\limits_{x\to 1-0} \sqrt{1-x^2} = 0$.

证明思路 (1) 由 $|x^2-9| = |x+3||x-3| \leqslant 7|x-3|$(当 $|x-3| \leqslant 1$ 时), $\forall \varepsilon \in (0,1)$, 令 $\delta = \varepsilon/7$, 则当 $0 < |x-3| < \varepsilon/7$ 时有

$$|x^2-9| \leqslant 7|x-3| < \varepsilon,$$

因此 $\lim\limits_{x\to 3} x^2 = 9$;

(2) 由 $\left|\dfrac{x}{4x-7} - 2\right| = \left|\dfrac{14-7x}{4x-7}\right| = \dfrac{7|x-2|}{|4x-7|} = \dfrac{7|x-2|}{|4(x-2)+1|} \leqslant \dfrac{7|x-2|}{1-4|x-2|}$

$$< 14|x-2|(\text{当}|x-2| < 1/8\text{时}),$$

$\forall \varepsilon \in (0,1)$, 令 $\delta = \varepsilon/14$, 则当 $0 < |x-2| < \delta$ 时有

$$\left|\frac{x}{4x-7}\right| < 14|x-2| < \varepsilon,$$

因此 $\lim\limits_{x\to 2} \dfrac{x}{4x-7} = 2$.

(3) 由 $\sqrt{1-x^2} = \sqrt{1+x}\sqrt{1-x} \leqslant 2\sqrt{1-x}(\forall x \in (0,1))$, $\forall \varepsilon \in (0,1)$, 只要令 $\delta = \varepsilon^2/4$ 则当 $x \in (1-\delta, 1)$ 时有

$$|\sqrt{1-x^2} - 0| \leqslant 2\sqrt{1-x} < \varepsilon,$$

因而有 $\lim\limits_{x\to 1-0} \sqrt{1-x^2} = 0$. 同理可证 $\lim\limits_{x\to -1+0} \sqrt{1-x^2} = 0$.

2. 函数极限的基本性质

类似于数列极限, 函数极限也有唯一性、局部有界性、局部保号性及局部单调性、局部追敛性及四则运算封闭性等等. 这里的“局部”二字, 通常用空心领域表达, 其意义相当于数列中的“当 n 充分大时”. 数列极限的基本性质需用“ε-N 语言”证之, 函数极限的基本性质则用“ε-δ 语言”证之; 在数列极限证明中经常要用到“取 N 的较大者”技巧, 在函数极限证明中则经常采用“取 δ 的较小者”技巧. 这里仅论证几个较具代表性的函数极限性质.

定理 2.2.1(函数极限基本性质) 下述命题成立:

(1) 设函数 $y = f(x)$ 在某 $U_0(x_0, \delta_0)$ 中有定义. 若 $\lim\limits_{x\to x_0} f(x) = A$ 存在, 则 $\exists$ 常数 $M > 0$ 及 $\delta \in (0, \delta_0)$ 使得 $x \in U_0(x_0, \delta)$ 时有 $|f(x)| \leqslant M$.

(2) 设函数 $y = f(x)$ 与 $y = g(x)$ 在某 $U_0(x_0, \delta_0)$ 中有定义. 若 $\lim\limits_{x\to x_0} f(x) = A$, $\lim\limits_{x\to x_0} g(x) = B$, 而且 $A < B$, 则存在 $\delta \in (0, \delta_0)$ 使得 $\forall x \in U_0(x_0, \delta)$ 时有 $f(x) < g(x)$.

(3) 设函数 $y=f(x)$ 与 $y=g(x)$ 在某 $U_0(x_0,\delta_0)$ 中有定义. 若 $\lim\limits_{x\to x_0} f(x)=A$, $\lim\limits_{x\to x_0} g(x)=B$, 则 $\lim\limits_{x\to x_0} f(x)g(x)=AB$.

注 唯一性、保向性、保序性、迫敛性及四则运算封闭性类同于数列极限, 这里略去.

证明思路 (1) 由函数极限的定义, $\forall\varepsilon_0=1$, $\exists\delta\in(0,\delta_0)$ 使得 $\forall x\in U_0(x_0,\delta)$ 都有 $|f(x)-A|<1$, 令 $M=|A|+1$, 由

$$||f(x)|-|A||\leqslant|f(x)-A|\leqslant 1$$

可得 $\forall x\in U_0(x_0,\delta)$ 有 $|f(x)|\leqslant M$.

(2) 取 $\varepsilon_0=(B-A)/2$, 由定义, $\exists\delta_1,\delta_2\in(0,\delta_0)$ 使得 $\forall x\in U_0(x_0,\delta_1)$ 都有 $|f(x)-A|<\varepsilon_0$, $\forall x\in U_0(x_0,\delta_2)$ 都有 $|g(x)-B|<\varepsilon_0$. 若令 $\delta=\min\{\delta_1,\delta_2\}$, 那么 $\forall x\in U_0(x_0,\delta)$ 有

$$g(x)>B-\varepsilon_0=(B+A)/2=A+\varepsilon_0>f(x).$$

(3) 注意到:
$$\begin{aligned}f(x)g(x)-AB&=f(x)g(x)-g(x)A+g(x)A-AB\\&=g(x)\cdot[f(x)-A]+A[g(x)-B],\end{aligned}$$

由 (1) 及条件, 存在常数 $M>0$ 及 $\delta_1\in(0,\delta_0)$ 使得 $\forall x\in U_0(x_0,\delta_1)$ 都有 $|g(x)|\leqslant M$; 且 $\forall\varepsilon>0$, $\exists\delta_2,\delta_3\in(0,\delta_0)$, 使得 $\forall x\in U_0(x_0,\delta_2)$ 都有

$$|f(x)-A|<\varepsilon/(2M),$$

$\forall x\in U_0(x_0,\delta_3)$ 都有

$$|g(x)-B|<\varepsilon/(2(|A|+1)),$$

再令 $\delta=\min\{\delta_1,\delta_2,\delta_3\}$, 则当 $x\in U_0(x_0,\delta)$ 时有

$$|f(x)g(x)-AB|\leqslant|g(x)||f(x)-A|+|A||g(x)-B|<\varepsilon.$$

因此 $\lim\limits_{x\to x_0} f(x)g(x)=AB$.

定理 2.2.2(函数极限的可复合性) 设 $\lim\limits_{x\to x_0} g(x)=A$, $\lim\limits_{y\to A} f(y)=B$. 若下述三个条件之一满足, 则必有 $\lim\limits_{x\to x_0} f(g(x))=B$:

(i) 存在 x_0 的某空心邻域 $U_0(x_0,\delta)$ 使得 $\forall x\subset U_0(x_0,\delta)$ 有 $g(x)\neq A$;

(ii) $\lim\limits_{y\to A} f(y)=f(A)$(即 $f(y)$ 在 $y=A$ 处连续, 后面介绍);

(iii) $A=\infty$(或 $+\infty$, 或 $-\infty$).

评注 如果三个条件中有一个成立, 那么就可以从定义出发直接证之 (按"先外后里"的顺序进行), 这里略. 若上述三个条件都不满足, 就无法保证 $\lim\limits_{x\to x_0} f(g(x))$ 存在. 例如, 考虑

$$\omega = f(y) = \begin{cases} 0, & y = 0, \\ 1, & y \neq 0, \end{cases} \qquad y = g(x) = x\sin\frac{1}{x}(x \neq 0),$$

有 $\lim\limits_{x\to 0} g(x) = 0$, $\lim\limits_{y\to 0} f(y) = 1$. 然而令 $x_n = (2n\pi + \pi/2)^{-1}$, $x_n' = (2n\pi)^{-1}(n = 1, 2, \cdots)$, 则有 $f(g(x_n)) = 1$, $f(g(x_n')) = 0$, 由后面介绍的归结原则可知 $\lim\limits_{x\to 0} f(g(x))$ 不存在.

2.2.2 函数极限存在条件及计算

1. 函数极限存在条件

与讨论数列极限存在的条件相类似, 我们这里将从函数值的变化趋势来判断函数极限的存在性. 其中归结原则及柯西准则是最核心的结果.

定理 2.2.3(函数极限存在判别准则) 下述命题成立:

(1) 归结原则 若函数 $y = f(x)$ 在某 $U_0(x_0, \delta_0)$ 中有定义, 则

$$\lim_{x\to x_0} f(x)\text{存在} \Leftrightarrow \forall\text{满足} \lim_{n\to\infty} x_n = x_0\text{的}\{x_n\} \subset U_0(x_0, \delta_0)\text{都有} \lim_{n\to\infty} f(x_n)\text{存在;}$$

(2) 单侧归结原则 若函数 $y = f(x)$ 在某 $U_0^+(x_0, \delta_0)(= (x_0, x_0 + \delta_0))$ 中有定义, 则 $f(x_0 + 0)$ 存在 $\Leftrightarrow \forall$ 满足 $\lim\limits_{n\to\infty} x_n = x_0$ 的单调递减序列 $\{x_n\} \subset U_0^+(x_0, \delta_0)$ 都有 $\lim\limits_{n\to\infty} f(x_n)$ 存在;

(3) 单调有界准则 若函数 $y = f(x)$ 在某 $U_0(x_0, \delta_0)$ 中有定义而且单调且有界, 则 $f(x_0 - 0)$ 与 $f(x_0 + 0)$ 都存在.

(4) 柯西准则 若函数 $y = f(x)$ 在某 $U_0(x_0, \delta_0)$ 中有定义, 则

$$\lim_{x\to x_0} f(x)\text{存在} \Leftrightarrow \forall\varepsilon > 0, \quad \exists\delta \in (0, \delta_0), \quad \forall x', x'' \in U_0(x_0, \delta)\text{时有}$$

$$|f(x') - f(x'')| < \varepsilon.$$

证明思路 (1) 的"$\Rightarrow$"显然.

下证 (1) 的"$\Leftarrow$": 由条件可推得 $\forall$ 满足 $\lim\limits_{n\to\infty} x_n = x_0$ 的 $\{x_n\} \subset U_0(x_0, \delta_0)$, 都有 $\lim\limits_{n\to\infty} f(x_n)$ 存在且相等.

若不然, 即 $\exists\{x_n\}, \{y_n\} \in U_0(x_0, \delta_0)$ 满足 $\lim\limits_{n\to\infty} x_n = x_0$ 且 $\lim\limits_{n\to\infty} y_n = x_0$, 但是 $\lim\limits_{n\to\infty} f(x_n) = A \neq B = \lim\limits_{n\to\infty} f(y_n)$.

若令 $z_n = \begin{cases} x_k, & n = 2k, k = 1, 2, \cdots, \\ y_k, & n = 2k - 1, k = 1, 2, \cdots, \end{cases}$ 则 $\lim\limits_{n\to\infty} z_n = x_0$, 由条件 $\lim\limits_{n\to\infty} f(z_n)$

存在, 但 $\{f(z_n)\}$ 有两个收敛子列具有不同的极限. 矛盾!

因此, 不妨设对于任何满足

$$\lim_{n\to\infty} x_n = x_0 \text{ 的 } \{x_n\} \subset U_0(x_0, \delta_0)$$

都有 $\lim\limits_{n\to\infty} f(x_n) = A$.

接下来证 $\lim\limits_{x\to x_0} f(x) = A$.

若不然, $\exists\varepsilon_0 > 0$, $\forall\delta_n = \min\{1/n, \delta_0\}(n = 1, 2, \cdots)$ 都存在 $x_n \in U_0(x_0, \delta_n)$ 使得

$$|f(x_n) - A| \geqslant \varepsilon_0 \ (n = 1, 2, \cdots).$$

显然 $\lim\limits_{n\to\infty} x_n = x_0$, 由条件有 $\lim\limits_{n\to\infty} f(x_n) = A$, 矛盾!

(2) 的 "$\Leftarrow$" 证明可仿照 (1) 的 "$\Leftarrow$" 证明, 只须把 $\delta_n = \min\{1/n, \delta_0\}$ 换作 $\delta_n = \min\{1/n, \delta_0, x_{n-1} - x_0\}$ 即可;

(3) 由 (2) 及数列极限的单调有界收敛准则可得.

(4) 的证明可由归结原则 (1) 及数列极限的柯西准则可得.

评注 归结原则由德国数学家海涅 (H.E.Heine, 1821~1881) 给出, 这条准则沟通了函数极限与数列极限的关系. 它告诉我们, 在一定的条件下, 函数极限与数列极限是可以互相转化的, 这是数学中的化归思想在函数极限理论中的具体应用. 归结原则与柯西准则都可以换作其他形式的极限, 比如:

$$f(\infty)\text{存在} \Leftrightarrow \forall\text{满足} \lim_{n\to\infty} x_n = \infty\text{的实数列}\{x_n\}\text{都有} \lim_{n\to\infty} f(x_n)\text{存在}$$

例 2.2.3 (1) 试用归结原则证明 $\lim\limits_{x\to 0}(1/x)\sin(1/x)$ 不存在;

(2) 试用柯西准则证明 $\lim\limits_{x\to 0} x\sin(1/x)$ 存在;

(3) 已知 $\lim\limits_{x\to+\infty}(a\sin x + b\cos x) = l$, 试求 l 的值.

解题思路 (1) 分别取 $x_n = (2n\pi)^{-1}$ 及 $x_n' = (2n\pi + (\pi/2))^{-1}$, 则有

$$\lim_{x\to\infty} x_n = \lim_{x\to\infty} x_n' = 0\text{且} \lim_{x\to\infty} x_n^{-1}\sin(1/x_n) = +\infty, \quad \lim_{x\to\infty}(x_n')^{-1}\sin(1/x_n') = 0,$$

因此 $\lim\limits_{x\to 0} x^{-1}\sin(1/x)$ 不存在;

(2) 由 $\left|x'\sin\dfrac{1}{x'} - x''\sin\dfrac{1}{x''}\right| \leqslant \left|x'\sin\dfrac{1}{x'} - x''\sin\dfrac{1}{x'}\right| + \left|x''\sin\dfrac{1}{x'} - x''\sin\dfrac{1}{x''}\right|$

$$\leqslant |x' - x''| + 2|x''|,$$

$\forall\varepsilon \in (0,1)$, 取 $\delta = \varepsilon/4$, 则 $\forall x', x'' \in U_0(0,\delta)$ 时有

$$|x'\sin(1/x') - x''\sin(1/x'')| \leqslant |x' - x''| + 2|x''| < \varepsilon,$$

因此 $\lim\limits_{x\to 0} x\sin(1/x)$ 存在.

(3) 分别取 $x_n' = 2n\pi + (\pi/2), x_n'' = 2n\pi + (3/2)\pi$, 代入条件可得 $a = l$ 及 $-a = l$, 因此 $a = 0$; 同理可得 $b = 0$, 从而 $l = 0$.

评注 归结原则与柯西准则给判别极限不存在带来极大方便.

例 2.2.4 设 $f(x)$ 与 $g(x)$ 都是具有最小正周期的函数, 而且 $\lim\limits_{x\to\infty}[f(x) - g(x)] = 0$, 求证：$f(x) \equiv g(x)(x \in R)$.

证明思路 设 $g(x)$ 具有最小正周期 p, 于是有

$$\lim_{x\to\infty}[f(x) - f(x+p)] = \lim_{x\to\infty}[f(x) - g(x)] + \lim_{x\to\infty}[g(x+p) - f(x+p)] = 0,$$

若 $f(x)$ 具有最小正周期 $q(\neq p)$, 则至少有一点 x_0 使得 $f(x_0) - f(x_0+p) \neq 0$, 于是有

$$\lim_{N\to\infty}[f(x_0 + Nq) - f(x_0 + Nq + p)] = \lim_{N\to\infty}[f(x_0) - f(x_0+p)] \neq 0,$$

这与 $\lim\limits_{x\to\infty}[f(x) - f(x+p)] = 0$ 矛盾, 因此 $f(x)$ 与 $g(x)$ 具有相同的最小正周期. 假若有点 x_0^* 使得 $f(x_0^*) - g(x_0^*) = \beta \neq 0$, 那么有

$$\lim_{N\to\infty}[f(x_0^* + Np) - g(x_0^* + Np)] = \lim_{N\to\infty}[f(x_0^*) - f(x_0^*)] = \beta \neq 0,$$

这又与 $\lim\limits_{x\to\infty}[f(x) - g(x)] = 0$ 矛盾, 因此 $f(x) \equiv g(x)(x \in R)$.

2. 两个重要函数极限

定理 2.2.4 下述命题成立:

(1) 重要极限之一 $\lim\limits_{x\to 0}(x^{-1}\sin x) = 1$;

(2) 重要极限之二 $\lim\limits_{x\to\infty}(1 + x^{-1})^x = \mathrm{e}$ 或等价地 $\lim\limits_{x\to 0}(1+x)^{1/x} = \mathrm{e}$.

证明思路 (1) 利用 $0 \leqslant 1 - \cos x = 2\sin^2(x/2) < x^2/2$ 可得 $\lim\limits_{x\to 0}\cos x = 1$.

再利用三角函数的定义可得 $\forall x \in (0, \pi/2)$ 有

$$\sin x < x < \tan x,$$

分别取倒数后再乘以 $\sin x$ 可得到

$$\cos x < x^{-1}\sin x < 1,$$

由于 $\cos x$ 与 $x^{-1}\sin x$ 都是偶函数, 于是 $\forall x \in (-\pi/2, 0)$ 也有

$$\cos x < x^{-1}\sin x < 1,$$

再由函数极限的迫敛性即可证得 $\lim\limits_{x\to 0}(x^{-1}\sin x) = 1$;

(2) 在定理 2.1.4 中我们已经知道

$$\lim_{x\to\infty}(1+n^{-1})^n=\mathrm{e},$$

而且 $\{(1+(n+1)^{-1})^n\}$ 是单调递增且以 3 为其上界的数列, $\{(1+(n+1)^{-1})^{n+1}\}$ 是单调递减且以 1 为下界的数列, 它们有共同的极限 e. 现在 $[1,+\infty)$ 上构造两个阶梯函数:

(1) $f(x)=(1+(n+1)^{-1})^n(x\in[n,n+1),n\geqslant 1)$;

(2) $g(x)=(1+n^{-1})^{n+1}(x\in[n,n+1),n\geqslant 1)$.

当 $x\in[n,n+1)(n=1,2,\cdots)$ 时由 $1+(n+1)^{-1}<1+x^{-1}<1+n^{-1}$ 可得

$$(1+(n+1)^{-1})^n<(1+n^{-1})^n<(1+n^{-1})^{n+1},$$

于是有

$$f(x)<(1+n^{-1})^x<g(x)\ (x\in[1,+\infty)).$$

由函数极限的单调有界准则及归结原则可知

$$\lim_{x\to+\infty}f(x)=\lim_{x\to+\infty}g(x)=\mathrm{e},$$

再由函数极限的迫敛性可得 $\lim\limits_{x\to+\infty}(1+1/x)^x=\mathrm{e}$;

当 $x\to-\infty$ 时, 令 $y=-x$, 则 $y\to+\infty$, 由

$$\begin{aligned}(1+x^{-1})^x&=(1-y^{-1})^{-y}=((y-1)/y)^{-y}=(y/(y-1))^y\\&=(1+(y-1)^{-1})^{y-1}(1+(y-1)^{-1}),\end{aligned}$$

就可得

$$\lim_{x\to-\infty}(1+x^{-1})^x=\lim_{y\to+\infty}(1+(y-1)^{-1})^{y-1}(1+(y-1)^{-1})=\mathrm{e},$$

因此, $\lim\limits_{x\to\infty}(1+x^{-1})^x=\mathrm{e}$.

点评 $\lim\limits_{x\to0}x^{-1}\sin x=1$ 与 $\lim\limits_{x\to0}(1+x)^{1/x}=\mathrm{e}$ 合称为两个重要的极限, 最根本的理由就是以这两个极限为基础结合求导法则可以把一切初等函数的求导公式推导出来, 而且利用它们以计算许多复杂的函数极限. 进一步, 微分的核心思想 ("以直代曲") 已蕴藏在这两个重要的函数极限之中. 我们必须注意, 在第一个极限中, x 是以弧度为单位的. 在微积分中, 凡是看到三角函数 $\varphi(x)$, 其中的 x 都是以弧度为单位. 此外, 看上去那么丑陋的函数 $x^{-1}\sin x$, 竟然有那么美丽的极限 1, 堪称数学百花园的奇珍异宝.

例 2.2.5 利用 $\lim\limits_{x\to0}x^{-1}\sin x=1$ 计算下列极限:

(1) $\lim\limits_{x\to 0}\dfrac{1-\cos x}{x^2}$; (2) $\lim\limits_{x\to 1}(1-x)\tan\dfrac{\pi x}{2}$; (3) $\lim\limits_{x\to a}\dfrac{\sin x-\sin a}{x-a}$.

解题思路 (1) 式 $=\lim\limits_{x\to 0}(x^{-1}\sin x)^2\lim\limits_{x\to 0}(1+\cos x)^{-1}=1/2$;

(2) 令 $1-x=t$, 则 $\tan(\pi x/2)=\tan((\pi/2)-(\pi/2)t)=\cot(\pi t/2)$, 于是有

$$(2)\text{式}=\lim_{t\to 0}t(\tan(\pi/2)t)^{-1}=\lim_{t\to 0}(\pi/2)t(\tan(\pi/2)t)^{-1}(2/\pi)=2/\pi;$$

(3) 利用
$$\begin{aligned}\cos x-\cos x_0&=\cos((x-x_0+x+x_0)/2)-\cos((x_0-x+x+x_0)/2)\\&=2\sin((x_0-x)/2)\sin((x_0+x)/2),\end{aligned}$$
可得到 $|\cos x-\cos x_0|\leqslant|x-x_0|$, 于是有 $\lim\limits_{x\to x_0}\cos x=\cos x_0$; 再由

$$\sin x-\sin a=2\sin((x-a)/2)\cos((x+a)/2)$$

可得 (3) 式 $=\cos a$.

例 2.2.6 求 $\lim\limits_{x\to 0}(1-\cos a_1x\cos a_2x\cdots\cos a_nx)/x^2$.

解
$$\begin{aligned}&\lim_{x\to 0}(1-\cos a_1x\cos a_2x\cdots\cos a_nx)/x^2\\&=\lim_{x\to 0}(1-\cos a_1x)/x^2+\lim_{x\to 0}(\cos a_1x[1-\cos a_2x\cdots\cos a_nx])/x^2\\&=\lim_{x\to 0}(\sin^2 a_1x)(1+\cos a_1x)^{-1}/x^2+\lim_{x\to 0}(1-\cos a_2x\cdots\cos a_nx)/x^2\\&=\frac{a_1^2}{2}+\lim_{x\to 0}\frac{1-\cos a_2x}{x^2}+\lim_{x\to 0}\frac{1-\cos a_3x\cdots\cos a_nx}{x^2}\\&=\cdots=\frac{a_1^2}{2}+\frac{a_2^2}{2}+\cdots+\frac{a_n^2}{2}.\end{aligned}$$

例 2.2.7 利用 $\lim\limits_{x\to\infty}(1+x^{-1})^x=\mathrm{e}$ 求下述极限:

(1) $\lim\limits_{x\to+\infty}(1-x^{-1})^{\sqrt{x}}$; (2) $\lim\limits_{x\to\infty}(x^2(x^2-1)^{-1})^x$.

解题思路 (1) 由 $(1-(1/x))^{\sqrt{x}}=(1-(1/\sqrt{x}))^{\sqrt{x}}(1+(1/\sqrt{x}))^{\sqrt{x}}$ 得 (1) 式 $=1$;

(2) 由 $((x^2-1)/x^2)^x=(1-(1/x))^x(1+(1/x))^x$ 得 (2) 式 $=1$;

3. 函数极限计算

通常情形下, 利用函数极限的迫敛性及四则运算封闭性, 再结合最基本的极限 $\lim\limits_{x\to x_0}x=x_0$ 及 $\lim\limits_{x\to\infty}x^{-1}=0$ 就可以计算大量普通的函数极限. 对于稍许复杂的函数极限可以通过变量替代 (包括无穷小量等价替代) 及其他函数技巧进行转化, 请阅下例.

例 2.2.8(函数极限计算基本题) 求下列函数极限:

(1) $\lim\limits_{x\to\infty}\dfrac{x^2-4}{x^2-x+2}$; (2) $\lim\limits_{x\to 1}\left(\dfrac{1}{1-x}-\dfrac{3}{1-x^3}\right)$; (3) $\lim\limits_{x\to 0}\dfrac{\sqrt[n]{1+x}-1}{x}$;

(4) $\lim\limits_{x\to+\infty}(\sqrt{(x+p)(x+q)}-x)$; (5) $\lim\limits_{x\to1}\dfrac{\sqrt{1+2x}-\sqrt{3}}{\sqrt{x+1}-\sqrt{2}}$; (6) $\lim\limits_{x\to+\infty}a^{1/x}(a>0)$.

解题思路 (1) 分子分母同除以 x^2 得 (1) 式 $=1$;

(2) 经过通分与约分, (2) 式 $=\lim\limits_{x\to1}(x+2)(x^2+x+1)^{-1}=1$;

(3) 令 $\sqrt[n]{1+x}=1+h$, 则 $x=(1+h)^n-1$, 且 $x\to0$ 时有 $h\to0$, 于是有

$$\begin{aligned}(3)\text{ 式}&=\lim_{h\to0}\frac{h}{nh+n(n-1)h^2/2+\cdots+h^n}\\&=\lim_{h\to0}\frac{1}{n+n(n-1)h/2+\cdots+h^{n-1}}=\frac{1}{n};\end{aligned}$$

(4) 式 $=\lim\limits_{x\to+\infty}\dfrac{(p+q)x+pq}{\sqrt{(x+p)(x+q)}+x}=\dfrac{p+q}{2}$(分子分母同时除以 x);

(5) 式 $=\lim\limits_{x\to1}\dfrac{2(x-1)(\sqrt{x+1}+\sqrt{2})}{(x-1)(\sqrt{1+2x}+\sqrt{3})}=\dfrac{2\sqrt{2}}{\sqrt{3}}$;

(6) 当 $a>1$ 时, 由 $a^{1/([x]+1)}<a^{1/x}<a^{1/[x]}$ 与 $\lim\limits_{n\to\infty}\sqrt[n]{a}=1$ 及迫敛性可得 $\lim\limits_{x\to+\infty}a^{1/x}=1$; 当 $0<a<1$ 时, 有 $\lim\limits_{x\to+\infty}a^{1/x}=(\lim\limits_{x\to+\infty}(a^{-1})^{1/x})^{-1}=1$.

2.2.3 无穷小量与无穷大量

定义 2.2.3(无穷小量) 设函数 $f(x)$ 在某 $U_0(x_0,\delta_0)$ 中有定义. 如果 $\lim\limits_{x\to x_0}f(x)=0$, 则称函数 $f(x)$ 当 $x\to x_0$ 时是无穷小量, 记作 $f(x)=o(1)(x\to x_0)$, 其中 $o(1)$ 代表无穷小量 (它不是数!).

通过改变自变量取极限的方式, 类似地可获得其他情形下的无穷小量的定义.

定义 2.2.4(无穷大量) 设函数 $f(x)$ 在某 $U_0(x_0,\delta_0)$ 中有定义. 如果 $\forall G>0$, $\exists\delta\in(0,\delta_0)$ 使得 $\forall x\in U_0(x_0,\delta)$ 有 $|f(x)|>G$, 则称当 $x\to x_0$ 时 $f(x)$ 为无穷大量, 并记作

$$\lim_{x\to x_0}f(x)=+\infty.$$

通过改变不等式的手法可类似地给出正无穷大量、负无穷大量的定义; 同样地, 通过改变自变量取极限的方式还可获得其他情形下的无穷大量的定义. 由定义不难证明无穷大量有下述等价说法:

$$\lim_{x\to x_0}f(x)=\infty\Leftrightarrow\forall n\in N^+,\quad\exists\delta_n\in(0,\delta_0)\text{使得}\forall x\in U_0(x_0,\delta_n)\text{都有}|f(x)|>n.$$

评注 这里的无穷大量 (或无穷小量) 与数列极限中的无穷大数列 (或无穷小数列) 的本质是相同的. 易见无穷小量 (恒不为零的情形下) 与无穷大量具有互为倒数关系; 有限个无穷小量的代数和及乘积都是无穷小量; 无穷小量与有界量 (某个特定邻域中的有界函数) 的乘积是无穷小量. 此外, 无穷大量必是无界量, 但无界量却未必是无穷大量 (例如当 $x\to\infty$ 时 $f(x)=x\sin x$ 不是无穷大量!).

背景聚焦 在数学王国中，数学家们最得意的杰作是发明了“无穷大”与“无穷小”这两个无穷概念，这两个神奇的概念帮助人们找到了从宏观与微观两个不同的角度去认识无穷的“望远镜”与“显微镜”. 数学史家们认为，人类对无穷的认识其源头应该是始于计数过程的无止境，“就这样继续下去”是人们相信“无穷”存在的重要信念 (也是一种重要的数学方法). 在微观方面，人类一直在思考，能否可以把一个量 (比如说一个数或一条线段) 不断地分割为微小的量，最终得到一个不可再分的量，使其成为数学上的原子？类似的问题也困扰着 2000 多年以前古希腊的哲学家们，而且也困扰着现代的人们，如今科学家们仍然孜孜不倦地在努力寻找基本粒子，一种难以捉摸的万物之源.

人类认识无穷小的道路是非常曲折的. 在古希腊的哲人眼里：“无限多个很小的量的和是一个有限的数”，这一事实是非常难以理解和接受的. 古希腊的芝诺正是巧妙地钻了这个空子，即把有限长的线段分割成无限多个很小线段的和，把有限的时间内可以完成的运动分成无限多段很短的时间来完成，制造出“阿基里斯永远追不上乌龟”及“人不可能在有限的时间内越过无穷多个分点”的悖论困惑了读书人好几个世纪. 当然，现在我们可以用极限概念 (认识无穷的指路明灯) 很轻松地对此加以解释.

如今，人们已借助精确的极限“ε-N 语言”与“ε-δ 语言”，迈出了认识“无穷小”的第一步 (潜无穷观点). 极限“ε-N 语言”与“ε-δ 语言”，恰像一张编织得非常精美的“网”，把“无穷小”这条滑溜的“泥鳅”或“小精灵”牢牢地“网住”. 借用庞加莱的一句话，就是用篱笆把“无限”这个“魔鬼”(或“上帝”) 围到“笼子”里. 然而，这仅仅是从一个侧面或者说找到一种途径去认识无穷. 由美国数学家鲁滨孙所创建的非标准分析，可以看作是人类认识“无穷小”迈出的第二步 (实无穷观点). 可惜非标准分析的逻辑结构更加复杂，普通数学工作者都难以理解它. 到目前为止，还没有人敢宣称自己已经认识“无穷小”.

定义 2.2.5(无穷小量与无穷大量阶的比较) 设 $f(x)=o(1)$, $g(x)=o(1)(x\to x_0)$. 如果 $f(x)$ 与 $g(x)$ 比的极限

$$\lim_{x\to x_0}\frac{f(x)}{g(x)}=0,$$

则称 $x\to x_0$ 时 $f(x)$ 是比 $g(x)$ 阶数更高的无穷小量，并记作 $f(x)=o(g(x))(x\to x_0)$.

若 $\lim\limits_{x\to x_0}\dfrac{f(x)}{g(x)}=1$, 则称当 $x\to x_0$ 时 $f(x)$ 与 $g(x)$ 是等价的无穷小量，简记作 $f(x)\sim g(x)(x\to x_0)$.

若 $\lim\limits_{x\to x_0}\dfrac{f(x)}{g^k(x)}=c\neq 0$(其中 $k\in\mathbf{R}^+$), 则称 $x\to x_0$ 时 $f(x)$ 是 $g(x)$ 的 k 阶无穷小量 (特殊情形 $g(x)=x-x_0$).

若存在常数 $m>0, l>0$ 及 $U_0(x_0,\delta)$ 使得

$$m \leqslant |f(x)/g(x)| \leqslant l \ (\forall x \in U_0(x_0,\delta)),$$

则称当 $x \to x_0$ 时 $f(x)$ 与 $g(x)$ 是同阶无穷小量 (等价是其特殊情形).

若存在常数 $L>0$ 及某 $U_0(x_0,\delta)$ 使得 $|f(x)/g(x)| \leqslant L(\forall x \in U_0(x_0,\delta))$, 则称在 x_0 的附近 $f(x)$ 与 $g(x)$ 的比是局部有界量 (或渐近有界量), 记作

$$f(x) = O(g(x)) \ (x \to x_0).$$

进一步, 若把 "o" 换作 "∞", 则可用类似的方法建立关于无穷大量的阶的比较的概念; 当然也可通过取倒数的方法, 利用无穷小量的阶的比较获得无穷大量阶的比较概念.

评注 记号 $f(x)=o(g(x))(x \to x_0)$ 不是通常意义下的函数相等, 而是在集合意义下的相等, 即 $f(x)=o(g(x))(x \to x_0)$ 实质就是 $f(x) \in o(g(x))(x \to x_0)$. 例如:

$$1-\cos x \in o(\sin x)(x \to 0) = \{f | \lim_{x \to 0}(f(x)/\sin x) = 0\}.$$

易见若 $f(x)=o(g(x))(x \to x_0)$ 必有 $f(x)=O(g(x))(x \to x_0)$, 反之则不然.

"o" 是小英文字母, 读作 "小欧", 是表示无穷小的程度的符号, 高阶无穷小量的直观解释就是与原点 0 的距离高度接近."O" 是大写的英文字母 O 读作 "大欧", 是无限接近 0(数字零) 的速度的符号. 在较为复杂的数学运算中, 有时候往往可以对速度变小的那部分 (高阶无穷小) 忽略不计, 其关键就是要掌握小到什么程度才可以将其略去, O 和 o 就是用来表示这个程度的符号. 它们在无穷小分析中具有特别重要的地位, 而且在构建导数、微分与幂级数的理论中也起着决定性的作用. 进一步, 它们在计算数学与逼近论等学科中具有广泛的应用. 这两个符号是 19 世纪的德国数学家兰道首先引用的, 因此称其为兰道符号.

点评 在数学中, 无穷小与无穷大的阶的比较是相对概念. 这种相对性, 还通过现实世界中的具体例子予以阐明. 比如地球平均半径约为 6371km; 在机械工程中, 度量尺度通常在数米之间, 比如一辆汽车, 尺度不过 $2 \sim 3$m, 一台大型机床, 尺度也在 $10 \sim 30$m. 在运算中如遇到地球半径 6371km, 后者可以看作是无穷大; 但是在天体运动的研究中, 一个 "天文单位" 等于地球到太阳的平均距离, 约为 1.5 亿 km, 大约等于 2.34 万个地球半径; 而一 "光年" 指光在一年时间中行走的距离, 即约 94600 亿 km, 大约等于 14 亿 8 千 5 百万个地球半径. 这时地球半径可以看作是零, 也就是无穷小了. 对于汽车尺度而言, 1 光年和地球半径都看作 "无穷大", 但是 1 光年是地球半径的 "高阶无穷大"; 同理, 汽车尺度和地球半径对光年而言, 都看作 "无穷小", 而汽车尺度是地球半径的 "高阶无穷小".

例 2.2.9 用定义证明下述无穷极限:

(1) $\lim\limits_{x\to 0+0}\ln x=-\infty$; (2) $\lim\limits_{x\to 0}(3x+1)/x^2=+\infty$;

(3) $\lim\limits_{x\to 1}(x^2+3)/(x-1)=\infty$; (4) $\lim\limits_{x\to +\infty}(2x^3-x)/(7x^2+3x+5)=+\infty$.

证明思路 (1) $\forall M>0$ 要

$$\ln x<-M \Leftrightarrow x<\mathrm{e}^{-M},$$

只要令 $\delta=\mathrm{e}^{-M}$, 则当 $0<x<\delta$ 时就有 $\ln x<-M$, 因此 $\lim\limits_{x\to 0+0}\ln x=-\infty$.

(2) 当 $|x|<1/6$ 时有 $|3x|<1/2$, 因此有

$$1+3x>1-(1/2)=1/2,$$

于是有

$$(3x+1)/x^2\geqslant 1/(2x^2),\quad \forall M>0,$$

只要令 $\delta=\min\{1/\sqrt{2M},1/6\}$, 则当 $0<|x|<\delta$ 时有

$$(3x+1)/x^2\geqslant 1/(2x^2)>M,$$

因此 $\lim\limits_{x\to 0}x^{-2}(3x+1)=+\infty$.

(3) 由

$$\begin{aligned}&|(x^2+3)/(x-1)|=|(x+1)+4/(x-1)|\geqslant 4/|x-1|-|x+1|\\&=4/|x-1|-|(x-1)+2|>4/|x-1|-3\ (\text{当}|x-1|<1\text{时}),\end{aligned}$$

$\forall M$, 要 $4/|x-1|-3>M$, 只要 $|x-1|<4/(M+3)$, 令 $\delta=\min\{4/(M+3),1\}$, 则当 $0<|x|<\delta$ 时有

$$|(x^2+3)/(x-1)|>4/|x-1|-3>M,$$

故 $\lim\limits_{x\to 1}(x^2+3)/(x-1)=\infty$.

(4) 由 $\dfrac{2x^3-x}{7x^2+3x+5}>\dfrac{2x^3+x^3-x}{7x^2+3x^2}>\dfrac{2}{5}x$(当 $x>2$ 时), $\forall M>1$ 只要令 $X=\dfrac{5}{2}M$,

则当 $x>X$ 时有

$$\frac{2x^3-x}{7x^2+3x+5}>\frac{2}{5}x>M,$$

因此 $\lim\limits_{x\to+\infty}\dfrac{2x^3-x}{7x^2+3x+5}=+\infty$.

例 2.2.10 (1) 试问当 $x\to 0$ 时, $f(x)=\sin 2x-2\sin x$ 是 x 的几阶无穷小?

(2) 试问当 $x\to 0$ 时, $f(x)=\sqrt[5]{3x^2-4x^3}$ 是 x 的几阶无穷小?

(3) 试问当 $x\to\infty$ 时, $f(x)=x+x^2(2+\sin x)$ 是 x 的几阶无穷大?

解 (1) 由 $\dfrac{\sin 2x-2\sin x}{x^\alpha}=\dfrac{2\sin x(1-\cos x)}{x^\alpha}=\dfrac{\sin x}{x}\cdot\dfrac{2(1-\cos x)}{x^2}\cdot\dfrac{1}{x^{\alpha-3}}$ 可知, 要使 $\lim\limits_{x\to 0}x^{-\alpha}(\sin 2x-x\sin x)=$ 常数 $C\neq 0$, 必须有 $\alpha=3$.

(2) 由 $\sqrt[5]{3x^2-4x^3}=x^{2/5}\sqrt{3-4x}$ 可知当 $x\to 0$ 时, $f(x)=\sqrt[5]{3x^2-4x^3}$ 是 x 的 2/5 阶无穷小.

(3) 由 $\lim\limits_{x\to\infty}x^{-1}=0$ 及 $|\sin x|\leqslant 1$, 必存在 X, 当 $|x|>X$ 时有

$$1/2\leqslant x^{-2}(x+x^2(2+\sin x))\leqslant 3/2\ (\text{注意}\lim_{x\to\infty}(2+\sin x)\text{不存在!}),$$

因此当 $x\to\infty$ 时 $f(x)=x+x^2(2+\sin x)$ 是 x 的 2 阶无穷大.

例 2.2.11 设 $f(x)$ 在 $(0,1)$ 内有定义且有

$$f(x)=o(1)(x\to 0),\quad f(x)-f(x/2)=o(x)\ (x\to 0).$$

求证: $f(x)=o(x)(x\to 0)$.

证 $\forall\varepsilon>0,\exists\delta>0$, 当 $x\in U_0(0,\delta)$ 时有

$$|(f(x)-f(x/2))/x|<\varepsilon/2,\text{即}|f(x)-f(x/2)|<(x/2)\varepsilon,$$

于是当 $t\in U_0(0,\delta)$ 时有

$$\begin{aligned}|f(t)|&\leqslant\left|f(t)-f\left(\frac{t}{2}\right)\right|+\left|f\left(\frac{t}{2}\right)-f\left(\frac{t}{2^2}\right)\right|+\cdots\left|f\left(\frac{t}{2^{n-1}}\right)-f\left(\frac{t}{2^n}\right)\right|+\left|f\left(\frac{t}{2^n}\right)\right|\\&\leqslant\varepsilon\left(\frac{t}{2}+\frac{t}{2^2}+\cdots+\frac{t}{2^n}\right)+\left|f\left(\frac{t}{2^n}\right)\right|\\&=\varepsilon\, t(1-t^n)+\left|f\left(\frac{t}{2^n}\right)\right|,\end{aligned}$$

令 $n\to\infty$ 得 $|f(t)|\leqslant\varepsilon\, t$, 即 $|t^{-1}f(t)|\leqslant\varepsilon$, 因此 $f(x)=o(x)(x\to 0)$.

最后, 作为函数极限的几何应用, 我们这里建立平面曲线渐近线的概念.

定义 2.2.6 设 $y=f(x)(x\in\mathbf{R})$. 若 $\lim\limits_{x\to+\infty}[f(x)-(ax+b)]=0$, 则称直线 $y=ax+b$ 是曲线 $y=f(x)$ 当 $x\to+\infty$ 时的 (斜) 渐近线; 特别地, 当 $a=0$ 时, 则称直线 $y=b$ 是曲线 $y=f(x)$ 当 $x\to+\infty$ 时的水平渐近线; 如果 $\lim\limits_{x\to x_0}f(x)=\infty$, 则称直线 $x=x_0$ 是曲线 $y=f(x)$ 当 $x\to x_0$ 时的垂直渐近线.

评注 上述定义中的 "$x\to+\infty$" 可换作 "$x\to-\infty$", "$x\to x_0$" 可换作 "$x\to x_0+0$" 或 "$x\to x_0-0$"; "∞" 可以换作 "$+\infty$" 或 "$-\infty$". 求平面曲线的渐近

线, 实际上就是利用函数极限研究函数图像的某种极端变化趋势, 它在函数作图及许多实际问题中具有广泛应用. 求平面曲线 $y=f(x)$ 的斜渐近线的通常程序是先求 $a=\lim\limits_{x\to+\infty}x^{-1}f(x)$, 然后再求 $b=\lim\limits_{x\to+\infty}(f(x)-ax)$. 实际上, 求曲线的渐近线问题是求函数极限的逆问题 (或反问题).

生活类比 我们还可以用曲线的渐近线解释现实生活中许多有趣的现象. 比如你在某次聚会上遇到了一个非常吸引你的异性朋友, 你会情不自禁地向他 (她) 靠近, 并设法找话题搭讪; 如果双方情投意合, 那么两个人的距离就会越来越近, 几乎近到膝盖碰在一起, 毕竟在大众场合两个人不可能真正碰在一起.

例 2.2.12 (1) 试求曲线 $f(x)=x^3(x^2+2x-3)^{-1}$ 的渐近线;

(2) 已知 $\lim\limits_{x\to\infty}\left[\dfrac{x^2+1}{x+1}-(px+q)\right]=0$, 试确定常数 p, q.

简解 (1) 易见 $x=1$ 与 $x=-3$ 都是 $f(x)=x^3/(x^2+2x-3)$ 的铅垂渐近线; 再由 $\lim\limits_{x\to\infty}x^{-1}f(x)=1$ 及

$$\lim_{x\to\infty}(x^3/(x^2+2x-3)-x)=\lim_{x\to\infty}(-2x^2+3x)/(x^2+2x-3)=-2$$

可知 $y=x-2$ 是曲线 $f(x)=x^3/(x^2+2x-3)$ 的斜渐近线;

(2) 由

$$\lim_{x\to\infty}\left[\frac{x^2-1+2}{x+1}-px-q\right]=\lim_{x\to\infty}\left[x-1+\frac{2}{x+1}-px-q\right]$$
$$=\lim_{x\to\infty}\left[(1-p)x+\frac{2}{x+1}-(1+q)\right]=0$$

可得 $1-p=0$, 即 $p=1$; 由

$$0=\lim_{x\to\infty}\left(\frac{x^2+1}{x+1}-x-q\right)=\lim_{x\to\infty}\left(\frac{1-x}{x+1}-q\right)=\lim_{x\to\infty}\left(\frac{x^{-1}-1}{1+x^{-1}}-q\right)=-1-q$$

可得 $q=-1$.

2.2.4 极限概念历史演变概况

极限是现代数学中应用最广泛的概念, 也是历史上发育时间最长的数学概念之一. 人们对极限概念的认识, 历经了一个由模糊到明晰、由定性描述到定量刻画的漫长历史. 有一位数学史家说过: "任何一门学科, 如果把它的历史割断, 尤其是数学, 其损失是不可想象的." 重温极限概念演变史, 对帮助我们更深刻地理解并更好地应用伟大的极限思想是有益的.

1. 极限思想的萌芽

极限思想源远流长, 其萌芽可追溯到古希腊与中国古代. 我国古代庄子 (公元前 355~ 前 275) 在《天下篇》中写道: "一尺之棰, 日取其半, 万世不竭". 在这短短的 12 个字中, 包含了大量的信息与哲理, 尤其形象地描述了从有限走向无限的朴素极限思想. 公元 3 世纪, 我国数学家刘徽在《九章算术》中创立著名的 "割圆术", 成功地运用极限思想计算圆的面积及 π 的近似值. 他在 "割圆术" 中说: "割之弥细, 所失弥小, 割之又割, 以至不可割, 则与圆周合体, 而无所失矣." 这段话把极限的动态变化过程及其归缩描述得十分透彻和传神.

古希腊哲学家、数学家, 埃利亚 (Elea) 学派的代表人物芝诺 (Zeno, 公元前 490~ 前 436 年) 提出了系列著名的 "芝诺悖论", 给当时的学术界造成极大的震动. 悖论之一为 "二分说", 用现代的语言说就是: "一个物体从甲地到乙地, 永远也不能到达". 理由是这样的: 物体若想从甲到乙, 首先要通过道路的一半, 但要通过这一半, 必须先通过这一关的一半, 即道路的 1/4, 要通过这 1/4, 必须先通过 1/8, $\cdots$ 这样分下去, 永远无止境. 于是, 芝诺得到结论: 此物体根本不能开始运动, 因为它被道路的无限分割阻碍着. 悖论之二为 "阿基里斯追龟", 阿基里斯 (Archilles) 是古希腊神话中以善跑著称的英雄. 芝诺说: "阿基里斯追龟, 永远也追不上". 理由是这样的: 假设阿基里斯的速度是乌龟的 10 倍, 乌龟在前面 100m, 当阿基里斯跑了 100m 达到乌龟的出发点时, 乌龟已向前走了 10m; 阿基里斯再追 10m, 乌龟又前进了 1m, $\cdots\cdots$, 这样阿基里斯与乌龟永远相隔一小段距离, 所以阿基里斯永远也追不上乌龟. 这些悖论中隐约地体现了极限思想.

古希腊伟大的数学家欧多克索斯 (Eudoxus, 约前 400~ 前 347) 为解决第一次数学危机首创了 "穷竭" 原理:

"对于两个不相等的量, 若从较大量中减去大于其半的量, 再从所余量中减去大于其半的量. 继续重复这个步骤, 则有某个余量小于原来较小的量".

稍后, 数学之神、伟大的古希腊数学家阿基米德 (Archimedes, 约前 287~ 前 212) 用算术的语言把这一原理用公理的方式 (称之为阿基米德公理) 重新表述出来, 用现代分析的语言表述就是:

"$\forall a > 0, b > 0, \exists n \in N^+$ 使得 $na > b$."

在公元前 240 年左右, 阿基米德应用穷竭原理 (称之为穷竭法) 成功地计算出抛物弓形的面积. 穷竭法的核心思想是 "无限接近", 这是一种蕴涵着 "潜无穷" 的极限思想. 穷竭法的诞生, 标志着极限概念的轮廓已在古希腊问世. 因此, 数学史学家们认为欧多克索斯与阿基米德是近代极限理论的先驱. 由于时代的局限性, 古希腊人非常惧怕 "无穷", 因而刻意对 "无穷" 采取回避的态度, 他们在应用 "穷竭法"

论证数学命题时, 不是采用正面的“取极限”, 而是采用相当繁琐的双重归谬法和几何法, 以此保证逻辑上的无懈可击. 正是因为无法逾越“无穷”这个禁区, 那个时代的数学家们无能为力让堪称严格思考典范的“穷竭法”迈出到达极限的关键一步, 而只能将发现极限的艰巨任务传给后来人.

2. 极限概念的神秘期

1586 年, 十进制创始人荷兰数学家斯蒂文 (Stevin,1584~1620) 在考察三角形重心的过程中, 改进了古希腊人的“穷竭法”. 他借助几何直观, 放弃归谬法的证明步骤 (牺牲古希腊数学的某种严格性), 大胆地运用极限思想思考问题, 也就是说他把极限方法沿着实用方向发展推进一步. 英国数学家沃利斯 (John,Wallis, 1616~1703) 在其著作《无穷算术》(1665 年) 中给出关于变量极限的正确概念, 他说“变量的极限 —— 这是变量如此逼近的一个常数, 它们之间的差能够小于任何给定的量”. 然而, 他的极限概念一直未被人们采用.

极限作为数学中的概念被明确地提出来, 是随着微积分发展到一定阶段的必然产物.17 世纪下半叶, 牛顿与莱布尼茨以无穷小方法创建微积分 (也称“无穷小分析”), 这是没有极限概念的微积分最初形态. 由于这种微积分中涉及未能澄清其概念的“无穷小”, 引起了社会各界的广泛争论, 包括哲学家、宗教界人士也参与进去, 争论的焦点其实就是 2000 年前的芝诺悖论问题.“无穷小悖论”引发了数学史上的第二次数学危机.

何谓“无穷小”? 当时在数学上并没有一个精确的定义. 例如牛顿称变量的无穷小量为“瞬”, 忽而是非零之数, 忽而又为零, 成了“招之即来, 挥之即去”的“怪物”. 莱布尼茨对神秘的 dx 与 dy 也不能自圆其说. 因此, 以“无穷小”为基础的微积分也就被披上了一件神秘的外衣. 牛顿与莱布尼茨在他们的晚期都不同程度地注意到极限思想, 意识到极限概念的重要性, 试图以极限概念作为微积分的基础. 牛顿在其论著《曲线求积术》中说

“两个量和量之比, 如果在有限时间内不断趋于相等, 而且在这一时间终止前互相靠近, 使得其差小于任意给定的差, 则最终就成为相等”.

这里所谓的“最末比”方法里已经蕴涵了极限的思想与方法. 但他的极限观建立在“运动与变化”的直观认识上, 无法得出严密的极限概念. 由于时代的局限性, 脱去微积分神秘外衣的任务只能留给后世. 因此, 这个时期也被称为极限概念的神秘期.

18 世纪下半叶, 法国数学家、哲学家达朗贝尔 (D'Alembert, 1717~1783) 认为微积分的应建立在极限概念上. 他在其主编的《科学、技术和手工业百科全书》中给出比较能反映极限实质的极限定义:

“一个量为另一个量的极限, 就是后者趋向前者, 比任何给定的量都更接近于

前者, 但不等同于前者."

由于他的极限定义仍然无法摆脱对几何直观的依赖, 使得他的工作并没能引起同时代数学家的高度重视.

3. 严密极限概念 ("算术化") 的产生

从 19 世纪初开始, 数学家们在重建微积分基础的进程中, 促使极限概念严密化. 现在普遍使用的数列极限与函数极限的定义, 是由柯西初创后再经德国数学家魏尔斯特拉斯加以完善与定型.

柯西在 1821 年出版的《分析教程》中, 摆脱几何直观的限制, 首次从运动的观点给极限下定义 (定性描述):

"当一个变量逐次所取的值无限趋近于一个定值, 最终使变量的值和定值之差想多少小就多少小, 这个值就叫所有其他值的极限".

柯西还提出了函数极限定义的 ε 法 ("小于任意给定的正数 ε", 后来又把 ε 改写成 δ), 此即所谓极限概念 "算术化" 的源头. 柯西的总体想法是试图把极限过程用有限的代数不等式来刻画, 使关于无穷小、无穷大的运算转化为一系列不等式的推导. 柯西在其他后来的著作《无穷小计算教程》与《微分计算教程》用他的极限理论对微积分进行了彻底的改造, 使得带有感性直观的微积分计算方法上升为比较严密的、系统的理论, 这是分析学上的一次重大进步. 柯西的良好愿望是试图消除极限概念中的几何直观描述的不严密性, 但他的叙述中却存在着 "无限趋近" "想多少小就多少小" 等描述性的词语, 尽管文字很生动, 但毕竟保留着几何的和物理的直观痕迹, 因此不是真正的数学语言. 这样看来, 柯西离极限概念严密化还有半步之遥.

19 世纪下半叶 (1856 年), 以追求严谨闻名的魏尔斯特拉斯将 ε 与 δ 联系起来, 给出静态的函数极限定义:

" $\lim\limits_{x\to x_0} f(x)=A \Leftrightarrow \forall\varepsilon>0, \exists\delta>0$, 当 $0<|x-x_0|<\delta$ 时有 $|f(x)-A|<\varepsilon$".

在魏尔斯特拉斯之前, 捷克数学家波尔察诺 (Bolzano, 1781~1848) 曾经使用过这种语言, 但没有引起数学界的注意. 在魏尔斯特拉斯的基础上, 德国数学家海涅等普及并推广了这种语言. 从此, 在长达一千多年来, 人们说不清、道不明的极限概念终于被置于严密的基础之上, 即用具有奇异之美的 "ε-δ 语言" 准确地给予定量叙述. 从此, 微积分也被建立在严密的极限理论的基础之上. 那场持续了整整 200 年关于微积分基本概念的争论, 终于因创立了严密的极限理论而宣告结束, 从而成功地平息 (回避) 了第二次数学危机.

4. 极限概念的推广

极限概念很自然地被推广到多元函数、复变函数与各种形式的抽象映射的情形, 这些极限的过程虽然复杂了, 但大体上还保持了函数极限所固有的特征. 后来, 数学家们又发现, 有些变量的极限过程比较特殊, 不能用现成的极限语言表述. 比如闭区间上的黎曼积分是用黎曼积分和的极限定义的, 但这种极限的极限过程与闭区间的分割发生了联系, 很难由通用的 ε-δ 语言来描述. 曲线弧长与曲面面积的定义也有类似的情形, 因此有必要建立更一般的极限理论.20 世纪的数学家们在序观念统领下, 建立了定义在半序有向集上的广义极限概念, 这种极限理论在现代拓扑学和分析数学中起着很大的作用. 实际上, 极限概念还一直处在不断的推广中.

2.2.5 极限思想的人文教育价值

极限思想是一种重要的近代数学思想. 丰富的极限思想蕴藏在深刻的极限概念中, 极限概念不仅把相关的已有数学概念统一起来, 而且还为数学的未来开拓阔广的道路. 在许多实际问题中, 人们需要确定某一个量, 这个量的精确值往往无法得到, 然而通过测量等手段可以确定一连串的近似值, 再通过考察这一串的近似值的变化趋势, 就可以把欲求的那个量的准确值确定下来. 这种在无限变化过程中, 通过巧妙地对有限情形的趋势进行分析, 直接获得无穷过程的终极结果的数学思想就是极限思想. 极限思想不仅在现代数学与现代科学中具有广泛的应用, 而且在中学数学问题解决中也有广泛应用. 极限思想在数学与科学中的教育价值, 我们这里不展开讨论, 而仅仅对极限思想在人文教育方面的价值作初步的探讨.

大家公认, 教育有两项最基本的职能: 其一是帮助受教育者建立 "核心价值观", 其二是帮助受教育者提高应对环境改变的生活与工作技能. 对数学教育来说, 以数学理性精神为核心的 "数学精神" 培育是很重要的. 关于 "数学精神", 美国数学家 M· 克莱因 (1908~1992) 有一段非常精彩的论述:

"在最广泛的意义上说, 数学是一种精神, 一种理性的精神. 正是这种精神, 激发、促进、鼓舞和驱使人类的思维得以运用到最完善的程度, 亦正是这种精神, 试图决定性地影响人类的物质、道德和社会生活; 试图回答有关人类自身存在提出的问题; 努力去理解和控制自然; 尽力去探求和确立已经获得知识的最深刻的和最完美的内涵".

"严密化" 是数学理性精神的最主要组成部分. 因此, 理解与掌握严密的极限概念不仅仅是对将来从事数学研究工作的人很重要, 而且对那些从事讲规则的行业 (比如律师、证券、军事、管理等) 的人员来说也是不可缺少的.

在某种意义上说, 极限精神 (即 "追求卓越", 或者说离卓越总差那么一点点的精神) 所体现的正是人的一种精神追求. 实际上, 极限精神与德国物理化学家能斯特 (W.H.Nernst, 1864~1941) 发现的热力学第三定律 "绝对温度只能无限接近, 而永远不能达到" 的科学精神是相通的, 而且也与英国诗人莎士比亚 (W. William Shakespeare; 1564~1616) 的诗句 "心愿无限, 成事可数, 欲海无边, 实践有垠" 中所体现的人文精神也是相通的. 著名荷兰数学家、数学教育家弗赖登塔尔 (H.Freudenthal, 1908~1990) 曾经说过, 数学是依靠 "就这样继续下去" 与 "一一对应" 两大思想发展起来的. 前者说的就是永无止境的极限过程, 极限是一盏指引人们从 "有限" 走向 "无限" 的神灯, 它与数学哲学中的潜无穷相对应; 后者说的是联系事物之间的对应方法, "一一对应" 是开启天堂之门的金钥匙, 也是管理混乱无序的无限世界的铁律, 它与数学哲学中的实无穷相对应. 实际上, 任何人都是依靠 "就这样继续下去" 的信念才能活下去的, 然后再依靠 "一一对应" 使自己活得更充实. 这与爱尔兰学者巴克莱的幸福观: "幸福的人生有三个不可缺少的要素: 有希望、有事做、有人爱" 也是相通的.

此外, 极限语言近于诗, 它们都能对很广大的观念进行浓缩与提炼, 直到正确的资讯能恰如其分地传达为止. 比如, 美国著名音乐家约翰尼 · 默瑟 (Johnny Mercer, 1910~1976) 的诗句 "强调的是肯定, 去掉的是否定. 你筑起篱笆, 围上了确定" 与用 "ε-N 语言" 描述的数列极限定义 "$\lim\limits_{n\to\infty} a_n = a \Leftrightarrow \forall\varepsilon > 0, \exists N$, 当 $n > N$ 时有 $|a_n - a| < \varepsilon$" 的文学意境是相通的. 又如函数极限语言

$$\text{“}\lim_{x\to+\infty} x^{-1} = 0 \Leftrightarrow \forall\varepsilon > 0, \exists X_0 > 0, \text{当 } x > X_0 \text{ 时有 } x^{-1} < \varepsilon\text{”}$$

与唐代诗人李白 (701~762) 的诗句 "孤帆远影碧空尽, 唯见长江天际流" 与唐代诗人王之涣 (688~742) 的诗句 "白日依山尽, 黄河入海流" 都具有相同的文学意境. 由此可见, 从人文精神提升与精神需求层面看, 极限精神在数学教育中具有至关重要的地位.

2.3 连续函数

大家明白, 客观世界中的许多现象和事物不仅是运动变化的, 而且其运动变化的过程是连绵不断的, 比如日月星空、岁月流逝、生命延续、物种演化等等, 人们希望从 "量度" 方面描述连绵不断变化的事物 (或现象) 的规律, 导致连续函数概念的产生.

连续函数研究函数增量的 (绝对) 变化趋势, 它在数学分析中具有承前启后的作用. 一方面, 连续的本质由极限刻画, 或者说连续函数概念是由函数极限定义的; 另一方面, 微分学要研究的可微函数类包含在连续函数类中, 而且微分学的研究方法与连续函数局部性态的研究方法是相同的 (都采用局部分析法). 本节介绍连续函数 (包括间断) 函数概念、连续函数局部性态及连续函数整体性态.

2.3.1 连续函数概念

何谓连续函数? 连续的本质是极限. 从几何直观上说, 函数在某点连续, 就是指

该点附近自变量“很接近”时函数值也“很接近”.

定义 2.3.1 设函数 $f(x)$ 在某实心邻域 $U(x_0,\delta)(=\{x\in\mathbf{R}||x-x_0|<\delta\})$ 内有定义. 若 $\lim\limits_{x\to x_0} f(x)=f(x_0)$, 则称函数 $f(x)$ 在 $x=x_0$ 处连续. 若函数 $f(x)$ 在区间 I 的每一点处都连续, 则称函数 $f(x)$ 在区间 I 上连续. 区间 I 上连续的全体函数记作 $C(I)$.

注 若 $f(x_0-0)=f(x_0)$, 则称 $f(x)$ 在 $x=x_0$ 处左连续; 若 $f(x_0+0)=f(x_0)$, 则称 $f(x)$ 在 $x=x_0$ 处右连续. 易见

$$f(x)\ \text{在}\ x_0\ \text{处连续} \Leftrightarrow f(x)\ \text{在}\ x_0\ \text{处左连续且右连续}.$$

定义 2.3.2 若 $\lim\limits_{x\to x_0} f(x)=A$ 存在, 但 $f(x_0)$ 无定义或 $f(x_0)\neq A$, 则称 x_0 为 $f(x)$ 的可去间断点 (可重新或补充定义使得 $f(x)$ 在该点连续);

若 $f(x_0-0)$ 与 $f(x_0+0)$ 都存在但不相等, 则称 x_0 为 $f(x)$ 的跳跃间断点;

若 $f(x_0-0)$ 或 $f(x_0+0)$ 中至少有一个是振荡式不存在, 则称 x_0 为函数 $f(x)$ 的振荡间断点;

若 $f(x_0-0)$ 与 $f(x_0+0)$ 中至少有一个是 ∞, 则称 x_0 是 $f(x)$ 的无穷间断点;

函数 $f(x)$ 的可去不连续点与跳跃不连续点统称为第一类间断点;

函数 $f(x)$ 的振荡间断点与无穷间断点统称为第二类间断点.

评注 函数连续性中可用“ε-δ 语言”刻划如下:

$$\begin{aligned} f(x)\text{在}x=x_0\text{处连续} &\Leftrightarrow f(x)=f(x_0)+o(1)(x\to x_0)\\ &\Leftrightarrow \forall\varepsilon>0,\exists\delta>0,\text{当}x\in U(x_0,\delta)\text{时有}|f(x)-f(x_0)|<\varepsilon. \end{aligned}$$

若记 $\Delta x=x-x_0$(称其为自变量的增量), $\Delta y=f(x)-f(x_0)=f(x+\Delta x)-f(x_0)$(称其为函数的增量), 则函数连续性可用“无穷小增量语言”刻画如下:

$$f(x)\text{在}x=x_0\text{处连续} \Leftrightarrow \lim_{\Delta x\to 0}\Delta y=0 \Leftrightarrow \Delta y=o(1)\ (\Delta x\to 0).$$

从数学运算角度看, 函数在某点连续就是指在该点附近函数运算与极限运算可交换, 即

$$\lim_{x\to x_0} f(x)=f(\lim_{x\to x_0} x).$$

这个等式含有以下三个方面的含义, 缺一不可:

(i) $f(x)$ 在 x_0 处有定义; (ii) $\lim\limits_{x\to x_0} f(x)=A$ 存在; (iii) $A=f(x_0)$.

背景聚焦 人类对连续函数的认识起初是很肤浅的. 牛顿与莱布尼茨等伟人们基于对物体的连续运动的研究创建了微积分, 并大张旗鼓地研究连续变化的量即连续函数, 然而他们的研究却完全依赖于几何直观, 也就是说他们把能一笔画成的

曲线所对应的函数理解为连续函数，从而在他们的眼里，函数的连续性是一种很自然的整体态势. 而在那个时代之前，人们通常把函数理解为一个解析式子，这个解析式子又仅仅代数函数运算的结果. 因此，人们很自然地认为函数总是连续的. 稍后人们虽然发现可用几个式子联合表达一个函数 (即分段函数)，但这种函数的不连续点的个数也不多，因此不值得注意. 德国数学家狄利克雷 (Dirichlet,Peter Gustav Lejeune, 1805~1859) 在 1829 年给出以他的名字命名的函数 $D(x)$ 竟然处处不连续，到此时人们才意识到有必要对函数的连续性进行探讨. 自从柯西等伟人们在 19 世纪创立极限理论之后，人们才正确地认识到研究函数连续性的实质是探讨函数的局部性态. 经过波尔察诺、柯西、魏尔斯特拉斯等的共同努力，终于在 19 世纪对连续函数作出纯数学的精确表述 (前面介绍的定义). 其后，人们受函数连续概念的基础存在于极限概念之中的启发，进一步将连续函数的概念推广到应用更广泛的拓扑空间之中.

点评 数学中连续函数 (包括函数间断) 概念形成，一方面来自人们对社会实践中遇到的客观现象的不断认识和提炼；另一方面来自数学内部本身，即从数学理论推证或数学问题研究的过程中引发出函数的连续性 (包括间断性) 概念诞生. 在日常生活中谈论连续性，通常是指没有发生什么了不起的惊喜之事，一切都在如常进行，也可以指 “按规矩来，别出花样”，这与数学中连续的含义是相通的. 从人文视野看，我们可以用李白的诗句 “抽刀断水水更流，举杯消愁愁更愁” 与 “飞流直下三千尺，疑是银河落九天” 阐述连续函数的意境；而王之涣的诗句 “欲穷千里目，更上一层楼” 与李白的诗句 “天门中断楚江开，碧水东流至此回” 则可用之于解释函数间断的含义.

“连续” 与 “离散” 似乎是对立的数学概念，但人们在研究实际问题时，往往会互相转化. 例如，当我们用手工绘制连续函数图像时，不可能找出无限个点，而是先找出有限个点 (当然是离散的)，然后再连线，画出图形；又比如气温随时间、随地理位置连续变化，而气象台只选择有代表性的时间和地点向公众报告. 反过来，如高速公路上行驶的汽车当然是离散的，可是人们也常将 “汽车流” 看作 “连续的流体”，这样就可以用流体力学的成熟方法来研究和处理 “交通流”. 进一步，在自然科学中，人们研究固体、液体和气体的本质属性时，虽然已经知道它们是由各自的粒子 (分子、原子、质子、中子等) 聚集而成，但这些粒子之间的距离，相对于所研究的宏观物理现象的量度而言却是极其微小的，从而使人们去探讨相关课题时，就可以认为这些物理介质内部不存在任何间隙，即视其均匀地分布于所占有的空间之中来处理. 人类长期的科学研究实践表明，在这种自然假设之上所获得的研究结果，确实相当准确而且很有效.

人生感悟 人生最大的悲哀在于追逐错误的目标，所谓错误的目标就是指当你一旦无限接近它时，却突然发现它 (比如金钱、名誉等) 与你心中的真正理想 (健康、自由等) 是不连续的.

例 2.3.1 讨论下述函数的连续性

(1) $\varphi(x)=\begin{cases}1, & x\text{为有理数},\\ -1, & x\text{为无理数},\end{cases}$ (2) $f(x)=\begin{cases}\sin(\pi x), & x\text{为有理数},\\ 0, & x\text{为无理数}.\end{cases}$

解题思路 (1) 由归结原则可知, $\forall x_0\in\mathbf{R}$, $\lim\limits_{x\to x_0}\varphi(x)$ 不存在, 因此 $\varphi(x)$ 处处不连续;

(2) 当 x_0 不是整数 m 时, 任取有理数 $r_n\to x_0$ 有 $\lim\limits_{n\to\infty}f(r_n)=\sin(\pi x_0)\neq 0$, 若任取无理数列 $t_n\to x_0$, 则 $\lim\limits_{n\to\infty}f(t_n)=0$, 因而 $\lim\limits_{x\to x_0}f(x)$ 不存在, 从而 $f(x)$ 在 $x_0\neq m$(整数) 处不连续; 当 $x_0=m$ 为整数时, 由

$$|f(x)-f(x_0)|=|f(x)|\leqslant|\sin(\pi x)|=|\sin(\pi x)-\sin(\pi x_0)|\leqslant\pi|x-x_0|,$$

可推知函数 $f(x)$ 在 $x_0=m$(整数) 处连续.

例 2.3.2 设函数 $f(x)$ 只有可去间断点, 定义 $g(x)=\lim\limits_{t\to x}f(t)$. 求证: 函数 $g(x)$ 连续.

简证 给定 x_0, 由 $g(x_0)=\lim\limits_{t\to x_0}f(t)$, $\forall\varepsilon>0$, $\exists\delta>0$, 当 $t\in U_0(x_0,\delta)$ 时有

$$|f(t)-g(x_0)|<\varepsilon,$$

固定 $x\in U_0(x_0,\delta)$, 对上述不等式取极限即得

$$|f(x)-g(x_0)|=|\lim_{t\to x}(f(t)-g(x_0))|=\lim_{t\to x}|f(t)-g(x_0)|\leqslant\varepsilon,$$

因此 $g(x)$ 在 x_0 处连续.

例 2.3.3 证明黎曼函数 $R(x)$ 在每个有理点上不连续, 而在每个无理点上连续.

证 易见 1 是 $R(x)$ 的周期, 因此只需在 $[0,1)$ 上考虑即可. 给定 $x_0\in[0,1)$, $\forall\varepsilon>0$, 满足 $q^{-1}\geqslant\varepsilon$ 的有理数必定是有限集 (因为当 $q\to+\infty$ 时 $q^{-1}\to 0$), 其全体记作 $\{x_i\}_{i=1}^n$(不包括 x_0), 令 $\delta=\min\{|x_1-x_0|,|x_2-x_1|,\cdots,|x_n-x_0|,x_0,1-x_0\}$, 则当 $x\in U_0(x_0,\delta)$ 时必有 $R(x)<\varepsilon$, 因而 $\lim\limits_{x\to x_0}R(x)=0$. 由此即知所证结论成立.

2.3.2 连续函数局部性态

函数连续由函数极限定义, 故函数极限的局部性态可以很自然地移植到连续函数中, 比如局部有界性、局部保号性、四则运算封闭性等等. 这里仅介绍在函数极限计算中具有广泛应用的极限符号与复合函数符号可交换定理.

定理 2.3.1 如果 $\lim\limits_{x\to x_0}f(x)=u_0$ 存在, 而且函数 $g(u)$ 在 u_0 处连续, 那么有

$$\lim_{x\to x_0}g(f(x))=g(\lim_{x\to x_0}f(x))(=g(u_0)).$$

证 由 $g(u)$ 在 u_0 处连续, $\forall \varepsilon>0, \exists \eta>0$ 使得 $u \in U(u_0,\eta)$ 时有

$$|g(u)-g(u_0)|<\varepsilon;$$

由 $\lim\limits_{x\to x_0} f(x)=u_0$, 对上述 $\eta>0$, 必存在 $\delta>0$ 使得 $x\in U_0(x_0,\delta)$ 时有

$$|f(x)-u_0|<\eta;$$

于是当 $x\in U_0(x_0,\delta)$ 时有

$$|g(f(x))-g(u_0)|<\varepsilon.$$

这就证得 $\lim\limits_{x\to x_0} g(f(x))=g(u_0)$.

评注 定理 2.3.1 可直观地解释为只要外层连续, 里层极限存在, 那么极限符号就可穿越外层的函数运算符号. 由此立即可推得复合函数连续性定理:

定理 2.3.2 若函数 $u=f(x)$ 在 x_0 处连续, $y=g(u)$ 在 u_0 处连续, 则复合函数 $y=g(f(x))$ 在 x_0 处连续.

定理 2.3.3(初等函数连续性) 凡初等函数皆在其定义区间上连续.

证明思路 $\sin x, \cos x$ 的连续性可由函数极限定义直接证之;

$\arcsin x$ 与 $\arctan x$ 在 $x=0$ 处的连续性可直接由定义 ("ε-δ 语言") 证之, 利用三角函数两角差的公式及反三角函数的定义可推得

$$\arcsin x-\arcsin x_0=\arcsin(x\sqrt{1-x_0^2}-x_0\sqrt{1-x^2}),$$

$$\arctan x-\arctan x_0=\arctan\frac{x-x_0}{1+xx_0},$$

再由函数极限符号与连续函数符号的可交换性可知 $\arcsin x$ 与 $\arctan x$ 在其定义域上连续; 同理可证 $\arccos x$ 与 $\mathrm{arccot} x$ 在其定义域上连续.

利用函数极限的定义不难证明 $\lim\limits_{x\to 0} a^x=1(=a^0$, 其中 $a>0, a\neq 1)$, 再由实指数幂的性质 (见下面的相关链接) 可得

$$a^x-x^{x_0}=a^{x_0}(a^{x-x_0}-1).$$

由此可知函数 a^x 在其定义域上连续.

关于 $\ln x$ 是连续性可直接证明如下:

给定 $x_0>0, \forall \varepsilon>0$, 要找 $\delta>0$, 使得 $x\in U_0(x_0,\delta)$ 时有

$$-\varepsilon<\ln x-\ln x_0=\ln(x/x_0)<\varepsilon,$$

即 $\mathrm{e}^{-\varepsilon}<x/x_0<\mathrm{e}^{\varepsilon}$; 令 $\varepsilon'=\min\{\mathrm{e}^{\varepsilon}-1, 1-\mathrm{e}^{-\varepsilon}\}$, 由 $\lim\limits_{x\to x_0}(x/x_0)=1$, 必存在 $\delta>0$, 使得 $x\in U(x_0,\delta)$ 时有

$$\mathrm{e}^{-\varepsilon}\leqslant 1-\varepsilon'<x/x_0<1+\varepsilon'\leqslant \mathrm{e}^{\varepsilon}.$$

故 $\lim\limits_{x\to x_0}\ln x=\ln x_0$, 即 $\ln x$ 在其定义域上连续.

再由连续函数复合不变性可知 $x^\mu=\mathrm{e}^{\mu\ln x}$ 在 $(0,+\infty)$ 上连续;

反复运用连续函数的四则运算不变性及复合不变性就可推知, 一切初等函数皆在其定义区间上连续.

进一步, 利用连续函数的性质及定义, 我们可以很自如地求出许多复杂的函数极限, 下面举例说明.

例 2.3.4 求证: 若 $\lim\limits_{x\to x_0}u(x)=a>0$ 且 $\lim\limits_{x\to x_0}v(x)=b$, 则

$$\lim_{x\to x_0}[u(x)]^{v(x)}=a^b.$$

证 记 $\exp(x)=\mathrm{e}^x$, 由 $y=\mathrm{e}^x$ 与 $y=\ln x$ 的连续性及 lim 与连续函数符号可交换得

$$\begin{aligned}\lim_{x\to x_0}[u(x)]^{v(x)}&=\lim_{x\to x_0}\exp(v(x)\ln u(x))=\exp(\lim_{x\to x_0}v(x)\ln u(x))\\&=\exp((\lim_{x\to x_0}v(x))(\ln(\lim_{x\to x_0}u(x))))=\exp(b\ln a)=a^b.\end{aligned}$$

例 2.3.5 求下列极限:

(1) $\lim\limits_{x\to 0}\dfrac{a^x-1}{x}$; (2) $\lim\limits_{x\to 0}\dfrac{(1+x)^\alpha-1}{x}$; (3) $\lim\limits_{x\to +\infty}\dfrac{\ln(x^2-x+1)}{\ln(x^{10}+x+1)}$.

解题思路 (1) 令 $a^x-1=h$, 则 $x=\dfrac{\ln(1+h)}{\ln a}$, 当 $x\to 0$ 时有 $h\to 0$, 于是有

(1) 式 $=\ln a\lim\limits_{h\to 0}[\ln(1+h)^{1/h}]^{-1}=\ln a$;

(2) 式 $=\lim\limits_{x\to 0}\dfrac{\mathrm{e}^{\alpha\ln(1+x)}-1}{x}=\lim\limits_{x\to 0}\dfrac{\mathrm{e}^{\alpha\ln(1+x)}-1}{\alpha\ln(1+x)}\cdot\lim\limits_{x\to 0}\dfrac{\alpha\ln(1+x)}{x}=\alpha$;

(3) 式 $=\lim\limits_{x\to\infty}\dfrac{2\ln x+\ln(1-x^{-1}+x^{-2})}{10\ln x+\ln(1+x^{-9}+x^{-10})}=\dfrac{1}{5}$.

例 2.3.6 求下列极限:

(1) $\lim\limits_{x\to a}\left(\dfrac{\sin x}{\sin a}\right)^{1/(x-a)}$; (2) $\lim\limits_{x\to 0^+}(\cos\sqrt{x})^{1/x}$;

(3) $\lim\limits_{x\to\pi/4}(\tan x)^{\tan 2x}$; (4) $\lim\limits_{n\to\infty}\left(\dfrac{\sqrt[n]{a}+\sqrt[n]{b}}{2}\right)^n$.

解题思路 (1) 由 $\dfrac{1}{x-a}\left(\dfrac{\sin x}{\sin a}-1\right)=\dfrac{1}{\sin a}\cdot\dfrac{\sin x-\sin a}{x-a}$

$$=\frac{2}{\sin a}\cos\left(\frac{x+a}{2}\right)\frac{\sin((x-a)/2)}{x-a},$$

可得 (1) 式 $=\mathrm{e}^{\cot a}$;

(2) 令 $\sqrt{x}=t$, 由 $t^{-2}(\cos t-1)=-(t^{-1}\sin t)^2(1+\cos t)^{-1}$ 得 (2) 式 $=\mathrm{e}^{-(1/2)}$;

(3) 由 $(\tan x-1)\tan 2x=(\tan x-1)\dfrac{2\tan x}{1-\tan^2 x}=\dfrac{-2\tan x}{1+\tan x}$ 得 (3) 式 $=\mathrm{e}^{-1}$;

(4) 令 $\dfrac{1}{n}=t$, 由 $\left(\dfrac{\sqrt[n]{a}+\sqrt[n]{b}}{2}-1\right)=n\left(\dfrac{\sqrt[n]{a}-1}{2}+\dfrac{\sqrt[n]{b}}{2}\right)=\dfrac{1}{2}\left[\dfrac{a^t-1}{t}+\dfrac{b^t-1}{t}\right]$

可得

$$\lim_{n\to\infty} n\left(\frac{\sqrt[n]{a}+\sqrt[n]{b}}{2}-1\right)=\lim_{t\to 0}\frac{1}{2}\left[\frac{a^t-1}{2}+\frac{b^t-1}{t}\right]=\ln\sqrt{ab},$$

因此, (4) 式 $=\sqrt{ab}$.

例 2.3.7 已知 $\lim\limits_{x\to 0}\dfrac{1}{3^x-1}\ln\left(1+\dfrac{f(x)}{\sin 2x}\right)=5$, 试求 $\lim\limits_{x\to 0}\dfrac{f(x)}{x^2}$.

解题思路 由归结原则及连续性可得

$$\lim_{x\to 0}\ln\left(1+\frac{f(x)}{\sin 2x}\right)=0\Leftrightarrow\lim_{x\to 0}\frac{f(x)}{\sin 2x}=0,$$

于是有

$$\begin{aligned}5&=\lim_{x\to 0}\frac{f(x)}{(3^x-1)\sin 2x}\\&=\lim_{x\to 0}\left(\frac{f(x)}{x^2}\right)\lim_{x\to 0}\left(\frac{x}{3^x-1}\right)\lim_{x\to 0}\left(\frac{x}{\sin 2x}\right)\\&=\frac{1}{2\ln 3}\lim_{x\to 0}\frac{f(x)}{x^2},\end{aligned}$$

因此 $\lim\limits_{x\to 0}\dfrac{f(x)}{x^2}=10\ln 3$.

相关链接 指数函数的定义及基本性质.

大家在中学数学中已经学过整数幂, 也学过指数函数的性质 (仅仅依赖于几何直观给出描述性解释!), 然而对无理数幂 (甚至有理数幂) 比如 $\pi^{\sqrt{2}}$ 的值是通过什么样的运算途径获得的, 一直没有给出数学上的严格定义. 实际上只有学过函数极限理论 (包括连续函数), 才能正式给出指数函数的数学定义. 在这里我们将给出指数函数的定义并讨论其基本性质.

1) 正整数指数幂 当 $a>0$ 时, 可用数学归纳法定义 $a^n\triangleq\underbrace{a\cdot a\cdot\cdots\cdot a}_{n个}$, 利用定义及实数集上的顺序公理 (“$b>c,\ d>0$”⇒“$bd>cd$”) 可以证明正整数幂具有下述性质:

(1) 若 $a>0,\ n\in\mathbf{N}^+$, 则 $a^n>0$;

(2) 设 $n\in\mathbf{N}^+$, 则当 $a>1$ 时 $a^n>1$, 当 $0<a<1$ 时 $a^n<1$;

(3) 设 $n_1,n_2\in\mathbf{N}^+$ 且 $n_1<n_2$, 则当 $a>1$ 时 $a^{n_1}<a^{n_2}$, 当 $0<a<1$ 时, $a^{n_1}>a^{n_2}$;

(4) 若 $a>0$, $n_1,n_2\in\mathbf{N}^+$, 则 $a^{n_1+n_2}=a^{n_1}\cdot a^{n_2}$.

2) 负整数指数幂 由正整数幂的加法性质可推得当 $a>0$, $m,n\in\mathbf{N}^+$ 而且 $m>n$ 时有 $a^m/a^n=a^{m-n}$, 据此可自然地定义 $a^0=1$, $a^{-n}=(a^n)^{-1}(n\in\mathbf{N})$. 利用定义及正整数幂的 4 条基本性质可推得负整数指数幂也具有 4 条基本性质 (略).

3) 有理数指数幂 给定 $a>0$, $n\in\mathbf{N}^+$, 根据连续函数的介值定理 (下讲介绍) 存在唯一的正实数 x 使得 $x^n=a$, 记 $x=\sqrt[n]{a}$, 称 $\sqrt[n]{a}$ 为正数 a 的 n 次算术根. 任意给定有理数 $r=m/n$(这里 m/n 是既约分数且 $n>0$), 给定 $a>0$, 可自然地定义有理数幂 $a^{m/n}=(a^{1/n})^m$(定义方式唯一!). 利用定义及整数幂的性质不难证明关于有理数幂具有下述基本性质:

(1) 若 $a>0$, $r\in\mathbf{Q}$, 则有 $a^r>0$;

(2) 设 $r\in\mathbf{Q}^+$(正有理数集), 则当 $a>1$ 时 $a^r>1$, 当 $0<a<1$ 时 $a^r<1$;

(3) 设 $r_1,r_2\in\mathbf{Q}$ 且 $r_1<r_2$, 则当 $a>1$ 时 $a^{r_1}<a^{r_2}$, 当 $0<a<1$ 时 $a^{r_1}>a^{r_2}$;

(4) 若 $a>0$, $r_1,r_2\in\mathbf{Q}$, 则 $(a^{r_1})^{r_2}=a^{r_1r_2}$, $a^{r_1+r_2}=a^{r_1}\cdot a^{r_2}$.

4) 实数指数幂 给定 $a>1$, $x\in R^+$, 当有理数 $r<x<[x]+1$ 时有 $a^r<a^{[x]+1}$, 因此 $s=\sup\limits_{r<x,r\in Q}a^r$ 存在; 同理 $l=\inf\limits_{r>x,r\in Q}a^r$ 也存在, 而且有 $s=l$. 其证明推导过程如下:

当 $r_1<x<r_2$ 时有 $a^{r_1}\leqslant s\leqslant l\leqslant a^{r_2}$, 因此有

$$0\leqslant l-s\leqslant a^{r_2}-a^{r_1}=a^{r_1}(a^{r_2-r_1}-1)\leqslant s(a^{r_2-r_1}-1),$$

由极限的定义不难证明 $\lim\limits_{t\to 0,t\in Q}a^t=1$(利用伯努利不等式或二项式定理), 因此有 $l=s$. 这样, 我们就可以很自然地定义实数指数幂

$$a^x=\sup_{r<x,r\in\mathbf{Q}}a^r\ (=\inf_{r<x,r\in\mathbf{Q}}a^r).$$

同样道理, 当 $0<a<1$ 时我们可以定义实指数幂

$$a^x=\inf_{r<x,r\in\mathbf{Q}}a^r\ (=\sup_{r<x,r\in\mathbf{Q}}a^r).$$

利用确界的本质是极限的思想, 给定 $a>0$, 给定 $x\in\mathbf{R}$. 我们可利用有理数指数幂的极限定义实数指数幂, 即 $a^x=\lim\limits_{r\to x,r\in\mathbf{Q}}a^r$. 定义的合理性可由确界式定义推导如下:

设 $a>1$, $\forall\varepsilon>0$, 由上、下确界的定义, 存在 $r'\in\mathbf{Q}$ 使得 $rr'<x$ 且 $s-\varepsilon<a^{r'}\leqslant s$, 又存在 $r''\in Q$ 使得 $r''>x$ 且 $l\leqslant a^{r''}<l+\varepsilon$, 注意 $l=s=a^x$, 而且当

$r \in \mathbf{Q}$ 且 $r \in (r', r'')$ 时有 $a^{r'} < a^r < a^{r''}$, 于是有 $a^x - \varepsilon < a^r < a^x + \varepsilon$, 这就证得 $a^x = \lim\limits_{r \to x, r \in Q} a^r$.

利用定义及有理数指数幂的性质不难证明实数指数幂具有下述性质:

(1) 若 $a > 0, x \in \mathbf{R}$, 则有 $a^x > 0$;

(2) 设 $x \in \mathbf{R}^+$, 则当 $a > 1$ 时有 $a^x > 1$, 当 $0 < a < 1$ 时 $a^x < 1$;

(3) 设 $x_1, x_2 \in \mathbf{R}$ 且 $x_1 < x_2$, 则当 $a > 1$ 时有 $a^{x_1} < a^{x_2}$, 当 $0 < a < 1$ 时 $a^{x_1} > a^{x_2}$;

(4) 若 $a > 0, x_1, x_2 \in \mathbf{R}$, 则 $(a^{x_1})^{x_2} = a^{x_1 x_2}$, $a^{x_1 + x_2} = a^{x_1} \cdot a^{x_2}$.

我们这里仅从确界定义出发给出等式 $a^{x_1+x_2} = a^{x_1} \cdot a^{x_2}$ 的证明推导过程:

设 $a > 1$. 给定有理数 $r < x_1$, $s < x_2$ 有 $r + s < x_1 + x_2$, 从而有 $a^r \cdot a^s = a^{r+s} \leqslant a^{x+y}$, 先固定 s 关于 r 取上确界, 然后再关于 s 取上确界得 $a^x \cdot a^y \leqslant a^{x+y}$;

反之, $\forall$ 有理数 $p < x + y$, 取有理数 $q \in ((p + x + y)/2, x + y)$, 再任取有理数 $r \in (q - y, x)$ 及 $s \in (q - x, y)$, 那么有 $p < 2q - (x + y) < r + s$, 于是有

$$a^p < a^{r+s} = a^r \cdot a^s \leqslant a^x \cdot a^y,$$

再关于 p 取上确界即得 $a^{x+y} \leqslant a^x \cdot a^y$.

2.3.3 连续函数整体性态

由于实直线上的闭区间具有良好的性能, 因此诱发出闭区间上的连续函数具有许多优美的整体特性. 闭区间上连续函数整体特性的研究, 一方面对今后学习定积分理论有帮助, 另一方面也有助于体验如何从局部过渡到整体的数学思想方法. 接下来, 先介绍研究连续函数整体性态的数学工具 (包括区间套定理与有限覆盖定理).

1. 研究连续函数整体性态的数学工具

定理 2.3.4(闭区间套定理) 若 $\{[a_n, b_n]\}_{n=1}^{\infty}$ 是闭区间套 (即 $[a_n, b_n] \supset [a_{n+1}, b_{n+1}] (n = 1, 2, \cdots)$ 且 $\lim\limits_{n \to \infty} (b_n - a_n) = 0$), 则必存在唯一的 $\xi \in [a_n, b_n] (n = 1, 2, \cdots)$, 此即

$$\bigcap_{n=1}^{\infty} [a_n, b_n] = \{\xi\}.$$

定理 2.3.4 很容易由柯西准则、单调有界收敛定理或致密性定理直接推证, 这里略.

推论 若 $\{[a_n, b_n]\}_{n=1}^{\infty}$ 是闭区间套, 则存在唯一的 $\xi \in [a_n, b_n] (n = 1, 2, \cdots)$ 使得 $\forall \delta > 0$, 当 n 充分大 (即某个大 N 之后的所有 n) 时有 $[a_n, b_n] \subset U(\xi, \delta)$.

定理 2.3.5(有限覆盖定理) 若开区间族 $H=\{(\alpha,\beta)|(\alpha,\beta)\subset\mathbf{R}$ 是开区间$\}$是闭区间 $[a,b]$ 的覆盖 (即 $[a,b]\subset\bigcap\limits_{(\alpha,\beta)\in H}(\alpha,\beta)\Leftrightarrow\forall x\in[a,b]$, 存在 $(\alpha,\beta)\in H$ 使得 $x\in(\alpha,\beta)$), 则必可从 H 中挑选出有限个区间 $\{(\alpha_i,\beta_i)\}_{i=1}^n$ 覆盖 $[a,b]$(即 $[a,b]\subset\bigcap\limits_{i=1}^n(\alpha_i,\beta_i)$).

利用确界存在定理或区间套定理证明定理 2.3.5 都别有风味, 这里分别予以介绍.

证法一(利用确界存在定理) 设 $H=\{(\alpha,\beta)|(\alpha,\beta)\subset\mathbf{R}$ 是开区间$\}$是闭区间 $[a,b]$ 的开覆盖. 令 $A=\{x\in[a,b]|[a,x]$ 能被 H 中的有限个开区间覆盖$\}$. 易见 $a\in A$, 令 $\xi=\sup A$, 由确界的定义不难证明 $\xi\in A$, 而且 $[a,\xi]\subset A$. 下证 $\xi=b$.

若 $\xi<b$, 由覆盖的定义可知, 存在 $(\alpha,\beta)\in H$ 使得 $\alpha<\xi<\beta$, 在 $(\xi,\beta)\bigcap(\xi,b)$ 中, 任取 b_0, 则 $b_0\in(\alpha,\beta)$, 由 $\xi\in A$ 可知 H 中有有限个区间覆盖 $[a,\xi]$, 加上 H 中的 (α,β), 这有限个开区间覆盖了 $[a,b_0]$, 从而 $b_0\in A$, 这与 $\xi=\sup A$ 矛盾.

证法二(利用区间套定理) 设 H 是 $[a,b]$ 的开覆盖, 假设不能从 H 中挑出有限个开区间覆盖 $[a,b]$. 现将 $[a,b]$ 二等分, 子区间 $[a,(a+b)/2]$ 与 $[(a+b)/2,b]$ 中必有一个不能被 H 中的有限个区间所覆盖, 不妨设为前者, 并记 $[a_1,b_1]=[a,(a+b)/2]$. 再对 $[a_1,b_1]$ 二等分, 必有一个子区间 $[a_2,b_2]$ 不能被 H 中的有限个区间所覆盖, 这样的二分过程一直进行下去, 得到 $[a,b]$ 的闭区间套 $\{[a_n,b_n]\}$ 满足:

(i) $b_n-a_n=2^{-n}(b-a)\to0(n\to\infty)$;

(ii) 每个 $[a_n,b_n]$ 都不能被 H 中的有限个区间覆盖.

由区间套定理得 $\bigcap\limits_{n=1}^{\infty}[a_n,b_n]=\{\xi\}$, 由 $\xi\in[a,b]$ 及 H 的定义, 必存在 $(\alpha,\beta)\in H$ 使得 $\xi\in(\alpha,\beta)$. 再由 $b_n-a_n\to0$ 及 $\xi\in[a_n,b_n]$ 可知, 当 n 充分大时有 $[a_n,b_n]\subset(\alpha,\beta)$, 这与 $[a_n,b_n]$ 的构造过程矛盾. 因此必能从 H 中挑选出有限个覆盖 $[a,b]$.

背景聚焦 区间套定理与柯西准则一样, 最早由波尔察诺首先提出并使用, 但没有用数学理论证明其正确性. 柯西认为区间套定理是理所当然的, 并用其证明柯西准则 (实际上它们是等价的). 区间套定理与柯西准则 (充分性) 最终由康托尔的基本序列理论加以严格证明. 区间套定理是"秩序"与"量度"观念有效结合下的产物, 它是解决 (数学) 存在性问题的重要工具之一, 且使用起来简单方便 (其宗旨就是套出"目标"所需要的"点").

有限覆盖定理最早由德国数学家海涅及法国数学家波雷尔 (Borel, 1871~1956) 首先提出, 后经实变函数论奠基人法国数学家勒贝格 (A.Lebesgue, 1875~1941) 加以完善并推广, 因此该定理也称其为海涅 — 波雷尔 — 勒贝格定理. 有限覆盖定理是"秩序"观念下的产物, 没有具体的"量度", 但它却是真正能把"无限"转化为"有限"的数学工具之一. 而且它能推广到更一般的拓扑空间中, 因此应用非常广泛. 应用有限覆盖定理的关键是必须弄清楚要“覆盖”什么样的“对象”.

点评 从现代分析的观点看, 区间套定理与柯西准则所刻画的是实数系的完备性 (等价于连续性即确界存在定理), 有限覆盖定理与致密性定理所刻画的是有界数集的紧性, 它们分别属于不同的数学范畴, 然而在实数系中它们却是等价的. 正由于这个原因, 国内不少知名数学分析教材与教学参考书中都把它们混称为实数完备性定理, 这种说法是不够确切的, 至少给后继课程学习带来不必要的观念上的混乱.

从理论上说, 从致密性定理、确界存在定理、区间套定理及有限覆盖定理中任选一个作工具都能证明关于闭区间上的连续函数的所有整体性态, 因而可以统称为论证闭区间上连续函数整体特性的数学工具. 然而在不同的场合下使用不同的定理却有简繁之分, 后面我们将介绍一些典型又简洁的证明.

人生感悟 每个有理智的常人都要从茫茫的人海中寻找心仪的对象作为自己的终身伴侣, 区间套定理告诉我们, 只要我们用心去寻找, 总能找到让自己刻骨铭心的那个他 (她). 此外, 人世间的欲望有千千万万种, 有限覆盖定理告诉我们, 不论我们的人生有多长, 真正能得以实的欲望始终是有限的, 因此在利益面前我们应该看得淡、放得下.

2. 一致连续与介值性

定义 2.3.3(一致连续性) 设 $f(x)$ 在区间 I 上有定义. 如果 $\forall\varepsilon>0$, $\exists\delta>0$, 当 $x',x''\in I$ 且 $|x'-x''|<\delta$ 时有 $|f(x')-f(x'')|<\varepsilon$, 则称函数 f 在区间 I 上一致连续.

从定义出发不难证明函数一致连续性有如下等价说法:

$f(x)$ 在区间 I 上一致连续 $\Leftrightarrow \lim\limits_{\delta\to0^+}\omega_f(\delta)=0$(其中 $\omega_f(\delta)=\sup\limits_{x',x''\in I}|f(x')-f(x'')|$, 被称为函数 $f(x)$ 在区间 I 的连续模)$\Leftrightarrow \forall\{x_n^{(1)}\},\{x_n^{(2)}\}\subset I$, 若有 $\lim\limits_{n\to\infty}(x_n^{(1)}-x_n^{(2)})=0$, 则 $\lim\limits_{n\to\infty}[f(x_n^{(1)})-f(x_n^{(2)})]=0$(称之为序列化准则, 该准则在证明函数不一致连续时特别方便; 可用反证法证明 “$\Leftarrow$”).

背景聚焦 在历史上, 许多数学家包括分析学大师柯西都曾经把“连续”与“一致连续”混为一谈. 德国数学家海涅区分了函数的连续性与一致连续性, 并用有限覆盖定理证明了闭区间上的连续函数必一致连续. 函数一致连续性对研究函数可积性及误差整体估计理论是有益的. 函数的一致连续性是整体概念, 几何直观可解释为: “自变量很接近, 函数值同步很接近, 而且接近的程度不会受自变量所处位置的影响”. 这种现象反映在几何图形上就是说曲线较平坦或者说不是“太陡”(本质上被 $y=a|x|+b$ 控制).

定义 2.3.4(介值性质) 设函数 $f(x)$ 在区间 I 上有定义. 给定 $x_1,x_2\in I.\forall$ 介

在 $f(x_1)$ 与 $f(x_2)$ 之间的 μ, 必存在介在 x_1 与 x_2 之间的 x_0 使得 $f(x_0)=\mu$, 则称函数 $f(x)$ 在区间 I 上具有介值性质 (也称中间值性质).

背景聚焦 介值性质与方程求根密切相关 (通过令 $g(x)=f(x)-\mu$, 则 $f(x)$ 的介值性就等同于方程 $g(x)=0$ 的根的存在性), 函数介值性与根的存在性是由波尔察诺在 1817 年首先研究, 上面已经使用过的"区间二分法"就是他在证明根的存在性时首次使用.

3. 闭区间上的连续函数的整体性质

定理 2.3.6(整体有界性) 若 $f\in C[a,b]$, 则 f 在 $[a,b]$ 上有界.

定理 2.3.7(最值存在性) 若 $f\in C[a,b]$, 则 $\max\limits_{x\in[a,b]}f(x)$ 与 $\min\limits_{x\in[a,b]}f(x)$ 都存在.

定理 2.3.8(零点存在定理) 若 $f\in C[a,b]$ 且 $f(a)\cdot f(b)<0$, $\exists x_0\in[a,b]$ 使得 $f(x_0)=0$.

定理 2.3.9(介值定理) 若 $f\in C[a,b]$, 则 $\forall$ 介在 $f(a)$ 与 $f(b)$ 之间的 μ, 必存在 $x_\mu\in(a,b)$ 使得 $f(x_\mu)=\mu$.

定理 2.3.10(值域定理) 若 $f\in C[a,b]$, 则 $R(f)=f([a,b])=[\min\limits_{x\in[a,b]}f(x),\max\limits_{x\in[a,b]}f(x)]$.

定理 2.3.11(康托尔定理) 若 $f\in C[a,b]$, 则 $f(x)$ 在 $[a,b]$ 上一致连续.

定理 2.3.12(反函数连续性) 若 $f\in C[a,b]$ 而且严格单调增加 (或严格单调减少), 则 $f^{-1}(x)$ 在 $[f(a),f(b)]$ 上连续.

证明思路 不论利用区间定理、有限覆盖定理, 还是致密性定理, 定理 2.3.6 的论证都是很容易的. 以下用致密性定理推导之:

若 f 在 $[a,b]$ 上无界, 则 $\forall n$, $\exists x_n\in[a,b]$ 使得 $|f(x_n)|>n$. 由致密性定理 $\{x_n\}$ 有子列 $\{x_{n_i}\}$ 使得 $x_{n_i}\to x_0$, 而且 $x_0\in[a,b]$. 由 f 连续得 $f(x_{n_i})\to f(x_0)$, 这与 $|f(x_{n_i})|>n_i$ 矛盾!

最值存在性的证明是建立在整体有界性的基础之上的, 由定理 2.3.6 可知 f 在 $[a,b]$ 上有界, 因此 $\sup\limits_{x\in[a,b]}f(x)=M<+\infty$. 由上确界的定义, 存在 $\{x_n\}\subset[a,b]$ 使得 $f(x_n)\to M$; 再由致密性定理, $\{x_n\}$ 有子列 $\{x_{n_i}\}$ 使得 $x_{n_i}\to x_0\in[a,b]$, 于是有

$$f(x_0)=\lim_{i\to\infty}f(x_{n_i})=M=\max_{x\in[a,b]}f(x).$$

同理可证 $\min\limits_{x\in[a,b]}f(x)$ 存在.

也可利用定理 2.3.6 反证如下:

若不存在 $x_0\in[a,b]$ 使得 $f(x_0)=\max\limits_{x\in[a,b]}f(x)$, 则 $\forall x\in[a,b]$ 都有 $f(x)<M$, 那么令

$$g(x)=[M-f(x)]^{-1}(x\in[a,b]),$$

则 $g(x)\in C[a,b]$. 由定理 2.3.6 可知, $g(x)$ 在 $[a,b]$ 上有界且为正值函数, 从而存在常数 $c>0$ 使得

$$0<g(x)\leqslant c\ (x\in[a,b]),$$

于是有 $f(x)\leqslant M-c^{-1}$. 这与 M 是 f 在 $[a,b]$ 上的上确界矛盾!

用确界存在定理或开覆盖定理或区间套定理证明零点存在定理都富有启发性, 这里介绍其证明大意:

(i) 可设 $f(a)<0, f(b)>0$, 令 $E=\{x\in[a,b]|f(x)<0\}$, 则 $x_0=\sup E\in(a,b)$, 由定义可证 $f(x_0)=0$;

(ii) $\forall x\in[a,b]$, 若 $f(x)\neq 0$, 那么由连续函数的保号性存在包含 x 的区间 (α_x,β_x) 使得 $f(\alpha_x)f(\beta_x)>0$, 由有限覆盖及符号传递性可得 $f(a)f(b)>0$ 与条件矛盾;

(iii) 可用 "区间二分法" 构造区间套 $\{[a_n,b_n]\}$ 使得 $f(a_n)f(b_n)\leqslant 0(n=1,2,\cdots)$, 设 $\bigcap\limits_{n=1}^{\infty}[a_n,b_n]=\{\xi\}$, 则有 $f(\xi)=0$.

对 $F(x)=f(x)-\mu$ 应用零点存在定理可直接获得介值定理; 值域定理可由最值定理及介值定理直接推得.

康托尔定理可由区间套定理反证之 (略), 也可以用有限覆盖定理直接证明如下:

$\forall\varepsilon>0$, 由 f 在 $[a,b]$ 上连续, $\forall x\in[a,b], \exists\delta(x)>0$, 当 $x',x''\in U(x,\delta(x))$ 时有 $|f(x')-f(x'')|<\varepsilon$. 显然, $\{U(x,\delta(x)/2)|x\in[a,b]\}$ 是 $[a,b]$ 的开覆盖, 因而由有限覆盖定理, 存在 $\{x_1,x_2,\ldots,x_n\}\subset[a,b]$ 使得

$$[a,b]\subset\bigcup_{i=1}^{n}U(x_i,\delta(x_i)/2).$$

令 $\delta=\min\limits_{1\leqslant i\leqslant n}(\delta(x_i)/2)$, 则当 $x',x''\in[a,b]$ 而且 $|x'-x''|<\delta$ 时, 必有 $x'\in$ 某个 $U(x_k,\delta(x_k)/2)$, 此时由

$$|x''-x_k|\leqslant|x''-x'|+|x'-x_k|<\delta+\delta(x_k)/2<\delta(x_k),$$

可知 $x',x''\in U(x_k,\delta(x_k))$, 于是有 $|f(x')-f(x'')|<\varepsilon$. 康托尔定理得证.

反函数连续性的证明由值域定理及定义可得, 推导过程如下:

不妨设 f 严格单调增加, 由值域定理可知

$$f([a,b])=[f(a),f(b)].$$

$\forall y_0\in(f(a),f(b))$, 则 $x_0=f^{-1}(y_0)\in(a,b)$, 对使得 $[x_0-\varepsilon,x_0+\varepsilon]\subset(a,b)$ 的充分小 ε, 令 $y_1=f(x_0-\varepsilon), y_2=f(x_0+\varepsilon)$, 则 $y_1<y_0<y_2$.

若令 $\delta=\min\{y_0-y_1,y_2-y_0\}$, 那么当 $y\in(y_0-\delta,\ y_0+\delta)\subset(y_1,y_2)$ 时有 $x=f^{-1}(y)\in(x_0-\varepsilon,x_0+\varepsilon)$, 即

$$|f^{-1}(y)-f^{-1}(y_0)|=|x-x_0|<\varepsilon.$$

因此 f^{-1} 在 $(f(a),f(b))$ 上连续. 端点情形可作类似讨论.

背景聚焦 最值定理由魏尔斯特拉斯在 1860 年给出, 在此之前柯西在证明多项式根的存在性定理时已经不加证明地引用过. 康托尔定理由海涅在 1872 年提出并证明, 稍后康托尔将其一般化, 并用区间套的方法重新给出证明. 最值存在定理与零点存在定理 (等价于介值定理) 要解决的是数学中的整体存在性问题, 有界定理、值域定理、一致连续性定理及反函数连续性定理刻画的是闭区间上的连续函数的整体特性. 值域定理蕴涵着最值存在定理与介值定理, 最值定理又蕴涵着有界定理, 但逻辑上的推导过程却是先有有界定理, 然后有最值存在定理, 介值存在定理又是独立推导的, 然后再把几个定理综合起来便得到值域定理. 反函数连续性定理又是建立在值域定理之上的.

生活启迪 在日常生活中, 即使是最知己的朋友, 有时候看某些事物的观点也将处在完全对立的状态, 零点存在定理告诉我们, 只要彼此双方的心是相通 (连续) 的, 总能找到解决问题的关键点 (平衡点).

4. 典型例题选讲

例 2.3.8 求证下述命题:

(1) 若 $f\in C[a,b]$ 且 $f([a,b])\subset[a,b]$, 则存在 $x_0\in[a,b]$ 使得 $f(x_0)=x_0$;

(2) 算术根的存在性 若 $n\in\mathbf{N}^+$, $r>0$, 则存在唯一的正数 x_0 使得 $x_0^n=r$.

证明思路 (1) 令 $F(x)=f(x)-x$, $x\in[a,b]$, 由条件可得 $F(a)\geqslant 0$, $F(b)\leqslant 0$. 若 $F(a)=0$ 或 $F(b)=0$, 则命题已证. 若 $F(a)>0$, $F(b)<0$, 由介值性质, 存在 $x_0\in[a,b]$ 使得 $F(x_0)=0$, 即 $F(x_0)=x_0$.

(2) 给定 $n\in\mathbf{N}^+$ 及 $r>0$, 由 $\lim\limits_{x\to+\infty}x^n=+\infty$ 存在 $a>0$ 使得 $0<r<a^n$. 令 $f(x)=x^n$, 则 $f(a)=a^n>r>f(0)=0$. 由介值性质, 存在 $x_0\in(0,a)$ 使得 $f(x_0)=r$, 即 $x_0^n=r$. 若另有 $x_1>0$ 使得 $f(x_1)=r$, 由

$$x_1^n-x_0^n=(x_1-x_0)(x_1^{n-1}+\cdots+x_0^{n-1})=0$$

可得 $x_1=x_0$.

例 2.3.9 求证下述命题:

(1) 若 $a_i(i=1,2,3)$ 是正数, $\lambda_1<\lambda_2<\lambda_3$, 则方程

$$a_1(x-\lambda_1)^{-1}+a_2(x-\lambda_2)^{-1}+a^3(x-\lambda_3)^{-1}=0$$

在区间 (λ_1,λ_2) 与 (λ_2,λ_3) 中各有一个根.

(2) 设 $f(x)$ 在 (a,b) 内连续. 若存在 $\{x_n\}$, $\{y_n\}\subset(a,b)$ 使得 $\lim\limits_{n\to\infty}x_n=\lim\limits_{n\to\infty}y_n=a$, 而且 $\lim\limits_{n\to\infty}f(x_n)=A$, $\lim\limits_{n\to\infty}f(y_n)=B(\neq A)$, 则对于任何介在 A 与 B 之间的 μ, 必存在 $\{z_n\}\subset(a,b)$ 使得 $\lim\limits_{n\to\infty}z_n=a$ 而且 $\lim\limits_{n\to\infty}f(z_n)=\mu$.

简证 (1) 令 $f(x)=a_1(x-\lambda_2)(x-\lambda_3)+a_2(x-\lambda_1)(x-\lambda_3)+a_3(x-\lambda_1)(x-\lambda_2)$, 则 $f(\lambda_1)>0$, $f(\lambda_2)<0$, $f(\lambda_3)>0$. 再由介值定理即得;

(2) 在过点 $P(A,f(x_n))$ 与 $\theta(B,f(y_n))$ 的直线上取点 $R(\mu,\theta_n)$, 则有

$$\theta_n=f(x_n)+\frac{\mu-A}{B-A}[f(y_n)-f(x_n)],$$

易见 θ_n 介在 $f(x_n)$ 与 $f(y_n)$ 之间, 而且 $\lim\limits_{n\to\infty}\theta_n=\mu$; 由介值定理, 必存在介在 x_n 与 y_n 之间的 z_n 满足 $f(z_n)=\theta_n$, 易见 $\lim\limits_{n\to\infty}z_n=a$.

例 2.3.10 求证下述命题:

(1) 若 $f\in C[a,b]$ 而且 f^{-1} 存在, 则 f 在 $[a,b]$ 上严格单调;

(2) 设 $f\in C[0,1]$, 而且 $f([0,1])\subset[0,1]$, $f(0)=0$, $f(1)=1$, $f(f(x))=x$, 则 $f(x)\equiv x(x\in[0,1])$.

证明思路 (1) 若不然, 设有 $x_1<x_2<x_3$, 但

$$f(x_2)>\max\{f(x_1),f(x_3)\}\text{或者}f(x_2)<\min\{f(x_1),f(x_3)\}.$$

不妨设前者成立, 任取 $\mu\in(\max\{f(x_1),f(x_3)\},f(x_2))$, 由连续函数的介值定理, 存在 $\xi\in(x_1,x_2)$, $\eta\in(x_2,x_3)$ 使得 $f(\xi)=f(\eta)=\mu$, 这与反函数 f^{-1} 存在矛盾;

(2) 由条件可得 f^{-1} 存在 (由 $f(x_1)=f(x_2)$ 得

$$x_1=f(f(x_1))=f(f(x_2))=x_2).$$

由 (1) 及条件可知 f 严格单增, $\forall x\in[0,1]$, 若有 $f(x)>x$, 则有

$$f(x)<f(f(x))=x,$$

矛盾; 同样地, 若 $f(x)<x$, 则推得 $x<f(x)$ 的矛盾!

例 2.3.11 某登山运动员于星期六上午 7:00 开始登山, 下午 5:00 到达顶点. 在山上宿营后, 星期日上午 7:00 开始返回, 下午 5:00 到达出发点. 证明: 该运动员在星期日的某时刻和星期六的同一时刻处于同一高度.

简证 设 S 为运动员从出发点到山顶点的距离. 在时间段 $T=[7,17]$ 中, 第一天的 $t\in T$ 时刻此人与出发点的距离设为 $f(t)$, 第二天的 $t\in T$ 时刻此人与出发点的

距离设为 $g(t)$, 则 $f(t), g(t)$ 在 T 上为连续函数. 易知 $f(7)=0, f(17)=S$; $g(7)=S$, $g(17)=0$.

令 $h(t)=f(t)-g(t)$, 则 $h(7)=-S<0$, $h(17)=S>0$. 由连续函数介值定理知, 存在 $t_0\in(7,17)$, 使得

$$h(t_0)=f(t_0)-g(t_0)=0,$$

此即 $f(t_0)=g(t_0)$, 故在两天中必有某一时刻, 此运动员出现在同一地点.

例 2.3.12(平分蛋糕) 设平面上给定一条没有交叉点的封闭曲线 (无论什么形状), P 是曲线所围图形上的任一点. 求证: 一定存在一条过 P 的直线, 将该平面图形的面积二等分.

证明思路 过 P 点任作一直线 l, 将曲线所围图形分为两部分, 其面积分别记为 S_1、S_2. 若 $S_1=S_2$(此种情况很难办到), 则 l 即为所求; 若 $S_1\neq S_2$, 则不妨设 $S_1>S_2$(此时 l 与 x 轴正向的夹角记为 α_0, 如图 2-3-1 所示).

下面对后一种情况证明之. 以 P 点为旋转中心, 将 l 按逆时针方向旋转, 面积 S_1、S_2 就连续地依赖于角 α 变化, 记为 $S_1(\alpha)$, $S_2(\alpha)$, 并设 $f(\alpha)=S_1(\alpha)-S_2(\alpha)$. 如图 2-3-2 所示. 易见函数 $f(\alpha)$ 在 $[\alpha_0,\alpha_0+\pi]$ 上连续, 且在端点异号:

$$f(\alpha_0)=S_1(\alpha_0)-S_2(\alpha_0)>0$$
$$f(\alpha_0+\pi)=S_1(\alpha_0+\pi)-S_2(\alpha_0+\pi)=S_2(\alpha_0)-S_2(\alpha_0)<0$$

旋转 180° 后的情况如图 2-3-3 所示, 根据零点定理, 必存在 $\xi\in(\alpha_0,\alpha_0+\pi)$ 使 $f(\xi)=0$, 即

$$S_1(\xi)-S_2(\xi)=0\text{或}S_1(\xi)=S_2(\xi).$$

过 P 作与 x 轴正向夹 ξ 角的直线即为所求.

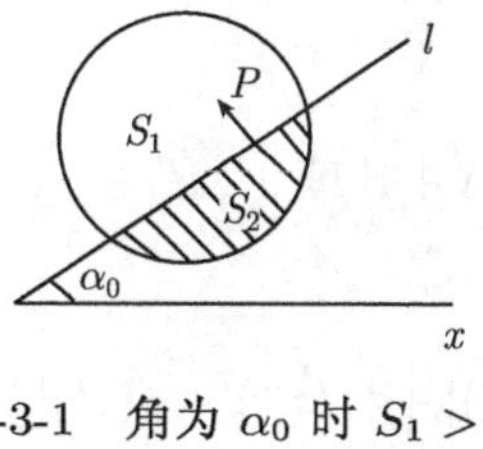

图 2-3-1 角为 α_0 时 $S_1>S_2$

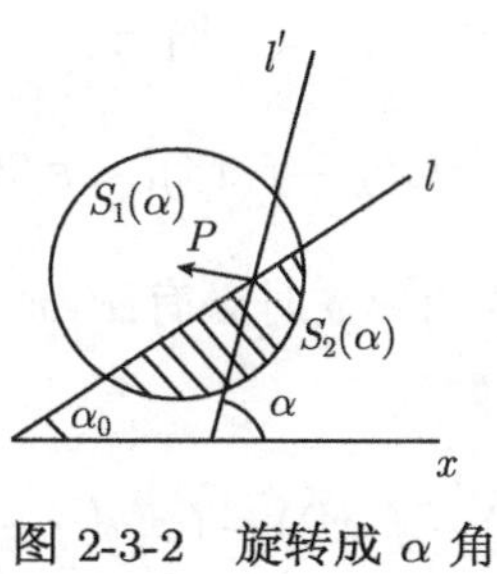

图 2-3-2 旋转成 α 角

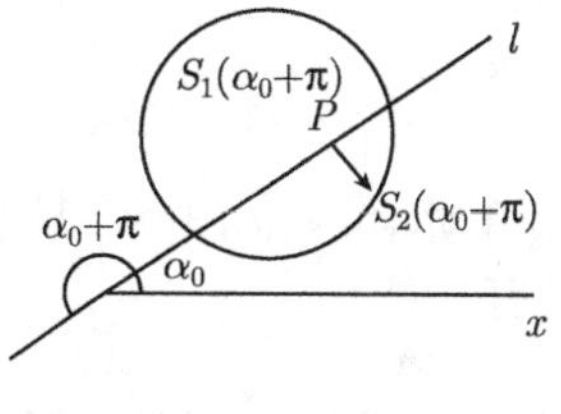

图 2-3-3 旋转 180° 后

例 2.3.13 求证下述命题:

(1) 当 $0<\alpha\leqslant 1$ 时函数 $f(x)=x^\alpha$ 在 $[0,+\infty)$ 上一致连续;

(2) 当 $\alpha>1$ 时 $f(x)=x^\alpha$ 在 $[0,+\infty)$ 上不一致连续.

证明思路 (1) 当 $0<\alpha\leqslant 1$ 时, $\forall x\in[0,1]$ 有不等式

$$(1-x)^\alpha+x^\alpha\geqslant(1-x)+x=1,$$

因此有 $1-x^\alpha\leqslant(1-x)^\alpha$. 由此推知, $\forall x_1,x_2\in[0,+\infty)$ 且 $x_1>x_2$ 有

$$x_1^\alpha-x_2^\alpha=x_1^\alpha(1-(x_2/x_1)^\alpha)\leqslant x_1^\alpha(1-(x_2/x_1))^\alpha=(x_1-x_2)^\alpha.$$

因此当 $0<\alpha\leqslant 1$ 时 $f(x)=x^\alpha$ 在 $[0,+\infty)$ 上一致连续.

(2) 当 $\alpha>1$ 时, $\forall\theta>0$, 由

$$\begin{aligned}\lim_{x\to+\infty}[(x+\theta)^\alpha-x^\alpha]&=\lim_{x\to+\infty}x^\alpha[(1+(\theta/x))^\alpha-1]\\&=\theta^\alpha\lim_{t\to0^+}[(1+t)^\alpha-1]t^{-\alpha}\\&=\theta^\alpha\lim_{t\to0^+}[((1+t^\alpha)-1)t^{-1}]\lim_{t\to0^+}t^{(1-\alpha)}=+\infty,\end{aligned}$$

可推知当 $\alpha>1$ 时, $f(x)=x^\alpha$ 在 $[0,+\infty)$ 上不一致连续.

例 2.3.14 设 $f,\varphi\in C[a,+\infty)$, f 在 $[a,+\infty)$ 上一致连续且有 $\lim\limits_{x\to+\infty}[f(x)-\varphi(x)]=0$. 求证: φ 在 $[a,+\infty)$ 上一致连续.

证 $\forall\varepsilon>0,\exists X$, 当 $x>X$ 时有

$$|f(x)-\varphi(x)|<\varepsilon/3.$$

再由 $f(x)-\varphi(x)$ 在 $[a,X+1]$ 上一致连续及 $f(x)$ 在 $[a,+\infty)$ 上一致连续, $\exists 0<\delta<1$, 当 $x',x''\in[a,X+1]$ 且 $|x'-x'|<\delta$ 时有

$$|(f(x')-\varphi(x'))-(f(x'')-\varphi(x''))|<\varepsilon/3;$$

而当 $x',x''\in[a,+\infty)$ 且 $|x'-x'|<\delta$ 时有

$$|f(x')-f(x'')|<\varepsilon/3;$$

当 $x',x''\in[a,+\infty)$ 且 $|x'-x'|<\delta$ 时必有 $x',x''\in[a,X+1]$ 或 $x',x''\in[X,+\infty)$, 此时有

$$\begin{aligned}|\varphi(x')-\varphi(x'')|&\leqslant|(\varphi(x')-f(x'))-(\varphi(x'')-f(x''))|+|f(x'')-f(x')|\\&<\varepsilon/3+\varepsilon/3<\varepsilon,\end{aligned}$$

因此 φ 在 $[a,+\infty)$ 上一致连续.

例 2.3.15 求证下述命题:

(1) 设 f 在 $[0,+\infty)$ 上一致连续. 若 $\forall x\in[0,+\infty)$ 有 $\lim\limits_{n\to\infty} f(x+n)=0$, 则 $f(+\infty)=0$.

(2) 若 f 在 $[0,+\infty)$ 上一致连续, 则存在正常数 a,b 使得

$$|f(x)|\leqslant ax+b\ (\forall x\in[0,+\infty)).$$

证 (1) $\forall\varepsilon>0, \exists\delta>0$, 当 $|x'-x''|<\delta$ 有

$$|f(x')-f(x'')|<\varepsilon/2.$$

把 $[0,1]$ 划分成 m 上子区间 I_i, 即在 $0,1$ 之间插入 m 个分点 $x_i(i=1,2,\cdots,m)$ 使得 $t\in[0,1]$ 时必有 x_i 使得 $|t-x_i|<\delta$. 由 $\lim\limits_{n\to\infty} f(x_i+n)=0, \exists N$, 当 $n>N$ 时有

$$|f(x_i+n)|<\varepsilon/2\ (i=1,2,\cdots,m).$$

当 $x>N+1$ 时, 必存在 $n(=[x])$ 及 x_i 使得 $n>N$ 且 $|x-(n+x_i)|<\delta$, 于是有

$$|f(x)|\leqslant|f(x)-f(x_i+n)|+|f(x_i+n)|<\varepsilon.$$

因此 $\lim\limits_{n\to+\infty} f(x)=0$.

(2) 由定义, 对 $\varepsilon_0=1, \exists\delta>0$, 当 $|x'-x''|<\delta$ 时有

$$|f(x')-f(x'')|<1,\quad \forall x>0.$$

令 $n=[x/\delta]$, 则有 $x=n\delta+((x/\delta)-[x/\delta])\delta=n\delta+x_0$(其中 $0\leqslant x_0<\delta$), 于是有

$$\begin{aligned}|f(x)|&=|\sum_{k=1}^{n}[f(k\delta+x_0)-f((k-1)\delta+x_0)]+f(x_0)|\\&\leqslant\sum_{k=1}^{n}|f(k\delta+x_0)-f((k-1)\delta+x_0)|+|f(x_0)|\\&<n+M=(x-x_0)\delta^{-1}+M\leqslant(x/\delta)+M,\end{aligned}$$

其中 $M=\max\limits_{x\in[0,\delta]}|f(x)|$, 再令 $a=1/\delta, b=M$ 即得.

第 3 章

魅力无穷

18 世纪, 英国有一位名叫亚历山大 · 波普 (Alexander Pope,1688~1744) 的作家向他的一位伟大同胞的致辞中这样写道 “*让牛顿降生, 于是世界一片光明*”. 其实, 这番颂词同时应该送给德国伟大学者莱布尼茨. 正是这两位伟大哲学家和数学家一起开创了我们今天简称为微积分的数学计算方法, 为天文学计算以及其他很多领域提供了精确的研究手段, 找到开启宇宙之门的金钥匙, 促使无穷之魅力大放异彩、恩泽人间.

微积分是探求不断发生变化的社会与自然现象的重要数学工具, 它包含着同一个硬币的正反两面: “微分” 与 “积分”. 用一句通俗的话说, 将一个苹果切成许多细块就是微分, 而把切成小块的苹果重新合拢起来就是积分. 历经多年琢磨和砥砺, 历史已经证明这门学问对于整个科学领域来说是无价之宝. 正如唐代诗人岑参的诗句: “*忽如一夜春风来, 千树万树梨花开*” 所云, 自从微积分诞生之后, 以往某些运用初等数学需要特殊技巧, 或者根本无法解决的实际问题, 诸如速度、路程、极值、弧长、面积、体积、压力、重心、功与能等广泛而复杂的问题, 都可以用微积分提供的普遍方法获得. 恩格斯曾经说: “*应用微积分方法解决了普通的几何和代数或许碰得头破血流也无法解决的问题*”. 如今, 微积分的应用还在不断发展, 而且涵盖了包括人口学、经济学、医学、统计学和量子物理等诸多学科. 本章分 3 节介绍微积分的常识及其数学文化内涵.

3.1 宝刀屠龙

1609 年的秋天, 意大利帕多瓦大学教授伽利略用自己制作的 30 倍望远镜观察了月亮, 发现了惊人的现象:

月球表面并不是那么光滑平整的, 而是同地球一样有着高山和深谷, 并有断层的构造.

这是人类历史上不可忘却的一瞬间, 从那一瞬间开始, 一直占主宰地位的亚里士多德的有限宇宙观开始受到了致命的打击, 取而代之的是无限宇宙观. 旧的宇宙观的维护者们, 在初期极力要抹煞这一事实. 尽管伽利略请他们试用望远镜来探查一番, 但他们连听都不要听. 更有甚者, 当这种抹煞的企图失败时, 他们又利用宗教统治权力进行镇压, 判决伽利略有罪, 把他的书作为禁书查封了 200 多年, 直到 1835 年才解禁.

望远镜打开了通往无穷大的世界的大门, 给陈旧的有限宇宙观以第一次沉重打击. 而紧跟着出现的显微镜, 却开辟了观察无穷小世界的先河, 这又给飘摆不定的陈旧宇宙观以第二次致命打击. 荷兰业余爱好者列文虎克 (Antonie van Leeuwenhoek 1632~1723) 运用显微镜观察了随手碰到的东西, 当观察水池边上的水滴时, 他获得了像当年伽利略用望远镜探查月亮时那样的惊人发现. 在水滴中充满了一些想象不到的小动物. 就这样, 他发现了原生动物. 听到列文虎克的发现, 莱布尼茨兴奋不已地说:

“由此可知, 即使在物质的最小部分中, 也充满了生命的活力. 物质的各个部分就像是长满了植物的庭院或充满了鱼的池塘. 而这些植物的枝叶、动物的手足、一滴滴的水滴等, 就构成了所谓庭院或者池塘.”

受生物学家与物理学家们使用玻璃制作供肉眼观察用的显微镜的启发, 数学家们发现了可供心灵思考入微的思想显微镜, 这就是接下来要介绍的“微分”. “微分”(无限细分) 就像锋利无比的屠龙宝刀, 削去不影响事物本质而且对事物添堵的多余部分, 帮助人们“看见”以其他方法无法看到的现象. “微分”, 开辟了新的通向无穷小的道路, 人们的思路打开了, 思想解放了. 本节着重介绍与微分学核心概念理解及其与微分学应用相关的若干话题.

3.1.1 微分与导数

“微分”与“导数”是微分学中两个紧密联系的核心概念, 它们源自对曲线的切线、函数的极值及物体运动的速度的深入研究. 从字面上看, 微分由“微”与“分”两个字组成:“微 = 小, 分 = 部分”. 在数学中, 函数的微分就是指函数的微小改变量, 或者说是函数增量的线性 (主要) 部分. 数学上用导数表示函数的变化率 (即函数正在变化的速率), 例如行驶汽车的速度及曲线的切线斜率等.

微分学研究什么? 用日常生活语言来说, 微分学就是一门研究事物 (现象) 变化相对快慢的学问. 用数学语言来表述, 微分学研究函数的局部变化率 $\mathrm{d}y/\mathrm{d}x(=f'(x)$, 通常称其为导数或微商), 它是函数平均改变量 $\Delta y/\Delta x$ 的极限形态, 其中 $\Delta y = f(x+\Delta x) - f(x)$ 是函数的改变量, Δx 是自变量 x 的改变量. 因此, 我们也可说微分研究函数的局部相对改变量的变化趋势. 说得更确切一些, 微分就是研究函数的增量 Δy 在什么情形下可以由函数的微分 $\mathrm{d}y$ 取而代之. 微分学的主要研究方法是“局部分析法”，极限是它的研究工具.

1. **微分与导数概念**

我们这里借鉴日本著名数学家小平邦彦在 2003 年出版的《微积分入门》与两本俄罗斯的《数学分析》教材 (分别于 2002 年及 2004 年出版) 中的观点, 把微分与导数这两个重要概念统一在一个定义中.

定义 3.1.1 设函数 $f(x)$ 在区间 I 上有定义, $x_0 \in I$. 如果

$$f'(x_0) = \lim_{x \to x_0} \frac{f(x) - f(x_0)}{x - x_0} \left(= \lim_{\Delta x \to 0} \frac{f(x_0 + \Delta x) - f(x)}{\Delta x} \right)$$

存在 (其中 $\Delta x = x - x_0$), 则称函数 $y = f(x)$ 在 $x = x_0$ 处可微; 并称 $f'(x_0)$ 为函数 $f(x)$ 在 $x = x_0$ 处的微分系数 (或微商, 或导数). 类似可定义左 (右) 微分系数. 进一步, 称函数

$$F(\Delta x) = f'(x_0)\Delta x : \mathbf{R} \to \mathbf{R}$$

为函数 $y = f(x)$ 在 x_0 处的微分, 简记作

$$\mathrm{d}f(x_0)(\Delta x) = f'(x_0)\Delta x (= f'(x_0)(x - x_0)).$$

评注 函数 $f(x)$ 在 $x = x_0$ 处的微分系数 (即局部变化率)$f'(x_0)$, 反映函数 $y = f(x)$ 在 $x = x_0$ 附近的变化状况:

$|f'(x_0)|$ 大, 表示变化激烈; $|f'(x_0)|$ 小, 表示变化缓慢; $f'(x_0) = 0$, 表示变化是稳定的.

函数 $f(x)$ 在 $x = x_0$ 处的微分

$$\mathrm{d}f(x_0)(x - x_0) = f'(x_0)(x - x_0)$$

是函数 $f(x)$ 在 $x = x_0$ 处的增量

$$\Delta y(x_0) = f(x) - f(x_0) (= f(x_0 + \Delta x) - f(x_0))$$

的线性 (主要) 部分, 而且下述有限增量公式成立

$$\Delta y(x_0) = \mathrm{d}f(x_0)(x - x_0) + o(x - x_0) \ (x \to x_0).$$

这里 $o(x - x_0)$ 是 $x - x_0$ 的高阶无穷小, 即 $\lim\limits_{x \to x_0} \dfrac{o(x - x_0)}{x - x_0} = 0$.

由定义, 不难证明函数可微性有下述等价表述:

$f'(x_0)$ 存在 $\Leftrightarrow$ 存在常数 A 使得 $f(x) = f(x_0) + A(x - x_0) + o(x - x_0)$.

易见, 在可微的情形下, 上述等价表述中的 $A = f'(x_0)$. 由此可知, 函数 $f(x)$ 在 $x = x_0$ 处可微蕴涵着 $f(x)$ 在 $x = x_0$ 处连续 (反之不真, 考察 $f(x) = |x|$ 在 $x = 0$

处的性态即可).

背景聚焦 历史上曾经把函数的连续性与可微性混为一谈, 波尔察诺在 1834 年运用几何作图的方法给出一个处处不可微的连续函数, 最终讲明连续与可微性之间差异的例子是由黎曼在 1854 年给出的. 更深入的工作由魏尔斯特拉斯在 1872 年运用函数项级数的方法构造了一个处处连续但处处不可微的函数的例子.

定义 3.1.2 该函数 $y=f(x)$ 在区间 I 上有定义. 如果 $\forall x\in I$, 函数 $y=f(t)$ 在 $t=x$ 处可微, 则称函数 $y=f(x)$ 是区间 I 上的可微函数, 并称由其派生出来的微分系数函数 $f'(x)$ 为 $f(x)$ 的导函数, 简称导数; 又称 $\mathrm{d}y=f'(x)\Delta x$ 是函数 $y=f(x)$ 在区间 I 上的微分函数.

进一步, 给定函数 $f(x)$, 称求 $f'(x)$ 的数学运算为对函数 $f(x)$ 进行微分运算, 简称对 $f(x)$ 求微分.

评注 从定义中我们可以看到, 对函数 $f(x)$ 求微分, 就其本质而言就是求导函数 $f'(x)$. 如果已经知道 $f'(x)$, 那么求该函数 $f(x)$ 在 $x=x_0$ 处的微分系数, 只要把 x_0 代入 $f'(x)$, 即求函数值 $f'(x_0)$ 即可. 既然如此, 为什么还采用两次定义法? 理由之一是为了更好地利用几何直观与物理直观, 理由之二是突出微分概念的局部性.

特别地, 当 $f(x)=x$ 时, 有 $\mathrm{d}x=1\cdot\Delta x=\Delta x$, 于是有 $\mathrm{d}y=f'(x)\Delta x=f'(x)\mathrm{d}x$, 从而有 $f'(x)=\mathrm{d}y/\mathrm{d}x$, 因此函数的导数 (或微分系数) 就是函数的微分与自变量的微分之商, 微商因此而得名. 这样, 虽然 $\dfrac{\mathrm{d}y}{\mathrm{d}x}=\dfrac{\mathrm{d}}{\mathrm{d}x}(y)$ 是一个整体数学运算符号, 但在一元的情形下, 却可以把它看作如同分数一样地进行运算, 特别是复合函数的微商运算可看作是微商的分数乘法运算, 正是微分的这种独特品质, 才使得微分学的威力无比.

例 3.1.1 试求下列函数 $y=f(x)$ 的 $f'(x)$:

(1) $f(x)=x^n(n\in\mathbf{N}^+)$; (2) $f(x)=\ln x$;

(3) $f(x)=x^{-n}(n\geqslant 1)$; (4) $f(x)=\mathrm{e}^x$.

解题思路 (1) 由 $f(x+\Delta x)-f(x)=(x+\Delta x)^n-x^n=nx^{n-1}\Delta x+\dfrac{n(n-1)}{2!}x^{n-2}\Delta x^2+\cdots+nx(\Delta x)^{n-1}+(\Delta x)^n$ 及定义可得 $(x^n)'=nx^{n-1}$;

(2) 由 $\ln(x+\Delta x)-\ln x=\ln\left(1+\dfrac{\Delta x}{x}\right)$ 及 $\lim\limits_{h\to 0}h^{-1}\ln(1+h)=1$ 可得 $(\ln x)'=x^{-1}$;

(3) 由 $(x+\Delta x)^{-n}-x^{-n}=-(x+\Delta x)^{-n}x^{-n}\Delta x[(x+\Delta x)^{n-1}+(x+\Delta x)^{n-2}x+\cdots+x^{n-1}]$ 可得 $(x^{-n})'=-nx^{-(n+1)}$;

(4) 令 $\mathrm{e}^x-1=h$, 则由 $\lim\limits_{x\to 0}(\mathrm{e}^x-1)/x=\lim\limits_{h\to 0}h[\ln(1+h)]^{-1}=1$ 可得 $(\mathrm{e}^x)'=\mathrm{e}^x$.

趣味"微分"小故事: 在某一个精神病院中, 有一名精神病医师的名字叫"微分"."微分"只要一见到精神病院中的患者就说: "我微分你". 像"多项式"这样的患者, 一见到"微分"就害怕, 因为他最终要被"微分"消灭掉; 像"x 的负 n 次幂"

这样的患者，被微分一次，神经紊乱的程度就会被提高一次.

有一天，"微分" 碰到了 "e 的 x 次幂"，"微分" 也说 "我微分你"."e 的 x 幂" 说："你微分吧，不管你微分多少次，我还是我".

例 3.1.2 设 $f'(x_0)$ 存在，$\alpha_n < x_0 < \beta_n (n = 1, 2, \cdots)$ 而且 $\lim\limits_{n\to\infty} \alpha_n = \lim\limits_{n\to\infty} \beta_n = x_0$. 求证：

$$\lim_{n\to\infty} \frac{f(\beta_n) - f(\alpha_n)}{\beta_n - \alpha_n} = f'(x_0).$$

证明思路 由 $\dfrac{f(\beta_n) - f(\alpha_n)}{\beta_n - \alpha_n} = \dfrac{\beta_n - x_0}{\beta_n - \alpha_n} \cdot \dfrac{f(\beta_n) - f(x_0)}{\beta_n - x_0} + \dfrac{x_n - \alpha_0}{\beta_n - \alpha_n} \cdot \dfrac{f(x_n) - \alpha_n}{x_0 - \alpha_n}$ 与

$$\frac{\beta_n - \alpha_0}{\beta_n - \alpha_n} + \frac{x_0 - \alpha_n}{\beta_n - \alpha_n} = 1, \quad \frac{\beta_n - \alpha_0}{\beta_n - \alpha_n} 与 \frac{x_0 - \alpha_n}{\beta_n - \alpha_n} \in (0, 1)$$

及微分定义可得.

2. 微分思想的精髓及人文教育价值

微分思想的精髓是 "局部线性化"，或者说 "局部地以直代曲"(即局部地用切线代替曲线). 体现这种思想的典型例子是在 "切线斜率" 与 "瞬时速度"，下面我们将对这两个重要概念作比较详细的解释.

日常生活中，有不少现象与曲线的切线相关. 比如说 "旋转雨伞时，雨滴脱离伞瞬间是沿着雨伞旋转轨迹的切线方向飞去" "手推铅球的方向，正是铅球运动曲线在刚出手时的切线方向". 这都归属于力学的常识："运动物体在它的轨迹上任一点处的运动方向是轨迹的切线方向".

何谓 "曲线的切线"？用静态的观点是无法准确回答的. 直到 19 世纪极限概念诞生之后，数学家们才利用极限概念给出切线的精确定义：

曲线上过一定点的切线是过该点的割线的极限位置.

下面给出图 3-1-1 所示的直观解释：

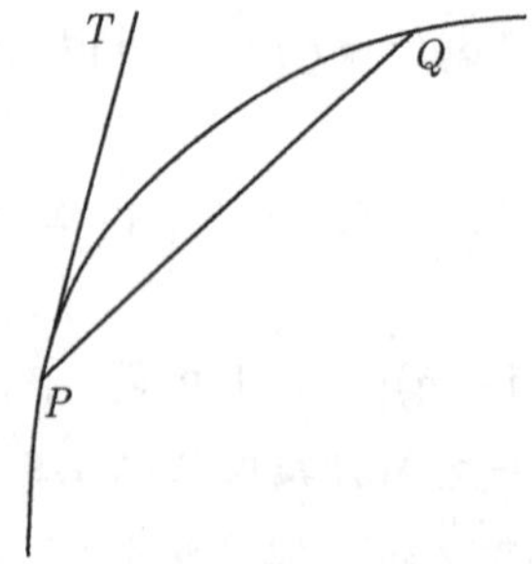

图 3-1-1

设 P 是曲线上的一定点，在曲线上另取一点 Q，连结 PQ 得一割线，然后让点 Q 沿曲线逐渐趋近于点 P，这时割线 PQ 就绕着点 P 转动，当 Q 无限接近于点 P 时，割线 PQ 所趋的极限位置 PT 就是曲线在点 P 的切线.

大家知道，知道过定点直线的斜率就能确定直线. 因此，要确定曲线在某定点的切线，只需求出该切线的斜率. 该曲线若用 $y = f(x)$ 表示，$P(x_0, f(x_0))$ 为定点，$Q(x, f(x))$ 为动点，则

函数 $y=f(x)$ 在 x_0 处的微分系数:

$$f'(x_0)=\lim_{x\to x_0}\frac{f(x)-f(x_0)}{x-x_0}$$

正是曲线 $y=f(x)$ 在 x_0 处的切线的斜率. 从这里我们可以看到, 求曲线在某点处的切线斜率, 必须考察函数在该点附近的状况, 这就是微分学中所要采用的 "局部分析法" 的研究方法.

在函数 $y=f(x)$ 在 x_0 处可微的情形, 曲线 $y=f(x)$ 在 $(x_0,f(x_0))$ 处的切线方程为

$$y=f(x_0)+f'(x_0)(x-x_0).$$

接下来, 我们考察 "瞬时速度". 在日常生活中, 通常说火车、汽车、飞机的速度是多少, 一般是指平均速度, 即路程的改变量除以时间的改变量. 然而, 如果要问正在飞行的飞机与正在行驶的汽车在某一时刻的速度, 那么用平均速度就不能回答了. 这是因为在某一时刻, 即在固定的时点是无法计算 "平均速度" 的, 必须引进新的速度概念, 此即 "瞬时速度". 关于物体运动的 "瞬时速度",《辞海》中有下述解释:

物体的位移和时间之比, 称为这段时间内的平均速度. 如果这一时间极短 (趋向于 0), 这一比值的极限就称为物体在该时刻的速度, 亦称 "瞬时速度".

若设 $s=s(t)$ 表示该物体的位移函数, 则该物体在时刻 t_0 的瞬时速度就是函数 $s=s(t)$ 在 $t=t_0$ 处的微分系数:

$$s'(t_0)=\lim_{\Delta t\to 0}\frac{s(t_0+\Delta t)-s(t_0)}{\Delta t},$$

从这里我们又可以看到, 考察物体运动的瞬时速度, 也必须考察该物体在 t_0 附近的位移状况. 这就是说, 在孤立的一个时刻是无法考察物体的运动速度的. 因此, 研究物体运动的 "瞬间速度" 也需要采用 "局部分析法" 的研究方法.

在微分学诞生之前, 古希腊诡辩家芝诺提出的 "飞矢不动" 悖论难倒所有的哲学家与数学家. 现在, 我们利用 "瞬时速度" 的概念就可轻松地给予回答.

从人文教育价值的角度看, 我们可从微分的 "局部线性化" 思想中得到很多启示. "以直代曲" 的主要作用是透过现象看本质, 舍去次要的东西, 抓住事物的本质部分 "让魔鬼现身"、"化不可见为可见", 正是微分的强大功能. 英国浪漫主义诗人布莱克 (W.Blake, 1757~1827) 有诗云: "一沙一世界, 一花一天堂; 掌中握无穷, 刹那即永恒". 用这首诗表述微分的人文意境最贴切不过了.

实际上, 微分符号 df 的 "d", 其工作原理就像显微镜那样, 它能澄清事物, 或除去那些看似清晰的事物遮蔽及扭曲的东西; 它又像我们身后的 "小精灵", 使给我们神奇的力量. 导数符号 f' 中的 "$'$" 就像一把精巧的手术刀, 帮助我们削去不影

响事物本质而且又对事物本质理解添堵的多余部分 (比如身体中多余的脂肪), 起到降低难度 (降维) 的作用. 其实, 这种思想还与哲学中让事情保持简单的“奥卡姆剃刀法则”: “如无必要, 勿增实体; 无用的累赘, 理当无情地剔除” 是一脉相承的.

微分思想不仅是现代科学研究的基本指导思想, 也是日常生活中为人处世的一个基本准则. 我们每个人都生活在与他人有联系的社会中, 我们所考虑的现实中的任何问题, 都不能孤立地仅仅考虑单独的一个人或一件事, 而是要非常 “深入” 地考察周边的状况. 这就是微分学的 “局部线性化” 思想对我们如何看待人与看待事物的最好启迪.

老子说, “天下大事必作于细, 天下难事必作于易”; 任何事物的整体都是由它自身的每一个细微的部分组成. 然而生活中的许多事物的微小变化是不易被人察觉的, 很多时候这些微小的变化常常被我们所忽略. 微分的思想精髓告诉我们, 我们要干成一件大事, 必须从局部的小事做起. 中国著名企业家、海尔集团的张瑞敏说过一句经典的话: “把每一件简单的事做好, 就是不简单; 把每一件平凡的事做好, 就是不平凡”. 不要因为日常生活中的小事太平凡, 太简单而不去做. “勿以善小而不为, 勿以恶小而为之” 说的就是这个道理.

数学中的微分极像一个对工作极其认真细致的人, 他细微到在一个无限小的局部范围内思考问题. 在微积分的世界中, 正是因为首先有了微分才变得如此硕果累累. 生活也是如此, 细节决定成败的例子太多了, 古今中外很多人也给我们留下了很多警句 “千里之堤溃于蚁穴”“泰山不拒细壤, 故能成其高; 深海不择细流, 故能就其深”“一枚铁钉, 丢了一个国家” 等. 对待工作和生活, 如果我们能采用微分的态度, 认真地面对自己的职责, 那么我们肯定能走向成功的彼岸.

3. 微分在近似计算中的应用

定义 3.1.3(绝对误差与相对误差)　假设一个量的准确值 (真值) 为 a, 其近似值为 $\bar{a}$, 称 a 与 $\bar{a}$ 的差 $e(\bar{a}) = a - \bar{a}$ 为近似值 $\bar{x}$ 的绝对误差; 称满足 $|e(\bar{a})| = |a - \bar{a}| \leqslant \varepsilon$ 的正数 ε 为近似值 $\bar{a}$ 的绝对误差界. 通常把 $r(\bar{a}) = (a - \bar{a})/\bar{a}$ 称为近似值 $\bar{a}$ 的相对误差, 而把满足 $|r(\bar{a})| \leqslant \delta$ 的正数 δ 称为近似值 $\bar{a}$ 的相对误差界.

例如, $\pi = 3.14159265\cdots$, 取 $\bar{\pi} = 3.1416$, 则 $|\pi - \bar{\pi}| < 0.0001$, 而

$$r(\tilde{\pi}) = |(\pi - \tilde{\pi})/\tilde{\pi}| < 0.00003.$$

从微分定义推出的有限增量公式中, 我们不难获得函数 $f(x)$ 在 $x = x_0$ 附近的近似计算公式:

$$f(x) \approx f(x_0) + f'(x_0)(x - x_0).$$

此时, 若已知测量值 x_0 的绝对误差界为 δ_x, 即 $|\Delta x| = |x - x_0| \leqslant \delta_x$, 则函数

值的绝对误差界为

$$|\Delta y| = |f'(x)\Delta x| \leqslant |f'(x_0)|\delta_x,$$

而相对误差界为

$$\frac{\Delta y}{|y|} = \left|\frac{f'(x_0)}{f(x_0)}\right|\delta_x.$$

点评 大家知道, 最简单的曲线是直线, 最简单的函数是一次函数, 最简单的运动是均速直线运动. 把复杂的曲线、复杂的函数、复杂的运动归结为简单的曲线、简单的函数、简单的运动来研究, 这是由人的“思维经济”准则所决定的. 科学计算中经常利用上述近似计算公式, 该公式的本质就是“以直代曲”(局部地). 该近似公式还是快速估算最有效的数学工具之一. 快速估算 (俗称“毛估估”) 不仅在科学研究中很重要, 而且在日常生活中经常要遇到, 比如你在开车时, 看到油表的指针指到底了, 这时你就得马上估计你在汽油耗光之前, 还可以开多远; 又如在你搭电梯的时候, 当电梯门一开, 你得一眼就瞧出, 你站进去之后是否会超重等.

例 3.1.3 设 $a > 0$ 为常数, $n \in \mathbf{N}^+$. 求证:

$$\sqrt[n]{a^n + x} \approx a(1 + (na^n)^{-1}x) \ (x \to 0).$$

并利用该近似公式计算下列各数的近似值 (精确到千分位):

(1) $\sqrt[4]{80}$; (2) $\sqrt[7]{100}$; (3) $\sqrt[10]{1000}$.

证 令 $f(x) = (1 + a^{-n}x)^{1/n}$, 则 $f(0) = 1$,

$$f'(x)|_{x=0} = (na^n)^{-1}(1 + a^{-n}x)^{(n-1)/n}|_{x=0} = (na^n)^{-1},$$

因而有 $\sqrt[n]{a^n + x} \approx a(1 + (na^n)^{-1}x)(x \to 0)$. 由该近似公式可得:

(1) $\sqrt[4]{80} = \sqrt[4]{3^4 - 1} \approx 3 - (4 \times 3^3)^{-1} \approx 2.991$;

(2) $\sqrt[7]{100} = \sqrt[7]{2^7 - 28} \approx 2 - (7 \times 2^6)^{-1} \times 28 \approx 1.938$;

(3) $\sqrt[10]{1000} = \sqrt[10]{2^{10} - 24} \approx 2 - (10 \times 2^9)^{-1} \times 24 \approx 1.995$.

例 3.1.4 (1)**第一宇宙速度推导** 维持卫星 (物体) 围绕地球作永不着地 (理论上) 的飞行所需要的最低速度称为第一宇宙速度, 在中学物理中已经知道这个速度为 7.9km/s, 试用微分方法将其推导出来.

(2) 计算单摆的周期 T 的公式是 $T = 2\pi\sqrt{l/g}$, 其中 l 为摆长, $g = 9.8\text{m/s}^2$ 为重力加速度. 为使周期增大 0.05s, 原摆长 $l = 0.2\text{m}$ 需要变化多长?

解题思路 (1) 设卫星当前时刻在地球表面附近的 A 点沿水平方向飞行, 假若没有外力作用的影响, 那么它在一秒钟后本应该到达前方 B 点 (图略). 但事实上, 由于地球引力的作用, 而是到达 B 点的下方 C 点, 此时有 $BC = 4.9(\text{m})$(即自由落体在重力加速度的作用下, 第一秒中所走过的距离). 假设卫星在沿地球的一个同心圆轨道运行, 也就是作环绕地球的飞行, 则 A, C 两点到地心 O 的距离相等, 由此可推算出卫星每秒飞行距离至少为直线段 AB 的长度, 此即卫星应具有的最低速度. 由于 $\triangle OAB$ 是直角三角形 ($\angle A$ 是直角), $OA(=OC)$ 可近似地取为地球的平均半径 6371000m, 由勾股定理可得

$$AB^2 = (6371000 + 4.9)^2 - (6371000)^2,$$

如果直接计算, 其数量级 ($\approx 10^{13}$) 很高. 如果考虑函数 $y = x^2$, 给定 $x_0 = 6371000$, $\Delta x = 4.9$, 那么由一阶微分近似计算公式可得

$$AB^2 = \Delta y \approx f'(x_0)\Delta x = 2x_0\Delta x = 2 \times 6371000 \times 4.9, \quad AB \approx 7900(\mathrm{m/s}).$$

(2) 由 $\Delta T \approx T'(l)|_{l=0.2} \times \Delta l = (2\pi/\sqrt{g})(2\sqrt{l})^{-1}|_{l=0.2} \times \Delta l$ 得

$$\Delta l \approx (\sqrt{9.8 \times 0.2} \times 0.05)/3.1416 \approx 0.0223(\mathrm{m}).$$

4. *微分法的基本法则与初等函数微分表*

我们要掌握与运用微分法, 有必要记住微分法的基本法则及常用的基本初等函数的微分公式. 虽然数学不是一门死记硬背的学科, 但是能花点时间记住那些常用的、必备的基本公式, 那么我们在学习上就有可能比别人领先一步. 其意义犹如我们下厨房, 看着菜谱一步一步做, 好不容易把菜做好了, 纵然美味佳肴, 但由于我们已经精疲力竭而失去了认真品味的兴趣. 又如我们在开车时, 随时得记住"不能闯红灯""不能辗过行人"等法则. 否则, 每次都得从定义 (重新学习规则) 出发, 那是很麻烦的事情, 甚至会什么事情都做不了.

定理 3.1.1(算术运算与微分法则)　假设 f, g 是指定区间 I 上可微, 下列运算法则成立:

(i) 线性法则　$(\alpha f + \beta g)' = \alpha f' + \beta g'$(其中 α, β 是常数);

(ii) 乘积法则　$(fg)' = f'g + fg'$;

(iii) 商法则　$(f/g)' = (f'g - fg')/g^2$(其中 $g \neq 0$).

特例: $(1/g)' = -g'/g^2$.

评注　这些法则的证明可由定义及无穷小量分析法获得. "乘积法则"是一个非常关键的法则, 如果没有这个法则, 微积分只能跟一堆极其简单无聊的函数打交道, 肯定永远混不出什么像样的名堂. 注意到

$$(fg)' = f'g + fg',$$

而不是 $(fg)' = f'g'$, 这个公式初看起来有些杂乱的感觉. 不过, 我们想到求两个乘积函数的微分, 要涉及两个函数, 不可能做到对两个函数同时进行微分. 因此, 需要

让其中一个不动, 而对另一个求微分, 这样的程序对称地用两次再叠加即可得到乘积微分法则. 至于商法则, 我们可用商法则的特例及乘积法则获得.

定理 3.1.2(复合函数微分法) $(f\circ g(x))'=f'(g(x))g'(x)$(也称链式法则).

证明思路 给定 x_0, 令 $u=g(x)$, 由微分的等价定义有

$$f(u)=f(u_0)+f'(u_0)(u-u_0)+o_1(u-u_0)\ (u\to u_0),$$

$$g(x)=g(x_0)+g'(x_0)(x-x_0)+o_2(x-x_0)\ (x\to x_0),$$

把后一个表达式代入前一个表达式得

$$f(g(x))=f(g(x_0))+f'(g(x_0))g'(x_0)(x-x_0)+o_1(g'(x_0)(x-x_0)+o_2(x-x_0)),$$

由连续性, 当 $x\to x_0$ 时有 $u\to u_0$.

当 $g'(x_0)=0$ 时有 $u-u_0=o_2(x-x_0)(x\to x_0)$, 故

$$o_1(u-u_0)=o_1(o_2(x-x_0))(o_2(x-x_0)\to 0)=o(x-x_0)\ (x\to x_0);$$

当 $g'(x_0)\neq 0$ 时有

$$\lim_{x\to x_0}\frac{o_1(u-u_0)}{x-x_0}=\lim_{u\to u_0}\frac{o_1(u-u_0)}{u-u_0}\lim_{x\to 0}\frac{g'(x_0)(x-x_0)+o_2(x-x_0)}{x-x_0}=0.$$

评注 在微分学中, 复合函数微分法则是很重要的, 而且还容易犯错. 使用该法则时一定要注意, 里层函数将会出现两次, 而且位置不能放错, 使用复合函数微分法的最大难点就是判别该函数是由哪些基本初等函数合成的, 也就是难在“分解”与“还原”这道程序上. 复合函数微分法的本质是将复杂的事项分解为简单的事项, 其实, 这也是我们日常生活处事的基本原则之一.

由复合函数微分法及微分定义可导出一阶微分形式不变性, 这就是说, 不论 x 是自变量还是中间变量 $x=x(t)$, 其一阶微分的形式是不变的, 即

$$\mathrm{d}f(\varphi(t))=f'(\varphi(t))\varphi'(t)\mathrm{d}t=f'(x)\mathrm{d}x.$$

一阶微分形式不变性可给求复合函数的微分函数带来方便.

定理 3.1.3(反函数微分法) 若 $x=f(y)$ 的反函数 $y=f^{-1}(x)$ 存在, $f'(y)$ 存在且 $f'(y)\neq 0$, 那么有 $(f^{-1}(x))'=[f'(y)]^{-1}$.

证明思路 由 $(f^{-1}(x)-f^{-1}(x_0))/(x-x_0)=(y-y_0)/(f(y)-f(y_0))$ 及连续性、可微性定义可得.

定理 3.1.4(参变量函数微分法) 设函数 $y=y(x)$ 是由平面曲线的参数方程 $x=\varphi(t)$, $y=\psi(t)(t\in[\alpha,\beta])$ 所确定. 若 $\phi'(t)$, $\psi'(t)$ 存在且 $\phi'(t)\neq 0$. 则

$$y'(x)=\mathrm{d}y/\mathrm{d}x=\psi'(t)/\varphi'(t).$$

证明思路 由 $\phi'(t) \neq 0$ 可推得 $t = \varphi^{-1}(x)$ 存在, 再由复合函数与反函数微分法可得

$$y'(x) = [\psi(\varphi^{-1}(x)]' = \psi'(\varphi^{-1}(x))(\varphi^{-1}(x))' = \psi'(t)[\varphi'(t)]^{-1}.$$

定理 3.1.5 下述基本初等函数微分公式成立:

(1) $(c)' = 0$(其中 c 为常数);

(2) $(a^x)' = (\ln a)a^x$(特例 $(\mathrm{e}^x)' = \mathrm{e}^x$);

(3) $(\log_a x)' = (\ln a)^{-1}x^{-1}$(特例 $(\ln x)' = x^{-1}$);

(4) $(x^\alpha)' = \alpha x^{\alpha-1}$(其中 α 为实数);

(5) $(\sin x)' = \cos x$, $(\cos x)' = -\sin x$;

(6) $(\tan x)' = \sec^2 x$, $(\cot x)' = -\csc^2 x$, $(\sec x)' = \sec x \tan x$,
$(\csc x)' = -\csc x \cot x$(其中 $\sec x = (\cos x)^{-1}$, $\csc x = (\sin x)^{-1}$);

(7) $(\arcsin x)' = (-\arccos x)' = (\sqrt{1-x^2})^{-1}$;

(8) $(\arctan x)' = (-\operatorname{arc}\cot x)' = (1+x^2)^{-1}$.

评注 这些微分公式的推导可利用微分定义、微分法的基本法则及两个重要极限获得, 其中 (4) 的推导用到对数微分法, 即 $(x^\alpha)' = (\mathrm{e}^{\alpha \ln x})' = \mathrm{e}^{\alpha \ln x}(\alpha \ln x)' = x^\alpha \alpha x^{-1} = \alpha x^{\alpha-1}$.

关于求导法则, 我们可以利用下述顺口溜形象直观地去记忆:

指数求导形不变, 对数求导变负幂;
常幂求导幂降一, 幂指求导要爬肩;
带弦求导身份改, 带余求导符号变;
切割求导紧相连, 反三求导类改变.

例 3.1.5 (1) 设平面曲线 $y = y(x)$ 由参数方程 $x = a\cos^3 t$, $y = a\sin^3 t(a > 0, 0 \leqslant t < 2\pi)$ 确定, 试求过点 $(x(t_0), y(t_0))$ 的切线方程 $(t_0 \neq 0, \pi/2, \pi, 3\pi/2)$; 并证明切线被坐标轴所截线段为一常数.

(2) 设平面曲线 $y = y(x)$ 由参数方程 $x = t^2 + 2t$, $y = \ln(1+t)(t > -1)$ 所确定, 试求该曲线当 $x_0 = 3$ 时所对应的点的切线方程.

解题思路 (1) $\left.\dfrac{\mathrm{d}y}{\mathrm{d}x}\right|_{x=x(t_0)} = \left.\left(\dfrac{\mathrm{d}y}{\mathrm{d}t}\middle/\dfrac{\mathrm{d}x}{\mathrm{d}t}\right)\right|_{t=t_0} = -\tan t_0$, 于是所求的切线方程是

$$y - a\sin^3 t_0 = -\tan t_0(x - a\cos^3 t_0);$$

该切线与 x 轴及 y 轴的交点分别是 $M(a\cos t_0, 0)$ 及 $N(0, a\cos^3 t_0)$, 于是有

$$|MN| = \sqrt{(a\cos t_0 - 0)^2 + (0 - \sin t_0)^2} = a.$$

(2) 由 $3=t^2+2t$ 求得 $t_0=1$(舍去 $t_0=-3$), 于是有 $y_0=\ln 2$, 再由

$$\left.\frac{\mathrm{d}y}{\mathrm{d}x}\right|_{x=3}=\left.\left(\frac{\mathrm{d}y}{\mathrm{d}t}\Big/\frac{\mathrm{d}x}{\mathrm{d}t}\right)\right|_{t=1}=\left.\frac{1}{2(1=t)^2}\right|_{t=1}=\frac{1}{8}$$

可得过点 $(3,\ln 2)$ 的切线方程为 $y-\ln 2=8^{-1}(x-3)$, 即 $8y-x+3-8\ln 2=0$.

5. 高阶微分

定义 3.1.4 设函数 $y=f(x)$ 定义在区间 I 上. 如果 $f(x)$ 在区间 I 上可微而且导函数 $f'(x)$ 仍然可微, 则称 $f''(x)=(f'(x))'(x\in I)$ 是函数 $f(x)$ 在 I 上的二阶导函数, 并称 $\mathrm{d}^2f(x)=f''(x)(\mathrm{d}x)^2$ 为函数 $f(x)$ 在区间 I 上的二阶微分函数.

利用数学归纳法很容易定义 n 阶导函数及 n 阶微分函数如下:

$$f^{(n)}(x)=(f^{(n-1)}(x))'\ (x\in I);\quad \mathrm{d}^nf(x)=f^{(n)}(x)(\mathrm{d}x)^n\ (x\in I).$$

背景聚焦 二阶导函数的力学意义是加速度, 即 $a=v'(s)=s''(t)$, 它由牛顿首先研究, 牛顿力学的第二运动定律就是用加速度表示的 (即 $F=ma$). 实际上, 加速度与人们的日常生活密切相关, 比如百米赛跑起跑、飞机起飞、汽车刹车等都与加速度有关. 如果说飞机以惊人的速度飞向遥远的天空, 由于真实感不太清楚而难以感觉到加速度在起作用, 那么当人们开车的时候把油门一踩, 他的身体猛然压向椅背而且胃里也感觉怪怪的, 此时正是加速度搞的鬼. 二阶导函数的几何意义与曲线的曲率有关, 这里暂略. 函数的 n 阶导数 (微分系数) 等于函数的 n 阶微分函数除以自变量的微分的 n 次幂, 这是柯西在 1823 年建立的.

点评 特别值得指出我们国内有不少知名数学分析教材都用数学归纳法"定义":

$$\mathrm{d}^nf(x)=\mathrm{d}(\mathrm{d}^{n-1}f(x))=\mathrm{d}(f^{(n-1)}(x)(\mathrm{d}x)^{n-1})=f^{(n)}(x)(\mathrm{d}x)^n.$$

仔细追究起来, 这里求高阶微分的过程中把 $\mathrm{d}x$ 作为"常数", 在逻辑上是难以解释的, 尤其是涉及 x 是中间变量时, 其解释就要遇到麻烦了. 实际上, 到了多元函数的情形, 其弊端就更加突现出来. 其实, 按照现代分析学的观点, 定义高阶微分要涉及较为复杂的 n 线性算子的理论 (其定义域已变得很复杂!). 在一元实函数的情形下, 先定义高阶导函数 (不存在逻辑上的困难) 再定义高阶微分函数是顺理成章的事情.

定理 3.1.6(莱布尼茨法则) $(fg)^{(n)}=\sum\limits_{k=0}^{n}\mathrm{C}_n^kf^{(k)}g^{(n-k)}$(其中 C_n^k 是组合系数, 即 $\mathrm{C}_n^k=[n(n-1)\cdots(n-k+1)]/(k!)$).

证明思路 利用 $\mathrm{C}_s^k+\mathrm{C}_s^{k-1}=\mathrm{C}_{s+1}^k$ 及数学归纳法证之, 从 $n=s$ 过渡到

$n=s+1$ 的推导过程如下:

$$\begin{aligned}(fg)^{(s+1)}=&((fg)^{(s)})'=\sum_{k=0}^{s}\mathrm{C}_s^k(f^{(k)}g^{(s-k)})'\\=&\sum_{k=0}^{s}\mathrm{C}_s^k f^{(k+1)}g^{(s-k)}+\sum_{k=0}^{s}\mathrm{C}_s^k f^{(k)}g^{(s-k+1)}\\=&\sum_{i=1}^{s+1}\mathrm{C}_s^{i-1}f^{(i)}g^{(s-i+1)}+\sum_{i=0}^{s}\mathrm{C}_s^i f^{(i)}g^{(s-i+1)}\\=&\mathrm{C}_s^0 f^{(0)}g^{(s+1)}+\mathrm{C}_s^s f^{(s+1)}g^{(0)}+\sum_{i=1}^{s}(\mathrm{C}_s^{i-1}+\mathrm{C}_s^i)f^{(i)}g^{(s-i+1)}\\=&\sum_{i=1}^{s+1}\mathrm{C}_{s+1}^i f^{(i)}g^{(s+1-i)}.\end{aligned}$$

评注 高阶微分不具形式不变性以二阶为例予以说明. 设函数 $y=f(x)(x\in I)$. 若 $x=x(t)$ 是中间变量, 那么有

$$\begin{aligned}\mathrm{d}^2f(t)=&[f(x(t))]_t''(\mathrm{d}t)^2=[f'(x(t))x'(t)]_t'(\mathrm{d}t)^2\\=&[f''(x(t))][x'(t)]^2+f'(x(t))x''(t)](\mathrm{d}t)^2\\=&f''(x)(\mathrm{d}x)^2+f'(x)\mathrm{d}^2x\\\neq&f''(x)(\mathrm{d}x)^2,\end{aligned}$$

因此二阶微分不再具有形式不变性 (即把 x 看作自变量与看作中间变量, 求二阶微分是有区别的).

例 3.1.6 求下列函数 $f(x)$ 的 $f^{(n)}(x)$:

(1) $f(x)=x^m(m\in\mathbf{N}^+)$; (2) $f(x)=\sin x$;

(3) $f(x)=\cos^4x+\sin^4x$; (4) $f(x)=\dfrac{ax+b}{cx+d}$.

解题思路 (1) $f^{(n)}(x)=m(m-1)\cdots(m-n+1)x^{m-n}(n\leqslant m)$, $f^{(n)}(x)=0(n>m)$;

(2) $f'(x)=\cos x=\sin(x+\pi/2)$,

$f''(x)=\cos(x+\pi/2)=\sin(x+2\cdot(\pi/2))$,

……

$f^{(n)}(x)=\sin(x+n\cdot(\pi/2))(n\geqslant 1)$;

(3) $f(x)=(\cos^2x+\sin^2x)^2-2\sin^2x\cos^2x$

$=1-\dfrac{1}{2}\sin^2 2x=\dfrac{3}{4}+\dfrac{1}{4}\cos 4x$,

$f'(x)=-\sin 4x=\cos(4x+\pi/2)$,

$$f''(x) = -4\sin\left(4x + \frac{\pi}{2}\right) = 4\cos\left(4x + 2\cdot\frac{\pi}{2}\right),$$

$$\cdots\cdots$$

$$f^{(n)}(x) = 4^{(n-1)}\cos\left(4x + n\cdot\frac{\pi}{2}\right)\ (n \geqslant 1);$$

(4) $f(x) = (a/c) + (bc - ad)/c(cx + d)$,

$$f'(x) = -(bc - ad)(cx + d)^{-2},$$

$$f''(x) = (-1)^2 c \cdot 2(bc - ad)(cx + d)^{-3},$$

$$\cdots\cdots$$

$$f^{(n)}(x) = (-1)^n (n!) c^{n-1}(bc - ad)(cx + d)^{-(n+1)}(n \geqslant 1).$$

例 3.1.7 (1) 设 $f(x) = x^2\sin x$, 试求：$f^{(100)}(x)$;

(2) 设函数 $y = y(x)$ 由参数方程 $x = x(t)$, $y = y(t)(t \in [\alpha, \beta])$ 所确定. 试求 $y^n(x)$.

解题思路 (1)

$$\begin{aligned} f^{(100)}(x) &= x^2(\sin x)^{(100)} + 2x \times 100 \times (\sin x)^{(99)} + 100 \times 99 \times (\sin x)^{(98)} \\ &= x^2\sin(x + 50\pi) + 200x\sin(99\pi/2)) + 9900\sin(x + 49\pi) \\ &= x^2\sin x - 200x\cos x - 9000\sin x. \end{aligned}$$

(2)
$$\begin{aligned} \frac{\mathrm{d}^2 y}{\mathrm{d}x^2} &= \frac{\mathrm{d}}{\mathrm{d}x}\left(\frac{\mathrm{d}y}{\mathrm{d}x}\right) = \frac{\mathrm{d}}{\mathrm{d}x}\left(\frac{y'(t)}{x'(t)}\right) = \frac{\mathrm{d}}{\mathrm{d}t}\left(\frac{y'(t)}{x'(t)}\right)\left(\frac{\mathrm{d}x}{\mathrm{d}t}\right)^{-1} \\ &= \frac{x'(t)y''(t) - x''(t)y'(t)}{(x'(t))^2}\cdot\frac{1}{x'(t)} = \frac{x'(t)y''(t) - x''(t)y'(t)}{(x'(t))^3}. \end{aligned}$$

3.1.2 微分中值定理及应用

微分研究函数的局部性态, 但在不少场合需要考察函数的整体性态, 微分中值定理正是一种通过“个体”刻画“整体”的重要数学工具. 在微分学中说到微分中值定理, 通常都是指拉格朗日中值定理. 实际上, 微分中值定理还包括作为其特例的罗尔中值定理, 也包括作为其推广的柯西中值定理, 甚至还可以包括更一般的泰勒公式. 微分中值定理是微积分中最有价值的定理 (群) 之一, 它在微分研究中具有广泛的应用, 尤其是微分学中许多决定性的结果, 都要依赖中值定理来证明.

1. 罗尔中值定理与拉格朗日中值定理

拉格朗日中值定理的证明建立在罗尔中值定理之上, 后者的证明又建立在 Fermat 极值定理之上. 因此, 首先介绍 Fermat 定理.

定义 3.1.5(极值与极值点) 设函数 $f(x)$ 在某 $U(x_0)$ 中有定义. 如果 $\forall x \in U(x_0)$ 都有 $f(x) \geqslant f(x_0)$, 则称函数 $f(x)$ 在 x_0 处取极小值, 并称 x_0 为 $f(x)$ 的极小值点; 类似地可定义极大值与极大值点, 通常把极大值与极小值统称为极值. 如果定义中的严格不等式成立, 则称其为严格极值.

点评 所谓“极”，顾名思义即达到顶点. 这就是说, 函数极大值表示增加的“倾向”(变大) 达到顶点 (即不能再变大了). 函数“极值”与函数“最值”既有区别又有联系, 一个函数在同一个区间上可以有多个极大值点 (因而极值大 (小) 值不唯一!), 也可以有多个点达到最大 (小) 值的值 (但最大 (小) 值却是唯一的); 函数的极大 (小) 值点是函数的最大 (小) 值点备选对象, 区间内部的 (严格) 最大 (小) 值点必是 (严格) 极大 (小) 值点. “极值”与“最值”相比, 前者比后者能折射出更多信息, 而且在应用上更广泛. 其实在现实生活中, “极值”也比“最值”更能反映真实情况. 关于极值, 我们在后面还将详细讨论.

定理 3.1.7(Fermat 定理) 设 $f(x)$ 在某 $U(x_0)$ 有定义且 $f'(x_0)$ 存在. 若 x_0 为 f 的极值点, 则 $f'(x_0)=0$(称为 $f(x)$ 的稳定点).

评注 从几何直观上看, 费马定理的结论是显然的 (切线平行于 x 轴!), 证明由微分定义及极限保号性可得. 费马定理中的条件即 $f'(x_0)$ 存在不可省 (例如考察函数 $f(x)=|x|$).

背景聚焦 关于极值的费马定理是由“业余数学家之王”、微积分学的先驱费马首先建立的. 据说, 稳定点的由来与费马的个性密切相关. 后人公认费马与笛卡儿是解析几何的创始人. 笛卡儿习以为常地更换工作地点、宗教信仰及职业, 给世人留下“我思故我在”的千古名言. 费马则是稳定的典范, 费马毕生在法院中工作 (公务员), 生活平淡无奇, 没有他的故事留存后世. 在空闲时间里, 他会学习语言、哲学、文学以及诗歌, 并把研究数学作为智力消遣活动, 但他的主要贡献却在数学上. 费马在数论领域的贡献非常巨大, 其中最著名的莫过于费马大定理:

方程 $x^n+y^n=z^n$ 在 $n\geqslant 3$ 时不存在非平凡的正整数解.

该猜想在 1630 年前后提出, 其正确性直到 1994 年才由英国数学家怀尔斯 (Wiles, 1953~) 证实.

定理 3.1.8(罗尔中值定理) 若 $f\in C[a,b]$, $f'(x)$ 在 (a,b) 中存在而且 $f(a)=f(b)$, 则存在 $\xi\in(a,b)$ 使得 $f'(\xi)=0$.

证明思路 从几何直观上看, 罗尔中值定理的结论告诉人们, 若过 $(a,f(a))$ 与 $(b,f(b))$ 的割线与 x 轴平行, 则区间 (a,b) 中必有 ξ 使得 $(\xi,f(\xi))$ 处的切线与 x 轴平行, 函数的极值点具有这种特性, 由此可获得证明的思路. 若 $f\equiv$ 常数, 结论显然. 否则必在 (a,b) 内达到最大值或最小值, 区间内部的最值点必是极值点, 从而由费马定理即得.

评注 罗尔中值定理在微分中值定理具有基础性的作用. 通过构造辅助函数的方法, 使得它在数学理论推导中具有广泛应用, 特别对判别方程实根的存在性非常有效. 该定理是法国数学家罗尔 (Rolle, 1652~1719) 在 1691 年首先提出的, 直到 1846 年经法国的另一位数学家加以完善后才成今天的形式.

定理 3.1.9(拉格朗日中值定理) 若 $f\in C[a,b]$ 而且 $f'(x)$ 在 (a,b) 中存在, 则

存在 $\xi \in (a,b)$ 使得：$f(b) - f(a) = f'(\xi)(b-a)$.

证明思路 从几何直观上看，$k = (f(b) - f(a))/(b-a)$ 正是过曲线上两点 $(a, f(a))$ 与 $(b, f(b))$ 的割线 l 的斜率. 拉格朗日定理的结论告诉人们，必有 $\xi \in (a,b)$ 使得过 $(\xi, f(\xi))$ 的切线刚好平行于割线 l. 如果把坐标原点平移至 $(a, f(a))$，再把割线 l 按顺时针方向旋转角度 θ(其中 $\tan\theta = k$)，则所得到的 l' 与 x 轴重合. 这样，我们就可通过构造辅助函数 $F(x) = f(x) - f(a) - k(x-a)$ 的途径把拉格朗日中值定理的证明归结到罗尔中值定理的情形.

评注 拉格朗日中值定理 (简称 (L) 中值定理) 在微分中值定理群中处于核心地位，人们习惯上把该定理称为微分中值定理或微分学基本定理. 该定理最早由法国大数学家拉格朗日为推导带拉格朗日余项的泰勒公式 (1797 年) 时首先提出. 柯西在他的《无穷小程教程概论》(1823) 中定义导数时也利用这个结论，他称之为平均值定理，形式为

$$\Delta f = f(x + \Delta x) - f(x) = f'(x + \theta\Delta x)\Delta x \ (0 < \theta < 1).$$

柯西这里所给出的形式，现在可以简写作

$$f(a+h) - f(a) = f'(a + \theta h)h \ (\text{其中} 0 < \theta < 1).$$

现在，我们可以从多种不同的角度解读 (L) 中值定理：

(1) 从代数角度看商的形式 把“差商”与“微商”用等号连接起来;

(2) 从代数角度看积的形式 把“函数的增量”与“微商同自变量增量的乘积”用等号连接起来;

(3) 从几何的角度看 必有“某切线”平行于给定的“割线”;

(4) 从近似计算角度看 由微分定义导出的有限增量公式是一阶近似公式，(L) 中值定理给出的增量估计是“零阶”近似公式 (可称为“局部常值化”).

由 (L) 中值定理，我们可以直接获得下述看似平凡的直接推论，但它们将成为证明代数恒等式及建立不定积分概念的强有力工具.

推论 3.1.1(常值函数判别法) 若 $f'(x)$ 在区间 I 上存在，而且 $f'(x) \equiv 0(x \in I)$，则 $f(x) \equiv$ 常数 $c(x \in I)$.

推论 3.1.2(函数相等判别法) 若 $f'(x)$ 与 $g'(x)$ 在区间 I 上存在，而且 $f'(x) = g'(x)(x \in I)$，则存在常数 c 使得 $f(x) = g(x) + c(x \in I)$.

点评 微分中值定理，是因为定理的结论中出现了“中值”ξ 而得名. 不难验证对于二次函数 $f(x) = px^2 + qx + r$ 来说，定理结论中的中值正好位于所讨论区间 $[a,b]$ 的正中间，即 $\xi = (a+b)/2$. 但对于一般可微函数 $f(x)$ 而言，中值“ξ”在大多情形下仅仅是一种理论上的存在 (定性)，常常对其缺乏定量了解. 然而，这种“存

在性”, 在许多场合对数学来说是很难证明的但又至关重要. 实际上, 如果我们不知道所研究数学问题的解的存在性, 却大张旗鼓地去寻找问题的解, 即在“空集”中做文章, 那是毫无意义的事情. 因此, 数学中有专门研究存在性的定性理论.

人文意境 “存在性”, 不仅在数学中具有特别重要的地位, 对其他学科来说也很重要. 比如神学中的“神是否真的存在”? 至今还存在各种各样的争议. 很清楚, 如果神确实存在, 那么大家针锋相对地辩论是值得的; 如果神不存在, 那么不论辩论多么慷慨激昂都没什么意义. “存在性”对于政治学来说也是头等大事. “问题有没有答案”(比如“公平”“正义”等), 是人类所面临的最大问题, 而且也是头等大事, 但一般人都不会去认真思考它. 德国著名政治学家马克斯 · 韦伯 (Max Weber, 1864~1920) 说过: “最优异的官员是最差劲的政治人物”, 言下之意是: “官员这种人从早到晚都在专心解决有答案的问题, 头脑已经被训练成这样, 因此不是当政治人物的料”. 而政治人物的任务却是要处理没有答案的问题, 去应付很有可能无解的问题.

此外, 诗人也常常将“存在性”作为一种美丽的文学意境描写. 比如我国唐代诗人贾岛 (779~843) 有诗云: “松下问童子, 言师采药去. 只在此山中, 云深不知处! ” 诗中表达了知道其存在却不知道确切位置的这种优雅的文学意境.

例 3.1.8 (1) 设 $f \in C[0,1]$, $f'(x)$ 在 $(0,1)$ 中存在. 求证: 存在 $\xi \in (0,1)$ 使得

$$f'(\xi)f(1-\xi) = f(\xi)f'(1-\xi);$$

(2) 设 $f \in C[a,b]$, $f'(x)$ 在 (a,b) 内存在, $f(a) = f(b) = 0$. 求证: 存在 $\xi \in (a,b)$ 使得 $f'(\xi) + f(\xi) = 0$;

(3) 设 $f \in C[a,b]$, $f'(x)$ 在 (a,b) 中存在 (其中 $a > 0$), $f(a) = 0$. 求证: 存在 $\xi \in (a,b)$ 使得 $af(\xi) = (b-\xi)f'(\xi)$.

证明思路 (1) 需证的结论为

$$[f(x)f(1-x)]'|_{x=\xi} = 0,$$

对 $F(x) = f(x)f(1-x)$ 在 $[0,1]$ 上应用罗尔中值定理即得;

(2) 注意到 $(\mathrm{e}^x f(x))' = \mathrm{e}^x(f'(x) + f(x))$, 对 $F(x) = \mathrm{e}^x f(x)$ 在 $[a,b]$ 上应用罗尔中值定理即得;

(3) 注意到 $[(b-x)^a f(x)]' = (b-x)^a f'(x) - a(b-x)^{a-1}f(x)$, 对

$$F(x) = (b-x)^a f(x)$$

在 $[a,b]$ 上应用罗尔中值定理即得.

例 3.1.9 (1) 设 $f \in C[a,b]$, $f'(x)$ 在 (a,b) 中存在. 求证: 存在 $\xi \in (a,b)$ 使得

$$[bf(b)-af(a)](b-a)^{-1}=f(\xi)+\xi f'(\xi);$$

(2) 设 $f \in C[a,b]$, $f'(x)$ 在 (a,b) 内存在, $f(a)=f(b)$ 而且 $f(x)$ 是恒等于常数. 求证: 存在 $\xi \in (a,b)$ 使得 $f'(\xi)>0$;

(3) 设 $f'(x)$ 在 $\mathbf{R}$ 上存在, 而且 $f'(x)=\lambda f(x)(x\in \mathbf{R}, \lambda$ 为常数). 求证: $f(x)$ 为指数函数.

证明思路 (1) 对 $F(x)=xf(x)$ 在 $[a,b]$ 上应用 (L) 中值定理即得; (2) 不妨设有 $c\in(a,b)$ 使得 $f(a)<f(c)$, 对 $f(x)$ 在 $[a,c]$ 上应用 (L) 中值定理即得; (3) 对函数 $F(x)=\mathrm{e}^{-x}f(x)$ 应用 (L) 中值的推论即得.

例 3.1.10 设 $f\in C[a,b]$, $f'(x)$ 在 (a,b) 中存在, 利用下述函数 $F(x)$ 证明 (L) 中值定理, 并说明 $F(x)$ 与 $F'(x)$ 的几何意义:

$$F(x)=\begin{vmatrix} x & f(x) & 1 \\ a & f(a) & 1 \\ b & f(b) & 1 \end{vmatrix}.$$

证明思路 $F'(x)=f(a)-f(b)-f'(x)(a-b)$, $F(a)=F(b)=0$, 由罗尔中值定理可知 (L) 中值定理成立. 以 $A(a,f(a))$, $B(b,f(b))$, $C(x,f(x))$ 为顶点的三角形 ΔABC 的面积 $S_{\Delta ABC}=|F(x)|/2$; $F'(x)$ 的几何意义是过 A 与 B 的直线段在 y 轴的投影与切线 $T(t)=f(x)+f'(x)(t-x)$ 上以 $(a,T(a))$ 及 $(b,T(b))$ 为端点的切线段在 y 轴上的投影之差.

2. 微分中值定理在导函数特性研究中的应用

定理 3.1.10(达布定理) 若 $f'(x)$ 在区间 I 存在, 则 $f'(x)$ 具有介值性质.

证明思路 $\forall a,b\in I\,(a<b)$, 不妨设 $f'(a)<f'(b)$, $\forall k\in(f'(a),f'(b))$, 令 $F(x)=f(x)-kx$, 则 $F'(a)>0$, $F'(b)<0$. 由微分定义, 某 $U(a)$ 中必有 x_1 使得 $F(x_1)>F(a)$, 某 $U(b)$ 中必有 x_2 使得 $F(x_2)>F(b)$, 因而 $F(x)$ 在 $[a,b]$ 上取最大值的点 x_0 必在 (a,b) 中, 由 Fermat 定理有 $F'(x_0)=0$, 即 $f'(x_0)=k$.

背景聚焦 达布定理又称导函数介值定理, 它是由法国数学家达布 (Darboux, 1842~1917) 给出的. 具有介值性质的函数称为达布函数, 前面已经知道闭区间上的连续函数具有介值性质, 从这里我们又可以看到导函数也具有达布性质. 由该定理还可直接推得: 若 $f'(x)\neq 0$, 则 $f'(x)$ 恒正或恒负.

定理 3.1.11(导函数极限定理) 设函数 f 在某 $U(x_0)$ 中连续, 而且 $f'(x)$ 在 $U_0(x_0)$ 中存在. 若 $\lim\limits_{x\to x_0} f'(x)$ 存在, 则 $f'(x_0)$ 存在而且 $f'(x_0)=\lim\limits_{x\to x_0} f'(x)$(从而连续).

证明思路 $\forall x\in U^0(x_0)$, 对 $f(x)$ 在 $[x_0,x]$ 上应用 (L) 中值定理, 必 $\exists\xi_x\in(x_0,x)$ 使得

$$\frac{f(x)-f(x_0)}{x-x_0}=f'(\xi_x),$$

当 $x\to x_0+0$ 时有 $\xi_x\to x_0+0$, 从而由定义有 $f'_+(x_0)=f'(x_0+0)$, 同理可证 $f'_-(x_0)=f'(x_0-0)$, 再由 $\lim\limits_{x\to x_0}f'(x)$ 存在可知

$$f'(x_0+0)=f'(x_0-0),$$

从而 $f'_+(x_0)=f'_-(x_0)=f'(x_0)$ 且 $\lim\limits_{x\to x_0}f'(x)=f'(x_0)$.

评注 上述证明适用于单侧导数的情形. 该定理中的条件 $\lim\limits_{x\to x_0}f'(x)$ 存在是不可缺的, 例如考察

$$f(x)=\begin{cases}x^2\cos(1/x), & x\neq 0,\\ 0, & x=0,\end{cases}$$

则 $f'(x)$ 存在, $f'(0)=0$, 但 $\lim\limits_{x\to 0}f'(x)$ 不存在.

定理 3.1.12(导函数不存在第一类间断点) 若 f 在区间 I 上可微, 则 $f'(x)$ 不可能有第一类间断点 (即至多只有第二类间断点).

证明思路(反证) 若有 $c\in I$ 使得 $f'(c-0)\neq f'(c+0)$, 由定理 3.3.10 的证明过程可知 $f'_+(c)=f'(c+0)$, $f'_-(c)=f'(c-0)$, 再由 $f'(c)$ 存在可知 $f'_+(c)=f'_-(c)$, 矛盾!

3. 微分中值定理在函数方程求解中的应用

定理 3.1.13(函数方程可微解) 下述命题成立:

(1) 满足函数方程 $f(x+y)=f(x)+f(y)(\forall x,y\in\mathbf{R})$ 不恒为 0 的唯一可微函数是齐性线性函数 $f(x)=f'(0)x$;

(2) 满足 $f(xy)=f(x)f(y)(\forall x,y\in(0,+\infty))$ 不恒为 0 的唯一可微函数是幂函数 $f(x)=x^{f'(1)}$;

(3) 满足 $f(x+y)=f(x)f(y)(\forall x,y\in\mathbf{R})$ 不恒为 0 的唯一可微函数是指数函数 $f(x)=a^x$(其中 $a=\mathrm{e}^{f'(0)}$);

(4) 满足 $f(xy)=f(x)+f(y)(\forall x,y\in(0,+\infty))$ 不恒为 0 的唯一可微函数是对数函数 $f(x)=\log_a x$(其中 $a=\mathrm{e}^{[f'(1)]^{-1}}$).

证明思路 (1) 把 $x=y=0$ 代入条件得 $f(0)=0$, 由导数定义及条件得 $f'(x)=f'(0)$, 即 $[f(x)-f'(0)x]'=0$, 由推论 3.1.1 可得 $f(x)=f'(0)x+C$, 令 $x=0$ 得 $C=f(0)=0$;

(2) 由条件及定义得 $f(1)=1$, $f(x+h)=f(x)f(1+x^{-1}h)$, $f'(x)=x^{-1}f(x)f'(1)$, 由此得 $(\ln f(x)-f'(1)\ln x)'=0$, 因此 $f(x)=cx^{f'(1)}$, 令 $x=1$ 得 $C=f(1)=1$;

(3) 由条件及定义可得 $f(0)=1$, $f'(x)=f(x)f'(0)$, 即 $[f(x)\mathrm{e}^{-f'(0)x}]'=0$, 于是 $f(x)=C\mathrm{e}^{f'(0)x}$, 令 $x=0$ 得 $C=f(0)=1$;

(4) 由条件及定义可得 $f(1)=0$, $f(x+h)=f(x)+f(1+x^{-1}h)$, $f'(x)=x^{-1}f'(1)$, 即 $[f(x)-f'(1)\ln x]'=0$, 于是有 $f(x)=f'(1)\ln x+C$, 令 $x=1$ 得 $C=0$.

推论 3.1.3(指数函数 e^x 与对数函数 $\ln x$ 的特征) 下述命题成立:

(1) 设 $f(x)$ 定义在 $\mathbf{R}$ 上. 若满足 $f(x+y)=f(x)f(y)(\forall x,y\in\mathbf{R})$ 而且 $f(x)\geqslant 1+x(\forall x\in\mathbf{R})$, 则 $f(x)=\mathrm{e}^x$;

(2) 设 $f(x)$ 定义在 $\mathbf{R}^+$ 上. 若满足 $f(xy)=f(x)+f(y)$ 且 $f(1+x)\leqslant x(\forall x>-1)$, 则 $f(x)=\ln x$.

证明思路 (1) 利用 $-x$ 代替 x, 由条件可得 $f(x)\leqslant(1-x)^{-1}(\forall x<1)$, 再由条件及导数定义可得 $f'(0)=1$(注意 $f(0)=1$), $f'(x)=f(x)$, 再仿照定理 3.1.12 的证法即得;

(2) 由条件可得 $f(1+x)\geqslant x(1+x)^{-1}$, 再由条件及导数定义可得 $f'(1)=1$(注意 $f(1)=0$), $f'(x)=x^{-1}$, 仿上可得.

定理 3.1.14(分式型函数方程) 下述命题成立:

(1) 满足下述条件的唯一可微函数是正切函数 $f(x)=\tan(f'(0)x)$:

$$f(x+y)=\frac{f(x)+f(y)}{1-f(x)f(y)};$$

(2) 满足下述条件的唯一可微函数是反正切函数 $f(x)=f'(0)\arctan x$:

$$f\left(\frac{x+y}{1-xy}\right)=f(x)+f(y);$$

(3) 满足下述条件的唯一可微函数是对数函数 $f(x)=\dfrac{f'(0)}{2}\ln\left|\dfrac{x+1}{x-1}\right|$:

$$f\left(\frac{x+y}{1+xy}\right)=f(x)+f(y).$$

简证 (1) 令 $x=y=0$ 得 $f(0)=0$, 由条件可得

$$f'(x)=\lim_{b\to 0}\frac{f(x+y)-f(x)}{y}=[1+f^2(x)]f'(0),$$

于是有 $[\arctan f(x)-f'(0)x]'=0$, 即 $\arctan f(x)=f'(0)x+C$, 由 $f(0)=0$ 得 $C=0$, 因而有 $f(x)=\tan(f'(0)x)$;

(2) 令 $x=y=0$ 得 $f(0)=0$, 在 $f\left(\dfrac{x+y}{1-xy}\right)=f(x)+f(y)$ 中关于 y 求导得

$$f'(y)=f'\left(\frac{x+y}{1-xy}\right)\frac{1-xy+y(x+y)}{(1-xy)^2}=f'\left(\frac{x+y}{1-xy}\right)\frac{1+x^2}{(1-xy)^2},$$

令 $y=0$ 得 $f'(0)=f'(x)(1+x^2)$, 即 $[f'(0)\arctan x-f(x)]'=0$, 因而

$$f(x)=f'(0)\arctan x+C,$$

由 $f(0)=0$ 得 $C=0$, 因而有 $f(x)=f'(0)\arctan x$;

(3) 令 $x=y=0$ 得 $f(0)=0$, 在

$$f\left(\frac{x+y}{1-xy}\right)=f(x)+f(y)$$

中关于 y 求导得

$$f'(y)=f'\left(\frac{x+y}{1+xy}\right)\frac{1-x^2}{(1+xy)^2},$$

令 $y=0$ 得 $f'(0)=f'(x)(1-x^2)$, 由此重新整理可得

$$\left[\frac{1}{2}f'(0)\ln\left|\frac{1+x}{1-x}\right|-f(x)\right]'=0,$$

$$f(x)=\frac{1}{2}f'(0)\ln\left|\frac{1+x}{1-x}\right|+C,$$

由 $f(0)=0$ 得 $C=0$.

4. 柯西中值定理与不定式极限

定理 3.1.15(柯西中值定理)　若 $f,g\in C[a,b]$, $f'(x)$ 与 $g'(x)$ 在区间 (a,b) 上存在, $g'(x)\neq 0$ 而且 $g(b)\neq g(a)$, 则存在 $\xi\in(a,b)$ 使得

$$[f(b)-f(a)]/[g(b)-g(a)]=f'(\xi)/g'(\xi).$$

证明思路　通过变量代换 $\mu=g(x)$(用 μ 取代 x), 可把柯西中值转化到罗尔中值定理. 记 $l=[f(b)-f(a)]/[g(b)-g(a)]$, 对辅助函数 $F(x)=f(x)-f(a)+l[g(x)-g(a)]$ 在 $[a,b]$ 上应用罗尔中值定理即得.

此外, 我们也可以把柯西定理的结论写成下述形式:

$$[g(x)-g(a)]'|_{x=\xi}[f(b)-f(a)]=[f(x)-f(a)]'|_{x=\xi}[g(b)-g(a)],$$

即

$$[(f(b)-f(a))(g(x)-g(a))-(g(b)-g(a))(f(x)-f(a))]'|_{x=\xi}=0.$$

由此, 对辅助函数

$$F(x)=[f(b)-f(a)][g(x)-g(a)]-[g(b)-g(a)][f(x)-f(a)]$$

在 $[a,b]$ 上应用罗尔中值定理可得另一证法. 这种证明思路提供了构造辅助函数解决“中值”问题的通用方法.

背景聚焦 柯西中值定理首先出现在柯西在 1823 年出版的著作中, 柯西用他自己创立的微分中值定理给出洛必达法则的严格证明. 此外, 柯西中值定理还是证明泰勒公式的重要工具. 柯西中值定理是在 (L) 中值定理的基础上发展起来的, 也是 (L) 中值定理的进一步推广.

所谓不定式极限就是指极限不能用常规的极限运算法则进行计算的极限问题. 大家已经学过的两个重要极限 $\lim\limits_{x\to0}x^{-1}\sin x=1$ 与 $\lim\limits_{x\to0}(1+x)^{1/x}=\mathrm{e}$ 以及导函数的计算都是典型的不定式极限. 通过求不定式极限建立起来的微分理论, 反过来在求各种复杂的不定式极限时可以发挥重要作用, 这正是微分学所具有的独特魅力.

定理 3.1.16(0/0 型与 ∞/∞ 型不定式极限) 若 f 与 g 在某 $U^0(x_0)$ 有定义, 且满足:

(1) $\lim\limits_{x\to x_0}f(x)=\lim\limits_{x\to x_0}g(x)=0$(或 $\lim\limits_{x\to x_0}f(x)=\lim\limits_{x\to x_0}g(x)=\infty$);

(2) $f'(x)$ 与 $g'(x)$ 在某 $U^0(x_0)$ 存在, 而且 $g'(x)\neq0$;

(3) $\lim\limits_{x\to x_0}f'(x_0)[g'(x_0)]^{-1}=A$(可以是 ∞).

则必有 $\lim\limits_{x\to x_0}f(x)[g(x)]^{-1}=\lim\limits_{x\to x_0}f'(x)[g'(x)]^{-1}=A$.

进一步, ∞/∞ 型不定式极限可换作 $*/\infty$ 型不定式极限, 即 $\lim\limits_{x\to x_0}f(x)=\infty$ 的条件去掉, 结论照样成立.

证明思路 只需考虑 A 是有限数的情形. 在 $\lim\limits_{x\to x_0}f(x)=\lim\limits_{x\to x_0}g(x)=0$ 的情形下, 补充定义 $f(x_0)=g(x_0)=0$, 再应用柯西中值定理可直接推得.

接下来考察 $\lim\limits_{x\to x_0}f(x)=\lim\limits_{x\to x_0}g(x)=\infty$ 的情形. 为叙述方便, 仅考虑 $x\to x_0+0$.

$\forall\varepsilon>0$, 由条件 (3) 存在 $x_1>x_0$, 当 $x\in(x_0,x_1)$ 时有

$$\left|\frac{f'(x)}{g'(x)}-A\right|<\frac{\varepsilon}{2}.$$

$\forall x\in(x_0,x_1)$, 对 f 与 g 在 $[x,x_1]$ 上应用柯西中值定理得

$$\left|\frac{f(x_1)-f(x)}{g(x_1)-g(x)}-A\right|=\left|\frac{f'(\xi)}{g'(\xi)}-A\right|<\frac{\varepsilon}{2}.$$

另一方面, 易见

$$\left|\frac{f(x)}{g(x)}-\frac{f(x_1)-f(x)}{g(x_1)-g(x)}\right|=\left|\frac{f(x_1)-f(x)}{g(x_1)-g(x)}\right|\cdot\left|\frac{g(x_1)[g(x)]^{-1}-1}{f(x_1)[f(x)]^{-1}-1}-1\right|$$

是有界量与无穷小量的乘积. 给定 x_1, 必有 $\delta>0$ 使得 $x\in(x_0,x_0+\delta)\subset(x_0,x_1)$ 时有

$$|f(x)[g(x)]^{-1}-(f(x_1)-f(x))[g(x_1)-g(x)]^{-1}|<\varepsilon/2,$$

于是当 $x \in (x_0, x_0+\delta)$ 时有

$$|f(x)[g(x)]^{-1} - A| < \varepsilon.$$

这就证得 $\lim\limits_{x \to x_0+0} f(x)[g(x)]^{-1} = A$.

进一步去掉 $\lim\limits_{x \to x_0} f(x) = \infty$ 的条件时, 我们只需注意到

$$\begin{aligned}\frac{f(x)}{g(x)} &= \frac{f(x)-f(x_1)}{g(x)} + \frac{f(x_1)}{g(x)} \\ &= \frac{f(x)-f(x_1)}{g(x)} \cdot \frac{g(x)-g(x_1)}{g(x)-g(x_1)} + \frac{f(x_1)}{g(x)} \\ &= \left[1 - \frac{g(x_1)}{g(x)}\right] \frac{f(x_1)-f(x)}{g(x_1)-g(x)} + \frac{f(x_1)}{g(x)}\end{aligned}$$

及条件即可完成证明.

评注 洛必达法则中的 “$x \to x_0$” 可换作 “$x \to x_0 \pm 0$” 或 “$x \to \pm\infty$” 或 “$x \to \infty$” (可通过 $t = x^{-1}$ 转化到 $t \to 0$ 的情形). 其他不定式可通过适当的代数方法, 可转化为标准不定式 (即 $0/0$ 型或 ∞/∞ 型), 常用的其他不定式有以下几种类型:

(1) $0 \cdot \infty$ 型 $\left(= \frac{1}{\infty} \cdot \infty = \frac{\infty}{\infty} \text{或} = 0 \cdot \frac{1}{0} = \frac{0}{0}\right)$;

(2) $\infty - \infty$ 型 $\left(= \frac{1}{0} - \frac{1}{0} = \frac{0-0}{0} = \frac{0}{0}\right)$;

(3) ∞^0 型、0^0 型、1^∞ 型 (由 $\alpha^\beta = \exp(\beta \ln \alpha)$ 转化到 $0 \cdot \infty$ 型).

洛必达法则可连续 (多次) 使用, 但前提必须是不定式. 使用洛必达法则的解题程序是先分别各自求分子与分母的导函数 (不是求商的导数!), 再求它们的比的极限, 书写时却又把顺序颠倒过来. 有些 “1^∞ 型” 与 “0^0 型” 虽然可用洛必达法则求极限, 但一般通过适当的变型直接应用两个重要极限求解更为方便; 有些具有明确函数表达式的不定式极限使用泰勒展开式更为方便, 尤其是高阶无穷小 (无穷大) 的场合; 但求某些抽象函数的不定式极限时, 使用洛必达法则常常会带来方便. 使用洛必达法则时务必要先利用无穷小 (无穷大) 等价替代的方法 (通常可利用微商的定义) 转化到最简单的情形后再进行 (否则会越来越复杂).

背景聚焦 用洛必达法则求不定式极限的方法, 最早出现在由法国数学家洛必达 (L'Hospital, 1661~1704) 在 1696 年编写的教材《无穷小分析》中, 因而后人称为洛必达法则. 其实这个法则是瑞士数学家约翰 · 伯努利 (J.Bernoulli, 1667~1748) 给洛必达当家庭教师时写给洛必达的一封信中告诉洛必达的, 当时洛必达仅叙述了 $0/0$ 型不定式求极限的方法. 关于 ∞/∞ 型和 $\infty - \infty$ 型不定式求极限的方法是欧拉建立的.

例 3.1.11 试用洛必达法则求下列不定式极限:

(1) $\lim\limits_{x\to0^+} x\ln x$; (2) $\lim\limits_{x\to\infty} \mathrm{e}^{-x}x^n (n\in\mathbf{N}^+)$; (3) $\lim\limits_{x\to+\infty}(x+\sqrt{1+x^2})^{1/\ln x}$;

(4) $\lim\limits_{x\to0}(x^{-2}-\tan^{-2}x)$; (5) $\lim\limits_{x\to0}(\mathrm{e}^x-\sqrt{1+2x})[\ln(1+x^2)]^{-1}$;

(6) $\lim\limits_{x\to\infty} x[(1+x^{-1})^x-\mathrm{e}]$.

解题思路 (1) 原式 $=\lim\limits_{x\to0}\dfrac{\ln x}{x^{-1}}=\lim\limits_{x\to0}\dfrac{(\ln x)'}{(x^{-1})'}=\lim\limits_{x\to0^+}(-x)=0$;

(2) 原式 $=\lim\limits_{x\to\infty}\dfrac{(x^n)'}{(\mathrm{e}^x)'}=\cdots=\lim\limits_{x\to\infty}\dfrac{n!}{\mathrm{e}^x}=0$;

(3) 原式 $=\lim\limits_{x\to+\infty}x^{1/\ln x}(1+\sqrt{1+x^{-2}})^{1/\ln x}=\lim\limits_{x\to+\infty}\exp((\ln x)(\ln x)^{-1})=\mathrm{e}$;

(4) 原式 $=\lim\limits_{x\to0}\dfrac{\tan x+x}{x}\cdot\dfrac{\tan x-x}{x\tan^2 x}=2\lim\limits_{x\to0}\dfrac{\tan x-x}{x^3}$

$$=2\lim_{x\to0}\frac{\sec^2 x-1}{3x^2}=\frac{2}{3}\lim_{x\to0}\left(\frac{\sin x}{x}\right)^2=\frac{2}{3};$$

(5)原式 $=\lim\limits_{x\to0}\dfrac{\mathrm{e}^{2x}-(1+2x)}{x^2}\cdot\dfrac{1}{\mathrm{e}^x+\sqrt{1+2x}}=\dfrac{1}{2}\lim\limits_{x\to0}\dfrac{\mathrm{e}^{2x}-(1+2x)}{x^2}$

$$=\lim_{x\to0}\frac{2(\mathrm{e}^{2x}-1)}{2x}=2;$$

(6)令$x^{-1}=t$, 原式 $=\lim\limits_{x\to0}\dfrac{(1+t)^{1/t}-\mathrm{e}}{t}=\mathrm{e}\lim\limits_{t\to0}\dfrac{\exp(t^{-1}\ln(1+t)-1)-1}{t}$

$$=\mathrm{e}\lim_{t\to0}\frac{\ln(1+t)-t}{t^2}=\mathrm{e}\lim_{t\to0}\frac{(1+t)^{-1}-1}{2t}$$

$$=\mathrm{e}\lim_{t\to0}\frac{-1}{2(1+t)}=-\frac{\mathrm{e}}{2}.$$

例 3.1.12 设 $g''(x)$ 在 $\mathbf{R}$ 上连续, 而且 $g'(0)=g(0)=0$, $f(0)=0$, $f(x)=x^{-1}g(x)$ $(x\neq0)$. 试求 $f'(x)$ 并讨论其连续性.

解题思路 当 $x\neq0$ 时, 有

$$f'(x)=(x^{-1}g(x))'=x^{-2}(g'(x)x-g(x));$$

当 $x=0$ 时, 有

$$f'(0)=\lim_{x\to0}\frac{f(x)}{x}=\lim_{x\to0}\frac{g(x)}{x^2}=\lim_{x\to0}\frac{2g'(x)}{x}=\lim_{x\to0}\frac{g'(x)-g'(0)}{2x}=\frac{g''(0)}{2};$$

且 $\lim\limits_{x\to0}f'(x)=\lim\limits_{x\to0}\dfrac{g''(x)x+g'(x)-g'(x)}{2x}=\lim\limits_{x\to0}\dfrac{g''(x)}{2}=\dfrac{g''(0)}{2}$. 故 $f'(x)$ 在 $\mathbf{R}$ 上连续.

3.1.3 泰勒公式及其应用

不容争议, 泰勒公式无论是从公式内容的理解还是从公式应用的角度看, 对初学者都存在一定的困难. 虽然从泰勒公式的复杂 (表面) 形式看, 有点让人忘而生畏, 但就其本质而言, 并不那么复杂. 其实, 泰勒公式与有限增量公式 (微分定义) 及 (L) 中值定理是一脉相承的. 如果说微分是“局部线性化”的数学, (L) 中值定理是“局部精确化”的数学, 那么泰勒公式所体现的正是“局部多项式化”的数学. 说得更明白一些, 泰勒公式告诉人们, 对足够光滑的函数而言, 局部地可以用多项式代替较为复杂的函数本身 (比如超越函数!). 多项式是形式最简单的非线性函数, 它能够被计算机“计算”(只含加法与乘法运算), 因此应用非常广泛. 泰勒公式还是编制常用数学用表 (平方根、立方根、三角函数及常用对数用表等) 的数学工具, 也是计算较为复杂的极限与函数 (值) 界限估计的重要数学工具. 泰勒公式 (包括后面学的泰勒级数) 曾被称为经典微分学的“皇冠”. 本讲介绍泰勒公式的常识.

定理 3.1.17(带佩亚诺余项的泰勒公式) 若 $f^{(n)}(x_0)$ 存在 $(n\in\mathbf{N}^+)$, 则有

$$f(x)=T_n(x)+o((x-x_0)^n).$$

其中 $T_n(x)=\sum\limits_{i=0}^{n}(i!)^{-1}f^{(i)}(x_0)(x-x_0)^i$ 被称为 f 在 x_0 处的泰勒公式 ($f^{(0)}(x_0)=f(x_0)$), 并称 $f(x)-T_n(x)=o((x-x_0)^n)$ 为泰勒公式的佩亚诺余项.

证明思路 令 $R_n(x)=f(x)-T_n(x)$, $Q_n(x)=(x-x_0)^n$, 那么有

$$R_n^{(i)}(x_0)=Q_n^{(i)}(x_0)=0\ (i=0,1,\cdots,n-1),\quad R_n^{(n)}(x_0)=0,\quad Q_n^{(n)}(x_0)=n!.$$

对 $R_n(x)$ 与 $Q_n(x)$ 在区间 $[x_0,x]$(或 $[x,x_0]$) 上连续使用 $n-1$ 次洛必达法则, 最后再用 $f^{(n)}(x_0)$ 的定义可得

$$\begin{aligned}\lim_{x\to x_0}\frac{R_n(x)}{Q_n(x)}&=\lim_{x\to x_0}\frac{R_n'(x)}{Q_n'(x)}=\cdots=\lim_{x\to x_0}\frac{f^{(n-1)}(x)-f^{(n-1)}(x_0)-f^{(n)}(x_0)(x-x_0)}{n(n-1)\cdots2\cdot(x-x_0)}\\&=\frac{1}{n!}\lim_{x\to x_0}\left[\frac{f^{(n-1)}(x)-f^{(n-1)}(x_0)}{x-x_0}-f^{(n)}(x_0)\right]=0.\end{aligned}$$

这就意味着 $R_n(x)=o((x-x_0)^n)$.

评注 泰勒多项式的形式是从多项式

$$P_n(x)=\sum_{k=0}^{n}a_k(x-x_0)^k$$

的系数 a_k 与 $P_n^{(k)}(x_0)(k=0,1,2,\cdots,n)$ 之间的关系里获得启示的, 而泰勒展开式是从

$$x^n=(x-x_0+x)^n=\sum_{k=0}^{n}\mathrm{C}_n^kx_0^{n-k}(x-x_0)k$$

中获得启示的. 使用泰勒公式时必须注意替代多项式的次数就是 $f^{(n)}(x_0)$ 存在的阶数, 易见

$$T_n^{(i)}(x_0) = f^{(i)}(x_0)\ (i = 0, 1, \cdots, n).$$

另外值得注意的事项是, 即使存在多项式 $P_n(x)$ 使得

$$f(x) = P_n(x) + o((x - x_0)^n)\ (x \to x_0),$$

也未必能保证泰勒多项式 $T_n(x)$ 存在. 例如, 考虑函数 $f(x) = x^{n+1}D(x)$(其中 $D(x)$ 是狄利克雷函数, $n \in \mathbf{N}^+$), 易见 $f'(0) = 0$, 但 $f^{(i)}(0)$ 不存在 $(i \geqslant 2, i \in \mathbf{N})$, 因此 $P_n(x)$ 不存在.

背景聚焦 泰勒公式 (也称泰勒展开式) 最早以泰勒级数的形式出现在英国数学家泰勒 (Taylor, 1685～1731) 在 1715 年出版的著作《增量及其逆》中, 在该书中泰勒没有给出证明. 现在的形式及其严格的证明是由柯西在 19 世纪初才给出的. 泰勒公式的特殊情形, 即 $x_0 = 0$ 时的泰勒公式是用英国另一位数学家麦克劳林 (Maclaurin, 1698～1746) 的名字命名的. 佩亚诺余项的名称是以意大利数学家佩亚诺 (Peano, 1858～1932) 的名字命名的. 带佩亚诺余项的泰勒公式, 其实质就是可微性定义 (即有限增量公式) 的进一步深化, 即把局部地用“线性函数替代”换作用“多项式替代”, 将产生一个高阶无穷小. 该公式虽然是一个定性估计式, 却能给近似计算与复杂的极限计算带来极大的方便.

定理 3.1.18(带拉格朗日余项的泰勒公式) 若 $f^{(n+1)}(x)$ 在某 $U(x_0)$ 中存在, 则 $\forall x \in U(x_0)$ 必存在介在 x_0 与 x 之间的使得 $f(x) = T_n(x) + R_n(x)$, 其中

$$R_n(x) = ((n+1)!)^{-1} f^{(n+1)}(\xi)(x - x_0)^{n+1}$$

被称为泰勒公式的拉格朗日余项.

证明思路 给定 $x \in U(x_0)$, 设 $f(x) = T_n(x) + ((n+1)!)^{-1}\lambda(x - x_0)^{n+1}$, 令

$$F(t) = f(x) - [f(t) + f'(t)(x-t) + \cdots + (m!)^{-1} f^{(n)}(t)(x-t)^n] - ((n+1)!)^{-1}\lambda(x-t)^{n+1},$$

则 $F(x_0) = F(x) = 0$, 对 $F(t)$ 在 $[x_0, x]$(或 $[x, x_0]$) 上应用罗尔中值定理, 必存在介在 x_0 与 x 之间的 ξ 使得 $F'(\xi) = 0$, 由此可得 $\lambda = f^{(n+1)}(\xi)$.

背景聚焦 带拉格朗日余项的泰勒公式首次出现在拉格朗日于 1813 年出版的著作《解析函数论》中, 该公式证明时所使用的待定系数法是拉格朗日首创的. 该公式的实质就是拉格朗日微分中值定理的进一步深化, 它是一定量估计公式. 该公式在不等式证明、近似估算、微分不等式证明及函数方程求解中都有着广泛的应用.

评注 使用带拉格朗日余项的泰勒公式时要务必注意，获得 n 阶泰勒展开式的条件是 $f^{(n+1)}(x)$ 在某 $U(x_0)$ 存在，因此条件比起带佩亚诺余项的泰勒公式要苛刻得多. 所获得的结论虽然是“定量”的，但介在 x_0 与 x 之间的“ξ”却是“定性”的. 进一步，还需对 $f^{(n+1)}(x)$ 加适当的限制 (比如有界)，它才能推得带佩亚诺余项的泰勒公式. 初看起来，有些得不偿失. 其实，多付出“代价”却能获得应用更广泛的收益. 在实际应用中，人们常将泰勒公式写成下述形式：

$$f(x+\Delta x)=T_n(\Delta x)+R_n(\Delta x),$$

其中

$$T_n(\Delta x)=\sum_{i=0}^{n}(i!)^{-1}f^{(i)}(x)(\Delta x)^n,$$

$$R_n(\Delta x)=((n+1)!)^{-1}f^{(n+1)}(x+\theta\Delta x)(\Delta x)^{n+1}\ (0<\theta<1)$$

或者 $R_n(\Delta x)=o((\Delta x)^n)$(带佩亚诺余项).

常见函数的麦克劳林 (带佩亚诺余项) 公式有

(1) $(1-x)^{-1}=1+x+x^2+\cdots+x^n+o(x^n)$;

(2) $\mathrm{e}^x=1+x+(2!)^{-1}x^2+\cdots+(n!)^{-1}x^n+o(x^n)$;

(3) $\ln(1+x)=x-2^{-1}x^2+3^{-1}x^3-\cdots+(-1)^{n-1}n^{-1}x^n+o(x^n)$;

(4) $\sin x=x-(3!)^{-1}x^3-\cdots+(-1)^{m-1}((2m-1)!)^{-1}x^{2m-1}+o(x^{2m})$;

(5) $\cos x=1-(2!)^{-1}x^2+\cdots+(-1)^m((2m)!)^{-1}x^{2m}+o(x^{2m+1})$;

(6) $(1+x)^\alpha=1+\alpha x+(2!)^{-1}\alpha(\alpha-1)x^2+\cdots+(n!)^{-1}\alpha(\alpha-1)\cdot\cdots\cdot(\alpha-n+1)x^n+o(x^n)$.

评注 上述基本公式如果改作带拉格朗日余项的泰勒公式，只需注意各个函数的 n 阶导数表达式及余项的表示方式即可. 公式的推导可直接通过求被展开函数的高阶导函数获得，这种求展开式的方法称为直接法. 也可通过函数的四则运算、变量代换 (函数的复合运算)，利用已知的展开式求函数的泰勒展开式，这种方法称为间接展开法. 在实际应用中，通常使用间接展开法.

例 3.1.13 设 $P_n(x)=f(x_0)+f'(x_0)(x-x_0)+\cdots+(n!)^{-1}f^{(n)}(x_0)(x-x_0)^n$ 为泰勒多项式. 求证：对于任给与 $P_n(x)$ 次数相同但不相等的多项式 $P(x)$，必存在 $\delta>0$，当 $0<|x-x_0|<\delta$ 时有

$$|f(x)-P_n(x)|<|f(x)-P(x)|.$$

证 设 $P(x)=P(x_0)+P'(x_0)(x-x_0)+\cdots+(n!)^{-1}P^{(n)}(x_0)(x-x_0)^n$，若 $P(x_0)\neq f(x_0)$，则由

$$\lim_{x\to x_0}|f(x)-P_n(x)|=0<|f(x_0)-P(x_0)|=\lim_{x\to x_0}|f(x)-P(x)|$$

及极限保号性可得;

若 $P(x_0)=f(x_0), P'(x_0)=f'(x_0),\cdots,P^{(k-1)}(x_0)=f^{(k-1)}(x_0)$, 但是 $P^{(k)}(x_0)\neq f^{(k)}(x_0)$, 则由

$$f(x)-P_n(x)=o((x-x_0)^n)(x\to x_0),$$

$$f(x)-P(x)=(k!)^{-1}[f^{(k)}(x_0)-P^{(k)}(x_0)](x-x_0)^k+o((x-x_0)^k)(x\to x_0),$$

$$[f(x)-P_n(x)][f(x)-P(x)]^{-1}=o(1)\ (x\to x_0)$$

可得.

例 3.1.14 试求下列极限

(1) $\lim\limits_{x\to 0}x^{-4}(\cos x-\exp(-x^2/2))$; (2) $\lim\limits_{x\to 0}x^{-3}(1-(\cos x)^{\sin x})$;

(3) $\lim\limits_{x\to 2}(\sqrt{3-x}+\ln(x/2))^{(\sin(x-2))^{-2}}$; (4) $\lim\limits_{x\to\infty}(1+x^{-1})^{x^2}\mathrm{e}^{-x}$.

(5) $\lim\limits_{m,n\to\infty}[(1+n^{-1})^{n\sin(1/m)}-(1+n^{-1})^{n\ln(1+m^{-1})}](1-\cos(1/m))^{-1}$.

解题思路 (1) 由 $\cos x-\exp(-x^2/2)=[1-2^{-1}x^2+(24)^{-1}x^4]-[1-2^{-1}x^2+8^{-1}x^4]+o(x^4)=-(12)^{-1}x^4+o(x^4)$ 得原式 $=-(12)^{-1}$;

(2) 原式 $=-\lim\limits_{x\to 0}x^{-3}(\exp(\sin x\ln\cos x)-1)=-\lim\limits_{x\to 0}x^{-3}\sin x\ln\cos x$
$=-\lim\limits_{x\to 0}2^{-1}x^{-2}\ln(1-\sin^2 x)=\lim\limits_{x\to 0}(2^{-1}x^{-2}\sin^2 x+o(1))=1/2$;

(3) 由 $\lim\limits_{x\to 2}(\sin(x-2))^{-2}[\sqrt{3-x}+\ln(x/2)-1]$
$=\lim\limits_{t\to 0}(\sin t)^{-2}[\sqrt{1-t}+\ln(1+2^{-1}t)-1]$
$=\lim\limits_{t\to 0}t^{-2}[-t^2/4+o(t^2)]=-1/4$
得原式 $=(\sqrt[4]{\mathrm{e}})^{-1}$;

(4) 原式 $=\lim\limits_{x\to\infty}\exp(x^2\ln(1+1/x)-x)=\exp\lim\limits_{x\to\infty}[-1/2+o(1/x^2)]=(\sqrt{\mathrm{e}})^{-1}$;

(5) 原式 $=\lim\limits_{m,n\to\infty}(1-\cos(1/m))^{-1}[\exp(n\sin(1/m)\ln(1+n^{-1})$
$-n\ln(1+m^{-1})\ln(1+n^{-1})]$
$=\lim\limits_{m,n\to\infty}(1-\cos(1/m))^{-1}n\ln(1+n^{-1})[\sin(1/m)-\ln(1+m^{-1})]$
$=\lim\limits_{m\to\infty}(2^{-1}m^{-2}+o(m^{-2}))[2^{-1}m^{-2}+o(m^{-2})]=1.$

例 3.1.15 设 $f(a+h)=f(a)+hf'(a+\theta h)$. 证明

(1) 若 $f''(x)$ 连续且 $f''(a)\neq 0$, 则 $\lim\limits_{h\to 0}\theta(h)=1/2$;

(2) 若 $f^{(3)}(x)$ 连续且 $f''(a)=0, f^{(3)}(a)\neq 0$, 则 $\lim\limits_{h\to 0}\theta(h)=1/\sqrt{3}$.

证明思路 (1) 分别求 $f'(a+\theta h)$ 与 $f(a+h)$ 在 $x_0=a$ 处的零阶与一阶泰勒

公式, 可得 $0<\theta_i<1(i=1,2)$ 使得

$$f'(a+\theta h)=f'(a)+f''(a+\theta_1\theta h)(h\theta),$$
$$f(a+h)=f(a)+f'(a)h+2^{-1}f''(a+\theta_2 h)h^2,$$

把前一个等式代入原题设中可得

$$\theta=[2f''(a+\theta\theta_1 h)]^{-1}[f''(a+\theta_2 h)]\to 1/2\ (h\to 0).$$

(2) 分别求 $f'(a+\theta h)$ 与 $f(a+h)$ 在 $x_0=a$ 处的一阶与二阶泰勒公式, 可得 $0<\theta_i<1(i=1,2)$ 使得

$$f'(a+\theta h)=f'(\theta)+2^{-1}f^{(3)}(a+\theta_1\theta h)(\theta h)^2,$$
$$f(a+h)=f(a)+f'(a)h+(3!)^{-1}f^{(3)}(a+\theta_2 h)(\theta h)^3,$$

把第一式代入题设等式, 再比较可得

$$3\theta^2 f^{(3)}(a+\theta_1\theta h)=f^{(3)}(a+\theta_2 h),$$

由此即可完成证明.

例 3.1.16 设 $f''(x)$ 存在, 而且 $\forall h>0$ 有

$$2f(x)\leqslant f(x-h)+f(x+h).$$

求证: $f''(x)\geqslant 0$.

证明思路 求 $f(x+h)$ 与 $f(x-h)$ 在 x 处的带佩亚诺余项的二阶泰勒公式可得

$$f(x+h)=f(x)+f'(x)h+2^{-1}f''(x)h^2+o_1(h^2),$$

$$f(x-h)=f(x)-f'(x)h+2^{-1}f''(x)h^2+o_2(h^2).$$

两式相加除以 h^2, 由题设条件可得

$$f''(x)+o(1)\geqslant 0,$$

令 $h\to 0$ 得 $f''(x)\geqslant 0$.

例 3.1.17 (1) 设 $f(+\infty)$ 与 $f'(+\infty)$ 都存在. 求证: $f'(+\infty)=0$;
(2) 设 $f(+\infty)$ 与 $f''(+\infty)$ 都存在. 求证: $f''(+\infty)=f'(+\infty)=0$.

证明思路 (1) 由 (L) 中值定理 (零阶泰勒公式) 有

$$f(n+1)-f(n)=f'(n+\theta_n)(n\in\mathbf{N}^+,0<\theta_n<1),$$

由条件及归结原则可得 $f'(+\infty)=0$.

(2) 由泰勒公式有 $0<\theta_i<1(i=1,2)$ 使得

$$f(x+1)=f(x)+f'(x)+2^{-1}f''(x+\theta_1),$$

$$f(x-1)=f(x)-f'(x)+2^{-1}f''(x-\theta_2).$$

两式相减, 由极限的柯西准则可得 $f'(+\infty)=0$.

再令 $x=n$ 代入上式之一, 由柯西准则及归结原则可得 $f''(+\infty)=0$.

3.1.4 微分学数学内部应用

微分学在函数单调性、函数凸性、函数极值及不等式证明中有非常丰富的应用, 微分学应用于函数凸性研究有许多深刻成果, 我们在已出版的《人生相遇函数》(科学出版社) 中较详细介绍过, 这里不再重复. 接下来, 我们从两个方面介绍微分学的数学内部应用.

1. 微分学在函数单调性与不等式证明中的应用

定理 3.1.19(函数单调性判别) 下述命题成立:

(1) (单调性判别准则) 若 $f'(x)$ 在区间 I 内存在, 则

$f(x)$ 在 I 内单调递增 (或减)$\Leftrightarrow \forall x\in I$ 有 $f'(x)\geqslant 0$(或 $f'(x)\leqslant 0$).

(2) (严格单调性判别准则) 若 $f'(x)$ 在区间 I 内存在, 则 $f(x)$ 在 I 内单调递增(或减)$\Leftrightarrow \forall x\in I$ 有 $f'(x)\geqslant 0$(或 $f'(x)\leqslant 0$) 而且不在 I 的任何区间上不恒等于零.

评注 这两个准则很容易由定义及拉格朗日微分中值定理直接推得. 从几何直观 (局部地) 看, $f'(x)$ 为正, 曲线上升; $f'(x)$ 为负, 曲线下降. 有必要指出, 导函数 $f'(x)>0(x\in I)$ 是 $f(x)$ 在 I 此严格单调递增的充分不必要条件 (考虑 $f(x)=x^3$). 讨论函数单调性的关键是确定函数的单调区间, 通常讨论程序是: 先确定 $f'(x)=0$ 的点 (稳定点) 及 $f'(x)$ 不存在的点 (例外点), 然后把所求得的 "点" 作为单调区间的 "分界点", 继而再利用 $f'(x)$ 的符号 (有时候还需要用 $f''(x)$, $f'''(x)$ 的符号) 就可确定其单调性.

推论 3.1.4 若函数 $f(x)$ 与 $\varphi(x)$ 在 $[a,b]$ 上可微而且有 $f(a)=\varphi(a)$, $f'(x)>\varphi'(x)(\forall x\in[a,b])$, 则在区间 (a,b) 内必有 $f(x)>\varphi(x)$.

注 证明只需对函数 $F(x)=f(x)-\varphi(x)$ 应用定理 3.1.19(2) 即得, 这里的证明思路也是利用函数单调性证明不等式最常用方法.

例 3.1.18 证明下述不等式:

(1) $(2/\pi)x<\sin x<x<\tan x\ (x\in(0,\pi/2))$;

(2) $\sin x+\tan x>2x$, $\sin x\tan x>x^2\ (x\in(0,\pi/2))$;

(3) $(1+h^2)^{-1}h^2<\arctan h<h$ (其中 $h>0$);

(4) $(ab^{-1})^b < ((a+c)(b+c)^{-1})^{b+c}$ $(0 < a < b,\ c > 0)$.

证明思路 (1) 令 $f(x) = x - \sin x$, 则

$$f'(x) = 1 - \cos x > 0\ (x \in (0, \pi/2)),$$

从而 $f(x) > f(0) = 0$; 又令 $G(x) = \tan x - x$, 则

$$G'(x) = \sec^2 x - 1 > 0\ (x \in (0, \pi/2)),$$

于是有 $G(x) > G(0) = 0$;

欲证 (1) 的第一个不等式, 先令 $F(x) = (\sin x)/x$, 则

$$F'(x) = (x\cos x - \sin x)/x^2,$$

再令 $h(x) = x\cos x - \sin x$, 则 $h'(x) = -x\sin x < 0$, 由 $h(0) = 0$ 可知 $h(x) < 0$, 从而

$$F'(x) < 0\ (x \in (0, \pi/2)),$$

从而在 $(0, \pi/2)$ 上有

$$F(x) > F(\pi/2) = 2/\pi;$$

(2) 令 $f(x) = \sin x + \tan x - 2x$, 则当 $x \in (0, \pi/2)$ 时有

$$f'(x) = \cos x + \sec^2 x - 2 \geqslant \cos^2 x + \sec^2 x - 2 = (\cos x - \sec x)^2 > 0$$

因此 $f(x) > f(0)$ 成立; 再令 $g(x) = \sin x \tan x - x^2$, 则当 $x \in (0, \pi/2)$ 时有

$$g'(x) = \sin x + \sec x \tan x - 2 \geqslant f(x) > f(0),$$

从而 $g(x) > g(0) = 0$.

(3) 只需证左边. 当 $h > 0$ 时有 $0 < \theta = \arctan h < \pi/2$, 由 (1) 可知

$$\sin\theta < \theta < \tan\theta = h,$$

由 $\sec^2\theta = 1 + \tan^2\theta$ 得 $\cos\theta = (\sqrt{1+h^2})^{-1}$, 于是有

$$\theta > \sin\theta = \tan\theta\cos\theta = h(\sqrt{1+h^2})^{-1} \geqslant h^2(1+h^2)^{-1};$$

(4) 令 $\varphi(x) = ((a+x)(b+x)^{-1})^{b+x}$, 则有

$$\varphi'(x) = [\exp(\ln\varphi(x))]' = \varphi(x)((b+x)(\ln(a+x) - \ln(b+x)))',$$

再令 $\psi(x) = \ln(a+x) - \ln(b+x) + (b+x)(a+x)^{-1} - 1$,

由 $\psi'(x) = (b-a)[(a+x)^{-1}(b+x)^{-1} - (a+x)^{-2}] < 0$ 及 $\psi(+\infty) = 0$ 可得 $\psi(x) > 0$, 从而有 $\varphi'(x) = \varphi(x)\psi(x) > 0$, 因而有 $\varphi(c) > \varphi(0)$.

例 3.1.19 求证下述命题成立:

(1) 若 $f(x)$ 在 $[0,+\infty)$ 上二阶可导, $f(0)=1$, $f'(0) \leqslant 1$, $f''(x) < f(x)$, 则当 $x>0$ 时有 $f(x) < \mathrm{e}^x$.

(2) 若 $f(x)$ 在 $[0,+\infty)$ 上二次可微, $f(0)=1$, $f'(0)=0$, 而且 $\forall x \geqslant 0$ 有

$$f''(x) - 5f'(x) + 6f(x) \geqslant 0.$$

$\forall x \geqslant 0$ 有

$$f(x) \geqslant 3\mathrm{e}^{2x} - 2\mathrm{e}^{3x}.$$

证 (1) 令 $F(x) = \mathrm{e}^{-x}f(x)$, $F'(x) = \mathrm{e}^{-x}(f'(x) - f(x))$, 又令,

$$G(x) = \mathrm{e}^{x}(f'(x) - f(x)),\ G'(x) = \mathrm{e}^{x}(f''(x) - f(x)) < 0$$
$$G(x) < G(0) = f'(0) - f(0) \leqslant 0,$$

从而有 $f'(x) - f(x) < 0$, $F'(x) < 0$, $F(x) < F(0) = 1$.

(2) 由 $[f''(x) - 2f'(x)] - 3[f'(x) - 2f(x)] \geqslant 0$, 令 $g(x) = f'(x) - 2f(x)$, 则有

$$g'(x) - 3g(x) \geqslant 0, \quad (g(x)\mathrm{e}^{-3x})' \geqslant 0, \quad g(x)\mathrm{e}^{-3x} \geqslant g(0) = -2,$$

即 $f'(x) - 2f(x) \geqslant -2\mathrm{e}^{3x}$, $(f(x)\mathrm{e}^{-2x})' \geqslant -2\mathrm{e}^{x}$, $(f(x)\mathrm{e}^{-2x} + 2\mathrm{e}^{x})' \geqslant 0$,

$$f(x)\mathrm{e}^{-2x} + 2\mathrm{e}^{x} \geqslant f(0) + 2 = 3, \quad f(x) \geqslant 3\mathrm{e}^{2x} - 2\mathrm{e}^{3x}.$$

2. 微分学在极值与最值研究中的应用

定理 3.1.20(极值的充分条件) 下述命题成立:

(1) (极值点的一阶充分条件) 若在 x_0 的某邻域 $U(x_0)$ 内, 当自变量 x 从 x_0 的左侧变到右侧时, 微分系数 $f'(x)$ 的符号从正变到负 (或从负变到正), 那么函数 f 在 $x = x_0$ 处取极大 (小) 值; 如果 $f'(x)$ 不变号, 那么 x_0 不是 f 的极值点.

(2) (极值的二阶充分条件) 若 $f'(x_0) = 0$ 而且 $f''(x_0) \neq 0$, 那么当 $f''(x_0) > 0$(或 $f''(x_0) < 0$), 函数 f 在 $x = x_0$ 处取极小 (大) 值.

证明思路 (1) 的证明利用函数的单调性、连续性及定义即得; (2) 利用导数的定义及极限保号性, 由 (2) 的条件不难推得 (1) 的条件成立.

定理 3.1.21(最值判别法) 设 $f(x)$ 在 $[a,b]$ 连续, 且在 (a,b) 只有唯一的极值点 x_0, 则当 x_0 是 $f(x)$ 的极大 (小) 点时, 也必是 $f(x)$ 的最大 (小) 点.

证 若 x_0 不是最大点, 则 $\exists x_1 \in [a,b]$, 使 $f(x_0) < f(x_1)$. 不妨设 $x_0 < x_1$, 由于 x_0 唯一的极值点, 且是极大点, 故必 $\exists x \in (x_0, x_1)$, 使 $f(x) < f(x_0)$. 因此,

$f(x)$ 在闭区间 $[x_0,x_1]$ 上的最小值必在 (x_0,x_1) 内取得. 设取得这个最小值的点为 x_2, 则 x_2 必然是 $f(x)$ 的一个极小点. 这与 x_0 是 $f(x)$ 在 (a,b) 内的唯一极值点相矛盾.

评注 求函数极值的一般程序是: 先确定稳定点与 $f'(x)$ 不存在的点, 然而再利用极值的充分条件确定函数的极值 (对于 $f'(x)$ 不存在的点只能用一阶充分条件). 求闭区间上的连续函数最大 (小) 值的通常程序是: 先求出函数 f 的稳定点及 $f'(x)$ 不存在的点, 然后再把 f 在这些点的函数值连同 f 在区间端点的函数值进行大小比较, 就可确定函数的最大 (小) 值. 求函数在开区间 (包括无穷区间) 上的最大 (小) 值的通常程序是: 首先考察函数在区间端点 (包括 $\pm\infty$) 极限的状况, 然后再化归到闭区间的情形进行讨论.

求闭区间上的连续函数最大 (小) 值的通常程序是: 先求出函数 f 的稳定点及 $f'(x)$ 不存在的点, 然后再把 f 在这些点的函数值连同 f 在区间端点的函数值进行大小比较, 就可确定函数的最大 (小) 值; 要求函数在开区间 (包括无穷区间) 上的最大 (小) 值, 通常程序是: 首先考察函数在区间端点 (包括 $\pm\infty$) 极限的状况, 然后再化归到闭区间的情形进行讨论.

例 3.1.20 求证下述命题:

(1) 函数 $f(x)=\begin{cases} x+2x^2\sin(1/x), & x\neq 0,\\ 0, & x=0,\end{cases}$ 在 $x=0$ 处增, 但在 $x=0$ 的任何邻域内都不是单调增加函数;

(2) 函数 $f(x)=\begin{cases} 2-x^2(2+\sin(1/x)), & x\neq 0,\\ 0, & x=0,\end{cases}$ 在 $x=0$ 处取极大值, 但在任何零点的左邻域内不是严格单调增加的, 而在零点的右邻域内也不是严格单调减少的.

证明提示 (1) 令 $t_n=[(2n+2^{-1})\pi]^{-1}$, $s_n=(2n\pi)^{-1}$, 可证 $f'(t_n)>0$ 但 $f'(s_n)<0$;

(2) 令 $t_n=(2n\pi)^{-1}$, $s_n=-[(2n+1)\pi]^{-1}$, 可证 $f'(t_n)>0$ 但 $f'(s_n)<0$.

例 3.1.21 (1) 设 a 是给定的正数. 试求连乘积函数 $f(x)=(a/x)^x$ 的最大值;

(2) 求函数 $\varphi(x)=x^x$ 在 $[0,1]$ 上的最大值与最小值.

解 (1) 由 $f(x)=\exp(x(\ln a-\ln x))$ 可得

$$f'(x)=f(x)[\ln(a/x)-1],$$

令 $f'(x)=0$, 得

$$x_0=a/\mathrm{e},\quad f(0+0)=1,\quad f(+\infty)=0(\lim_{t\to 0_+}t^{-1}\ln t=-\infty),\quad f_{\max}=f(a/\mathrm{e})=\mathrm{e}^{a/\mathrm{e}};$$

(2) $\varphi(x)=\exp(x\ln x)$, $\varphi'(x)=\varphi(x)(\ln x+1)$, 令 $\varphi'(x)=0$ 得

$$x=\mathrm{e}^{-1},\quad \varphi(0+0)=1,\quad \varphi(1)=1,\quad \varphi_{\max}=\varphi(1)=1,\quad \varphi_{\min}=\varphi(\mathrm{e}^{-1})=(\mathrm{e}^{-1})^{\mathrm{e}^{-1}}.$$

例 3.1.22 证明下述命题:

(1) 若正数列 $\{x_n\}$ 满足 $\ln x_n+x_{n+1}^{-1}<1$, 则 $\lim\limits_{n\to\infty}x_n=1$;

(2) $\forall n\in\mathbf{N}^+$ 有 $x^n(1-x)<(n\mathrm{e})^{-1}(x\in(0,1))$.

证 (1) 令 $f(x)=x^{-1}+\ln x$, 则 $f_{\min}=f(1)$, 再由

$$\ln x_n+x_{n+1}^{-1}<1<\ln x_n+x_n^{-1}$$

即得 $\lim\limits_{n\to\infty}x_n=1$;

(2) 令 $f_n(x)=x^n(1-x)$, 则

$$f_{\min}=f(n/(n+1))=n^{-1}(1+n^{-1})^{-(n+1)}<(n\mathrm{e})^{-1}.$$

例 3.1.23 (1) 求正数 α 的最大值使得 $x^\alpha\leqslant\mathrm{e}^x(\forall x>0)$;

(2) 求最小正数 α 使得不等式 $\ln x\leqslant x^\alpha(x>0)$ 成立;

(3) 求出使得不等式 $a^x\geqslant x^a(x>0)$ 成立的一切正数 a.

简解 (1) 当 $0<x\leqslant1$, $x^\alpha\leqslant1<\mathrm{e}^x(x>0)$; 当 $x>1$ 时,

$$x^\alpha\leqslant\mathrm{e}^x\Leftrightarrow\alpha\ln x<x\Leftrightarrow\alpha^{-1}>x^{-1}\ln x,$$

令 $f(x)=x^{-1}\ln x$, 则有

$$f'(x)=x^{-2}[1-\ln x],\quad f'(\mathrm{e})=0,\quad f_{\max}=f(\mathrm{e})=\mathrm{e}^{-1},\quad \alpha_{\max}=(f_{\max})^{-1}=\mathrm{e};$$

(2) 当 $x>1$ 时, $\ln x\leqslant x^\alpha\Leftrightarrow\alpha\ln x\geqslant\ln\ln x$, 令 $f(x)=(\ln x)^{-1}\ln\ln x$, 则

$$f_{\max}=f(\mathrm{e}^{\mathrm{e}})=\mathrm{e}^{-1},\quad \alpha_{\min}=\mathrm{e}^{-1};$$

(3) $a^x\geqslant x^a\Leftrightarrow x\ln a\geqslant a\ln x\Leftrightarrow a^{-1}\ln a\geqslant x^{-1}\ln x$,

令 $f(x)=x^{-1}\ln x$, 则有

$$f'(x)=x^{-2}(1-\ln x),\quad f'(\mathrm{e})=0,$$

当 $x<\mathrm{e}$ 时 $f'(x)>0$, 当 $x>\mathrm{e}$ 时 $f'(x)<0$.

当 $a=\mathrm{e}$ 时 $a^{-1}\ln a=f_{\max}=f(\mathrm{e})$, 不论 $a<\mathrm{e}$ 或 $a>\mathrm{e}$ 都有

$$f((a+\mathrm{e})/2)>f(a),$$

因此只有唯一的 $a=\mathrm{e}$ 满足所求.

例 3.1.24 求解下述问题:

(1) 试问方程 $x^2=x\sin x+\cos x$ 有几个实根?

(2) 试问: $k(>0)$ 取何值时方程 $\arctan x-kx=0$ 有正根?

(3) 试问实数 a 与 b 满足什么关系时, 方程 $x^3+ax^2+bx+c=0$ 只有唯一的实根?

解题思路 (1) 令 $f(x)=x^2-x\sin x-\cos x$, 易见 $f(x)$ 是偶函数.

$$f'(x)=x(2-\cos x)>0\ (x\in\mathbf{R}^+),$$

而且 $f(0)=-1$, $f(+\infty)=+\infty$. 因此连续函数介值定理及严格单调性可知 $f(x)=0$ 在 $\mathbf{R}^+$ 中只有唯一的根.

(2) 令 $f(x)=\arctan x-kx(x\in[0,+\infty))$, 则有

$$f'(x)=(1+x^2)^{-1}-k,$$

令 $f'(x)=0$, 得 $x_0=\sqrt{(1-k)/k}$(当 $0<k<1$ 时). 于是当 $x\in(0,x_0)$ 时 $f'(x)>0$, 当 $x\in(x_0,+\infty)$ 时 $f'(x)<0$; 又 $f(0)=0$, $f(+\infty)=-\infty$, $f_{极大}=f(x_0)>0$, 因而当 $0<k<1$ 时方程 $f(x)=0$ 在 $(x_0,+\infty)$ 中有唯一的正实根, 而当 $k\geqslant 1$ 时有

$$f'(x)=(1+x^2)^{-1}-k\leqslant 0,$$

因此 $f(x)=0$ 在 $\mathbf{R}^+$ 上无解;

(3) 令 $f(x_0)=x^3+ax^2+bx+c$, 那么 $f(-\infty)=-\infty$, $f(+\infty)=+\infty$, $f(x)=0$ 只有唯一实根 $\Leftrightarrow f(x)$ 在 $\mathbf{R}$ 上严格单调增加, 由

$$f'(x)=3x^2+2ax+b=3(x+3^{-1}a)^2+3^{-1}(3b-a^2),$$

可知当 $a^2\leqslant 3b$ 时 $f'(x)>0$(当 $x\in\mathbf{R}$ 且 $x\neq-3^{-1}a$ 时), 因此当 $a^2\leqslant 3b$ 时 $f(x)=0$ 在 $\mathbf{R}$ 上有唯一解.

例 3.1.25 $R=(p/3)^3+(q/2)^2$ 称为三次方程 $x^3+px+q=0$ 根的判别式. 试求证:

(1) 当 $R<0$ 时, 该方程有三个不相等的实根;

(2) 当 $R>0$ 时, 该方程有一个实根两个虚根;

(3) 当 $R=0$ 时, 该方程有一个三重根.

证明思路 令 $y=x^3+px+q$, 则 $y'=3x^2+p$, 由 $\lim\limits_{x\to-\infty}y=-\infty$, $\lim\limits_{x\to+\infty}y=+\infty$ 及连续函数介值定理可知 $x^3+px+q=0$ 至少有一个实根.

(i) 当 $p>0$ 时 (这时 $R>0$), $y'>0$, 故 $y=x^3+px+q$ 严格单调上升, 从而方程 $x^3+px+q=0$ 只有一个实根;

(ii) 当 $p=0$ 且 $q\neq 0$ 时 (这时 $R>0$), 当 $x=0$ 时, $y'=0$; 当 $x\neq 0$ 时, $y'>0$, $y=x^3+px+q$ 严格单调上升, 情况同 (i);

(iii) 当 $p=0$ 且 $q=0$ 时 (这时 $R=0$), 原方程变成 $x^3=0$, 有一个三重实根;

(iv) 当 $p<0$ 时, 令 $y'=0$, 得 $x=\pm\sqrt{-p/3}$,

$$y_{极大}=y(-\sqrt{-p/3})=-(2p/3)\sqrt{-p/3}+q;$$

$$y_{极小}=y(\sqrt{-p/3})=(2p/3)\sqrt{-p/3}+q;$$

当 $y_{极大}$ 与 $y_{极小}$ 同号时, 即 $4(p/3)^3+q^2=4R>0$ 时, 曲线 $y=x^3+px+q$ 的极大点与极小点在 Ox 轴的同侧, 所以曲线与 Ox 轴只有一个交点, 因此方程

$$x^3+px+q=0$$

只有一个实根;

当 $y_{极大}$ 与 $y_{极小}$ 异号时, 即 $4(p/3)^3+q^2=4R<0$ 时, 曲线 $y=x^3+px+q$ 的极大点与极小点在 OX 轴的异侧, 且因

$$y_{极大}=-(2p/3)\sqrt{-p/3}+q>(2p/3)\sqrt{-p/3}+q=y_{极小},$$

所以曲线的极大点在 OX 轴上方, 极小点在 OX 轴的下方, 曲线与 OX 轴有三个交点, 分别在下述区间内:

$$(-\infty,-\sqrt{-p/3}),\quad(-\sqrt{-p/3},\sqrt{-p/3}),\quad(\sqrt{-p/3},+\infty).$$

所以方程 $x^3+px+q=0$ 有三个不相等实根.

3.1.5 微分学在实际问题中的应用

1. 最值在日常生活与科学研究中的应用

例 3.1.26(视角最大问题) 设美术馆的某一展厅里悬挂着一幅高为 h 米的画, 画的下边界比观众的眼睛高 b 米 (图 3-1-2). 试问观众应该站立距画多远处才能有最佳视角 (即视线到画之间的夹角最大).

解题思路 设观众站在 D 处, $OB=x$ 为观众与画的垂直距离, 视角 $\theta=\angle AOD$, $\angle AOB=\theta_1$, $\angle DOB=\theta_2$, 由三角函数的两角差公式可得

$$\begin{aligned}\tan\theta=&\tan(\theta_1-\theta_2)=(1+\tan\theta_1\tan\theta_2)^{-1}(\tan\theta_1-\tan\theta_2)\\=&[1+x^{-1}(h+b)x^{-1}b]^{-1}[x^{-1}(h+b)-x^{-1}b]\end{aligned}$$

$$=xh[x^2+b(h+b)]^{-1},$$

即 $\theta=\arctan[xh(x^2+b(h+b))^{-1}]$, 易见

$$\theta'(x)=h[b(h+b)-x^2][x^2h^2+(x^2+b(h+b))^2]^{-1},$$

令 $\theta'(x)=0$, 解得 $x_0=\sqrt{b(h+b)}$, 由微分学知识可得 $\theta_{\max}=\theta(x_0)$.

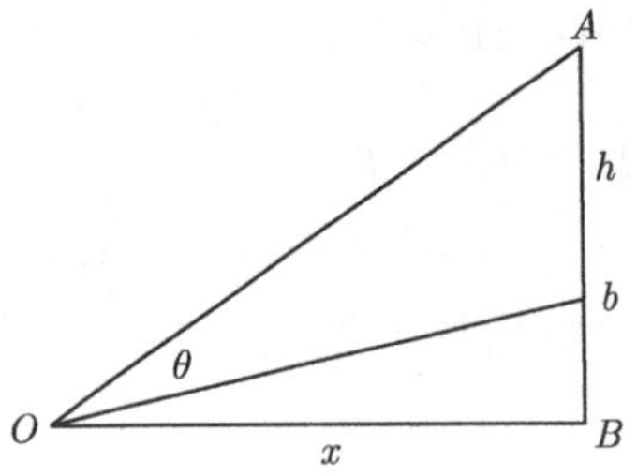

图 3-1-2

例 3.1.27(水管进水塔问题) 设某地面上建有一座圆形水塔, 水塔内部的直径为 d, 并且在塔的底部开了一个高为 H 的小门, 现在要对水塔进行维修, 施工方案要求把一根长度为 l $(l>d)$ 的水管运到水塔内部. 试问水塔的门高 H 为多少时, 修理工才能成功地把水管搬进水塔内?

解题思路 设水管搬运过程中, 在入门处的高度为 h, 水管与地面的夹角为 $\theta(0<\theta<\pi/2)$. 由题设可得

$$l=(\cos\theta)^{-1}d+(\sin\theta)^{-1}h,$$

于是有 $h(\theta)=l\sin\theta-d\cos\theta$. 令 $h'(\theta)=0$ 得 $\theta_0=\arccos\sqrt[3]{d/l}$,

$$h_{\max}=h(\theta_0)=l\sin\theta_0-d\tan\theta_0=l\sqrt{1-(d/l)^{2/3}}-d\sqrt{(l/d)^{2/3}-1},$$

于是当水塔门高 $H\geqslant h_{\max}$ 时, 才能成功地把水管搬进水塔内.

例 3.1.28(光的反射与折射问题) (1) 光的反射定律为: 反射线在入射线和法线 (过入射点垂直于反射平面的直线) 所决定的平面内, 反射线和入射线分居法线的两侧且反射角等于入射角.

(2) 光的折射定律为: 折射线在入射线和法线所决定的平面里, 折射线和入射线分居在法线两侧. 入射角正弦与折射角正弦的比刚好等于光在两种不同介质中的传播速度的比.

试用微分学的知识推证光的反射定律与光的折射定理.

简证 (1) 设反射平面为 P, 光源 A 与反射点 B 到平面 P 的距离分别是 h_1 与 h_2(图 3-1-3), A 点与 B 点在平面 P 上的投影分别是 O 与 D, 入射点为 C, $OD=l$, $OC=x$, $CD=l-x$. 根据费马原理: "在同一媒质内, 光 (程) 总是走最短的路程", 光在入射与反射的过程所走过的总距离是

$$S=\sqrt{h_1^2+x^2}+\sqrt{h_2^2+(l-x)^2},$$

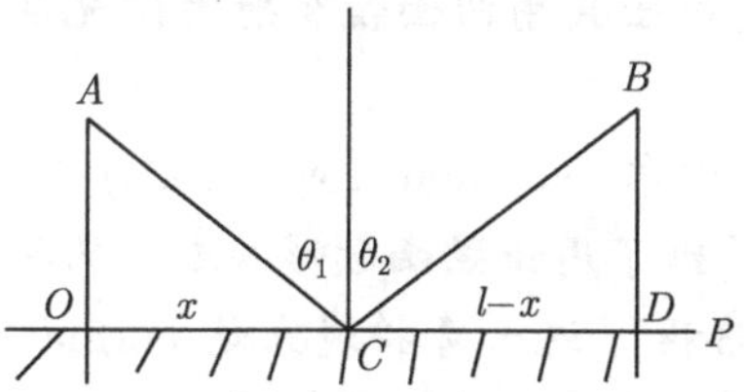

图 3-1-3

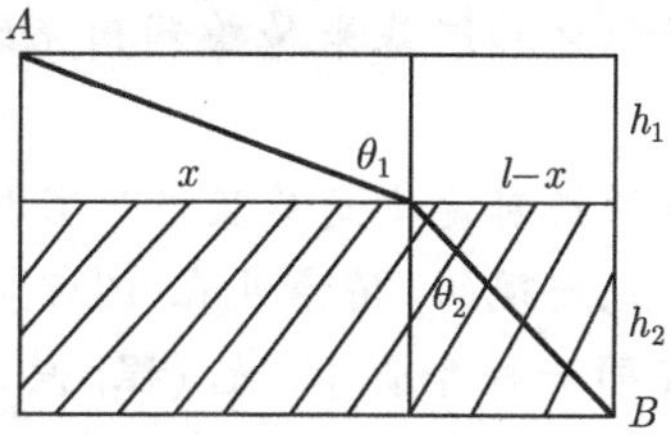

图 3-1-4

易见 $S'(x)=\left(\sqrt{h_1^2+x^2}\right)^{-1}x-\left(\sqrt{h_2^2+(l-x)^2}\right)^{-1}(l-x)$, 令 $S'(x)=0$, 求得 x_0 满足

$$(\sqrt{h_1^2+x_0^2})^{-1}x_0=(\sqrt{h_2^2+(l-x_0)^2})^{-1}(l-x_0).$$

如图 3-1-4 所示, 可知当 $\sin\theta_1=\sin\theta_2$, 即 $\theta_1=\theta_2$ 时 $S(x)$ 取得最小值.

(2) 设光源 A 通过介质甲进入介质乙最后到达折射点 B, 如图 3-1-4 所示. 其速度分别是 v_1 与 v_2, 通过所示路径的时间是

$$t(x)=v_1^{-1}\sqrt{h_1^2+x^2}+v_2^{-1}\sqrt{h_2^2+(l-x)^2},$$

易见 $t'(x)=x(v_1\sqrt{h_1^2+x^2})^{-1}-(l-x)(v_2\sqrt{h_2^2+(l-x)^2})^{-1}$, 令 $t'(x)=0$, 求得 x_0 满足

$$x_0(v_1\sqrt{h_1^2+x_0^2})^{-1}=(l-x_0)(v_2\sqrt{h_2^2+(l-x)^2})^{-1}.$$

如图所示, 当 $v_1^{-1}\sin\theta_1=v_2^{-1}\sin\theta_2$, 即 $(\sin\theta_1)^{-1}(\sin\theta_2)=v_1^{-1}v_2$ 时 $t(x)$ 取得最小值.

背景聚焦 光是一种重要的自然现象, 人类的生活中不能没有光. 早在两千年之前, 无论是东方还是西方, 人类就开始对光学进行研究, 使光学与天文学、力学、数学、音乐学与修辞学一样, 成为一门最早发展起来的学科之一. 光的反射与折射定律的建立是光学真正形成一门学科的标志, 这两个定律奠定了几何光学的基础, 它们不仅在理论研究上解决了光的传播规律, 而且也为光学技术的发展和光学产品的设计奠定了基础.

世界上最早的光学著作是我国古代春秋战国时期的《墨经》, 它较系统地论述了光的直线传播和平面境、凹面镜的反射成像等知识, 还从事世界上最早的针孔成像的研究. 我国古代对光的反射现象认识比较早, 不仅早就学会磨制平面镜, 还制成了世界上最早的潜望镜. 尽管我国古代积累了大量的光学知识, 但都没有上升到理论的高度, 只是定性地描述与利用光的一些现象, 没有从定量的角度解释这些现象, 最早从定量的角度研究光的反射现象的人是古希腊的几何学家欧几里得 (Euclid, 约公元前 330~ 前 275). 因此, 欧几里得被公认为光的反射定律的发现者. 据传古

希腊数学之神阿基米德曾利用光的反射现象，命士兵用凹面镜反射太阳光烧毁敌船.

光的折射定律是荷兰数学家与物理学家斯涅尔 (W.Snell, 1595~1626) 在 17 世纪初首先发现的，笛卡儿在 1637 年从数学上导出了用正弦函数形式表述的折射定律. “在同一种介质中，光 (程) 总是走最短的路程”，这一奇特现象是 Fermat 发现的. 这一伟大的成果给人们以极大的启示，使得人们跳出仅从费用最省、效益最大等具体问题理解极值的陕隘“山门”，开始把敏锐的目光注视于大自然千态百奇的各种现象，诸如清晨的露珠、奇妙结构的蜜蜂窝、悬重的高压线及美丽的肥皂泡等. 一大批大师级的科学家对极值现象进行深入研究后，得出共同的结论是：

自然界中存在着本质的极值原理，即称为最小作用的原理.

这是一个普适性原理，自然界各种奥秘现象的背后都由这双隐藏着的“上帝之手”即极值原理操纵着. 著名物理学家瓦特逊 (Alan Watson) 对此曾有一段精彩的论述：

“大自然基本上是懒惰的，它总是争取最小量的路线. 把这个重要概念提升为原理并赋予它以精确的数学意义之后，物理学家们发现他们能以一种统一的形式描述从板球到基本粒子的一切事物的运动”.

从上所述，我们可以看到微分学的威力是无比强大的.

2. 相关变化率在实际问题中的应用

定义 3.1.6 如果变量 $x=x(t)$ 及 $y=y(t)$ 都是时间 t 的可微函数，x 与 y 之间又存在函数关系 $y=f(x)$，而且 $f'(x)$ 存在，那么变化率 $\mathrm{d}x/\mathrm{d}t$ 与 $\mathrm{d}y/\mathrm{d}t$ 也存在着相依关系：

$$\mathrm{d}y/\mathrm{d}t=f'(x)(\mathrm{d}x/\mathrm{d}t).$$

通常称这两个相互依赖的变化率为相关变化率.

评注 所谓相关变化率，通俗地说，就是指有相互关联的变化率，“你变我也跟着变”. 在日常生活中经常碰到相关变量的变化问题，比如观察一下我们从细颈的瓶子里倒水的时候，虽然以同样的速度倒，但到后面突然一下子就倒满了. 这是因为就算是体积的变化率相同，但是高度的瞬间变化率却根据容器的不同而相异. 因此，讨论相关变化率具有重要的现实意义. 从纯数学角度看，函数相关变化率的应用研究实际上就是研究复合微分法则在实际问题的具体应用.

例 3.1.29 设某餐饮供应商在一个圆形区域内提供餐饮服务，并且在其服务半径达到 $r=5\mathrm{km}$ 的那个时刻，其半径 r 以每年 $2\mathrm{km}$ 的速率在扩展服务，试问：在该时刻服务范围以多快的速率在增长？

简解 大家知道，面积 A 与其半径 r 的关系为：$A=\pi r^2$. 两边关于 t 求导数

得 $A'(t)=2\pi r\cdot r'(t)$, 由条件 $r=5\text{km}$ 时, $\text{d}r/\text{d}t=2\text{km}/年$, 因此,

$$A'(t)=2\pi\cdot 5\cdot 2=20\pi\approx 63(\text{km}^2/年).$$

例 3.1.30 设有一长度为 5m 的梯子贴靠在铅直的墙上, 假设其下端沿地板以 3m / s 的速率离开墙角而滑动. 试问:

(1) 当下端离开墙角 1.4m 时, 梯子上端下滑的速率是多少?

(2) 在什么时候梯子的上、下端以相同的速率移动?

(3) 在什么时刻上端下滑的速率为 4m/s?

解题思路 设梯子上端下滑的距离为 y, 下端离开墙的距离为 x, 那么在时刻 t 时有

$$y=5-\sqrt{5^2-x^2},\quad x=3t,\quad \text{d}y/\text{d}x=x/\sqrt{25-x^2},\quad \text{d}x/\text{d}t=3.$$

(1) 当 $x=1.4\text{m}$ 时, 梯子的上端下滑的速率是 $\text{d}y/\text{d}t=0.875(\text{m / s})$;

(2) 由 $3x/\sqrt{25-x^2}=3$ 解得 $x=5\sqrt{2}/2(\text{m})$, 再由 $x=3t$ 可知当 $t=x/3=5\sqrt{2}/6(\text{s})$ 时, 梯子的上、下端以相同的速率滑动;

(3) 由 $3x/\sqrt{25-x^2}=4$ 解得 $x=4\text{m}$, 于是当 $t=x/3=4/3(\text{s})$ 时, 上端下滑的速率是 4m / s.

例 3.1.31 设溶液从深 18cm, 顶直径为 12cm 的正圆锥形漏斗中漏入另一直径为 10cm 的圆柱形容器中, 开始时漏斗盛满溶液, 已知当溶液在漏斗中的深度为 12cm 时, 其水平面下落的速率为 1cm / min, 试问此时圆柱形容器中水面上升的速率是多少?

解题思路 设在时刻 $t\,\text{min}$ 时漏斗中液体的深度为 $x\text{cm}$, 圆柱形容器中溶液的深度为 $y\text{cm}$, 那么由锥体的体积计算公式可知从漏斗中漏出的液体体积 (cm^3) 为

$$V(x)=\pi(6^2\times 18-r^2x)/3=\pi(648-(x^3/9))/3,$$

此即为漏入圆柱形容器中的溶液, 故有

$$25\pi y=\pi(648-(x^3/9))/3.$$

公式两边对 t 求导得

$$25(\text{d}y/\text{d}t)=-9^{-1}x^2(\text{d}x/\text{d}t).$$

由题意, 当 $x=12$ 时, $\text{d}x/\text{d}t=-1$, 于是圆柱形容器中水面上升的速率为

$$\text{d}y/\text{d}t=16/25=0.64(\text{cm/ min}).$$

例 3.1.32 某飞机在离地面 2km 的高度, 以 200km / h 的速度飞临某目标上空进行航空摄影. 试求飞机飞至该目标正上方时摄影机转动的角速度.

解题思路 把目标取为坐标原点建立直角坐标系, 飞机与目标的水平距离为 $x$km, 垂直距离为 $y$km(= 2km), 摄影机转动的角度为 θ, 则有 $\tan\theta = 2/x$, 两边关于 t 求导得

$$\sec^2\theta(\mathrm{d}\theta/\mathrm{d}t) = -2x^{-2}(\mathrm{d}x/\mathrm{d}t),$$

即

$$\begin{aligned}\mathrm{d}\theta/\mathrm{d}t &= -2x^{-2}\cos^2\theta(\mathrm{d}x/\mathrm{d}t)\\ &= -2x^{-2}[1+(2/x)^2]^{-1}(\mathrm{d}x/\mathrm{d}t)\\ &= -2(x^2+4)^{-1}(\mathrm{d}x/\mathrm{d}t).\end{aligned}$$

当 $x = 0$ 时, $\mathrm{d}x/\mathrm{d}t = -200(\mathrm{km/h})$ 时, 摄影机转动的角速度为

$$\mathrm{d}\theta/\mathrm{d}t = 100(\mathrm{rad}\ /\ \mathrm{h}) = 5/\pi(\text{度/秒}).$$

3. 相对变化率 (弹性分析法) 在经济生活中的应用

在日常生活中, "富有弹性" 意味着反映灵敏, 引申到经济学中, 派生出一种强大的经济分析工具. 这里介绍弹性分析法的常识.

定义 3.1.7(一般弹性函数) 设 $y = f(x)$ 在 D 上有定义, $\Delta y = f(x_0+\Delta x) - f(x_0)$, 其中 $x_0 \in D$. 称 $(\Delta y/y_0)(\Delta x/x_0)^{-1}$(即相对改变量之比) 为函数 $y = f(x)$ 从 $x = x_0$ 到 $x = x_0 + \Delta x$ 两点间的相对平均变化率, 或称两点间的弹性. 如果 $f'(x_0)$ 存在, 则称

$$\lim_{\Delta x\to 0}(\Delta y/y_0)(\Delta x/x_0)^{-1} = f'(x_0)(x_0/f(x_0))$$

为 $f(x)$ 在 $x = x_0$ 处的弹性 (一般相对变化率), 记作 $(Ey/Ex)|_{x=x_0}$ 或者 $(Ef/Ex)(x_0)$. 若 $y' = f'(x)$ 存在且 $f(x) \neq 0$, 则称

$$(Ey/Ex) = \lim_{\Delta x\to 0}(\Delta y/y_0)(\Delta x/x_0)^{-1} = f'(x)(x/f(x))$$

为 $f(x)$ 的弹性函数.

评注 函数 $f(x)$ 的弹性函数表示函数 $f(x)$ 本身对自变量 x 变化反映的强烈程度或灵敏程度. 用通俗的话来说, 所谓函数的弹性就是指函数的一般相对变化率(既相对于自变量, 又相对于函数值本身). 利用函数的一般相对变化率对经济问题进行分析, 在经济学中就称为弹性分析法.

定义 3.1.8(需求弹性) 如果 $Q = f(P)$ 是需求函数 (其中 Q 是需求量, P 是价格), 那么称

$$\bar{\eta}(P_0, P_0+\Delta P) = -(\Delta Q/\Delta P)(P_0/Q_0)$$

为需求函数 $f(P)$ 在 $P=P_0$ 与 $P=P_0+\Delta P$ 两点间的弹性; 如果 $f'(P_0)$ 存在, 那么称

$$\eta|_{P=P_0}=\eta(P_0)=-f'(P_0)P_0[f(P_0)]^{-1}$$

为需求函数 $f(P)$ 在 $P=P_0$ 处的需求 (对价格) 弹性或弹性系数.

定义 3.1.9(供给弹性) 如果 $S=\varphi(P)$ 是供给函数 (这里的 S 为供给量), 那么称

$$\bar{\varepsilon}(P_0,P_0+\Delta P)=(\Delta S/\Delta P)(P_0/S_0)$$

为供给函数 $\varphi(P)$ 在 $P=P_0$ 与 $P=P_0+\Delta P$ 两点间的弹性; 如果 $\varphi'(P_0)$ 存在, 那么称

$$\varepsilon|_{P=P_0}=\varepsilon(P_0)=-\varphi'(P_0)P_0[\varphi(P_0)]^{-1}$$

为供给函数 $\varphi(P)$ 在 $P=P_0$ 的供给弹性.

评注 "需求" 通常是指在一定价格条件下, 消费者愿意购买并且有支付能力购买的商品数量, 不计其他因素, 通常把需求看作是价格的单调减少函数. 在定义需求弹性时增添一个符号的目的是为了使 $\eta>0$. 易见: 当 $\eta<1$ 时, 表明需求变动的幅度小于价格变动的幅度; 当 $\eta>1$ 时, 需求变动的幅度大于价格变动的幅度; 当 $\eta=1$ 时, 需求变动的幅度刚好等于价格变动的幅度. 由 $R(P)=PQ=Pf(P)$ 可得

$$R'(P)=f(P)+Pf'(P)=f(P)\{(1+f'(P))P[f(P)]^{-1}\}=f(P)(1-\eta).$$

由此可见: 当 $\eta>1$ 时, $R'(P)<0$, 因而涨价反而减少收益; 当 $\eta<1$ 时, $R'(P)>0$, 涨价则能增加收益; 当 $\eta=1$ 时, $R(P)$ 取得最大值.

例 3.1.33 (1) 某高档商品, 因出口需要, 拟用提价的办法压缩国内销售量的 20%, 该商品的需求弹性系数为 $1.5\sim2$. 试问应提价多少?

(2) 某商品的需求函数为 $Q=f(P)=12-(P/2)$. 试问当 $P=6$ 时, 若价格上涨, 总收益如何变动? 变化的百分比是多少?

解题思路 (1) 由 $1.5\approx-20\%(\Delta P/P)^{-1}$ 得, $\Delta P/P\approx13.3\%$, 由 $2\approx-20\%(\Delta P/P)^{-1}$ 得 $\Delta P/P\approx10\%$. 因此该商品应提价 $10\%\sim13.3\%$.

(2) $\eta(P)|_{P=6}=P[2(12-(P/2))]^{-1}|_{P=6}=P(24-P)^{-1}|_{P=6}=1/3$.

由 $R'(P)=f(P)(1-\eta)$ 得 $R'(6)=6$, 再由

$$R(P)=12P-P^2/2,$$

得 $R(6)=54$, 故

$$(ER/EP)|_{P=6}=R'(6)\cdot6(R(6))^{-1}=2/3\approx0.67.$$

因此当 $P=6$ 时, 价格上涨 1% 时, 总收益增加 0.67%.

例 3.1.34 (1) 设某产品的需求函数为 $D=100-2P$(其中 P 为价格, Q 为需求量). 讨论当 $P=10$ 时, 价格上涨 1%, 需求量 D 是增加还是减少? 变化的幅度是多少?

(2) 分别求出需求弹性小于 1, 等于 1, 大于 1 时商品价格的取值范围.

解题思路 (1) 需求弹性为

$$\varepsilon_{DP}=-(P/D)(\mathrm{d}D/\mathrm{d}P)=-P(100-2P)^{-1}(-2)=P(50-P)^{-1}.$$

当 $P=10$ 时, $\varepsilon_{DP}|_{P=10}=1/4=0.25$. 它表示当 $P=10$ 时, 价格上涨 1%, 需求量将减少 0.25%.

(2) 当 $0<\varepsilon_{DP}<1$ 时, 即

$$0<P(50-P)^{-1}<1.$$

因 $P>0$, 故 $50-P>0$, 从而 $P<50-P$ 即 $P<25$, 于是 $0<P<25$. 因而当价格 P 在 0~25 变化时, 价格上升或下降 1%, 需求量减少或增加 ε_{DP}%, 小于价格变动的幅度.

当 $\varepsilon_{DP}=1$ 时, 即 $P(50-P)^{-1}=1$ 时, $P=25$, 这表明当 $P=25$ 时, 需求量与价格的变化幅度按相同的百分比进行, 但变化方式相反.

当 $\varepsilon_{DP}>1$ 时, 即 $P(50-P)^{-1}>1$ 时, $P>25$, 于是当 $25<P<50$ 时, 价格上升或下降 1%, 需求量减少或增加 ε_{DP}%, 大于价格变动的幅度.

例 3.1.35 设某种产品的成本函数为 $C=aq^2+bq+c$, 需求函数为 $q=e^{-1}(d-p)$. 其中 a,b,c,d,e 都是常数, 而且 $d>b$. 试求:

(1) 利润最大时的产量及最大利润;

(2) 需求对价格的弹性;

(3) 需求对价格的弹性的绝对值为 1 时的产量.

解题思路 (1) 利润函数 $L=pq-C(q)=(d-b)q-(e+a)q^2-c$.

令 $L'(q)=0$ 得

$$q_0=(d-b)(2(e+a))^{-1},$$

$$L''(q_0)=-2(e+a)<0.$$

$$L_{\max}=L(q_0)=(d-b)^2(4(e+a))^{-1}-c.$$

(2) $q'(P)=-1/e, \eta=-q'(p)\cdot p[q(p)]^{-1}=(eq)^{-1}(d-eq)$.

(3) 由 $|\eta|=1$ 得 $q=d(2e)^{-1}$.

例 3.1.36 设某商品需求函数为 $D=75-P^2$, 分别求在 $P=4$ 和 $P=6$ 时, 价格上涨 1%, 总收益增加还是减少? 其变化幅度是多少?

解题思路 需求弹性为

$$\varepsilon_{DP}=-(P/D)(\mathrm{d}D/\mathrm{d}P)=-(75-P^2)^{-1}P(-2P)=(75-P^2)^{-1}(2P^2),$$

故 $\varepsilon_{DP}|_{P=4}=32/59\approx0.54$, $\varepsilon_{DP}|_{P=6}=72/39\approx1.85$.

总收益对价格的弹性为

$$\varepsilon_{RP}=(P/R)(\mathrm{d}R/\mathrm{d}P)=D^{-1}(D+P(\mathrm{d}D/\mathrm{d}P))=1-\varepsilon_{DP},$$

故 $\varepsilon_{RP}|_{P=4}=27/59\approx0.46$, $\varepsilon_{RP}|_{P=6}=(-33)/39\approx-0.85$.

当 $P=4$ 时, 价格上涨 1%, 总收益增加 0.46%; 当 $P=6$ 时, 价格上涨 1%, 总收益减少 0.85%.

3.1.6 微分思想历史演变概况

伟大的发明通常可以分为两类: 一类来自于某个伟大人物的奇思妙想, 如同黑夜里的一道闪电; 另一类则需多代智者在惊涛骇浪和崎岖颠簸的征程上十试九误中逐渐认知感悟, 最终到达结满硕果的顶峰. 解析几何的发明属于前者, 而微积分则属于后者. 有数学史学家认为, 发明解析几何的关键灵感是笛卡儿无意中得来的. 据说某天早上, 笛卡儿躺在床上凝视着天花板上一只正在爬行的蜘蛛, 忽然联想到平面上的点可以用两个数 (即坐标值) 表示, 而这两个数正是点到两条固定直线之间的距离. 笛卡儿这一奇思妙想的发现, 实现了从几何关系到代数方程的伟大转化. 微积分却没有解析几何那么幸运, 它从萌芽期到成熟期历经了一千多年坎坷泥泞的征程. 我们这里重温微分思想 (积分思想留在 3.2 节) 的历史演变概况, 旨在了解数学家们当初发明微分学的过程中要克服多少困难与曲折, 并从他们的思想方法中获得启迪.

1. 先驱者的贡献

微分学的产生与近代力学与几何光学的大发展密切相关, 而对切线问题的深入研究则对微分学的产生有直接的影响. 求曲线的切线, 虽然归属于几何学的范畴, 但却有其广泛的实际背景. 背景之一是光学中研究透镜的设计要涉及曲线的法线与切线问题; 背景之二是对物体运动轨迹的研究要涉及曲线的切线问题. 此外, 对关于求炮弹最大射程的发射角及求行星离太阳的最远与最近距离等具有实际背景的极值问题进行研究, 也要涉及曲线的切线. 因此, 求切线问题很自然地成为微分学诞生之前的数学家们的研究重点之一.

切线问题可追溯到古希腊. 古希腊的学者们曾经研究过圆锥曲线的切线. 他们把圆锥曲线的切线定义为:

和曲线只接触于一点而且位于曲线的一边的直线.

这种用静止的观点定义的切线概念当然不能适用于 17 世纪发展起来的较为复杂的曲线. 笛卡儿在他的著作《几何学》(1637 年) 中提出一种称为 "重根法"(也称 "圆法") 的求曲线切线的纯代数方法, 该方法没有涉及极限概念, 而且适用的范围较小, 未能继续发展.

法国数学家罗贝瓦尔 (Roberral, 1602~1675) 与意大利数学家托里切利 (Torrivelli, 1608~1647)(伽利略的学生) 同时从运动学的角度来考虑曲线的切线. 首先, 他们接受了伽利略的思想:

曲线是动点 M 在两个已知的独立运动速度作用的轨迹, 动点 M 的速度由力学的 "平行四边形法则" 决定.

其次, 他们把曲线在 M 点的切线定义为由平行四边形法则所确定的对角线. 罗贝瓦尔在他的著作《不可分法论》(写于 1634 年, 1693 年出版) 中用这种思想方法求出圆锥曲线、阿基米德螺线、摆线以及其他一些曲线的切线. 托里切利运用上述方法独立地求出曲线 $x = y^n$ 的切线. 该方法的价值是把纯几何同力学联系起来, 但 "力学味" 太浓, 其适用的范围则受到限制.

法国数学家费马借助微小增量给出求曲线切线与极值的新方法. 他在其手稿《求最大值与最小值的方法》(1637 年) 中, 把切线定义作两个交点重合时的割线, 并提出一个求切线的方法. 该方法的大意如下:

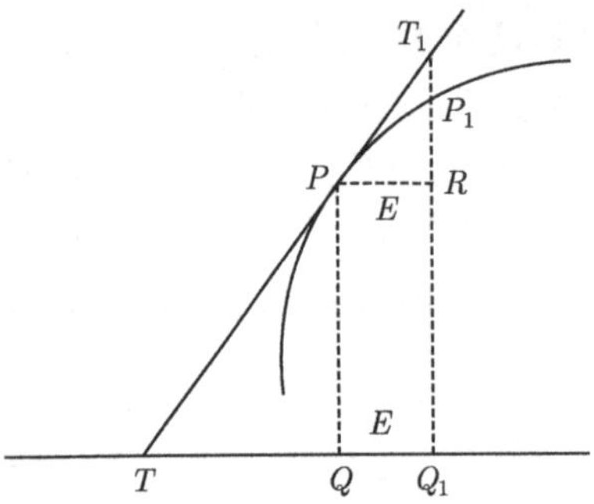

图 3-1-5

设 PT 是曲线在 P 点的待求切线 (图 3-1-5), 又设 TQ 为曲线的次切线, 只要知道 TQ 的长, 就可确定 T 点, 再连接 PT 就得所求的切线.

为了确定 TQ 之长度, 设 QQ_1 为 TQ 的微小增量, 其长为 E(相当今天之 Δx).

由 $\Delta TQP \sim \Delta PRT_1$, 得 $\dfrac{TQ}{QP} = \dfrac{PR}{RT_1}$, 当 $E(= PR)$ 极其微小时, RP_1 同 RT_1 几乎相等, 因此可得

$$\frac{TQ}{QP} = \frac{E}{RP_1} = \frac{E}{Q_1P_1 - QP}.$$

用现在的符号, 把 QP 写成 $f(x)$, 则有

$$\frac{TQ}{f(x)} = \frac{E}{f(x+E) - f(x)},$$

即

$$TQ = \frac{Ef(x)}{f(x+E) - f(x)}.$$

用 E 同除等式右边的分子与分母, 然后再让 $E=0$, 就可得出 TQ 的值.

费马这里的结果, 相当于今天的 $TQ=f(x)/f'(x)$. 在该文中, 费马还用类似的方法处理了如下的极值问题：分一个量为两部分, 使它们的乘积最大. 具体做法如下：

费马令 B 为给定的量, 以 A 和 $B-A$ 表示所求的两部分. 他认为在 E 很小时, $A-E$ 几乎和 A 相等, 因而可写成

$$A(B-A)=(A-E)[B-(A-E)],$$

即 $2AE-BE=E^2$. 除以 E 后再令 $E=0$ 得 $A=B/2$.

用更一般的函数 $f(x)$ 叙述, 费马这里求极值的基本思想就是：

欲求 $f(x)$ 的极值, 当 E 很小时, 可认为 $f(x+E)=f(x)$, 求出 $f(x+E)-f(x)$, 再除以 E 得

$$E^{-1}[f(x+E)-f(x)]=0,$$

再令 $E=0$, 解所得方程就可得到所求极值点.

很显然, 费马这里的 E 就是今天的 Δx, 如果把 $E=0$ 改作 $E\to 0$, 费马这里求极值点的方法就是现在解方程 $f'(x)=0$ 得到极值点.

从上所述, 我们可以看到, 费马处理两个问题的方法是一致的. 用现代语言来说, 都是先取增量, 然后再令增量取 0, 这已非常接近现代微分学的实质. 因此, 数学史家们称费马的工作是 "微分方法的第一个真正值得注意的先驱工作". 牛顿曾说他从费马的切线作法中得到创立微分法的启示.

英国数学家巴罗 (Barraow, 1630~1677)(牛顿的老师) 利用 "特征三角形" 给出求切线的方法. 该方法对牛顿与莱布尼茨创建微积分产生了直接的作用. "特征三角形" 就是现在的 "微分三角形". 实际上, 揭示微分三角形的实质就等于把握微分概念的本质. 法国思想家、数学家帕斯卡 (Pascal, 1623~1662) 曾计真研究过这种三角形. 他认为：当区间很小时, "弧可以代替切线". 这就是说, 由微分三角形可决定切线. 然而, 帕斯卡却忽视了微分三角形两边的商可确定切线斜率的重要性. 巴罗在他的《几何学讲义》(1670 年) 中, 利用 "微分三角形" 把切线的斜率定义为两个无穷小的比值 (即微分三角形中两直角边的商), 给出作切线的方法, 该方法已经非常接近现代微分法的要领.

费马与巴罗等人的先驱工作虽然离到达微分学的大门已经很近, 但他们没有从特殊问题中挖掘出普遍性的规律, 没有找到一种能把各种不同方法统一起来使其更有效的一般方法. 创建微分学这一光荣使命落到了牛顿与莱布尼茨的身上.

2. 牛顿的贡献

牛顿从力学出发, 以速度为模型, 以 "瞬"(无穷小 "o") 为数学工具, 创建他的流数术微积分. 他的微积分的力学色彩浓厚, 运动的思想比较强烈. 据他自述, 他

于 1665 年 11 月发明流数 (微分) 法, 1666 年 5 月创反流数 (积分) 法. 1666 年 10 月牛顿将研究成果整理成一篇总结性论文在同事中传阅 (未正式发表), 该文记述流数法初建的思想, 如今以《流数简论》著称. 《流数简论》标志着微积分的诞生, 但它在许多方面是不成熟的. 其后, 牛顿的微积分思想又经历了以下三个发展阶段:

第一阶段的思想体现在他的论著《运用无限项方程的分析》(简称《分析学》, 1669 年完成, 1711 年出版) 里. 在该书中, 他称变量的无穷小增量 (即现在的 "微分") 为 "瞬"(记作 "o"), 给出了求变量 (关于时间的) 瞬时变化率 (即现在意义下的导数) 的普遍方法. 同时, 他还证明了面积可以通过求变化率的逆过程得到, 从而揭示了微分与积分之间的互逆关系, 这正是沿用至今的微积分基本定理.

第二阶段的思想体现在他的论著《流数法和无穷级数》(简称《流数法》, 1671 年完成, 1736 年正式出版) 里. 该阶段的显著特点是他改变了过去静态的实无穷小观点, 而是从运动学的角度创立了 "变量流动生成法". 他认为变量就是量的连续运动, 因而他称其为流量 (fluent, 相当于现在的函数), 并称其变化率为流数 (fluxion, 相当于现在的导数). 他阐明了流数法的基本问题是从已知流量间的关系求它们的流数间的关系及其逆运算. 现在, 根据给定流数关系求流量的过程被称为 "不定积分法" 或者 "反微分法", 对某一给定函数积分的结果是不定积分或 "反导数".

第三阶段的思想体现在他的论著《曲线求积术》(简称《求积术》写于 1676 年, 发表于 1704 年) 中. 这个阶段的牛顿放弃了无穷小量 (即 "瞬") 的提法, 而试图把流数法建立在极限概念的基础上. 为此, 他引进 "最初比" 和 "最后比" 的概念, 试图建立没有无穷小的微积分. 关于他的 "最后比", 他给出这样的几何解释:

"消失量的最后比, 严格地说并不是最后量之比, 而是这些量无限减小时它们之比所趋近的极限, 并且虽然它们能比任何给定的无论甚么差值都接近于它, 但是这些量无限减小之前, 既不能超过也不能达它".

牛顿在这个阶段的微积分思想虽然转向极限观点, 但他对极限概念本身却不清楚. 因此, 牛顿的流数术微积分不可避免地具有历史的局限性.

3. 莱布尼茨的贡献

与牛顿的出发点不同, 莱布尼茨是从几何学与哲学的角度创建他的微积分, 因而几何味道浓厚, 静态的观点比较明显. 莱布尼茨把他创建的微积分称为 "无穷小计算方法", "无穷小微积分" 因此而得名. 莱布尼茨的微积分思想的最早记录, 被发现在他 1675 年的数学笔记中, 这是他从 1673 年开始研究了费马、帕斯卡、笛卡儿和巴罗等人的著作后写的, 大约 100 页, 很不系统, 没有公开发表. 他在研究了巴罗的《几何讲义》之后, 意识到微分与积分是互逆的关系, 并得出求曲线的切线依赖于纵坐标与横坐标的差值 (当这些差值变成无穷小时) 的比, 而求面积则依赖于在横坐标的无穷小区间上的纵坐标之和或无限窄矩形面积之和 (相当于今天的定积分).

也就是说，莱布尼茨的微分学是把微分看作变量相邻二值的无限小的差，而他的积分概念则是以变量被分成的无穷多个微分之和的形式出现.

莱布尼茨一开始就把微积分基本定理 (即求和与求差的运算是互逆的) 作为微积分运算的出发点，由此开展对微积分的研究，打开了 "通向数学王者的道路". 今天使用的微分符号 "d"(拉丁文 "differentia" 即 "分细" 的第一个字母) 与积分符号 "$\int$"(拉丁文 "summa" 即 "求和" 的第一个字母 "s" 的拉长变形) 在他的数学笔记中已经出现，他还明确指出："$\int$ 意味着和，d 意味着差". 因而后世数学家称莱布尼茨的微分学为 "求差计算"，称他的积分学为 "求和计算".

莱布尼茨的第一篇微分学论文于 1684 年发表在莱比锡的《教师学报》(也称《博学文摘》、《学术学报》) 上，这是历史上最早公开发表的关于微积分的论文，也是莱布尼茨微积分的代表作. 该文全文只有 6 页，过于简略，加上印刷错误，后人很难读懂. 他在文中介绍了微分的定义：

"横坐标 x 的微分 $\mathrm{d}x$ 是一个任意量，而纵坐标 y 的微分 $\mathrm{d}y$ 则可定义为它与 $\mathrm{d}x$ 之比等于纵坐标与次切距之比的那个量"，即 "$\mathrm{d}y$ 由 $\mathrm{d}y:\mathrm{d}x=y:$ 次切距" 来确定.

这里的 y 与次距之比就是现在的切线斜率，因此这与现代微分的定义相仿. 但 "那个量" 的具体特性是什么？他未给予明确的说明，而且他时而把微分当作不确定的无穷小量，时而又当作有限的确定的差. 因此，他的微分概念是含糊不清的. 在这篇文章中，他还用舍弃无穷小的方法建立了函数的和、差、积、商以及乘幂的微分法则，复合函数的微分法则，关于一阶微分不变形式的定理，关于二阶微分的概念等微分学的奠基性工作.

莱布尼茨还十分注意微分法的应用，他在文章中讨论了用微分法求切线、求极大值、极小值以及求拐点的方法. 他指出：

"当纵坐标 v 随 x 增加而增加时，$\mathrm{d}v$ 是正的；当 v 减少时，$\mathrm{d}v$ 是负的；当 v 既不增加也不减少时，就不会出现这两种情况，这时 v 是平稳的. 所以 v 取得极大值或极小值的必要条件是 $\mathrm{d}v=0$，这对应于水平切线".

他还说明了拐点的必要条件是 $\mathrm{d}(\mathrm{d}v)=0$，即二阶微分为 0. 莱布尼茨充分认识到微分法的威力. 他说：这种方法 "可以用来解决一切最困难的、最奇妙的数学问题，如果没有我们的微分学或者类似的方法，这些问题处理起来决不会这样容易". 莱布尼茨的第一篇关于积分学的论文于 1686 年发表在与微分学论文相同的杂志上，这是新方法的续篇. 其后，又陆续发表了各种积分法的结果.

4. 牛顿与莱布尼茨的微积分思想差异

在介绍牛顿与莱布尼茨的贡献的片段中，我们已经看到他们创建微积分的各自特点, 这里重新梳理他们的思想差异, 也许对更好地理解微积分的巨大潜在教育值有所帮助. 牛顿不仅是一位数学家, 更是一位物理学家. 牛顿的宇宙观是动态的, 即任何事物都因受某已知力的作用而处于连续的运动状态. 他所选择的微积分的名词(流量、流数、反流数等) 反映了他工作时的想法, 他研究微积分是从微分学入手的, 把积分看作微分的反问题 (反微分) 来解决, 他所得到的积分正是今天的不定积分.

莱布尼茨不仅是一位数学家, 更是一位哲学家. 他作为哲学教授的儿子, 在年轻时代就表现出常人无与伦比的聪明才智与好奇心, 他的早期职业是律师与外交官. 作为一名哲学家, 他认为世界是理性的, 世上万物皆有因果且和谐融洽. 他终生追求一种 "普遍的方法", 这种方法既是获得知识的方法, 也是创造发明的方法. 因此, 他创立微积分更注重于发明更富有想象力和启发性的数学方法. 他研究微积分是从 "求和" 与 "求差" 入手, 并把 "求和" 与 "求差" 两者间的互逆关系作为建立微积分的出发点, 他所得到的积分正是今天的定积分, 他所建立的 "微分法" 与 "积分法" 正是现在的微积分方法.

莱布尼茨曾试图建立一种正式的逻辑体系, 其中所有的推理均由规则系统的计算方式所完成. 这一想法提出近两个世纪后才被英国数学家乔治 · 布尔 (George Boole, 1815~1864) 重拾并开始实现, 他建立了现在大家所熟悉的符号逻辑. 因此, 莱布尼茨在创建微积分时, 特别注重选择精巧的数学符号. 他认为: 好的符号不仅可以起到速记作用, 更重要的是它能够精确、深刻地表达某种概念、方法和逻辑关系. 他曾说:

"要发明, 就得挑选恰当的符号, 要做到这一点, 就要用含义简明的少量符号来表达或比较忠实地描绘事物的内在本质, 从而最大限度地减少人们的思维劳动".

现在微积分中的一些基本符号, 例如: $\mathrm{d}x$, $\mathrm{d}y$, $\mathrm{d}y/\mathrm{d}x$, $\int$, log 等都是由他创立的, 这些符号为以后分析数学的发展带来了极大方便, 莱布尼茨堪称数学史上最伟大的符号学者. 历史已经证明, 莱布尼茨的观点是很正确的. 好的数学符号能体现深刻的数学思想, 也能促进人们更好地理解数学概念. 大家知道, 数学王国是由符号与规则构成的, 数学王国的奇妙之处就取决于人们在使用数学符号及对数学符号进行演算的过程中能派生出多少数学意义.

选择数学符号方面, 牛顿与莱布尼茨的观点是大不相同的. 牛顿更注重的是微积分的应用 ("能捉老鼠的猫就是好猫"), 至于采用什么符号他却不那么关心. 多年来, 作为微积分的起源地英格兰的学者们固执地坚持牛顿流数的点记法 (这种记法如今在物理学中还在使用), 从而错过了体验莱布尼茨微分记法优越性的机会. 这种做法所造成的恶果是, 在接下来的几百年中, 当欧洲大陆的数学家们空前涌现时, 英格兰却没有出现过一位一流的数学家, 直到 1830 年左右, 英国数学家哈密尔顿 (W.R.Hamilton, 1805~1865) 发明了 "四元数" 在代数学上取得重大突破, 才打破了让自尊心很强的英国人难堪的缰局.

大家知道, 牛顿和莱布尼茨的微积分基础都是无穷小量, 但两人对无穷小的理解是不同的. 牛顿则认为无穷小量无层次可言, 他把导数定义为增量比的极限. 因此, 牛顿的微分学概念比莱布尼茨清楚, 然而却未能进入高阶微分领域. 莱布尼茨把无穷小理解为离散的, 可分为不同层次, 因此他给出高阶微分的概念及符号. 他认为一阶微分是横坐标 x 或纵坐标 y 的序列的差的序列, 二阶微分则是这些差的差所组成的序列. 反复取差, 便可得到 k 阶微分 $\mathrm{d}^k x$ 或 $\mathrm{d}^k y$.

在学术交流方面, 两个人的做法大不相同. 牛顿知识雄厚, 思路宽阔, 勤于思考. 他曾说:"我的成功归功于精心的思索, 只有不断地思考, 才能到达发现的彼岸". 有人说, 牛顿是由"一种病态的害怕别人反对的心理统治了他的一生". 因此, 在与他人真诚交流方面, 牛顿是有所欠缺的. 莱布尼茨却很重视和其他学者交流, 讨论问题. 据史料记载, 他与 1000 多位科学家通过信, 留下 15000 多封信件. 他十分善于吸取别人的长处与成就, 并加以综合、提高, 从而做出自己创造性的贡献. 莱布尼茨曾说:

"我有非常多的思想, 如果别人比我更加深入透彻地研究这些思想, 并把他们心灵的美好创造与我的劳动结合起来, 总有一天会有某些用处".

在治学态度方面, 牛顿与莱布尼茨也存在很大差异. 作为科学家的牛顿, 学风严谨、小心谨慎, 后人认为, 牛顿之所以迟迟不发表他的微积分代表作《流数法》, 其原因是由于没有找到合理的解释, 因而担心自己的理论不完善而受到别人的反对. 正是这种担心, 使得牛顿早 10 年发明的成果却比莱布尼茨迟发表 3 年, 由此导致牛顿与莱布尼茨及其各自的拥护者之间围绕微积分发明优先权的激烈论争, 以致发展到英、德两国之间的政治摩擦, 这旷日持久的无聊争论变成了科学史上儆戒后人的前车之鉴.

作为哲学家的莱布尼茨则比较大担、富于想象, 而且是敢于推广, 比如他在 n 是整数时得到 $\mathrm{d}(x^n) = nx^{n-1}\mathrm{d}x$ 后, 便理所当然地推广到 n 为实数的情形. 在发表著作方面, 他也比牛顿"大胆". 他曾说:"对于那些试图证明一切, 甚至连最初的原理也想加以证明的人们的努力, 我给予很高的评价, 而且我自己也常常参与其事. 但是我不赞成因过分的细密而阻碍了创造的技巧或者在这种借口之下抛弃最好的创造而以此剥夺其果实 ……"

牛顿与莱布尼茨在学风方面的差异, 在很大程度上是他们的哲学倾向有关. 牛顿是"经验论"者, 在他的眼里, "凡是存在的, 都是合理的"; 莱布尼茨是"先验论"者, 在他心中"凡是合理的, 都是存在的". 历史已经证明, "经验"与"先验"共创历史, "大胆假设"与"小心求证"相得益彰共同推进科学的发展.

5. 牛顿与莱布尼茨的成功与不足

牛顿与莱布尼茨创建微积分这门全新的学科, 是在推广与总结前人成果的基础上进行的. 他们的最大功绩应用代数的方法把下述两个貌似毫不相关的问题联系在一起: 一个是切线问题 (微分学的中心问题), 一个是求积问题 (积分学的中心问题). 在解决实际问题方面, 代数化的微积分比几何学更加有效. 因此, 牛顿与莱布尼茨的微分方法得到科学界的大力推崇.

然而, 他们的微积分理论本身却是不严格的, 尤其是无穷小使用方面的随意与混乱, 无法让人信服. 法国思想家伏尔泰 (Voltaire, 1694~1778) 曾经称微积分是一门 "计算与度量一个其存在性是不可思议的事物的艺术". 我们不妨看一看牛顿在他的《求积术》中有关流数的一段论述. 用现在的语言表达, 其大意如下:

欲求 x^n 的导数. 设量 x 均匀地变动一个无穷小量 h. 在 x 变成 $x+h$ 的同时 (这里的 h 是无穷小量), x^n 变成 $(x+h)^n$, 由二项式定理得

$$(x+h)^n = x^n + nx^{n-1}h + \frac{n(n-1)}{2}x^{n-2}h^2 + \cdots + h^n,$$

注意到

$$(x+h)^n - x^n = nx^{n-1}h + \frac{n(n-1)}{2}x^{n-2}h^2 + \cdots + h^n,$$

它与增量 h 之比为

$$nx^{n-1} + \frac{n(n-1)}{2}x^{n-2}h + \cdots + h^{n-1},$$

现令增量 h 消失, 它们的最终比变成 nx^{n-1}. 因此, 函数 $y = x^n$ 的导数是 nx^{n-1}.

很显然, 牛顿在这里违背了逻辑学中的同一律 ("先不是零, 后又是零").

前面, 我们已知提到莱布尼茨的微积分是以实无穷小 (即无穷小 $\mathrm{d}x$) 为基础的, 但他对实无穷小本身的认识却是模糊的. 他认为无穷小不是简单的零、绝对的零, 而是相对的零, 它是一个消失的量. 他认为没有必要把无限严格化, 无穷大量与无穷小量 "对于缩短论证与在一般叙述中是有用的虚构", 它们仅仅是为了 "表达方式更为直接, 更适合于发明家的艺术". 在他的后期虽然也模糊地认识到潜无穷的必要性, 但由于他的哲学思想的局限性, 始终没得到极限的概念.

牛顿的流数术曾招致贝克莱 (G.Berkeley, 1685~1753, 爱尔兰的主教) 等人的猛烈攻击: "无穷小量是已死量的幽灵"、"瞪着眼睛说瞎话". 贝克莱也攻击莱布尼茨的 "实无穷小": "竟从不脸红地首先承认, 然后又舍弃无穷小量". "微积分依靠双重错误得到虽然不科学却是正确的结果". 由此引发了第二次数学危机, 这次数学危机一直延续了 200 多年, 直到微积分建立在极限理论、实数理论、集合论的基础之上, 才得以结束.

数学发展史上有不少事实表明: 伟大的数学思想往往是朴素而生动的, 在初创阶段多半是不严格的, 甚至是很粗糙的. 微积分初创阶段的不完备性并不能阻止具有强大生命力的微积分的蓬勃发展, 而且后来的数学家们很自然地会对这门新生学科的缺陷加以弥补.

6. 欧拉与拉格朗日等人的重建

自从微积分创建以来, 微积分的知识最初只在一个非常小的数学圈子中传播, 即英格兰剑桥大学牛顿的小圈子与以及欧洲大陆莱布尼茨与伯努利兄弟的小圈子. 伯努利兄弟们又通过私下教给几个数学家这一知识, 而使得微积分在欧洲传播开来. 这些数学家中就包括法国人洛必达 (L'Hospital, 1661~1704), 他撰写了微积分方面的第一本教材《无限小分析》(1696). 欧洲大陆的其他一些数学家立即紧随其后, 没过多久, 微积分就成为了 18 世纪的主流数学话题.

18 世纪, 堪称科学大发展的黄金时期. 在那个时代, "能抓住老鼠的猫就是好猫". 只要能解决实际问题而且行之有效的新方法, 科学家们便拿来就用. 微积分自从问世开始, 就显示出强大的生命力. 牛顿和莱布尼茨以及他们同时代的学者们, 应用微积分方法解决了力学、几何学、物理学、天文学等许多领域中的大量问题. 微积分自身理论的不严密性虽然被注意到, 但当时的实情是来不及解决也没有能力解决. 正如达朗贝尔在 1743 年所说, 当时人们 "表现出更多关心的是扩大建筑, 而不是在入口处张灯结彩; 是把房子盖得更高些, 而不是给基础补充适当的强度". 房子造高了, 地基不牢固毕竟是一块心病. 因此, 数学家们面临着给微积分这个巨人重建基础 (即澄清微积分的基本概念) 的艰巨任务.

瑞士数学家欧拉在微积分严密化方面作出了重大努力. 他于 1748 年写成的《无穷小分析引论》一书, 成为世界上第一本完整的、有系统的分析学论著, 这也是划时代的著作. 1755 年他又写出《微分学原理》一书, 欧拉的著作几乎系统化了 18 世纪微分学的有关资料, 属于里程碑式的著作, 因此成为当时教科书的典范. 欧拉拒绝把几何作为微积分的基础, 他试图用代数的方法纯粹形式地研究函数, 他否定了莱布尼茨的无穷小概念, 即所谓不等于零却小于任意一个给定的数. 他认为, 微分作为无穷小的最终值是 "绝对的零", 而两个微分之比 (即导数) 是有限数. 他还指出 $\mathrm{d}x$ 与 $\mathrm{d}x^2$ 同时出现时, 可以略去 $\mathrm{d}x^2$. 欧拉的微分法的正确程度并没有比牛顿和莱布尼茨更高, 欧拉的最大功绩却在于: 用形式化方法把微积分从几何中解放出来, 使其建立在算术与代数的基础上, 从而为基于实数系统的微分学的基本论证开辟了道路.

法国数学家达朗贝尔在建立 "理性微分学" 方面作了很大贡献, 他是历史上第一个看出牛顿的微积分方法中的导数 (流数) 概念实质的人. 他在《百科全书》(1744 年) 把微分定义为: "无穷小量或者至少小于任何给定值的量", 并指出: "导数必须建立在因变量的差与自变量的差的比的基础上". 他还明确地提出极限概念, 并认为导数是一种极限. 马克思曾称赞达朗贝尔的代数法微分法 "脱下了微分的神秘外衣, 取得了很大的进步", 并称其为 "理性微分学".

18 世纪后期, 对建立微积分基础最雄心勃勃的尝试归属法国数学家拉格朗日.

拉格朗日在其著作《解析函数论》(1797 年初版, 1813 年再版) 中, 完成了他的重建工作. 这本书的副标题"包含着微积分的主要定理, 不用无穷小或正在消失的量, 或极限与流数等概念, 而归结为有限量的代数分析艺术"已清楚地表述了拉格朗日的微积分思想. 在该书中, 他提出"导数"这一术语和今日常用的符号 y', $f'(x)$ 等. 微分作为函数增量的线性主要部分的现代观念也是由拉格朗日首先提出, 而最后由柯西所确定. 拉格朗日还提出用无穷级数给导数下定义, 从而使微分学建立在初等代数的基础上. 其大意是通过对函数展开成幂级数, 然后再对幂级数施行初等代数运算, 再用幂级数的系数定义"导数", 这样就"成功"地回避了极限. 很显然, 拉格朗日这里的"导数"定义对多项式 (可用二项式定理) 之外的函数是不适用的. 拉格朗日凭借自己的权威强力推行没有极限的微积分, 一般人都对其采取敬而远之的态度, "先把它捧得高高的, 然后再离得远远的".

在 18 世纪后期, 数学界很清楚微积分急需合适的基础. 在拉格朗日的提议下, 德国柏林科学院数学分部 (1766~1787 年拉格朗日任主任) 于 1784 年设立, 并于 1786 年颁发一个奖项, 以奖励对数学中的无穷问题的最佳解答, 获奖者是法国数学家西蒙 · 罗依里哀 (Simon L'Huilier), 在其获奖的论文《高等微积分的基本评注》中指出, 只有用极限定义微积分中的主要概念, 才能摆脱逻辑上的困境, 他主张以导数作为第一性概念, 再通过导数来定义微分.

7. 柯西与魏尔斯特拉斯等人的定型

尽管 18 世纪的数学家在微积分严格化的道路上做了很大努力, 但这些努力并没有朝着正确的方向迈进. 因此, 微积分基础重建的重任又落到了 19 世纪数学家的头上. 这项工作是捷克数学家波尔察诺与法国数学家柯西等人开始, 由德国数学家魏尔斯特拉斯等人最终对其加以完善与定型. 波尔察诺在 1817 年首先给出今天普遍使用的导数定义:

$$f'(x) = \lim_{\Delta x \to 0} \frac{f(x + \Delta x) - f(x)}{\Delta x}.$$

柯西在他的《无穷小微分教程》(1823 年) 中采用了波尔察诺相同的方式定义导数, 然后再用导数来定义微分即 $\mathrm{d}y = f'(x)\mathrm{d}x$, 从而使导数的概念与莱布尼茨的微分概念统一起来. 柯西还把微分作为辅助概念 (第二性), 并指出整个 18 世纪所用的微分表达的含义都是通过导数导出来的, 但他也认为微分作为书写手段是方便的. 现在, 我们已经知道相对于微分而言, 导数具有较强的可操作性. 因此, 突出导数地位的观点对促进微积分的研究, 尤其是对普及微分学知识方面起着功不可没的作用.

随着现代分析学的深入发展, 人们又发现微分学中的微分概念才是最本质的东西, 微分概念更有利于推广, 而且在应用方面微分方法 (局部线性化方法) 才是最重要的分析数学方法. 还历史真面目, 把微分的概念与导数的概念有机地统一在一起是现代分析数学发展的必然趋势. 实际上, 若把 $f'(a)$ 看作是 "静止" 时刻的微分系数 (也称导数), 那么 $f'(a)$ 就是一个数; 若把 $f'(a)$ 看作是 "变化" 情景下的线性函数的系数, 那么

$$\mathrm{d}f(a) = f'(a) : \mathbf{R} \to \mathbf{R}$$

就是一个映射 (在现代分析中称其为 "切映射"). 因此, "导数" 与 "微分" 的本质是相同的, 其差异仅取决于人们看问题的角度不同. 其实, 魏尔斯特拉斯早就采用这种观点揭示微分的本质, 我国著名数学家齐民友教授在其著作《重温微积分》中也明确地提倡这种观点, 国际著名华人数学家陈省身先生则干脆把 "导数" 称作 "微分". 因此, 从分析数学深入发展的层面来说, 我们不必把 "微分" 与 "导数" 人为地割裂开. 数学发展史已经告诉我们, 过分强调 "导数" 的地位, 不利于对 "微分" 本质的理解. 当然从数学教育的层面看, 特别对于微积分入门者来说, 将 "导数" 与 "微分" 从形式上加以区别, 有利于掌握微分学的基础知识 (停留在数学理解的最低层面). 目前国内的微积分教材 (复旦大学陈纪修等编的《数学分析》教材除外) 基本上都是以先讲 "导数" 后讲 "微分" 的次序按排教学内容.

3.2 窥视世界

人类自古以来就有探索宇宙、窥视大自然秘密的好奇心. 世界之大, 人的目光如此之短, 怎么窥视到深不可测的大自然之谜呢？上帝忘了给人类安装翅膀, 人类只好借助数学飞翔. 伽利略说过大自然这本书是用数学写成的, 其实大自然这本书是用微分方程写成的. 人类是如何运用微分方程窥视世界奥秘呢？我们不妨阅读《浮士德》中浮士德与梅菲斯特的一段精彩对话:

浮士德问: "你究竟何许人也？"

梅菲斯特答道: "人们构筑了一个捉摸不定的小天地, 在这里都把个人当作了全体, 而我则以为是部分的部分. 最初的一切, 后来变成了部分黑暗的一部分."

听到这个回答, 浮士德说道:

"明白你所搞的工作了. 由于你不能整个地破坏一个物体, 故从细小处开始一点一点地干."

由于不能一下子就破坏一个整体, 而去一点一点地干. 这种 "通过部分看整体" 的思维方法, 如今已成为自然科学中一种重要的研究方法, 这也是微分方程的本质. 微分和方程的巧妙结合, 产生了无穷的威力. 掌握了微分方程这一有力工具的自然科学家们, 以此为武器着手于揭开大自然的秘密, 尤其在天文学界获得了惊人的成功. 天文学家们利用解微分方程, 能够预言几年后的日食将在何日的何时何分何秒

发生以及持续多长时间. 这种关于日食的预言向人们显示了数学有强大无比的威力. 给出了微分方程, 并确定了其中某一时刻的位置和速度, 就能获得所需的答案. 牛顿说过最初的推动力系由上帝给予, 以后就没有任何干预了. 这就是说上帝给出了某一时刻太阳系运动的状态, 而后一切就与神的意志无关了.

数学在天文学中的成功, 给予了当时的宇宙观以重大影响. 这就促使自然科学家坚定了自豪的信心. 法国科学家拉普拉斯 (Laplace, 1749~1827) 这样说:

“我们应当把宇宙的现在状态看作是过去状态的结果和未来状态的原因. 假如我们具有能够知道在任一瞬间, 使自然界运动的一切的力和构成自然界的物体的相互位置这种智能, 即为了分析那些资料而需具备的巨大的智能的话, 就可以用一个统一式子把巨大的天体运动和微小的原子运动都包括进去. 这样, 不确凿的事物立刻就会呈现出其过去、现在和未来的统一面目.”

这种 “巨大的智能” 就是俗话所说的 “拉普拉斯的魔法”, 或者说 “拉普拉斯的梦想”. 拉普拉斯打算把宇宙间所有物体的运动都用一个统一的微分方程来描述, 从中能够得知任一时刻它们的状态. 只要能解出这个方程, 就能全部洞悉过去和未来的一切. 拉普拉斯当然不知道有谁能解决这样的问题. 然而随着科学技术的进步, 相信人类的智能将向 “拉普拉斯的魔法” 这种境地接近.

无疑, 微分方程在科学研究中具有至高无上的地位. 其实, 微分方程在现代生活中也有广泛的应用. 如今的世界, 假若没有电, 人们的日子不知道会怎么过? 出门远行依靠汽车、火车与飞机; 人与人之间的通常交流依靠电话与手机; 电影与电视丰富人们的业余生活; 电饭煲与微波炉使得烧饭烧菜更方便; 小到企业管理大到人造卫星飞行都要依靠电脑管理与控制; 复杂的机械作图可以依靠几何画板顺利完成; 生活中的一切一切都离不开 “电”. 然而, 电的产生与作用的机制, 如果没有微分方程, 那么就根本无法阐明. 人口增长如何预测? 文物年代如何确定? 谋杀案发时间如何确定? 飞机能否安全着陆? 火箭能否顺利升空? 核废料排放能否危及环境安全? 要回答这些问题, 离开微分方程将会束手无策. 微分方程还帮助人类限制流行病的扩散, 预测金融市场的流动. 在某种意义上说, 没有微分方程, 就不能有现代化的生活.

利用微分方程窥视并揭示大自然的秘密, 通常要通过建立微分方程、求解微分方程、解释方程结果适用性等几道程序. 解微分方程最终都要归结为求不定积分问题. 因此, 为简介微分方程及其初步应用, 我们首先介绍不定积分入门知识.

3.2.1 不定积分

1. 不定积分概念

何谓不定积分? 英语中的 “indefinite integral”, 从汉语字面上说, 就是指积分值不能确定的积分. 事实上, 不定积分是与被积函数有关的原函数 (族). 在数学上，不定积分有两种表现形式，其一是用可变上限的定积分表示 (莱布尼茨的原始思想)，其二是用原函数也称反导数表示 (牛顿的原始思想). 更明确地说，函数 $f(x)$ 的原函数就是将它微分后能得到 $f(x)$ 的那个函数. 伟大的进化论学者达尔文 (C.R.Darwin, 1809~1882) 说 “人是由猿进化而来的”. 听了这句话，人们就会想到，人和猿确实有很多共同点，这是普通人的正常思路. 天才总有与普通人有着本质相异的地方，牛顿求原函数 (即反导数) 就相当于寻找进化为人的那个生物是什么？从数学形式上说，寻找原函数就是把求导函数的过程倒过来. 求不定积分 (原函数) 并不像求微分那样有一定的规律可循，常常用到附加的变换与技巧. 因而是一件困难的工作. 然而，它却是一种伟大的数学思想创新，正是这种思想创新才成就了积分学的辉煌.

定义 3.2.1 设 $F(x)$ 与 $f(x)$ 是定义在区间 I 上的函数，如果有 $F'(x)=f(x)(x\in I)$ 或 $\mathrm{d}F(x)=f'(x)\mathrm{d}x(x\in I)$，则称 $F(x)$ 为 $f(x)$ 在区间 I 上的一个原函数; 并称函数 $f(x)$ 在区间 I 上的全体原函数为 $f(x)$ 在区间 I 的不定积分，并记作 $\int f(x)\mathrm{d}x$. 这里的 “$\int$” 称为积分号，“$f(x)$” 称为被积函数，“$f(x)\mathrm{d}x$” 称为被积表达式，“x” 称为积分变量.

背景聚焦 原函数作为导函数的对应物 (也称反导数) 是由瑞士数学家欧拉在 1774 年引进的. 不定积分 (也称反微分) 的概念是由牛顿与莱布尼茨创建的，现在所呈现的形式归属于欧拉. 不定积分的概念有其深刻的力学背景 (速度 → 路程，加速度 → 速度) 及几何背景 (斜率 → 积分曲线). 关于原函数的存在性留待后面介绍.

评注 不定积分 “$\int f(x)\mathrm{d}x$” 是一个整体的数学符号，不能分开处理. 如果把 “$\int$” 看作是一个数学运算符号 (实际上是一个映射符号)，那么其运算结果不是一个函数，而是一个由原函数所组成的集合 (即 “$\int$” 是一个集值映射). 不定积分 “$\int f(x)\mathrm{d}x$” 与积分区间 I 密切相关，但为了方便起见，常常将积分区间 I 省略，但运用不定积分概念时，心中必须清楚在那个积分区间上成立. 由原函数的定义及拉格朗日微分中值定理可知.

若 $F(x)$ 是 $f(x)$ 在区间 I 的任何一个原函数，则 $\int f(x)\mathrm{d}x=F(x)+C(x\in I)$，其中 C 是任意常数 (称为积分常数)，特别地有 $\int 0\mathrm{d}x=C$. 求不定积分时，务必注意，不能省略积分常数，这个任意常数 C 告诉我们，一个函数的原函数有无穷多个!

我们已经知道，求函数 $F(x)$ 的微分，即求 $F'(x)$ 或 $\mathrm{d}F(x)=F'(x)\mathrm{d}x$，称其为微分法; 与其相对应，求原函数 (或求不定积分) 的运算，称其为 “不定积分法”.

从定义出发, 不难发现, 微分法与不定积分法具有下述关系:

(1) $\int \mathrm{d}F(x) = \int F'(x)\mathrm{d}x = F(x) + C$;

(2) $\mathrm{d}\left(\int F'(x)\mathrm{d}x\right) = \mathrm{d}(F(x)+C) = F'(x)\mathrm{d}x$ 或 $\frac{\mathrm{d}}{\mathrm{d}x}\left(\int F'(x)\mathrm{d}x\right) = F'(x)$.

从这里可以看到, "先微后积", "还原" 后相差一个积分常数; "先积后微" 可以还原. 因此, 求不定积分 (或原函数) 是求微分的逆运算 (可以还原!), 而求微分不是真正意义上的求不定积分的逆运算 (相差一个积分常数!). 如果精确到不定积分常数 (或者说常数忽略不计), 那么微分运算与不定积分运算就是互逆运算.

再从定义出发, 不难验证关于不定积分 (原函数) 的线性运算法则成立:

若 $f(x)$ 与 $g(x)$ 在区间 I 上都存在原函数, 则 $\forall \alpha, \beta \in \mathbf{R}$, 函数 $\alpha f(x) + \beta g(x)$ 在区间 I 上也有原函数, 而且

$$\int (\alpha f(x) + \beta g(x))\mathrm{d}x = \alpha \int f(x)\mathrm{d}x + \beta \int g(x)\mathrm{d}x.$$

评注 这里的等式成立是指在集合意义下的相等.

2. *基本初等函数不定积分表及常用不定积分方法*

由于求不定积分就是把求微分过程来个反其道而行, 所以我们只要把已经知道的常用函数微分公式反过来, 就可以得到积分公式了. 首先, 我们拿幂函数微分公式来牛刀小试一下:

$$\frac{\mathrm{d}}{\mathrm{d}x}x^n = nx^{n-1},$$

把它反过来写, 可得到被称为 "幂函数积分" 公式了:

$$\int x^n \mathrm{d}x = \frac{x^{n+1}}{n+1} + C.$$

这个公式除了 $n=-1$ 之外的任何实数都适用. 这个结果是否合理? 我们只要求它的导数验证即可. 因为

$$\frac{\mathrm{d}}{\mathrm{d}x}\left(\frac{x^{n+1}}{n+1} + C\right) = \frac{(n+1)x^n}{n+1} = x^n,$$

因此, $\frac{x^{n+1}}{n+1} + C$ 的确就是 x^n 的反导数 (即原函数).

与基本初等函数微分表相对应, 从定义出发, 可直接得到下述基本初等函数不定积分表:

(1) $\int x^\alpha \mathrm{d}x = (\alpha+1)^{-1}x^{\alpha+1} + C\ (\alpha \neq -1)$, $\int x^{-1}\mathrm{d}x = \ln|x| + C\ (x \neq 0)$;

(2) $\int a^x \mathrm{d}x = (\ln a)^{-1}a^x + C\ (0 < a \neq 1)$, $\int \mathrm{e}^x \mathrm{d}x = \mathrm{e}^x + C$;

(3) $\int \cos x\mathrm{d}x = \sin x + C$; $\int \sin x\mathrm{d}x = -\cos x + C$;

(4) $\int \sec^2 x\mathrm{d}x = \tan x + C$; $\int \csc^2 x\mathrm{d}x = -\cot x + C$;

(5) $\int \sec x\tan x\mathrm{d}x = \sec x + C$; $\int \csc x\cot x\mathrm{d}x = -\csc x + C$;

(6) $\int (1-x^2)^{-1/2}\mathrm{d}x = \arcsin x + C = -\arccos x + C$;

(7) $\int (1+x^2)^{-1}\mathrm{d}x = \arctan x + C = -\arctan x + C$.

定理 3.2.1(常用不定积分方法) 下述命题成立

(1) (分部积分法) 如果 $u'(x)$ 与 $v'(x)$ 都存在, 而且 $\int v(x)u'(x)\mathrm{d}x$ 存在, 那么 $\int u(x)v'(x)\mathrm{d}x$ 也存在, 而且有 $\int u(x)\mathrm{d}v(x) = u(x)v(x) - \int v(x)\mathrm{d}u(x)$ 或者

$$\int u(x)v'(x)\mathrm{d}x = u(x)v(x) - \int v(x)u'(x)\mathrm{d}x.$$

(2) (第一换元法, 也称凑微分法) 若 $\int f(u)du = F(u) + C$ 且 $u = \varphi(x)$ 是可微函数, 则 $\int f(\varphi(x))\varphi'(x)\mathrm{d}x = \int f(\varphi(x))\mathrm{d}\varphi(x) = F(\varphi(x)) + C$.

(3) (第二换元法, 也称变量置换法) 若函数 $x = \varphi(t)$ 可微, $t = \varphi^{-1}(x)$ 存在, 而且 $\int f(\varphi(t))\varphi'(t)\mathrm{d}t = F(t) + C$ 存在, 则

$$\int f(x)\mathrm{d}x = \int f(\varphi(t))\varphi'(t)\mathrm{d}t = F(\varphi^{-1}(x)) + C.$$

评注 (1) 是乘积微分法则的对应物, 因而证明易见. 分部积分法俗称 “转嫁积分法”, 这是数学中的 “化归思想” 在不定积分法中的具体应用. 这种积分法在求代数函数与超越函数的乘积函数的不定积分时经常被使用; (2) 与 (3) 是运用两种不同的视角看由复合函数微分法派生出来的积分法, 证明由定义及复合函数微分法则可得.

求不定积分的分部积分法与换元法首先由莱布尼茨和瑞士数学家约翰 · 伯努利创建与发展的, 后经欧拉整理并加以完善. 运用第一换元法的关键是把函数 $\varphi(x)$ 看作是中间变量, 能熟练运用该方法的关键是能熟练地分解复合函数 (即对构件进行还原), 并能熟记一些凑微分的基本公式 (包括基本不定积分表), 大量的不定积分都可采用第一换元法求之. 其实, 第二换元法就是把第一换元法的过程颠倒过来, 常用的换元技巧 (即变量置换技巧) 有 “三角代换法”(包括 “万能代换法”) 与 “幂函数代换法”(包括 “倒数代换法”), 换元的根本目的就是 “有理化”, 即通过变量置

换把被积函数置换成有理函数的形式. 运用不同的积分方法, 所求得的不定积分的表达式可以相差甚远, 其对错的判别就是看能否还原. 求一个复杂的不定积分时可以多法联用, 还可以利用代数中的还原法与组合法 (也称配对法) 求不定积分.

例 3.2.1 (1) 已知 e^{x^2} 是 $f(x)$ 的一个原函数, 试求: $\int e^{-x^2}f(x)dx$;

(2) 已知 $\int f(x)dx = x^2 + C$, 试求: $\int xf(1-x^2)dx$;

(3) 已知曲线 $y = f(x)$ 上每一点处的切线斜率与横坐标的 3 次方成正比例, 并且曲线通过点 $A(1,6)$ 与 $B(2,-9)$, 试求曲线方程.

解 (1) 由题设 $f(x) = (e^{x^2})' = 2xe^{x^2}$, 因而

$$\int e^{-x^2}f(x)dx = \int 2xdx = x^2 + C;$$

(2) 由 $f(x) = \left(\int f(x)dx\right)' = (x^2 + C)' = 2x$ 可得

$$\int xf(1-x^2)dx = \int x\cdot 2(1-x^2)dx = \int (2x-2x^3)dx = x^2 - 2^{-1}x^4 + C;$$

(3) 由题设有 $f'(x) = kx^3$(其中 k 是比例常数), 于是有

$$f(x) = \int f'(x)dx = 4^{-1}kx^4 + C,$$

再把点 $A(1,6)$ 与 $B(2,-9)$ 代入得 $k = -4$, $C = 7$. 因而所求的曲线方程是 $f(x) = x^4 + 7$.

例 3.2.2 求解下述不定积分综合题

(1) 已知 $\arcsin x$ 是 $xf(x)$ 的一个原函数, 试求 $\int (f(x))^{-1}dx$;

(2) 已知 $f(x)$ 的一个原函数为 $\sin x(1 + x\sin x)^{-1}$, 试求 $\int f(x)f'(x)dx$;

(3) 已知 $f'(\ln x) = (x+1)\ln x$, 试求 $f(x)$.

解 (1) 由条件, $xf(x) = (\arcsin x)' = (\sqrt{1-x^2})^{-1}$, $[f(x)]^{-1} = x\sqrt{1-x^2}$, 因此

$$\int (f(x))^{-1}dx = -3^{-1}(1-x^2)^{3/2} + C;$$

(2) 由 $f(x) = [\sin x(1 + x\sin x)^{-1}]' = (\cos x - \sin^2 x)(1 + x\sin x)^{-2}$ 得

$$\begin{aligned}\int f(x)f'(x)dx = \int f(x)df(x) &= 2^{-1}f^2(x) + C\\ &= (1/2)(\cos x - \sin^2 x)^2(1 + x\sin x)^{-4} + C\end{aligned}$$

(3) 令 $\ln x = t$, 得 $x = \mathrm{e}^t$, 因而有 $f'(t) = t(\mathrm{e}^t + 1)$, 于是有

$$f(x) = \int f'(x)\mathrm{d}x = \int x(\mathrm{e}^x + 1)\mathrm{d}x = \int x\mathrm{d}x + \int x\mathrm{d}\mathrm{e}^x$$
$$= 2^{-1}x^2 + x\mathrm{e}^x - \mathrm{e}^x + C = 2^{-1}x^2 + (x-1)\mathrm{e}^x + C.$$

3. 三角函数有理式不定积分求法举例

例 3.2.3 求下列不定积分:

(1) $I_1 = \int \frac{1 + \sin x}{\sin x(1 + \cos x)}\mathrm{d}x$;

(2) $I_2 = \int \frac{\sin x}{1 + \cos x + \sin x}\mathrm{d}x$;

(3) $I_3 = \int \frac{1 + \sin x}{1 + \cos x}\mathrm{e}^x\mathrm{d}x$.

解 (1) $I_1 = \int \frac{(1 + \sin x)(1 - \cos x)}{\sin x(1 + \cos x)(1 - \cos x)}\mathrm{d}x$

$$= \int \frac{1 + \sin x - \cos x - \cos x \sin x}{\sin^3 x}\mathrm{d}x$$
$$= \int \csc^3 x\mathrm{d}x + \int \csc^2 x\mathrm{d}x - \int \frac{\mathrm{d}\sin x}{\sin^3 x} - \int \csc x \cot x\mathrm{d}x,$$

由 $\int \csc^3 x\mathrm{d}x = -\int \csc x\mathrm{d}\cot x = -\csc x \cot x + \int \cot x\mathrm{d}\csc x$

$$= -\csc x \cot x - \int \cot^2 x \csc x\mathrm{d}x$$
$$= -\csc x \cot x - \int \csc^3 x\mathrm{d}x + \int \csc x\mathrm{d}x$$

及 $\int \csc x\mathrm{d}x = \ln|\csc x + \cot x| + c$ 可得

$$I_1 = \frac{1}{2}(\csc^2 x - \csc x \cot x + \ln|\csc x + \cot x|) - \cot x + \csc x + c;$$

(2) $I_2 = \int \frac{\sin x(\cos x + \sin x - 1)}{(1 + \cos x + \sin x)(\cos x + \sin x - 1)}\mathrm{d}x$

$$= \int \frac{\cos x \sin x + \sin^2 x - \sin x}{2\sin x \cos x}\mathrm{d}x$$
$$= \frac{1}{2}\int 1 + \tan x - \sec x)\mathrm{d}x$$
$$= \frac{1}{2}(x - \ln|\cos x| - \ln|\sec x + \tan x|) + c$$
$$= \frac{1}{2}(x - \ln|1 + \sin x|) + c;$$

(3) $I_3=\int\frac{(1+\sin x)(1-\cos x)}{(1+\cos x)(1-\cos x)}\mathrm{e}^x\mathrm{d}x$

$$=\int\frac{1+\sin x-\cos x-\cos x\sin x}{\sin^2 x}\mathrm{e}^x\mathrm{d}x$$

$$=-\int\mathrm{e}^x\mathrm{d}\cot x+\int\csc x\mathrm{d}\mathrm{e}^x+\int\mathrm{e}^x\mathrm{d}\csc x-\int\cot x\mathrm{d}\mathrm{e}^x$$

$$=-\mathrm{e}^x\cot x+\mathrm{e}^x\csc x+c.$$

例 3.2.4 求下列不定积分:

(1) $I_1=\int\frac{\mathrm{d}x}{2+\cos x}$; (2) $I_2=\int\frac{\mathrm{d}x}{\cos x+\sin x}$; (3) $I_3=\int\frac{\cos x\sin x}{\cos x+\sin x}\mathrm{d}x$;

(4) $I_1=\int\frac{\sin x}{\sqrt{1+\sin x}}\mathrm{d}x$; (5) $I_2=\int\frac{\sqrt{1+\cos x}}{\sin x}\mathrm{d}x$.

解 (1) $I_1=\int\frac{2-\cos x}{(2+\cos x)(2-\cos x)}\mathrm{d}x$

$$=2\int\frac{\mathrm{d}x}{4-\cos^2 x}-\int\frac{\cos x}{4-\cos^2 x}\mathrm{d}x$$

$$=2\int\frac{\mathrm{d}\tan x}{3+\tan^2 x}-\int\frac{\mathrm{d}\sin x}{3+\sin^2 x}$$

$$=\frac{2}{\sqrt{3}}\arctan\left(\frac{\sqrt{3}}{3}\tan x\right)-\frac{\sqrt{3}}{3}\arctan\left(\frac{\sqrt{3}}{3}\sin x\right)+c;$$

(2) $I_2=\int\frac{\cos x-\sin x}{\cos^2 x-\sin^2 x}\mathrm{d}x=\int\frac{\mathrm{d}\sin x}{1-2\sin^2 x}+\int\frac{\mathrm{d}\cos x}{2\cos^2 x-1}$

$$=\frac{1}{2\sqrt{2}}\left[\ln\left|\frac{1+\sqrt{2}\sin x}{1-\sqrt{2}\sin x}\right|+\ln\left|\frac{\sqrt{2}\cos x-1}{\sqrt{2}\cos x+1}\right|\right]+c;$$

(3) $I_3=\frac{1}{2}\int\frac{2\sin x\cos x+1-1}{\cos x+\sin x}\mathrm{d}x=\frac{1}{2}\int(\cos x+\sin x)\mathrm{d}x-\frac{1}{2}\int\frac{\mathrm{d}x}{\cos x+\sin x}$

$$=\frac{1}{2}(\sin x-\cos x)+\frac{1}{4\sqrt{2}}\left(\ln\left|\frac{1-\sqrt{2}\sin x}{1+\sqrt{2}\sin x}\right|+\ln\left|\frac{2\sqrt{2}\cos x+1}{\sqrt{2}\cos x-1}\right|\right)+c;$$

(4) $\int\sqrt{1+\sin x}\mathrm{d}x=\int\frac{\sqrt{1-\sin^2 x}}{\sqrt{1-\sin x}}\mathrm{d}x=\int\frac{\mathrm{d}\sin x}{\sqrt{1-\sin x}}=-2\sqrt{1-\sin x}+c$, 令 $t=\sin x$,

$$\int\frac{\mathrm{d}x}{\sqrt{1+\sin x}}=\int\frac{\sqrt{1-\sin x}}{\sqrt{1-\sin^2 x}}\mathrm{d}x=\int\frac{\sqrt{1-\sin x}}{\cos^2 x}\mathrm{d}\sin x=\int\frac{\sqrt{1-t}}{1-t^2}\mathrm{d}t$$

$$=\int\frac{\mathrm{d}t}{\sqrt{1-t}(1+t)}=-2\int\frac{\mathrm{d}\sqrt{1-t}}{2-(\sqrt{1-t})^2}=\frac{\sqrt{2}}{2}\ln\left|\frac{\sqrt{2}-\sqrt{1-t}}{\sqrt{2}+\sqrt{1+t}}\right|+c$$

$$=\frac{\sqrt{2}}{2}\ln\left|\frac{\sqrt{2}-\sqrt{1-\sin x}}{\sqrt{2}+\sqrt{1+\sin x}}\right|+c,$$

因此 $I_2=\int\sqrt{1+\sin x}\mathrm{d}x-\int\frac{\mathrm{d}x}{\sqrt{1+\sin x}}=-2\sqrt{1-\sin x}+\frac{\sqrt{2}}{2}\ln\left|\frac{\sqrt{2}+\sqrt{1+\sin x}}{\sqrt{2}-\sqrt{1-\sin x}}\right|+c$;

(5) 令 $t=\cos x$, $I_2=\int\frac{\sqrt{1+\cos x}}{\cos^2 x-1}\mathrm{d}\cos x=\int\frac{\mathrm{d}t}{\sqrt{t+1}(t-1)}=2\int\frac{\mathrm{d}\sqrt{t+1}}{(\sqrt{t+1})^2-2}=\frac{\sqrt{2}}{2}\ln\left|\frac{\sqrt{t+1}-\sqrt{2}}{\sqrt{t+1}-\sqrt{2}}\right|+c=\frac{\sqrt{2}}{2}\ln\left|\frac{\sqrt{\cos x+1}-\sqrt{2}}{\sqrt{\cos x+1}+\sqrt{2}}\right|+c.$

4. 简单无理数不定积分求法举例

求解结构稍许复杂的无理函数的不定积分是比较困难的工作, 通常采用三角函数代换、欧拉代换把无理函数转化为求有理函数的不定积分, 其计算工作量通常很大. 实际上, 根据被积函数的特点, 恰当地利用分式基本性质对被积函数变型, 再通过变量平移、添拆项、倒代换及组合积分的基本技巧, 可以给出许多简单无理函数不定积分的简便求解方法.

例 3.2.5 求解下列不定积分:

(1) $I_1=\int(x+1)\sqrt{x^2-2x+5}\mathrm{d}x$; (2) $I_2=\int\frac{x^2}{\sqrt{x^2+2x+5}}\mathrm{d}x$;

(3) $I_3=\int\frac{1}{x}\sqrt{\frac{x+2}{x-2}}\mathrm{d}x$; (4) $I_1=\int\frac{\mathrm{d}x}{1+\sqrt{x}+\sqrt{1+x}}$.

解 (1) 令 $x-1=t$, $I_1=\int(t+2)\sqrt{t^2+4}\mathrm{d}t=\frac{1}{2}\int\sqrt{t^2+4}\mathrm{d}(t^2+4)+2\int\sqrt{t^2+4}\mathrm{d}t$, 由

$$\begin{aligned}\int\sqrt{t^2+4}\mathrm{d}t&=\int\frac{t^2+4}{\sqrt{t^2+4}}\mathrm{d}t=\int td\sqrt{t^2+4}+4\int\frac{\mathrm{d}t}{\sqrt{t^2+4}}\\&=t\sqrt{t^2+4}-\int\sqrt{t^2+4}\mathrm{d}t+4\int\frac{\mathrm{d}t}{\sqrt{t^2+4}},\end{aligned}$$

因此 $\int\sqrt{t^2+4}\mathrm{d}t=\frac{t}{2}\sqrt{t^2+4}+2\int\frac{\mathrm{d}t}{\sqrt{t^2+4}}=\frac{t}{2}\sqrt{t^2+4}+2\ln|t+\sqrt{t^2+4}|+c$,

$$\begin{aligned}I_1&=\frac{1}{3}(t^2+4)^{3/2}+t\sqrt{t^2+4}+4\ln|t+\sqrt{t^2+4}|+c\\&=\frac{1}{3}(x^2-2x+5)^{3/2}+(x-1)\sqrt{x^2-2x+5}+4\ln|x-1+\sqrt{x^2-2x+5}|+c;\end{aligned}$$

(2) 令 $x+1=t$,

$$\begin{aligned}I_2&=\int\frac{t^2-2t+1}{\sqrt{t^2+4}}\mathrm{d}t=\int\sqrt{t^2+4}\mathrm{d}t-2\int\mathrm{d}\sqrt{t^2+4}-3\int\frac{\mathrm{d}t}{\sqrt{t^2+4}}\\&=\frac{1}{2}t\sqrt{t^2+4}+2\ln|t+\sqrt{t^2+4}|-2\sqrt{t^2+4}-3\ln|t+\sqrt{t^2+4}|+c\end{aligned}$$

$$=\frac{1}{2}(x-3)\sqrt{x^2+2x+5}-\ln|(x+1)+\sqrt{x^2+2x+5}|+c;$$

(3) $I_2=\int\frac{x+2}{x\sqrt{x^2-4}}\mathrm{d}x=\int\frac{\mathrm{d}x}{\sqrt{x^2-4}}+\int\frac{\mathrm{d}x^2}{x^2\sqrt{x^2-4}}$,

令 $x^2=t$, $\int\frac{\mathrm{d}x^2}{x^2\sqrt{x^2-4}}=\int\frac{\mathrm{d}t}{t\sqrt{t-4}}=2\int\frac{\mathrm{d}\sqrt{t-4}}{(\sqrt{t-4})^2+4}=\arctan\left(\frac{1}{2}\sqrt{t-4}\right)+c$, 因此有 $I_2=\ln|x+\sqrt{x^2-4}|+\arctan\left(\frac{1}{2}\sqrt{x^2-4}\right)+c$;

(4) $I_3=\int\frac{1+\sqrt{x}-\sqrt{1+x}}{2\sqrt{x}}\mathrm{d}x=\int\frac{\mathrm{d}x}{2\sqrt{x}}+\frac{1}{2}\int\mathrm{d}x-\int\sqrt{1+x}\mathrm{d}\sqrt{x}$

$$=\sqrt{x}+\frac{1}{2}x-\int\sqrt{1+(\sqrt{x})^2}\mathrm{d}\sqrt{x}$$

$$=\frac{1}{2}x+\sqrt{x}-\frac{\sqrt{x}}{2}\sqrt{1+x}-2\ln|\sqrt{x}+\sqrt{x+1}|+c.$$

例 3.2.6 求下列不定积分:

(1) $I_1=\int x^2\sqrt{x^2+1}\mathrm{d}x$; (2) $I_2=\int\frac{\mathrm{d}x}{(x^2+a^2)^{3/2}}$;

(3) $I_3=\int\frac{1+x^4}{(1-x^4)^{3/2}}\mathrm{d}x$; (4) $I_1=\int\frac{x^5}{\sqrt{1-x^2}}\mathrm{d}x$;

解 (1) $I_1=\int(x^2+1)^{3/2}\mathrm{d}x-\int\sqrt{x^2+1}\mathrm{d}x$

$$=x(x^2+1)^{3/2}-3\int x^2\sqrt{x^2+1}\mathrm{d}x-\int\sqrt{x^2+1}\mathrm{d}x,$$

因此 $I_1=\frac{x}{4}(x^2+1)^{3/2}-\frac{1}{4}\int\sqrt{x^2+1}\mathrm{d}x$

$$=\frac{x}{4}(x^2+1)^{3/2}-\frac{1}{8}(x\sqrt{x^2+1}+\ln|x+\sqrt{x^2+1}|)+c;$$

(2) $I_2=-\int\frac{1}{x}\mathrm{d}\frac{1}{\sqrt{x^2+a^2}}=-\frac{1}{x}\cdot\frac{1}{\sqrt{x^2+a^2}}-\int\frac{\mathrm{d}x}{x^2\sqrt{x^2+a^2}}$

$$=-\frac{1}{x}\cdot\frac{1}{\sqrt{x^2+a^2}}+\frac{1}{2a^2}\int\frac{\mathrm{d}(a^2/x^2)}{\sqrt{1+(a/x)^2}}$$

$$=-\frac{1}{x}\cdot\frac{1}{\sqrt{x^2+a^2}}+\frac{1}{a^2}\sqrt{1+(a/x)^2}$$

$$=\frac{x}{a^2\sqrt{x^2+a^2}}+c;$$

(3) $I_3=\int\frac{1-x^4+2x^4}{(1-x^4)^{3/2}}\mathrm{d}x=\int\frac{\mathrm{d}x}{\sqrt{1-x^4}}+\int x\mathrm{d}\frac{1}{\sqrt{1-x^4}}=\frac{x}{\sqrt{1-x^4}}+c$;

(4) 令$x^2=t$, $I_1=\frac{1}{2}\int\frac{t^2}{\sqrt{1-t}}\mathrm{d}t=-\int t^2\mathrm{d}\sqrt{1-t}=-t^2\sqrt{1-t}+2\int t\sqrt{1-t}\mathrm{d}t$

$$=-t^2\sqrt{1-t}-2\int(1-t)^{3/2}\mathrm{d}t+2\int\sqrt{1-t}\mathrm{d}t$$

$$= -t^2\sqrt{1-t} + \frac{4}{5}(1-t)^{5/2} - \frac{4}{3}(1-t)^{3/2} + c$$
$$= \sqrt{1-x^2}\left[\frac{4}{5}(1-x^2)^2 - x^4 - \frac{4}{3}(1-x^2)\right] + c.$$

例 3.2.7 求下列不定积分：

(1) $I_1 = \int \frac{\mathrm{d}x}{(1+x)\sqrt{2+x-x^2}}$; (2) $I_1 = \int \frac{\mathrm{d}x}{x\sqrt{x^2-2x-3}}$;

(3) $I_1 = \int \frac{\mathrm{d}x}{\sqrt[3]{(x+1)^2(x-1)^4}}$; (4) $I_2 = \int \sqrt[3]{\frac{2-x}{2+x}} \cdot \frac{\mathrm{d}x}{(2-x)^2}$.

解 (1) 令$\sqrt{x+1} = t$, $I_1 = \int \frac{\mathrm{d}x}{(1+x)\sqrt{(1+x)(2-x)}} = 2\int \frac{\mathrm{d}t}{t^2\sqrt{3-t^2}}$

$$= -\frac{1}{3}\int \frac{\mathrm{d}(3/t^2)}{\sqrt{(3/t^2)-1}} = -\frac{2}{3}\sqrt{\frac{2}{t^2}-1} + c$$
$$= -\frac{2}{3}\sqrt{\frac{2-x}{1+x}} + c;$$

(2) 令 $t = x^{-1}$, $u = \frac{3}{2}\left(t + \frac{1}{3}\right)$,

$$I_2 = -\int \frac{\mathrm{d}t}{\sqrt{1-2t-3t^2}} = -\frac{\sqrt{3}}{3}\int \frac{\mathrm{d}u}{\sqrt{1-u^2}} = \frac{\sqrt{3}}{3}\arccos u + c$$
$$= \frac{\sqrt{3}}{3}\arccos\left(\frac{x+3}{2x}\right) + c;$$

(3) 令$x - 1 = t$, $I_1 = \int \frac{\mathrm{d}t}{t^{4/3}t^{2/3}(1+(2/t))^{2/3}} = -\frac{1}{2}\int \frac{\mathrm{d}(1+(2/t))}{(1+(2/t))^{2/3}}$

$$= -\frac{3}{2}(1+(2/t))^{1/3} + c = -\frac{3}{2}\left(\frac{x+1}{x-1}\right)^{1/3} + c;$$

(4) 令$t = 2 - x$, $I_2 = -\int \frac{1}{t^2}\sqrt[3]{\frac{t}{4-t}}\mathrm{d}t = \frac{1}{4}\int \frac{\mathrm{d}(4/t)}{\sqrt[3]{(4/t)-1}}$

$$= \frac{3}{8}\left(\frac{4}{t} - 1\right)^{2/3} + c = \frac{3}{8}\left(\frac{x+2}{2-x}\right)^{2/3} + c.$$

3.2.2 最简微分方程

定义 3.2.2 含有未知函数导数 (或微分) 的方程, 称为微分方程; 满足所给微分方程的函数, 称为微分方程的解; 求微分方程解的过程, 称为解微分方程.

评注 实际上, 求微分方程的解, 就是通过微分方程求未知函数, 即借助该“未知函数”的导数 (或微分) 和已知的其他函数之间的“关系”, 最终把“未知函数”找出来. “让魔鬼现身”, 解微分方程的本质就是把隐藏在部分之中的整体挖出来. 用生活化的语言说, 就是通过“子孙后代”所呈现的信息, 让“祖宗”的真面目“原形毕露”.

在数学上,解微分方程可归结为求给定函数的不定积分.因此,微分方程的解不是唯一的,通常求微分方程的解都是指求微分方程的通解,如果要求微分方程的某一个解(即特解),还得给出初始条件.这里仅介绍三类最简单的微分方程.

1. 可分离变量方程

称具有形式

$$\mathrm{d}y/\mathrm{d}x = p(x)q(y)$$

的微分方程为可分离变量的方程.其中 $p(x)$ 是只涉及 x 的任意函数,而 $q(y)$ 是只涉及 y 的任意函数.

评注 当 $g(y) \neq 0$ 时,所给的可分离变量方程改写作:

$$\mathrm{d}y/q(y) = p(x)\mathrm{d}x,$$

两边再求不定积分,就可得到可分离变量方程的通解.

定理 3.2.2(无约束增长模型) 函数 $y = p(t)$ 满足 $p'(t) = kp(t) \Leftrightarrow p(t) = C\mathrm{e}^{kt}$,其中 C 是常数.

评注 利用分离变量法,可给出该定理的简单证明(由 $p'/p = k$ 得 $\ln p = kt + \ln C$,即 $p = C\mathrm{e}^{kt}$).通过后面的具体例子,我们将会看到,人口增长、疾病传染、细菌增殖、连续复利的计算、放射性物质的衰变等等,都可以用如此简单的数学模型阐述,数学的强大威力实在令人赞叹不已.

在实际应用中,当 $k > 0$ 时,通常称常数 k 为指数增长率(rate of exponential growth),简称增长率;当 $k < 0$ 时,通常称 $-k$ 为指数衰减律(rate of exponential decay).需要指出,这里的 k 不是种群大小的变化率,种群大的变化率 $p'(t)$ 是常数 k 乘以 $p(t)$.比如:按复利计息,如果银行年利率是 0.07,这并是说我们在银行的存款余额 p 每年以 0.07 元的比率在增长,而是每年以 $0.07p$ 元的比率在增长.

定义 3.2.3(倍增时间与半衰期) 在简无约束指数增长模型 $p(t) = p_0\mathrm{e}^{kt}$ 中,满足 $p(T) = 2p_0$ 的时间 T 称为倍增时间(doubling time);满足 $p(T) = p_0/2$ 的时间 T 称为半衰期(half-life).

定理 3.2.3 对于无约束指数增长模型 $P(t) = P_0\mathrm{e}^{kt}$,下述命题成立:

(1) 增长率 k 与倍增时间 T 的关系为:$kT = \ln 2$(或 $k = \ln 2/T$, $T = \ln 2/k$),这里 $\ln 2 = 0.693147\cdots$;

(2) 衰减率 $-k$ 与半衰期 T 的关系为 $(-k)T = \ln 2$(或 $-k = \ln 2/T$, $T = \ln 2/(-k)$).

证明思路 把条件代入增长模型,两边取对数即得.

定理 3.2.4(牛顿冷却定律) 牛顿冷却定律是指：将温度为 T 的物体放入处于常温 C 的介质中，T 的变化率正比于 T 与周围介质的温度 C 的差，即 $T'(t)=-k(T-C)$. 满足该方程的函数是：$T(t)=a\mathrm{e}^{-kt}+C$(其中 a 是常数).

证明思路 由 $(T-C)'/(T-C)=-k$ 得 $\ln(T-C)=-kt+\ln a$, 由此得 $T=a\mathrm{e}^{-kt}+C$.

例 3.2.8(连续复利) 假设银行存款以复利计息, 年利率为 0.07. 试问

(1) 假设存在 10000 元, 1 年后结存是多少?

(2) 存入 10000 元, 经过多长时间, 其本利和可达到 20000 元?

简解 (1) 把 $P(0)=10000$, $k=0.07$ 代入无限制增长模型可得

$$P(1)=10000\mathrm{e}^{0.07}\approx 10000\times 1.072508\approx 10725.08(\text{元});$$

(2) 由 $T=\ln 2/0.07\approx 0.693/0.07\approx 9.9$.

例 3.2.9(碳定年代法) 考古、地质等方面的专家常用碳 14 测定法去估计文物或化古的年代, 称其为碳定年代法. 该方法由美国化学家 W.F.Libby 在 1952 年首先使用. 放射性元素碳 14 的半衰期通常认为是 5750 年 (有几种不同说法), 碳定年代法可用来测定由 30000 年至 40000 年的有机物的衰变期. 某考古学家发现一件文物已经衰掉了 22.3% 的碳 14, 试问该文物已有多久?

简解 衰减率为 $(-k)=\ln 2/T\approx 0.693147/5750\approx 0.0001205$, 因此有 $P(t)=P_0\mathrm{e}^{-0.0001205t}$, 解得 $t=0.2523149/0.0001205\approx 2094$(年).

例 3.2.10(放射性污染问题) 假设某城市遭到了恐怖分子的核弹攻击, 从此变得不适合居住. 假设在核弹引爆之后, 该市受到钴的严重污染, 剩余的强度是安全上限的 100 倍. 如果钴的半衰期为 5.37 年, 请问最快得等多久, 人们才能回到该市去住?

简解 设钴的初始量 P_0, 则 $P(t)=P_0\mathrm{e}^{kt}$, 由定理 4.4.2, $k=\ln 2/5.37\approx 0.129$, 因此 $P(t)=P_0\mathrm{e}^{-0.129t}$ 就是钴在任何时刻 t 的剩余量. 由条件, 只有等到钴的量含低于 $P_0/100$ 之后, 才到达安全居住的范围之内. 由 $P(t)=P_0\mathrm{e}^{-0.129t}=P_0/100$, 即解得 $\mathrm{e}^{0.129t}=100$, 即 $t=\ln 100/0.129\approx 35.7$(年) 之后才能返回该市居住.

例 3.2.11(谋杀案何时发生?) 警察发现了某一被害者的尸体, 为了破案急需确定谋杀的时间. 警察打电话给法医, 法医在正午 12 点到达. 她立刻测得尸体的体温是华氏 94.6°F; 1 小时后再测一次体温, 是华氏 93.4°F. 她也记录下室内温度是华氏 70°F. 试问谋杀案是何时发生的?

简解 假设谋杀案发生时尸体的体温是正常, 则当 $t=0$ 时华氏 98.6°, 代入牛顿冷却方程有 $98.6=a\mathrm{e}^{-k\cdot 0}+70$, 可得 $a=28.6$. 因此, $T(t)=28.6\mathrm{e}^{-kt}+70$.

为了求出谋杀案发生后已经过去的小时数 N, 首先要确定 k. 由法医测出的两个体温数得到 $94.6=28.6\mathrm{e}^{-kN}+70$, 即 $24.6=28.6\mathrm{e}^{-kN}$; 及 $93.4=28.6\mathrm{e}^{-k(N+1)}+70$,

即 $23.4=28.6\mathrm{e}^{-k(N+1)}$, 两式相除得 $\mathrm{e}^k=24.6/23.4$, 由此得 $k=\ln(24.6/23.4)\approx 0.05$, 再由 $24.6=28.6\mathrm{e}^{-0.05N}$ 得 $-0.05N=\ln(24.6/28.6)$, 由此得 $N\approx 3$, 因此, 谋杀案大约发生在上午 9 点左右.

2. 齐次方程

称形如 $\mathrm{d}y/\mathrm{d}x=\varphi(y/x)$ 的微分方程为齐次方程.

评注 通过变量代换, 齐次方程可化为可分离变量方程求解. 一般解法如下: 令 $u=\dfrac{y}{x}$, 则 $y=ux$, 那么 $\dfrac{\mathrm{d}y}{\mathrm{d}x}=u+x\dfrac{\mathrm{d}u}{\mathrm{d}x}$, 代入原方程得 $u+x\dfrac{\mathrm{d}u}{\mathrm{d}x}=\varphi(u)$, 使用分离变量法得到

$$\frac{\mathrm{d}u}{\varphi(u)-u}=\frac{\mathrm{d}x}{x},$$

然后两边积分得

$$\int\frac{\mathrm{d}u}{\varphi(u)-u}=\int\frac{\mathrm{d}x}{x},$$

最后把 $u=\dfrac{y}{x}$ 换回来就得到了齐次微分方程的通解.

例 3.2.12 求曲线, 使 x 轴上点与这曲线的切线距离等于这点到原点的距离.

解 切线方程是

$$Y-y=y'(X-x),$$

此处 (X,Y) 是切线上的动点的坐标, 这切线与 X 轴的交点是 $\left(x-\dfrac{y}{y'},0\right)$.

另一方面, 切点与这交点的距离的平方是

$$\left[x-\left(x-\frac{y}{y'}\right)\right]^2+(y-0)^2=\frac{y^2}{y'^2}+y^2.$$

由条件可知

$$\frac{y^2}{y'^2}+y^2=\left(x-\frac{y}{y'}\right)^2,$$

整理化简得齐次方程

$$y'=\frac{2xy}{x^2-y^2}.$$

令 $y=xu$, 则得

$$\frac{\mathrm{d}x}{x}-\frac{1-u^2}{u+u^3}\mathrm{d}u=0,$$

即

$$\frac{\mathrm{d}x}{x}-\left(\frac{1}{u}-\frac{2u}{u^2+1}\right)\mathrm{d}u=0,$$

故

$$\ln x-\ln u+\ln(u^2+1)=\ln C,\quad \frac{x(u^2+1)}{u}=C.$$

代回原来的变量得

$$x^2+y^2-Cy=0,$$

这是在原点与 x 轴相切的圆.

3. 一阶线性方程

形如

$$\frac{\mathrm{d}y}{\mathrm{d}x}+P(x)y+Q(x)=0$$

的微分方程, 称为一阶线性方程. 这类方程通常利用积分因子获得其解, 一般解法如下:

先考虑方程

$$y'+P(x)y=0,$$

这是一个可分离变量的方程

$$\frac{\mathrm{d}y}{y}+P(x)\mathrm{d}x=0, \tag{1}$$

求不定积分可得

$$\ln y+\int P(x)\mathrm{d}x=\ln C,$$

即 $y=C\mathrm{e}^{-\int P(x)\mathrm{d}x}$.

易见齐次方程 (1) 的两边乘以 $\mathrm{e}^{\int P(x)\mathrm{d}x}$(积分因子) 可得

$$\mathrm{e}^{\int P(x)\mathrm{d}x}(\mathrm{d}y+P(x)\mathrm{d}x)=0,$$

此即 $\mathrm{d}\left(\mathrm{e}^{\int P(x)\mathrm{d}x}y\right)=0$.

再用 $\mathrm{e}^{\int P(x)\mathrm{d}x}$ 乘原来的一阶线性方程可得

$$\mathrm{e}^{\int P(x)\mathrm{d}x}(\mathrm{d}y+P(x)\mathrm{d}x+Q(x)\mathrm{d}x)=0,$$

此即 $\mathrm{d}\left(\mathrm{e}^{\int P(x)\mathrm{d}x}y\right)+\mathrm{e}^{\int P(x)\mathrm{d}x}Q(x)\mathrm{d}x=0$.

求不定积分得

$$\mathrm{e}^{\int P(x)\mathrm{d}x}y+\int\mathrm{e}^{\int P(x)\mathrm{d}x}Q(x)\mathrm{d}x=C,$$

重新整理得

$$y=\mathrm{e}^{-\int P(x)\mathrm{d}x}\left(-\int\mathrm{e}^{\int P(x)\mathrm{d}x}Q(x)\mathrm{d}x+C\right).$$

例 3.2.13(有阻力的自由落体运动) 设一质量为 m 的下落物体受到与速度大小成正比的空气阻力, 初始速度为 v_0, 原点设在起始点. 试求物体下落后任一时刻的瞬时速度和位置.

解 设该物体在 t 时刻的速度和离地高度分别为 $v(t)$ 和 $s(t)$, 根据牛顿第二定律, 我们可得到二阶微分方程

$$m\frac{\mathrm{d}^2x}{\mathrm{d}t^2}=mg-k\frac{\mathrm{d}s}{\mathrm{d}t},$$

重新整理, 得一阶线性微分方程

$$\frac{\mathrm{d}v}{\mathrm{d}t}+\frac{k}{m}v=g.$$

该方程的通解为

$$v(t)=\frac{m}{k}g+C\mathrm{e}^{-\frac{k}{m}t},$$

由初始条件, 得到瞬时速度的特解

$$v(t)=\frac{m}{k}g+\left(v_0-\frac{m}{k}g\right)\mathrm{e}^{-\frac{k}{m}t}.$$

再积分一次可得通解

$$s(t)=\frac{mg}{k}t-\frac{m}{k}\left(v_0-\frac{mg}{k}\right)\mathrm{e}^{-\frac{k}{m}t}+C,$$

由 $s(0)=0$, 可得瞬时位置的特解

$$s(t)=\frac{mg}{k}t+\frac{m}{k}\left(v_0-\frac{mg}{k}\right)\left(1-\mathrm{e}^{-\frac{k}{m}t}\right).$$

3.2.3 微分方程简单应用

微分方程对于理解和分析自然及社会现象是不可缺少的必需工具, 它不仅被广泛地应用在天文学、物理学、工程学上, 而且还被广泛地应用到社会科学及经济学邻域中. 这里仅通过若干具体的例子介绍最简单的微分方程在科学研究中的应用.

例 3.2.14(人口问题) 人口的增长是当前世界上引起普遍关注的问题. 早在 18 世纪人们就开始进行人口预报工作了. 英国人口学家马尔萨斯 (Malthus, 1766~1834) 根据百余年的人口统计资料, 于 1798 年提出了一个人口指数增长模型. 他的基本假设是: *人口的增长率是常数, 也就是说, 人口增长速度与当时的人口总数成正比.*

设时间 t(单位: 年) 的人口数为 (t), 当考察一个国家或一个很大地区的人口时, $N(t)$ 是很大的整数, 虽然人口数本身是离散的, 但在数量很大而且时间比较长的情况下, 可以认为它是时间 t 的连续可导函数. 由于人口的增长率是导数 $\frac{\mathrm{d}N(t)}{\mathrm{d}t}$, 根据马尔萨斯的假设, 有

$$\frac{\mathrm{d}N(t)}{\mathrm{d}t}=rN(t),$$

其中 $r(>0)$ 是常数，它也是一个相对变化率为常数的微分方程. 利用分离变量法，可以解得该方程满足初值条件 $N(t_0)=N_0$ 的特解

$$N(t)=N_0\mathrm{e}^{r(t-t_0)},$$

这就是著名的马尔萨斯人口模型.

马尔萨斯人口模型不能适用于预测未来较长时期的人口数，是因为人口不可能按指数率无限增长下去. 随着人口的增加，自然资源、环境条件等因素对人口继续增长的阻滞作用越来越显著. 如果当人口较少时，人口增长率还可以看作常数，那么当人口增长到一定数量后，增长率就会随着人口的继续增加而逐渐减少. 许多国家人口增长的实际情况都证实了这点.

为了使人口预报特别是长期预报更好地符合实际情况，需要修改上述模型中关于人口增长率是常数的基本假设. 1838 年比利时生物数学家维尔霍斯特 (Verhulst, 1804~1849) 提出一个改进的模型. 他假定，某个地区的资源最多能支持的人口数为 M，其中 M 是"承载能力"，即环境能支持最多的人口数. 当 $P\to M$, $\mathrm{d}P/\mathrm{d}t\to 0$，说明当人口数达到最大值时，不再增长. 于是他建立了如下微分方程:

$$\frac{\mathrm{d}P}{\mathrm{d}t}=aP\left(1-\frac{P}{M}\right)$$

或者等价表示为

$$\frac{\mathrm{d}P}{\mathrm{d}t}=P(a-bP),$$

其中 $b=\dfrac{a}{M}$.

利用分离变量方法以及求不定积分的基本方法可求上述方程的通解为

$$P(t)=\frac{aC}{bC+\mathrm{e}^{-at}}.$$

由初始条件 $P(0)=P_0$ 可解出 $C=\dfrac{P_0}{a-bP_0}$，从而得到所特解

$$P(t)=\frac{aP_0}{bP_0+(a-bP_0)\mathrm{e}^{-at}},$$

易见 $\lim\limits_{t\to\infty}P(t)=\dfrac{a}{b}=M$.

例 3.2.15(刺激反应问题) 1825 年，德国生理学家恩斯特 · 海因里希 · 韦伯 (Ernst Heinrich Weber, 1795~1878) 提出一种用于测量人类响应各种身体刺激的数学定律. 为此他进行了一系列的试验：被试验对象在试验中蒙上双眼，同时手提重物，在对物体进行缓慢增重的过程中，要求被试验者在感觉到物体重量增加的第一

时间内作出反应. 韦伯发现, 人们的反应并不是与绝对增量成正比, 而是与相对增量正比. 也就是, 如果一个人能够感觉出重量从 10 磅变成 11 磅的变化量 (增加了 10%); 那么, 当物体的初始重量为 20 磅时, 他所能感觉的阈值是 2 磅 (也是 10% 的增量), 如果物体是 40 磅, 相应的增量为 4 磅, 如此类推. 用数学形式表示就是

$$\mathrm{d}s = k\frac{\mathrm{d}W}{W},$$

其中 $\mathrm{d}s$ 是被蒙眼的人作出反应的阈值 (可识别的最小增量), $\mathrm{d}W$ 是相应的重量增量, W 是已有重量, 而 k 为比例常数.

韦伯将他的定律推广到任何一种身体感觉上, 比如感知物理压力的痛觉、对光源亮度的知觉以及对声源声强的听觉. 韦伯的定律后来被德国物理学家古斯塔夫 · 西奥多 · 费希纳 (Gustav Theodor Fechuer, 1801～1887) 所推广, 成为著名的韦伯–费希纳定律. 从数学角度, 该定律是一个可分离变量的微分方程. 对它积分后, 我们可得到

$$s = k\ln W + C,$$

其中 ln 是自然对数, C 是积分常数. 如果我们用 W_0 表示可引起反应的最低物理刺激量 (即阈值), 那么就有 $W = W_0$ 时 $s = 0$, 因此 $C = -k\ln W_0$. 将它代回等式, 同时利用 $\ln W - \ln W_0 = \ln(W/W_0)$, 我们最终得到

$$s = k\ln\frac{W}{W_0},$$

这表明人类的反应遵循对数定律.

关于 $\frac{\mathrm{d}s}{\mathrm{d}w}$ 和 s 的变化趋势, 我们可以画出图 3-2-1 与图 3-2-2.

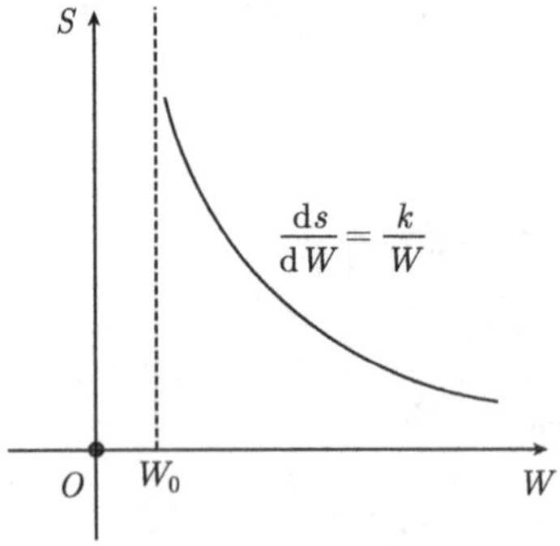

图 3-2-1

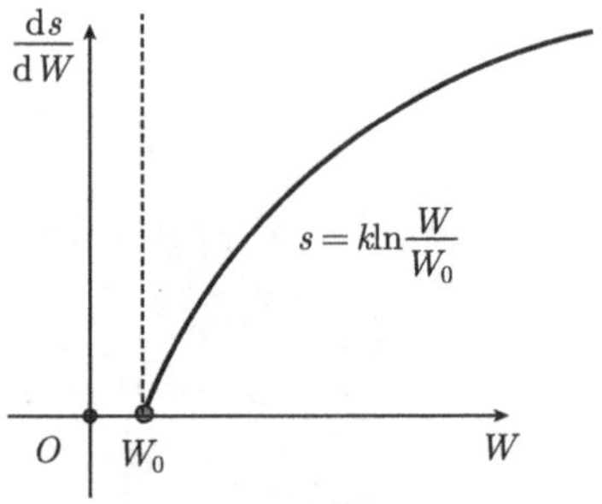

图 3-2-2

注意当刺激增大时, 变化率减小. 也就是说, 当受到的刺激较强时反应的变化较小. 例如, 假设我们在一个具有一只 50W 灯泡的室内, 如果灯泡突然变成了 100W, 我们可能会很强烈地意识到它们的差别, 即我们反应是强烈的. 如果此后灯泡又变

成了 150W, 我们的反应就不像它从 50W 变到 100W 那样强烈. 灯泡从 150W 变到 200W 将会引起更小的反应, 如此等等.

例 3.2.16(火箭速度问题) 俄罗斯宇宙飞行理论的奠基人齐奥尔柯夫斯基(1857~1935) 对火箭飞行速度问题作了开创性研究, 建立了以他的名字命名的火箭飞行速度公式. 他考察在开阔宇宙中直线运动的火箭. 设 $M(t)$ 是火箭 (连同燃料) 在时刻 t 的质量; $V(t)$ 是它在时刻 t 的速度; ω 是燃料爆燃由火箭的管咀喷出的 (相对于火箭的) 速度.

假定火箭连同燃料可以看作一个封闭的系统, 它的冲量 (或动量) 随时间变化而变动.

在时刻 t 系统的冲量等于 $M(t)\cdot V(t)$, 而在时刻 $t+h$ 火箭连同它所剩下的燃料的冲量等于 $M(t+h)\cdot V(t+h)$, 在这段时间内喷出的燃料质量是

$$|\Delta M| = |M(t+h)-M(t)| = -(M(t+h)-M(t)),$$

喷出的这些燃料的冲量 ΔI 由下式界定

$$(V(t)-\omega)|\Delta M| < \Delta I < (V(t+h)-\omega)|\Delta M|,$$

即

$$\Delta I = (V(t)-\omega)|\Delta M| + \alpha(h)|\Delta M|,$$

且由 $V(t)$ 的连续性推出, 当 $h\to 0$ 时, $\alpha(h)\to 0$.

对比系统的时刻 t 和 $t+h$ 的冲量, 有

$$M(t)V(t) = M(t+h)V(t+h) + (V(t)-\omega)|\Delta M| + \alpha(h)|\Delta M|,$$

将 $|\Delta M| = -(M(t+h)-M(t))$ 代入上式并化简, 得

$$\begin{aligned}&M(t+h)(V(t+h)-V(t))\\&=-\omega(M(t+h)-M(t))+\alpha(h)(M(t+h)-M(t)).\end{aligned}$$

以 h 除此式并令 $h\to 0$ 取极限, 得到微分方程

$$M(t)V'(t) = -\omega M'(t).$$

易见该方程等价于

$$V'(t) = (-\omega\ln M)'(t),$$

求不定积分可得

$$V(t) = -\omega\ln M(t) + C.$$

利用初始条件 $V(0)=V_0$, 可得火箭飞行速度的特解公式

$$V(t)=V_0+\omega\ln\frac{M(0)}{M(t)}.$$

例 3.2.17(飞机减速伞设计问题)　当机场跑道长度不足时, 常常使用减速伞作为飞机的减速装置. 在飞机接触跑道开始着陆时, 由飞机尾部张开一幅减速伞, 利用空气对伞的阻力减少飞机的滑跑距离, 保障飞机在较短的跑道上安全着陆.

(1) 一架重 4.5T 的歼击机以每小时 600km 的航速开始着陆, 在减速伞的作用下滑跑 500 米后速度减为每小时 100km. 设减速伞的阻力与飞机的速度成正比, 并忽略飞机所受的其他外力. 试计算减速伞的阻力系数;

(2) 将同样的减速伞装备在 9T 重轰炸机上. 现已知机场跑道长 1500m, 若飞机着陆速度为每小时 700km, 问跑道长度能否保障飞机安全着陆?

解　(1) 设飞机质量为 m, 着陆速度为 v_0. 若从飞机接触跑道时开始计时, 飞机的滑跑距离为 $x(t)$, 飞机的速度为 $v(t)=x'(t)$, 减速伞的阻力为 $-kv(t)$, 其中 k 为阻力系数. 根据牛顿第二运动定律可得出运动方程:

$$mv'(t)=-kv(t)$$

为了确定 $x(t)$ 与 $v(t)$ 的关系, 将 $v'(t)$ 写成

$$\frac{\mathrm{d}v}{\mathrm{d}t}=\frac{\mathrm{d}v}{\mathrm{d}x}\cdot\frac{\mathrm{d}x}{\mathrm{d}t}=v\cdot\frac{\mathrm{d}v}{\mathrm{d}x},$$

将此代入上述运动方程可得分离变量方程:

$$\mathrm{d}v=-(k/m)\mathrm{d}x.$$

注意到 $x(0)=0$. 两边积分得

$$v(t)-v_0=-kx(t)/m.$$

由此计算出 $k=m[v_0-v(t)]/x(t)$, 将 $m=4500\mathrm{kg}$, $v_0=600\mathrm{km/h}$, $v(t)=100\mathrm{km/h}$, $x(t)=0.5\mathrm{km}$ 代入上式得出阻力系数 $k=4.5\times10^6\mathrm{kg/h}$;

(2) 首先求出速度 $v(t)$ 及滑跑距离 $x(t)$ 的表达式. 由上述运动方程可得

$$\frac{\mathrm{d}v}{v}=-\frac{k}{m}\mathrm{d}t,$$

两边积分得 $v(t)=v_0\mathrm{e}^{-(k/m)t}$, 即 $x'(t)=v_0\mathrm{e}^{-(k/m)t}$, 两边在 $[0,t]$ 上求积分得

$$x(t)=mv_0[1-\mathrm{e}^{-(k/m)t}]/k,$$

由此可知, 飞机滑跑距离 $x(t) \leqslant mv_0/k$, 将已知值代入,

$$\frac{mv_0}{k} = \frac{9000 \times 700}{4.5 \times 10^6} = 1.4\text{km} = 140\text{m} < 1500\text{m},$$

所以飞机可以在此跑道上安全着陆.

3.3 积微成著

俄国大文豪列夫 · 托尔斯泰 (1828~1910) 在他的巨著《战争与和平》中曾提到想用微积分计算的手段来完善历史研究方法. 他认为, 利用无限小的计算方法可以解决历史事件线索的活动和动态. 他确信: “只确定对历史进行观测的最小单位, 对历史进行微分, 即把历史事件按人物特点分类, 再采取积分的方法, 我们便可以了解历史的规律”. 简而言之: “历史是微小事件的积分”.

何谓积分? 英语中的 “integral”, 含有整体、完整等含义, 按汉语字面解释, 积分中的 “积” 表示 “聚集” 微小的 “部分” 这一动作, 又表示把微小的 “部分” 聚集起来的结果, 因此又叫 “积微分”. 通俗地说, 如果我们把考古工作者挖掘古代瓷器的过程中把瓷器变成碎片的过程称为微分, 那么收集碎片而且使古瓷器重新复原的过程就是积分. 更确切地说, 积分就是微小变化的积累. 大家明白, “积小总能成多” 是放之四海而皆准的真理. 其实中华成语 “积微成著”, 更是积分的最好写照. 本节介绍定积分的数学文化内涵及其实际应用.

3.3.1 定积分概念及其人文教育价值

何谓定积分? 英语中的 “definite integral”, 从汉语字面上解释, 就是指能够确定其积分值的积分. 从数学工具的角度来说, 定积分是一种用之求总量的重要数学模型, 它的几何背景是求曲边梯形面积及曲顶柱体的体积, 力学背景是求变力作功的总和, 它是从实际问题中抽象概括出来的. 定积分的研究对象是事物的总体 (总量), 定积分所采用的研究方法是 “先分后聚” 的 “局部到整体” 分析法, “分” 的作用像 “屠龙宝刀”, “聚” 的作用像 “聚宝盆”. 更具体地说, 求定积分就是从 “微小” 的局部变化出发, 经过累积与取极限达到整体的最终结果. 从定积分概念看, 它所得到的是 “结果”, 但精彩之处却在于它的过程.

1. 定积分思想基础

从数学史中可以看到, 定积分概念的产生源于面积计算. 只要掌握少许初等数学知识, 人们就可以知道三角形的面积是底 (a) 与高 (h) 的乘积的一半, 即 $S = ah/2$. 进一步, 平面上的多边形可以分成许多个三角形, 多边形的面积就等于三角形的面积之和. 这种思想方法能否可以应用到求 “由曲线围成的图形” 的面积呢?

先看比较简单的圆形的面积怎么求. 半径为 r 的圆面积为 πr^2, 关于这个公式的推导要追溯到古希腊. 古希腊的大数学家阿基米德将圆的面积, 看成是与圆内由外向内的多边形的面积之和相近似, 采用所谓的穷尽法得到圆的面积 $= rL/2$(其中 L 是圆的周长, 按现在的公式写为 $L = 2\pi r$). 因此, 阿基米德得到的结果与 "圆的面积 $= \pi r^2$" 相同. 现在, 人们通常把这种方法看成是积分的基础. 当初他是怎么想到的, 也许我们永远不知道. 然而, 当事后诸葛亮, 有时候是容易的, 我们猜测他是否是将圆分成 $2n$ 等份, 互不交差地排成一排会是怎样的? 这样分出的图形组合可构成与底边长为圆周的一半 πr, 宽为半径 r 的长方形相似的图形, 这个长方形的面积是 πr^2. 开普勒曾这样考虑过, 他把圆看成是 "以圆心为顶点, 圆周为底边的无数细小三角形拼成". 当划分越来越细时, 细小三角形的高 h 与半径 r 等同, 于是有

$$
\begin{aligned}
\text{圆的面积} &\approx \text{无限个小三角形的面积总和} \\
&= (1/2) \times r \times \text{无限个小三角形的底边边长总和} \\
&= (1/2) \times r \times 2\pi r = \pi r^2.
\end{aligned}
$$

有数学家认为, 这里所采用的数学方法相当不讲理却有十分有效. 这种方法至所以能成功, 是依赖于 "圆在一切方向上均对称" 的良好几何特性. 对于一般的图形, 要运用三角形的面积之和来近似就不再适宜了. 大家知道, 在几何学中只有长方形的面积最容易计算 (即长 × 宽). 思想家、数学家帕斯卡想到 "用长方形面积之和来近似" 曲边形面积的方法, 于是, 后人就把四边形 (长方形) 作为计算面积的基础. 现在大家熟悉的定积分概念就是建立在这样的思想基础之上.

2. 定积分及其相关概念

定义 3.3.1(区间分割与分割的模)　区间 $[a,b]$ 的一个分割 T 是指在 $[a,b]$ 内依次加入 $n-1$ 个分点, 并记作

$$T: a = x_0 < x_1 < x_2 < \cdots < x_{n-1} < x_n = b,$$

简记 $\varDelta_i = [x_{i-1}, x_i]$, $\Delta x_i = x_i - x_{i-1}$, $i = 1, 2, \cdots, n$. 并称 $\|T\| = \max\limits_{1\leqslant i\leqslant n}\{\Delta x_i\}$ 为分割 T 的模 (或细度).

评注　分割 T 的模 $\|T\|$ 用之反映分割 T 的细密程度. 易见

$$\|T\| \to 0 \Leftrightarrow \Delta x_i \to 0\ (i = 1, 2, \cdots, n);$$

若分割 T 给定, 则 $\|T\|$ 随之确定, 但分割的模给定, 却可以有无穷多个分割与之对应; 当分割的模 $\|T\| \to 0$ 时, 分点的个数 n 必定趋于 $+\infty$; 反之不真, 只有在等分的情形下, 两者是等价的.

定义 3.3.2(积分和) 设 f 为 $[a,b]$ 上的函数. 给定区间 $[a,b]$ 的分割

$$T: a = x_0 < x_1 < \cdots < x_{n-1} < x_n = b.$$

任取 $\xi_i \in \Delta_i (i = 1, 2, \cdots, n)$, 称 $\{\xi_1, \xi_2, \cdots, \xi_n\}$ 为从属于分割 T 的介点组, 和式 $\sum\limits_{i=1}^{n} f(\xi_i)\Delta x_i$ 为函数 f 在 $[a,b]$ 上的一个积分和. 在不混淆的情形下, 通常简记作 $\sum\limits_{f}(T)$ 或 $\sum(T)$.

评注 给定 $\|T\|$, 积分和 $\sum\limits_{f}(T)$ 中存在着两个不确定的因素, 讨论函数可积性时, 通常用大和与小和取而代之, 这里略.

定义 3.3.3((R) 积分与 (R) 可积) 设 f 是定义在 $[a,b]$ 上的一个函数, J 是一个给定的实数. 如果 $\forall \varepsilon > 0$, $\exists \delta > 0$, 使得对 $[a,b]$ 的任何分割 T, 只要 $||T|| < \delta$ 就有

$$\left|\sum_{f}(T) - J\right| < \varepsilon,$$

则称函数 f 在区间 $[a,b]$ 上黎曼可积 (简称 (R) 可积或可积), 并称 J 为 f 在 $[a,b]$ 上的定积分 (简称 (R) 积分), 记作 $J = \int_a^b f(x)\mathrm{d}x$. 通常称 f 为被积函数, x 为积分变量, $[a,b]$ 为积分区间; 而 a、b 分别称为这个定积分的积分下限和积分上限. 在 $[a,b]$ 上 (R) 可积的函数全体简记作 $R[a,b]$, 称之为 (R) 可积函数空间.

评注 从形式上看, 与函数极限类比, 定积分可以看作积分和的极限, 即

$$\int_a^b f(x)\mathrm{d}x = \lim_{||T|| \to 0} \sum_{f}(T).$$

但这里的极限既不是通常意义下的函数极限, 也不是数列极限, 而是一种广义序列意义下的极限. 只有在非常特殊的情形 (比如分割是等分, 介点组的取法固定) 下, 和式的极限才转化为数列的极限. 在 (R) 可积的情形下, 通常用数列极限 (特殊和式的极限) 计算定积分的值, 这种求 (R) 积分的方法称为直接法.

从定义出发, 可以证明 (R) 可积函数必定是有界的. 非负函数定积分的几何意义是曲边梯形的面积, 一般函数 (即函数值有正有负) 定积分的几何意义是若干块曲边梯形面积的代数和. 定积分作为积分和的极限, 它只与被积函数的形式及积分区间有关, 而与积分变量无关, 即

$$\int_a^b f(x)\mathrm{d}x = \int_a^b f(t)\mathrm{d}t = \int_a^b f(\theta)\mathrm{d}\theta = \cdots.$$

在定积分的定义中要求 $a<b$, 如果 $a=b$ 或 $a>b$, 从定义出发, 考虑积分值是无意义的, 但为了运算与使用上的方便, 通常作如下约定:

当 $a=b$ 时, $\int_a^b f(x)\mathrm{d}x=0$; 当 $a>b$ 时, $\int_a^b f(x)\mathrm{d}x=-\int_b^a f(x)\mathrm{d}x$.

定义 3.3.4(变限积分) 设 $f\in R[a,b]$, 称函数

$$\Phi(x)=\int_a^x f(t)\mathrm{d}t(x\in[a,b])$$

为函数 $f(x)$ 在 $[a,b]$ 上的变限积分, 也称不定积分; 类似也可定义变下限积分

$$\Psi(x)=\int_x^b f(t)\mathrm{d}t.$$

变上限积分与变下限积分, 统称为变限积分.

评注 由 (R) 可积函数的有界性及 (R) 积分的性质可以证明 $\Phi(x)$ 满足利普希兹条件:

存在常数 $M>0$ 使得 $\forall x,y\in[a,b]$ 有

$$|\Phi(x)-\Phi(y)|\leqslant M|x-b|.$$

由此可知, $\Phi(x)$ 在 $[a,b]$ 上必一致连续.

定理 3.3.1((R) 积分的基本性质) 下述命题成立:

(1) 线性 若 $f,g\in R[a,b]$, α,β 为常数, 则 $\alpha f+\beta g\in R[a,b]$, 而且有

$$\int_a^b(\alpha f+\beta g)\mathrm{d}x=\alpha\int_a^b f(x)\mathrm{d}x+\beta\int_a^b g(x)\mathrm{d}x.$$

(2) 积分区间可加性 $f\in R[a,b]\Leftrightarrow\forall c\in(a,b)$, $f\in R[a,c]$ 而且 $f\in R[c,b]$. 进一步在可积的情形下有

$$\int_a^b f(x)\mathrm{d}x=\int_a^c f(x)\mathrm{d}x+\int_c^b f(x)\mathrm{d}x.$$

(3) 保序性 若 $f,g\in R[a,b]$ 而且 $f\leqslant g$, 则

$$\int_a^b f(x)\mathrm{d}x\leqslant\int_a^b g(x)\mathrm{d}x.$$

(4) 严格保序性 若 $f,g\in R[a,b]$, 而且 $f(x)\leqslant g(x)(\forall x\in[a,b])$; 又 f 与 g 都在 x_0 处连续而且 $f(x_0)<g(x_0)$, 则 $\int_a^b f(x)\mathrm{d}x<\int_a^b g(x)\mathrm{d}x$.

证明思路 (1), (2), (3) 的证明由定义可直接证之.

(4) 不妨设 $f=0$, 由连续函数的保号性, 存在 $\delta>0$, 当 $x\in U(x_0,\delta)$ 时 $g(x)>g(x_0)/2>0$, 于是由 (3) 有

$$\int_a^b g(x)\mathrm{d}x \geqslant \int_{x_0-\delta}^{x_0+\delta} g(x)\mathrm{d}x \geqslant 2^{-1}g(x_0)\int_{x_0-\delta}^{x_0+\delta}\mathrm{d}x = g(x_0)\delta>0.$$

例 3.3.1 试用定积分定义求下列定积分

(1) $\int_0^1 x^2\mathrm{d}x$; (2) $\int_0^{\pi}\sin x\mathrm{d}x$; (3) $\int_a^b x^m\mathrm{d}x$(其中 $0<a<b$, $m\in\mathbf{N}^+$).

解答思路 (1) 将 $[0,1]$ 作 n 等分; $0<1/n<2/n<\cdots<(n-1)/n<1$, 取分点 $\xi_i=(i-1)/n$ $(i=1,2,\cdots,n)$, 则有

$$\begin{aligned}S_n=&n^{-1}[(1/n)^2+(2/n)^2+\cdots+((n-1)/n)^2]\\=&[1^2+2^2+\cdots+(n-1)^2]/n^3\\=&\frac{1}{n^3}\cdot\frac{(n-1)n(2n-1)}{6}=\frac{1}{6}\left(1-\frac{1}{n}\right)\left(2-\frac{1}{n}\right)\to\frac{1}{3}.\end{aligned}$$

这里把求积分的问题化为求和式

$$1^2+2^2+\cdots+(n-1)^2$$

序列极限问题;

(2) 将 $[0,\pi]$ 作 n 等分:

$$0<\frac{\pi}{n}<\frac{2}{n}\pi<\cdots<\frac{n-1}{n}\pi<\pi,$$

取分点 $\xi_i=\frac{i}{n}\pi$ $(i=1,2,\cdots,n)$, 则有

$$\begin{aligned}S_n=&\frac{1}{n}\pi\left[\sin\left(\frac{\pi}{n}\right)+\sin\left(\frac{2}{n}\pi\right)+\cdots+\sin\left(\frac{n}{n}\pi\right)\right]\\=&\frac{\pi}{n}\left(\sin\frac{\pi}{2n}\right)^{-1}\left(\sin\frac{\pi}{2n}\right)\left[\sin\left(\frac{\pi}{n}\right)+\cdots+\sin\left(\frac{n}{n}\pi\right)\right]\\=&\frac{\pi}{2n}\left(\sin\frac{\pi}{2n}\right)^{-1}\left[\cos\left(\frac{\pi}{2n}\right)-\cos\left(\left(n+\frac{\pi}{2}\right)\cdot\frac{\pi}{n}\right)\right]\\&\to\cos 0-\cos\pi=2;\end{aligned}$$

(3) 将 $[a,b]$ 作不等距分割

$$a<aq<aq^2<\cdots<aq^n=b\ (其中q=\sqrt[n]{b/a}),$$

取分点 $\xi_k=aq^{k-1}(k=1,2,\cdots,n)$, 则有

$$S_n=(q-1)(aq^{1-1})^{m+1}+(q-1)(qa^{2-1})^{m+1}+\cdots+(q-1)(aq^{n-1})^{m+1}$$

$$=(q-1)a^{m+1}(1+q^{m+1}+\cdots+q^{(m+1)(n-1)})$$
$$=(q-1)a^{m+1}(q^{(m+1)n}-1)/(q^{m+1}-1),$$

注意到 $q^n=b/a$, 因而有

$$S_n=a^{m+1}[(b/a)^{m+1}-1]/[(q^{m+1}-1)/(q-1)],$$

当 $n\to\infty$ 时, 有 $q=\sqrt[n]{b/a}\to 1$ 而且 $(q^{m+1}-1)/(q-1)\to m+1$, 于是有

$$S_n\to\frac{b^{m+1}-a^{m+1}}{m+1},\quad \int_a^b x^m\mathrm{d}x=\frac{b^{m+1}-a^{m+1}}{m+1}.$$

例 3.3.2 试用定积分定义推导半径为 R 的球的表面积公式及体积公式.

解答提示 (1) 球的表面不能展开为平面图形, 因而球的表面积公式无法用展开图求出. 考虑由四分之一圆周绕一边半径所在直线旋转所成的半球面面积. 如图 3-3-1 所示, 将四分之一圆周等分为 n 部分, 过各分点分别作 OA_0 的垂线, 垂足分别为 $B_1,B_2,\cdots,B_n$, 记 $l=A_{i-1}A_i$ $(i=1,2,\cdots,n)$, $r_k=A_kB_k(k=1,2,\cdots,n-1)$, $r_n=A_nO$.

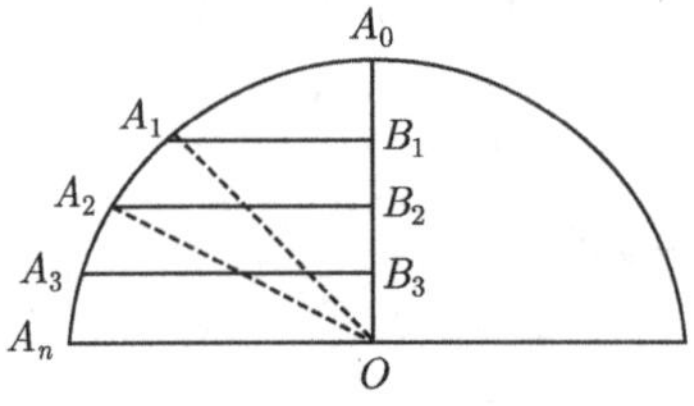

图 3-3-1

在 $\triangle A_0A_1O$ 中, $l=A_0A_1=2R\sin(\pi/4n)$, 在 $Rt\triangle A_1B_1O$ 中, $r_1=R\sin(\pi/2n)$; 在 $Rt\triangle A_2B_2O$ 中, $r_2=R\sin(2\pi/2n)$. 一般地, 有 $r_k=R\sin(k\pi/2n)$ $(k=1,2,\cdots,n)$, 于是正折线形 $A_0A_1\cdots A_n$ 的面积

$$\begin{aligned}S_n&=\pi r_1l+\pi(r_1+r_2)l+\cdots+\pi r_nl\\&=\pi l[r_1+(r_1+r_2)+\cdots+r_n]\\&=2\pi R^2\sin\frac{\pi}{4n}\left[2\sin\frac{\pi}{2n}+2\sin\frac{2\pi}{2n}+\cdots+2\sin\frac{n\pi}{2n}\right]\\&=2\pi R^2\left[\left(\cos\frac{\pi}{4n}-\cos\frac{3\pi}{4n}\right)+\cdots+\left(\cos\frac{2n-3}{4n}\pi-\cos\frac{2n-1}{4n}\pi\right)+\sin\frac{\pi}{4n}\right]\\&=2\pi R^2\left[\cos\frac{\pi}{4n}-\cos\frac{2n-1}{4n}\pi+\sin\frac{\pi}{4n}\right]\to 2\pi R^2.\end{aligned}$$

因此, $S_{半球}=2\pi R^2$, 从而 $S_{球}=4\pi R^2$.

(2) 如图 3-3-2 所示, 将球面分割为 n 个小网格, 连接球心和这些小网格的顶点, 得到 n 个小棱锥. 设第 i 个小棱锥的高为 h_i, 底面积为 S_i, 体积为 $V_i(i=1,2,\cdots,n)$,

则 $V_i = S_i h_i/3$.

$$V_1 + V_2 + \cdots + V_n$$
$$= [h_1 S_1 + h_2 S_2 + \cdots + h_n S_n]/3,$$

将上述分割无限细化, 即当 $n \to \infty$ 时, $h_i \to R$, 同时 $S_1 + S_2 + \cdots + S_n \to$ 球的面积 S. 因此有

$$V_1 + V_2 + \cdots V_n \to RS_{球}/3 = 4\pi R^3/3.$$

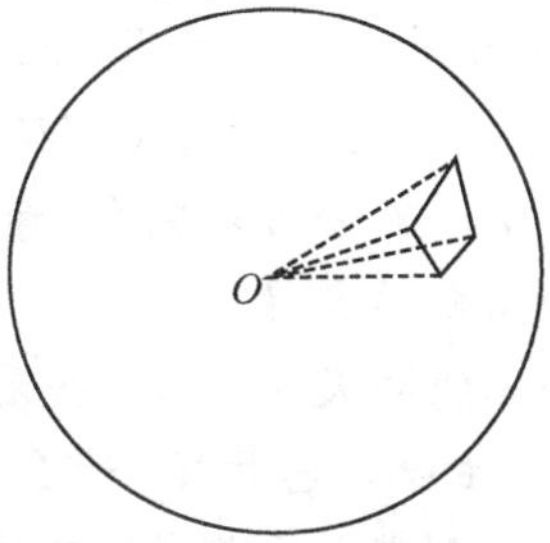

图 3-3-2

3. 积分思想的人文教育价值

定积分思想的精髓蕴涵在定积分定义四部曲中:

“分割”(化整为零)、“取点”(近似替代)、“作和”(集零为整)、“求极限”(消除差异).

定积分的本质用一句话概括就是:

在“局部地以直代曲”的基础上“积微成著”.

“居高临下”, 只有站得高才能看得远. 反过来, 唯有从一步一个脚印地往上艰苦攀登, 才能从山脚走上山顶. 整体能够决定个体 (国家决定个人的命运), 个体的累积又影响整体. 宋代诗人陆九渊 (1139~1192) 以“涓涓积至沧溟水, 拳石崇成泰华岑”劝喻人们: 涓涓细流汇聚起来, 就能形成苍茫大海; 拳头大的石头垒积起来, 就能形成泰山和华山那样的巍巍高山. 但是, 汇聚和垒积需要恒心, 浮躁不得. 积累, 大都是漫长的、寂寞的. 大多数场合下, 只有付出而极少得到回报, 甚至没有回报. 在那短暂又漫长的人生征途上, 大多数人都要吃尽许多苦头, 尝遍孤独与乏味, 若稍有半点动摇, 不想继续干下去了, 成功之路就可能被堵住了. 老子在《道德经》中说, “合抱之木, 生于毫末; 九层之台, 起于累土; 千里之行, 始于足下.” 荀子 (约公元前 313~ 前 238) 在《劝学》中也说: “不积跬步, 无以至千里; 不积小流, 无以成江海.” 好大不能成其大, 急功难于成其功. 这正是积分思想菁华中所蕴涵着的人生哲理.

定积分的思维方法就是“通过局部把握整体”. 我国数学教育学家张奠宙先生在其著作《情真意切话数学》(2011 年) 中对此有一段很精彩的论述:

“大自然是局部与整体的统一. 近看大海汹涌澎湃, 远看则风平浪静. 宏观地看长江, 整体上是‘一江春水向东流’, 可是如果局部地看, 却是千折百回. 整体是由局部构成的, 把局部研究透了, 自然能够获得更多的整体信息”.

台湾蔡志忠先生有一篇题为《人生是时间的微积分》也很好畅述了微积分的人文意义:

开悟的人生像极了微积分的基本精神:

"永恒即是由无穷多数、无穷小刹那相加而成."

"人的一生就是所有无穷微小时间之和."

没有哪一部分可以割舍, 于任何时空境遇都能我、人、主、客完全地融为一体, 才是体验生命的真谛.

我们不能明天去看云、去看鱼、去观水, 因为看云、看鱼、观水的明天, 也是明天的今天. 生命的总长度, 等于一连串无穷多数小刹那的累积.

无穷小刹那就是微分, 而将这些无穷小刹那相加, 就是积分 —— 无论我们的一生有多长, 它的总长度就是由这些无穷小刹那相加的总和.

如果我们不能融入于今日、此时、此地、此刻, 就别提明天会来临. 因为, 来临的每一个明天、明天、明天 …… 都只是当时、今日、此时、此地、此刻.

这些构成无穷多数无穷小刹那中, 无论它是好、坏、净、垢、寒、暑、高、低, 都是整个人生的一部分, 没哪一部分不是自己. 我们如果排斥忽略它, 就是忽略自己的人生.

未悟之前 ……

鱼儿想飞, 鸟儿想潜水.

开悟之后 ……

云在青天, 水在瓶中.

200 年前英国诗人布莱克绝对是个开悟之人, 大概他也懂得微积分. 他写了一首悟道心得的好诗: "一沙一世界, 一花一天堂; 握无穷于掌心, 窥永恒于一瞬."

禅, 是完全了悟生命实相的生提到态度! 我们了悟时间实相, 当然更能清楚知道在有限人生的时间区间里 …… 自己应该做什么? 自己应如何做? 应该朝向哪边走? 宇宙空间很大, 我们立足之地很小, 宇宙时间很长, 我们的一生很短.

在无穷无尽的浩瀚星海中, 地球犹如宇宙的天堂! 地难得, 生命难得, 人生难得. 我们有幸能生活于宇宙的伊甸园里, 应该珍惜生物史的这一瞬间.

的确, 人生就是点点滴滴的瞬间的积累.

唐朝文学家、哲学家刘禹锡 (772~842) 在《浪涛沙》中有诗云: "千淘万漉虽辛苦, 吹尽狂沙始到金." 定积分这种具有 "持久影响力" 的创造性思想并非横空出世, 而是从一开始依靠直觉所获得的并不严密的形态出发, 经过历代数学家 "站在巨人的肩膀上" 不断努力, 才到达今天看上去如此完善的层面. 英国大诗人雪莱 (P.B.Shelley, 1792~1822) 曾写过一首诗赞美微积分的诞生:

"狂飚飞雪纷纷下, 层层叠叠堆成塔, 霹雳一声金鸟醒, 地坼天崩!

恰如战天靠智慧, 点点滴滴多积累, 伟大真理一朝出, 震宇回响! "

实际上, 无论是定积分概念本身, 还是定积分思想形成的历史进程, 都能让我们获得巨大的启示. 我们所继承的人类文明, 并非某一个天才一夜间突然发明的, 而是经过人类多少代人的不断努力才加以完善. 所有人类文明的遗产我们都要敬畏, 但我们不能盲目地崇拜个人. 当然, 我们每个人也有责任把自己所继承的人类文明再完善一些 (哪怕是添加细微的小水滴), 并尽自己的能力把人类文明史向前推进 (哪怕是微不足道的一小步!).

3.3.2 定积分计算及其数学内部应用

通过上面所举的几个例题中, 我们可以看到通过求积分和的极限来计算定积分是一件很困难的工作, 因此, 需要建立便于计算的定积分计算公式及其计算方法.

定理 3.3.2(牛顿–莱布尼茨公式) 若 $f\in R[a,b]$, $F\in C[a,b]$ 而且除有限个点外有 $F'(x)=f(x)$, 那么有 $\int_a^b f(x)\mathrm{d}x=F(b)-F(a)$.

评注 该定理的证明可由 (R) 积分的定义 (分点包括例外点即 $F'(x)\neq f(x)$ 的点) 及微分中值定理 (作用在 F 上) 推得, 这里略.

背景聚焦 牛顿–莱布尼茨公式简称 N-L 公式, 它是微积分的核心定理, 最初分别由牛顿与莱布尼茨在 17 世纪下半叶独立得到, 柯西在 19 世纪初给出精确叙述与证明, 黎曼在 19 世纪中叶给予完善, 达布在 1875 年给出现在这种表达形式. 该公式告诉人们, 利用原函数 (即不定积分) 可简便地计算定积分的值, 我们可以想象, 如果没有 N-L 公式, 仅依靠定义求定积分是不会走得太远的. 该公式的重大意义将在后面详细介绍.

定理 3.3.3(换元积分法) 若 $\varphi'(t)$ 在 $[\alpha,\beta]$ 上连续, $\varphi(\alpha)=a$, $\varphi(\beta)=b$, $\varphi([\alpha,\beta])\subset[a,b]$, $f\in C[a,b]$, 则有 $\int_a^b f(x)\mathrm{d}x=\int_\alpha^\beta f(\varphi(t))\varphi('(t)\mathrm{d}t$.

评注 定理证明可由复合函数微分法则及 N-L 公式可推得 (从等式右边着手). (R) 积分换元积分法实际上是不定积分第二换元积分法的直接应用. 但使用时有较大差别:

在这里换元之后变量不需回代, 但积分限要跟着更换.

特别在去掉根号的情形下必须注意函数的符号. 此外, 对应于不定积分中的第一换元法 (即凑微分法), 在这里可以不加变动地直接应用, 而且积分限也不需作更改 (即仍然采用原来的积分变量).

定理 3.3.4(分部积分法) 如果 $u'(x)$, $v'(x)\in C[a,b]$, 那么有

$$\int_a^b u(x)v'(x)\mathrm{d}x=\int_a^b u(x)\mathrm{d}v(x)=u(x)v(x)|_a^b-\int_a^b v(x)\mathrm{d}u(x).$$

该定理证明可由乘积微分法则及 N-L 公式直接证之.

例 3.3.3 利用定积分证明下列组合数公式:

(1) $\dfrac{C_n^0}{1}+\dfrac{C_n^1}{2}+\cdots+\dfrac{C_n^n}{n+1}=\dfrac{2^{n+1}-1}{n+1}$;

(2) $\dfrac{C_n^0}{1}-\dfrac{C_n^1}{2}+\cdots+(-1)^n\dfrac{C_n^n}{n+1}=\dfrac{1}{n+1}$;

(3) $\dfrac{C_n^0}{2}+\dfrac{C_n^1}{3}+\cdots+\dfrac{C_n^n}{n+2}=\dfrac{n2^{n+1}+1}{(n+1)(n+2)}$;

(4) $\dfrac{C_n^1}{2}-\dfrac{C_n^2}{3}+\cdots+(-1)^{n+1}\dfrac{C_n^n}{n+1}=\dfrac{n}{n+1}$;

(5) $C_n^1-\dfrac{C_n^2}{2}+\cdots+(-1)^{n+1}\dfrac{C_n^n}{n}=1+\dfrac{1}{2}+\cdots+\dfrac{1}{n}$.

证明思路 (1) 利用 $(1+x)^n=C_n^0+C_n^1x+\cdots+C_n^nx^n$ 在 $[0,1]$ 上积分即得;

(2) 利用 $(1-x)^n=C_n^0-C_n^1x+\cdots+(-1)^nC_n^nx^n$ 在 $[0,1]$ 上积分即得;

(3) 在 $(1+x)^n=C_n^0+C_n^1x+\cdots+C_n^nx^n$ 两边同时乘以 x, 再在 $[0,1]$ 上求积分即得;

(4) 利用 $C_n^1x-C_n^2x^2+\cdots+(-1)^{n+1}C_n^nx^n=C_n^0-(1-x)^n$ 在 $[0,1]$ 上积分即得;

(5) 由 $x^n=[(1+(x-1)]^n=C_n^0+C_n^1(x-1)+\cdots+C_n^n(x-1)^n$ 得

$$x^n-1=C_n^1(x-1)+\cdots+C_n^n(x-1)^n,$$

当 $x\neq 1$ 时, 两边除以 $x-1$ 得

$$1+x+x^2+\cdots+x^{n-1}=C_n^1+C_n^2(x-1)+\cdots+C_n^n(x-1)^{n-1},$$

当 $x=1$ 时, 该等式显然成立, 两边分别在 $[0,1]$ 上求积分即得.

例 3.3.4 利用定积分证明下列不等式 $(n\in\mathbf{N}^+)$:

(1) $2\sqrt{n}-2<(\sqrt{1})^{-1}+(\sqrt{2})^{-1}+\cdots+(\sqrt{n})^{-1}<2\sqrt{n}-1$;

(2) $n^{-2}(n^2-n+1)<1+2^{-2}+3^{-2}+\cdots+n^{-2}<2-n^{-1}$;

(3) $\pi/4\leqslant(1^2+1)^{-1}+(2^2+1)^{-1}+\cdots+(n^2+1)^{-1}+\cdots\leqslant(2+\pi)/4$;

(4) $\pi/2\leqslant(2\sqrt{1})^{-1}+(3\sqrt{2})^{-1}+\cdots+((n+1)\sqrt{n})^{-1}+\cdots\leqslant\pi/2$.

证明思路 (1) 由 $\displaystyle\int_1^n(\sqrt{x})^{-1}\mathrm{d}x=2\sqrt{n}-2$ 及下述不等式可得

$$\sum_{i=1}^{n-1}(\sqrt{i+1})^{-1}<\int_1^n(\sqrt{x})^{-1}\mathrm{d}x=\sum_{i=1}^{n-1}\int_i^{i+1}(\sqrt{x})^{-1}\mathrm{d}x\leqslant\sum_{i=1}^{n-1}(\sqrt{i})^{-1};$$

(2) 对函数 $f(x)=x^{-2}$ 应用与 (1) 相同的方法可得;

(3) 利用 $\displaystyle\lim_{n\to\infty}\int_1^n\frac{\mathrm{d}x}{1+x^2}=\lim_{n\to\infty}(\arctan n-\arctan 1)=\pi/4$ 及对函数

$$f(x)=(1+x^2)^{-1}$$

应用与 (1) 相同的方法可得;

(4) 利用 $\lim\limits_{n\to\infty}\int_1^n \frac{\mathrm{d}x}{(x+1)\sqrt{x}} = \lim\limits_{n\to\infty}(\arctan\sqrt{n} - \arctan\sqrt{1}) = \pi/2$ 及对函数

$$f(x) = ((x+1)\sqrt{x})^{-1}$$

应用与 (1) 相同的方法可得.

例 3.3.5($\ln(n!)$ 的数量级) 设 $P_n = \ln(n!) = \sum\limits_{i=2}^{n}\ln i$. 证明下述命题:

(1) P_n 的渐近值是由 $n\ln n$ 给出的. 即 $\lim\limits_{n\to\infty}\frac{\ln(n!)}{n\ln n} = 1$;

(2) $1 - \frac{1}{n} < \frac{\ln(n!)}{n\ln n} < 1 + \frac{1}{n}$.

证明思路 由分部积分法可得

$$\int_1^n \ln x\mathrm{d}x = n\ln n - n + 1,\quad \int_1^{n+1}\ln x\mathrm{d}x = (n+1)\ln(n+1) - (n+1) + 1,$$

再在

$$\int_1^n \ln x\mathrm{d}x = \sum_{i=1}^{n-1}\int_i^{i+1}\ln x\mathrm{d}x < P_n < \sum_{i=2}^{n}\int_i^{i+1}\ln x\mathrm{d}x < \int_1^{n+1}\ln x\mathrm{d}x$$

的两边除以 $n\ln n$, 取极限即得 (1);

不难证明两边除以 $n\ln n$ 之后的左边大于 $1-\frac{1}{n}$, 而右边小于 $1+\frac{1}{n}$, 即 (2) 成立.

例 3.3.6 试用定积分证明下述极限

(1) $\lim\limits_{n\to\infty}\frac{1^m + 2^m + \cdots + n^m}{n^{m+1}} = \frac{1}{m+1}$ (其中 $m \neq -1$);

(2) $\lim\limits_{n\to\infty}\left(\frac{1}{n+1} + \frac{1}{n+2} + \cdots + \frac{1}{2n}\right) = \ln 2$;

(3) $\lim\limits_{n\to\infty}\left(\frac{n}{n^2+1^2} + \frac{n}{n^2+2^2} + \cdots + \frac{n}{n^2+n^2}\right) = \frac{\pi}{4}$;

(4) $\lim\limits_{n\to\infty}[\sqrt[n]{n(n+1)\cdots(n+n-1)}]/n = 4/\mathrm{e}$.

证明思路 (1) $(1^m + 2^m + \cdots + n^m)/n^{m+1} = n^{-1}[(1/n)^m + \cdots + (n/n)^m]$

$$\to \int_0^1 x^m\mathrm{d}x = (m+1)^{-1};$$

(2) $\frac{1}{n+1} + \frac{1}{n+2} + \cdots + \frac{1}{2n} = n^{-1}\left[\left(1+\frac{1}{n}\right)^{-1} + \cdots + \left(1+\frac{n}{n}\right)^{-1}\right]$

$\to \int_1^2 \frac{1}{x}\mathrm{d}x = \ln 2 - \ln 1 = \ln 2$;

(3) $\frac{n}{n^2+1^2}+\frac{n}{n^2+2^2}+\cdots+\frac{n}{n^2+n^2}$

$=n^{-1}([1+(1/n)^2]^{-1}+[1+(2/n)^2]^{-1}+\cdots+[1+(n/n)^2]^{-1})$

$\to \int_0^1 \frac{\mathrm{d}x}{1+x^2}=\arctan x|_0^1=\frac{\pi}{4};$

(4) 令 $y_n=\sqrt[n]{n(n+1)\cdots(n+n-1)}/n$,

$$S_n=\ln y_n=\frac{1}{n}\left[\ln\left(1+\frac{0}{n}\right)+\ln\left(1+\frac{1}{n}\right)+\cdots+\ln\left(1+\frac{n-1}{n}\right)\right]$$

$$\to \int_0^1 \ln(1+x)\mathrm{d}x=\ln 4-1 \text{ (用分部积分可得)},$$

于是有 $y_n=\mathrm{e}^{S_n}\to \mathrm{e}^{\ln 4-1}=4/\mathrm{e}$.

3.3.3 定积分中值定理及其应用

定理 3.3.5(积分平均值定理) 若 $f\in R[a,b]$ 且有原函数 $F(x)$, 则存在 $\xi\in[a,b]$ 使得

$$A(f)=\frac{1}{b-a}\int_a^b f(x)\mathrm{d}x=f(\xi).$$

证明思路 由 N-L 公式得 $\int_a^b f(x)\mathrm{d}x=F(b)-F(a)$, 再由 (L) 微分中值定理即得.

评注 从本质上看, 积分平均值定理就是加了 $F'(x)$ 为 (R) 可积条件的拉格朗日微分中值定理, 它是算术平均值 (离散) 的极限状态 (因而可以看作是函数 $f(x)$ 在 $[a,b]$ 上的函数值集合的平均数). 当 $f(x)$ 非负时, 其几何意义就是指曲边梯形的面积必等于以 $[a,b]$ 为底, 以 $f(\xi)$ 为高的矩形面积. 特别地, 当 $f\in C[a,b]$ 时必有积分平均值定理成立.

进一步, 可取定理中的 $\xi\in(a,b)$.

定理 3.3.6(第一积分中值定理) 若 $f\in C[a,b]$, $g\in R[a,b]$ 且 $g(x)$ 在 $[a,b]$ 上不变号, 则存在 $\xi\in(a,b)$ 使得

$$\int_a^b f(x)g(x)\mathrm{d}x=f(\xi)\left(\int_a^b g(x)\mathrm{d}x\right).$$

证明思路 不妨设 $m\leqslant f(x)\leqslant M(x\in[a,b])$, 由条件及 (R) 积分的保序性可得

$$m\int_a^b g(x)\mathrm{d}x\leqslant\int_a^b f(x)g(x)\mathrm{d}x\leqslant M\int_a^b f(x)g(x)\mathrm{d}x.$$

不妨设 $\int_a^b g(x)\mathrm{d}x \neq 0$, 由连续函数的介值性必存在 $\xi \in [a,b]$ 使得

$$f(\xi) = \left(\int_a^b g(x)\mathrm{d}x\right)^{-1}\left(\int_a^b f(x)g(x)\mathrm{d}x\right).$$

评注 当 $g(x)$ 恒取正值时, 第一积分中值定理就是 (离散) 加权算术平均值的极限状态. 若把 $g(x)$ 看作是质量密度函数, 那么 $(\xi, f(\xi))$ 正是平面曲线 $y = f(x)$ 的质心坐标.

定理 3.3.7(邦内 (Bonnet, 1819~1892[法]) 型第二积分中值定理) 设 $f \in R[a,b]$.

(1) 若 $g(x)$ 是 $[a,b]$ 上非负递减函数, 则存在 $\xi \in [a,b]$ 使得

$$\int_a^b f(x)g(x)\mathrm{d}x = g(a)\int_a^\xi f(x)\mathrm{d}x;$$

(2) 若 $g(x)$ 是 $[a,b]$ 上非负递增函数, 则存在 $\xi \in [a,b]$ 使得

$$\int_a^b f(x)g(x)\mathrm{d}x = g(b)\int_\xi^b f(x)\mathrm{d}x.$$

评注 该定理证明需用到下述的阿贝尔 (Abell, 1802~1829[挪威]) 的分部求和公式:

给定两个数组 $\{a_i\}_{i=1}^n$ 与 $\{b_i\}_{i=1}^n$. 若令 $A_k = \sum_{i=1}^k a_i$ $(k = 1, 2, \cdots, n)$, 则

$$\sum_{i=1}^n a_i b_i = \sum_{i=1}^{n-1} A_i(b_i - b_{i+1}) + A_n b_n.$$

特别地当 $\{b_i\}_{i=1}^n$ 单调递减而且 $m \leqslant A_k \leqslant M(k = 1, 2, \cdots, n)$ 时有

$$mb_1 \leqslant \sum_{i=1}^n a_i b_i \leqslant Mb_1.$$

分部求和公式可由恒等式

$$\sum_{i=1}^n a_i b_i = A_1 b_1 + \sum_{i=2}^n (A_i - A_{i-1}) b_i = \sum_{i=2}^n A_i(b_i - b_{i+1}) + A_n b_n$$

推得.

定理 3.3.7 的证明思路 由 (R) 可积函数必有界及定义可证得, 对 $[a,b]$ 的任何分割 $T: a=x_0<x_1<\cdots<x_n=b$ 都有

$$\int_a^b f(x)g(x)\mathrm{d}x=\lim_{\|T\|\to 0}\sum_{i=1}^n g(x_{i-1})\int_{x_{i-1}}^{x_i} f(x)\mathrm{d}x.$$

设 $F(x)=\displaystyle\int_a^x f(t)\mathrm{d}t$(即后面介绍的变限积分), 易见

$$\sum_{i=1}^n g(x_{i-1})\int_{x_{i-1}}^{x_i} f(x)\mathrm{d}x=\sum_{i=1}^n[F(x_i)-F(x_{i-1})]g(x_{i-1}).$$

易见 $F(x)$ 连续, 设 M,m 分别为 $F(x)$ 在 $[a,b]$ 上的最大、最小值. 记

$$a_i=F(x_i)-F(x_{i-1})\ (i=1,2,\cdots,n),\quad b_i=g(x_{i-1})\ (i=1,2,\cdots,n),$$

由阿贝尔引理 $(F(a)=0)$ 可得

$$mg(a)\leqslant\sum_{i=1}^n[F(x_i)-F(x_{i-1})]g(x_{i-1})\leqslant Mg(a).$$

令 $\|T\|\to 0$ 即得

$$mg(a)\leqslant\int_a^b f(x)g(x)\mathrm{d}x\leqslant Mg(a).$$

不妨设 $g(a)\neq 0$ $(g(a)=0$, (1) 显然成立), 再对 $F(x)$ 在 $[a,b]$ 上应用介值定理即得 (1). 类似可证 (2).

定理 3.3.8(魏尔斯特拉斯型第二积分中值定理) 若 $f\in R[a,b]$, $g(x)$ 是 $[a,b]$ 上的单调函数, 则存在 $\xi\in[a,b]$ 使得

$$\int_a^b f(x)g(x)\mathrm{d}x=g(a)\int_a^\xi f(x)\mathrm{d}x+g(b)\int_\xi^b f(x)\mathrm{d}x.$$

证明思路 当 $g(x)$ 为单调递减 (相应地递增) 函数时, 对 $h(x)=g(x)-g(b)$(相应地对 $h(x)=g(x)-g(a)$) 应用定理 3.3.7 即得.

例 3.3.7 假设 $C(t)$ 表示每天的住房供暖费用, 单位为元/天, 这里 t 以天计, $t=0$ 对应的时间是 2013 年 1 月 1 日. 试解释:

$$\frac{1}{90-0}\int_0^{90} C(t)\mathrm{d}t.$$

解 定积分 $\displaystyle\int_0^{90} C(t)\mathrm{d}t$ 的单位是: (元/天)×(天数)= 元, 它表示 2013 年最初

的 90 天内 (也就是 1 月、2 月和 3 月三个月内), 住房供暖的总费用.

表达式

$$\frac{1}{90-0}\int_0^{90} C(t)\mathrm{d}t$$

表示 2013 年最初的 90 天内的每天平均费用, 它的计算单位是 (1/天数)×(元) = 元/天, 与 $C(t)$ 的单位是一致的.

例 3.3.8 某公路管理处在城市高速公路出口处, 记录了几个星期内平均车辆行驶速度. 数据统计表明, 一个普通工作日中的下午 1:00 至 6:00 之间, 此口在 t 时刻的平均车辆行驶速度为

$$s(t) = 2t^3 - 21t^2 + 60t + 40(\text{km/h})$$

左右, 试计算下午 1:00 至 6:00 内的平均车辆行驶速度?

解 此题就是求函数 $s(t)$ 在区间 $[1,6]$ 内的平均值.

$$\begin{aligned}\text{平均车辆行驶速度} &= \frac{1}{6-1}\int_1^6 s(t)\mathrm{d}t \\ &= \frac{1}{6-1}\int_1^6 (2t^3 - 21t^2 + 60t + 40)\mathrm{d}t \\ &= \frac{1}{5}\left(\frac{1}{2}t^4 - 7t^3 + 30t^2 + 40t\right)\Bigg|_1^6 = 78.5(\text{km / h})\end{aligned}$$

例 3.3.9 求证多项式的平均值性质: 若函数 $f(x)$ 是 x 的不超过三次的多项式函数, 则在任意闭区间 $[a,b]$ 上有

$$A(f) = [f(a) + 4f((a+b)/2) + f(b)]/6,$$

但当 $f(x)$ 是 x 的高于三次的多项式函数时, 其结论不一定成立.

证 令 $x = (a+b)/2 + t$ (即 $t = x - ((a+b)/2)$), $h = (b-a)/2$,

$$f(x) = f((a+b)/2 + t) = \varphi(t),$$

易见

$$f(a) = f((a+b)/2 - (b-a)/2) = \varphi(-(b-a)/2) = \varphi(-h),$$
$$f((a+b)/2) = \varphi(0), \quad f(b) = \varphi(h),$$

需证等式转化为

$$A(f) = \frac{1}{2h}\int_{-h}^{h} \varphi(t)\mathrm{d}t = [\varphi(-h) + 4\varphi(0) + \varphi(h)]/6.$$

显然当 $\varphi(t) \equiv 1$ 时, 等式成立.

一般地, 对于 $\varphi(t)=t^n\ (n=1,2,\cdots)$ 即 $f(x)=(x-(a+b)/2)^n$ 是 n 次多项式时有

$$\text{左边}=\frac{1}{2h}\int_{-h}^{h}t^n\mathrm{d}t=\begin{cases}0, & n\text{为奇数},\\ h^{-1}\displaystyle\int_0^h t^n\mathrm{d}t, & n\text{为偶数}.\end{cases}$$

$$\text{右边}=\begin{cases}0, & n\text{为奇数},\\ h^n/3, & n\text{为偶数}.\end{cases}$$

由此可见, 当 $n\leqslant 3$ 时, 上述结论成立; 当 $n\geqslant 4$ 而且为偶函数时, 上述结论不再成立.

例 3.3.10 求证下述命题:

(1) 若 $f\in C[A,B]$, $[a,b]\subset(A,B)$. 则

$$\lim_{h\to\infty}\int_a^b h^{-1}[f(x+h)-f(x)]\mathrm{d}x=f(b)-f(a);$$

(2) 若 $f(x)$ 在 $[0,1]$ 上可微, 而且

$$f(1)=\alpha^{-1}\int_0^{\alpha}x\mathrm{e}^{1-x}f(x)\mathrm{d}x$$

(其中 $\alpha\in(0,1)$), 则存在 $\xi\in(0,1)$ 使得 $f'(\xi)=(1-\xi^{-1})f(\xi)$.

证明思路 (1) 由定积分换元法及积分平均值定理有

$$\begin{aligned}&\lim_{h\to 0}\int_a^b h^{-1}[f(x+h)-f(x)]\mathrm{d}x\\ =&\lim_{h\to 0}h^{-1}\left[\int_b^{b+h}f(t)\mathrm{d}t-\int_a^{a+h}f(t)\mathrm{d}t\right]\\ =&\lim_{h\to 0}[f(b+\theta_1 h)-f(a+\theta_2 h)]=f(b)-f(a);\end{aligned}$$

(2) 由积分平均值定理 $\exists\xi_1\in[0,\alpha]$ 使得

$$f(1)=\xi_1\mathrm{e}^{1-\xi_1}f(\xi_1),$$

令 $\varphi(x)=x\mathrm{e}^{1-x}f(x)$, 则有

$$\varphi(\xi_1)=f(1)=\varphi(1),$$

对函数 $\varphi(x)$ 在 $[\xi,1]$ 上应用罗尔中值定理即得.

3.3.4 微积分基本定理及其应用

定理 3.3.9(微积分基本定理) 下述命题成立:

(1) 微分形式　若函数 $f(x)$ 在区间 $[a,b]$ 上连续, $\Phi(x)=\int_a^x f(t)\mathrm{d}t(a\leqslant x\leqslant b)$, 则 $\Phi(x)$ 在 $[a,b]$ 上可微, 而且 $\Phi'(x)=f(x)(a\leqslant x\leqslant b)$, 即 $\mathrm{d}\Phi(x)=f(x)\mathrm{d}x$;

(2) 积分形式　若 $\Phi(x)$ 在 $[a,b]$ 上可微, $f(x)$ 在 $[a,b]$ 上连续, $\Phi'(x)=f(x)$, 则

$$\int_a^x f(t)\mathrm{d}t=\Phi(x)-\Phi(a)\ (a\leqslant x\leqslant b).$$

微积分的基本定理的证明是很容易的. 实际上, (1) 的证明由积分平均值定理可得; (2) 的证明由 (1) 可得.

评注　在 $f(x)$(即导函数) 连续的情形下, 微分形式的积分基本定理、积分形式的微积分基本定理、积分平均值定理、(L) 微分中值定理是相互等价的. 微分形式的微积分基本定理告诉我们:

若 $f(x)$ 的积分是 $\Phi(x)$, 则 $\Phi(x)$ 的微分就是 $f(x)\mathrm{d}x$, 即 $f(x)$ 的积分的微分就是 $f(x)$ 自己乘上 $\mathrm{d}x$.

这就是说, 反映整体性质的积分 $\Phi(x)=\int_a^x f(t)\mathrm{d}t$ 是由反映局部性质的微分 $\mathrm{d}\Phi(x)=f(x)\mathrm{d}x$ 所决定.

积分形式的微积分基本定理告诉我们:

若 $\Phi(x)$ 的微分是 $f(x)\mathrm{d}x$, 则 $f(x)$ 的积分就是 $\Phi(x)$, 即 $\Phi(x)$ 的微分的积分就是 $\Phi(x)$ 自己 (或相差一个常数).

也就是说, 作为反映局部性质的微分 $f(x)\mathrm{d}x$, 是由作为反映整体性质的积分 $\Phi(x)-\Phi(a)=\int_a^x f(t)\mathrm{d}t$ 所决定.

微分形式的微积分其本定理还告诉我们:

若函数 $f(x)$ 在区间 I 上连续, 那么 $f(x)$ 在区间 I 上必有原函数.

历史上对原函数的存在性一直不加注意, 这个问题直到 1823 年才由柯西正式提出讨论. 有必要指出：连续不是原函数存在的必要条件, 对此只需考察函数

$$F(x)=\begin{cases}x^2\sin(1/x), & x\neq 0\\ 0, & x=0\end{cases}$$

及 $F'(x)$ 即可. 由达布定理可知, 具有第一类不间断点的函数必定不存在原函数. 初等函数在其定义区间 I 上必连续, 因而在其定义区间 I 上必有原函数. 定义在区间上的初等函数虽然有原函数, 但其原函数却未必能用初等函数表示出来. 最典型的例子有 e^{x^2}, $\sin(x^2)$, $x^{-1}\sin x$, $x^{-1}(\mathrm{e}^x-1)$, $(\ln x)^{-1}$ 等等, 它们的原函数都无法用初等函数表示. 这个事实的出现, 使得人们对函数的认识产生了一个质的飞跃.

例 3.3.11　设 $f(x)$ 连续, $I(x)=\int_0^x tf'(x-t)\mathrm{d}t$. 试求 $I'(x)$.

解 $I(x)=-\int_0^x t\mathrm{d}f(x-t)=-tf(x-t)|_0^x+\int_0^x f(x-t)\mathrm{d}t=-f(0)x+\int_0^x f(s)\mathrm{d}s$, 由微积分基本定理可得 $I'(x)=f(x)-f(0)$.

例 3.3.12 已知函数 $f(x)$ 在 $[0,+\infty)$ 上可导, $f(0)=1$, 而且满足

$$f'(x)+f(x)-(x+1)^{-1}\int_0^x f(t)\mathrm{d}t=0.$$

试求 $f'(x)$ 的解析表达式.

解 在 $(x+1)f'(x)+(x+1)f(x)-\int_0^x f(t)\mathrm{d}t=0$ 两边关于 x 求导可得

$$(x+1)f''(x)=-(x+2)f'(x),\quad 即 f''(x)/f'(x)=-(x+2)/(x+1),$$

即 $\ln f'(x)=-x+\ln(x+1)^{-1}=\ln \mathrm{e}^{-x}(x+1)^{-1}\cdot c$, 从而有

$$f'(x)=(x+1)^{-1}\cdot c\cdot \mathrm{e}^{-x},$$

再由 $f(0)=1$ 得 $f'(0)=-1$, $c=-1$.

例 3.3.13 设 $f(x)$ 在 $[0,+\infty)$ 上可导, $f(0)=0$, 其反函数 $g(x)$ 满足

$$\int_0^{f(x)} g(t)\mathrm{d}t=x^2\mathrm{e}^x,$$

试求 $f(x)$ 的解析表达式.

解 由 $g(f(x))=x$ 及 $g(f(x))f'(x)=\mathrm{e}^x(2x+x^2)$ 得 $f'(x)=\mathrm{e}^x(2+x)$,

$$f(x)=\int f'(x)\mathrm{d}x=\int(2+x)\mathrm{d}\mathrm{e}^x=\mathrm{e}^x(1+x)+c,$$

由 $0=f(0)=1+c$, 得 $c=-1$.

例 3.3.14 (1) 已知 $f\in C(\mathbf{R})$ 满足 $f(1)=1$, 而且对同号的 a,b, $\int_a^b f(x)\mathrm{d}x$ 是 b/a 的函数. 试求 $f(x)$ 的解析表达式;

(2) 设 $f(x)$ 在 $(0,+\infty)$ 上连续, 而且 $\forall a>0, b\geqslant 1$, 积分值 $\int_a^{ab} f(x)\mathrm{d}x$ 与 a 无关. 试求 $f(x)$ 的解析式.

解 (1) 对 $\int_a^b f(x)\mathrm{d}x=F(b/a)$ 两边分别关于 a,b 求导得 $bf(b)=af(a)$, 令 $b=x$, $a=1$ 得 $f(x)=1/x$;

(2) 由条件 $\forall y>0, x\geqslant 1$ 有 $\int_1^x f(t)\mathrm{d}t=\int_y^{yx} f(t)\mathrm{d}t$, 于是有

$$\varPhi(x)=\int_y^{yx} f(t)\mathrm{d}t-\int_1^x f(t)\mathrm{d}t\equiv 0,$$

两边关于 x 求导, 得 $\Phi'(x) = yf(yx) - f(x) = 0$, 即 $yf(yx) = f(x)$, 特别取 $x = 1$ 得 $f(y) = f(1)/y$.

例 3.3.15 求解下述积分方程:

(1) 试求可微函数 $f(x)$ 使得 $\int_1^{xy} f(t)\mathrm{d}t = x\int_1^{y} f(t)\mathrm{d}t + y\int_1^{x} f(t)\mathrm{d}t$;

(2) 求连续函数 φ 使得 $\int_0^1 \varphi(xt)\mathrm{d}t = 2\varphi(x)(x>0)$;

(3) 求所有连续函数 $f(x)$ 使得 $\forall b > a$ 有

$$\int_a^b f(x)\mathrm{d}x = (b-a)[f(b)+F(a)]/2.$$

解题思路 (1) 两边先关于 x 求导得 $yf(xy) = yf(x) + \int_1^y f(t)\mathrm{d}t$, 令 $x=1$ 得

$$yf(y) = f(1)y + \int_1^y f(xt)\mathrm{d}t,$$

再关于 y 求导得

$$f(y) + yf'(y) = f(1) + f(y),$$

再由可得 $f'(y) = f(1)/y$, 故

$$f(y) = f(1)\ln y + C;$$

(2) 令 $xt = u$, 条件转化为 $\int_0^x \varphi(u)\mathrm{d}u = 2x\varphi(x)$, 由左边可微及微分商运算的封闭性 $\varphi'(x)$ 存在, 而且有 $2x\varphi'(x) + \varphi(x) = 0$, 于是有

$$\ln\varphi(x) = -(1/2)\ln x + \ln C,$$

因此 $\varphi(x) = C/\sqrt{x}$ 为所求;

(3) 由 $\int_a^x f(x)\mathrm{d}t = ((x-a)/2)(f(x)+f(a))$ 及微分的商法则可知 $f'(x)$ 存在而且有 $f(x) - f(a) = f'(x)(x-a)$.

进而有 $f''(x)$ 存在且 $f''(x)(x-a) = 0$, 因此 $f''(x) \equiv 0(x>a)$, 故有 $f(x) = kx + C$.

例 3.3.16(自然对数函数的积分定义法) 称 $L(x) = \int_1^x t^{-1}\mathrm{d}t(x>0)$为自然对数函数. 试证明下述结论:

(1) $L(x)$ 在 $(0,+\infty)$ 上是严格单调递增的连续可导函数;

(2) $\forall x, y > 0$, $L(xy) = L(x) + L(y)$, $L(x/y) = L(x) - L(y)$;

(3) $L(0,+\infty)=(-\infty,+\infty)$; (4)$L(\mathrm{e})=1$.

证明思路 (1) 由定义及微积分基本定理可得;

(2) 利用定义及积分性质可得

$$\begin{aligned}L(xy)&=\int_1^{xy}t^{-1}\mathrm{d}t=\int_1^{x}t^{-1}\mathrm{d}t+\int_x^{xy}t^{-1}\mathrm{d}t,\\&=L(x)+\int_1^{y}(xu)^{-1}\mathrm{d}xu=L(x)+L(y),\\L(x)&=L((x/y)\cdot y)=L(x/y)+L(y);\end{aligned}$$

(3) 利用 $L(2^n)=nL(2)$ 及 $L(2^{-n})=-nL(2)$;

(4) 利用 $\mathrm{e}=\lim\limits_{n\to\infty}(1+1/n)^n$ 及积分平均值定理可得

$$\begin{aligned}L(\mathrm{e})&=L(\lim_{n\to\infty}(1+1/n)^n)=\lim_{n\to\infty}nL(1+1/n)\\&=\lim_{n\to\infty}n\int_1^{1+1/n}t^{-1}\mathrm{d}t=\lim_{n\to\infty}n\cdot\frac{1}{n\xi_n}=1,\ 其中\xi_n\in(1,1+1/n).\end{aligned}$$

3.3.5 微元法及其实际应用

1. 微元法概述

"微元法", 通常应用于解决与求总量有关的实际问题, 其基本思想如下:

欲求某总量 F. 如果它可表示为区间 $[a,b]$ 上的函数, 即 $F=F(x)(x\in[a,b])$, 而且在小区间 $[x,x+\mathrm{d}x]$ 上的增量可用某 (R) 可积 $f(\in \mathrm{R}[a,b])$ 的微分形式近似替代, 即

$$\Delta F\approx \mathrm{d}F=f(x)\mathrm{d}x,$$

那么就有 $F=\displaystyle\int_a^b f(x)\mathrm{d}x$.

这里的 $\mathrm{d}x$ 被称为 x 的微元, $\mathrm{d}F=f(x)\mathrm{d}x$ 被称为所求总量 F 的微元或微分形式. 这种处理问题与解决问题的数学方法, 称其为微元法.

点评 微元法的本质是微积分基本定理的逆向应用, 它体现了微积分的思想精髓. 在微元法运用的过程中, 微元 $\mathrm{d}x$ 的作用具有两重性. 首先, $\mathrm{d}x$ 被当作一个相对静止的有限量, 这时根据所考虑的具体问题所建立的 $\mathrm{d}F$ 与 $\mathrm{d}x$ 的关系式是近似成立的; 然后, 再将 $\mathrm{d}x$ 看作是变动的无穷小量, 此时关系式 $\mathrm{d}F=f(x)\mathrm{d}x$ 是严格成立的. 运用微元法必须注意所求量 F 在区间 $[a,b]$ 上具有代数可加性, 而且要特别注意

$$\Delta F-\mathrm{d}F=\Delta F-f(x)\Delta x=o(\Delta x)\ (\Delta x\to 0)$$

必须成立. 换句话说, 函数 $F = F(x)$ 在 $[a,b]$ 上必须是可微的. 微元法略去了 $\Delta x \to 0$ 的极限过程以及在运算过程中可能出现的高阶无穷小量, 使用起来非常方便, 而且有其严密的数学基础, 因此在解决实际问题中有具广泛应用.

2. 微元法在几何学中的应用

定理 3.3.10(直角坐标显式方程情形下的面积公式) 平面上由直线 $x=a,x=b$ 与连续曲线 $y=f_1(x)$, $y=f_2(x)$ 所围成的平面图形 (封闭) 的面积公式为

$$A=\int_a^b |f_2(x)-f_1(x)|\mathrm{d}x.$$

特别地, 如果 $f(x) \geqslant 0$, 那么由直线 $x=a,x=b,y=0$ 及曲线 $y=f(x)$ 所围成的平面图形的面积公式为:$A=\int_a^b f(x)\mathrm{d}x.$

评注 满足条件的平面图形的面积微元为 $\mathrm{d}A=|f_2(x)-f_1(x)|\mathrm{d}x$, 积分区间为 $[a,b]$, 利用微元法即可推得面积公式.

定理 3.3.11(平行截面面积已知的立体体积) 设某一空间立体 Ω 夹在垂直于 x 轴的两个平面 $x=a$ 与 $x=b$ 之间 (其中 $a<b$). $\forall x \in [a,b]$, 作一垂直于 x 轴的平面截得 Ω 的某一截面的截面面积为 $A(x)$. 若 $A(x)$ 在 $[a,b]$ 上连续, 则该立体的体积微元为 $\mathrm{d}V=A(x)\mathrm{d}x$, 从而其体积公式为 $V=\int_a^b A(x)\mathrm{d}x.$

评注 定理 3.3.11 的证明由体积微元为 $\mathrm{d}V=A(x)\mathrm{d}x$ 及微元法可获得.

背景聚焦 现设 Ω_A,Ω_B 为位于同一区间 $[a,b]$ 上的两个立体, 其体积分别为 V_A,V_B. 若在 $[a,b]$ 上它们的截面面积函数 $A(x)$ 与 $B(x)$ 皆连续且 $A(x)=B(x)$, 则由上述公式可推知 $V_A=V_B$. 这个关于截面面积相等则体积也相等的原理, 早已为我国齐梁时代的数学家祖暅 (祖冲之 (429~500) 之子, 生卒年代约在公元 5 世纪末至 6 世纪初) 在计算球的体积时所发现. 在《九章算术》一书中所记载的祖暅原理是: “夫叠基成立积, 缘幂势既同则积不容异”, 其中幂就是截面面积, 势就是高. 这就是说, 等高处的截面面积既然相等, 则两立体的体积不可能不等. 意大利数学家卡伐列利 (Cavalieri) 在 1635 年也提出了类似的原理, 但要比祖暅晚一千一百多年.

定理 3.3.12(直角坐标显式方程情形下的旋转体体积) 设 $f \in C[a,b]$ 而且 $f(x) \geqslant 0$, 由直线 $x=a$, $x=b$, $y=0$ 及曲线 $y=f(x)$ 所围成的图形绕 x 轴 (或 y 轴) 旋转一周所得的旋转体的体积公式为

$$V=\pi\int_a^b f^2(x)\mathrm{d}x \quad \left(\text{或}V=2\pi\int_a^b xf(x)\mathrm{d}x\right).$$

评注 注意到绕 x 轴旋转情形下的体积微元为 $\mathrm{d}V=\pi f^2(x)\mathrm{d}x$(圆柱体), 绕 y 轴旋转情形下的体积微元为 $\mathrm{d}V=2\pi xf(x)\mathrm{d}x$(管状体), 再利用微元法可证得旋转

体体积公式.

例 3.3.17(求几何体体积的万能公式)　设 V 是一个夹在两个平行平面 M_1 和 M_2 间的空间几何体. 其高为 H, 取垂直于 M_1 和 M_2 的直线为 X 轴, 并取该直线在 M_2 上的垂足为原点建立坐标系 (图略), 过轴上坐标为 x 的点作垂直于 X 轴的变动截面 π, 其截面面积函数为 $f(x)$. 若 $f(x)$ 为 x 的不超过三次的多项式函数时, 则该立体的体积 V 可由下述公式计算:

$$V = (H/6)[f(0) + 4f(H/2) + f(H)].$$

进一步, 由此推导棱台与球的体积计算公式.

证明思路　只需注意到

$$V = \int_0^H f(x)\mathrm{d}x = H \cdot \frac{1}{H}\int_0^H f(x)\mathrm{d}x = H \cdot A(f)$$

及多项式的平均值性质即得.

进一步, 设棱台的上、下底面的面积分别为 S_1 和 S_2, 棱锥和棱台的高分别为 h 和 H, 并设变动截面的面积为 $S(x)$(图略), 则

$$\frac{S(x)}{S_1} = \frac{(h-x)^2}{(h-H)^2}, \quad \frac{S_2}{S_1} = \frac{h^2}{(h-H)^2}.$$

两式联立消去 h, 得

$$S(x) = \left[\frac{H\sqrt{S_2} + (\sqrt{S_1} - \sqrt{S_2})x}{H}\right]^2.$$

它是 x 的二次函数, 利用上述结论可得棱台的体积的公式:

$$V = (H/6)[S(0) + 4S(H/2) + S(H)] = \cdots = (H/3)(S_1 + \sqrt{S_1S_2} + S_2).$$

很显然, 球可以看作是夹在两个平行平面间的空间几何体. 设球的半径为 R, 取直径所在直线为 X 轴, 以此直径的一个端点 O 为原点建立坐标系 (图略), 过 X 轴上坐标为 x 的点作 X 轴的垂面截球得一圆. 设其半径为 r, 那么由平面几何中的相交弦定理可得

$$r^2 = x(2R - x),$$

于是, 变动截面的面积为

$$f(x) = \pi r^2 = \pi x(2R - x),$$

它是 x 的二次函数, 由例 3.3.17 的结果可得

$$V = (2R/6)[f(0) + 4f(R) + f(2R)]$$

$$=(R/3)[0+4f(R)+0]$$
$$=(R/3)\cdot 4\pi R(2R-R)=(4/3)\pi R^3.$$

例 3.3.18 证明任意锥面被任意平面所截的锥体体积为 $V=HS/3$. 其中 S 为截得锥体的底面积, H 为所截锥体的高.

证明思路 不妨取锥的顶点 O 为原点, 引垂直于底面的直线为 X 轴. 过 X 轴上坐标为 x 的点作平行于底面的平面, 设它截锥面所得的变动截面的面积为 $f(x)$. 则

$$\frac{f(x)}{S}=\frac{x^2}{H^2}\text{或}f(x)=\frac{S}{H^2}x^2,$$

它是 x 的二次函数, 故由例 3.3.17 中的公式可得

$$\begin{aligned}V=&\frac{H}{6}\left[f(0)+4f\left(\frac{H}{2}\right)+f(H)\right]=\frac{H}{6}\left[0+4\cdot\frac{S}{H^2}\cdot\frac{H^2}{4}+\frac{S}{H^2}H^2\right]\\=&H(S+S)/6=HS/3.\end{aligned}$$

3.3.6 微元法在力学中的应用

(1) 液体静压力 利用力学中的压力计算公式及微元法可推导物体沉没在液体中的静压力. 例如: 曲边梯形薄板 $0\leqslant y\leqslant f(x)$ $(x\in[a,b])$ 直立浸没在密度为 ρ 的液体中 (坐标原点取在液面上, x 轴垂直于液面且正向朝下), 则该曲边梯形所受的静压力 (每侧) 为

$$F=\int_a^b \rho x f(x)\mathrm{d}x.$$

(2) 万有引力 设两质点 P_1 与 P_2 的质量分别为 m_1 与 m_2, P_1 与 P_2 之间的距离为 x, 那么这两个质点之间的万有引力为

$$F=(km_1m_2)/x^2,$$

其中 k 为引力常数. 利用万有引力公式及微元法可以计算各种物体之间的万有引力.

(3) 变力做功 利用力学中的功的计算公式及微元法, 可计算物体位移时所做的功. 例如在变力 $F(x)$ 的作用下, 在 x 轴方向上, 物体从 $x=a$ 移动到 $x=b$ 所做的功为

$$W=\int_a^b F(x)\mathrm{d}x.$$

例 3.3.19(液体压力) 洒水车上的水箱是一个横放的椭圆柱体, 椭圆长轴的长为 2m(平行于地面), 短轴的长为 1.5m. 当水箱装满水时, 试问水箱的一个端面所受的压力有多大?

解题思路 以椭圆的中心为坐标原点, x 轴的正方向垂直向下建立椭圆方程:

$$(x^2/(3/4)^2)+y^2=1.$$

当纵向坐标 $x\in[-3/4,3/4]$ 时, 水深为 $(3/4)+x$, 水的密度为 v, 那么压力微元

$$\mathrm{d}p=[((3/4)+x)\cdot v]\cdot 2y\mathrm{d}x,$$

于是所求的压力为

$$P=\int_{-(3/4)}^{3/4}((3/4)+x)\cdot v\cdot 2\cdot(4/3)\sqrt{(3/4)^2-x^2}\mathrm{d}x=(9\pi v)/16.$$

例 3.3.20(物体引力) 两细棒的线密度均为常数 ρ, 长度分别为 a 和 b, 两棒平放在一条直线上, 相邻端点的距离为 c, 试求两棒间的引力.

解题思路 以长度为 a 的细棒 A 的右端点为坐标原点建立坐标轴, 长度为 b 的细棒 B 落在正半轴上. 在细棒 A 上任取小段 $[s,s+\mathrm{d}s]$, 在细棒 B 上任取小段 $[t,t+\mathrm{d}t]$, 这两小段细棒的引力为 $(t-s)^{-2}k\rho^2\mathrm{d}t\mathrm{d}s$($k$ 为引力常数), 细棒 A 对小段 $[t,t+\mathrm{d}t]$ 的引力为

$$\mathrm{d}F_t=\int_{-a}^{0}(t-s)^{-2}k\rho^2\mathrm{d}t\mathrm{d}s=k\rho^2(t^{-1}-(t+a)^{-1})\mathrm{d}t,$$

于是细棒 A 和 B 之间的引力为

$$F=\int_{c}^{b+c}k\rho^2(t^{-1}-(t+a)^{-1})\mathrm{d}t=k\rho^2\ln(c(a+b+c))^{-1}(a+c)(b+c).$$

例 3.3.21(变力做功) 设半径为 R 的球沉入水中, 它与水面相切, 球的密度为 v(与水的密度相同), 现将球从水中取出, 需要做多少功?

解题思路 令以球的顶点 (水平面) 为坐标原点, x 轴的正方向垂直向下, 则球的正剖面方程为

$$(x-R)^2+y^2=R^2.$$

薄层 $[x,x+\mathrm{d}x]$ 的体积为

$$\mathrm{d}V=\pi[R^2-(x-R)^2]\mathrm{d}x=\pi(2Rx-x^2)\mathrm{d}x.$$

球的薄层取出水面时在水中不做功 (浮力与重力抵消), 离开水面提取的高度为 $(2R-x)$, 因而做功微元为

$$\mathrm{d}W=\pi v(2Rx-x^2(2R-x)\mathrm{d}x,$$

故

$$W=\pi v\int_0^{2R}x(2R-x)^2\mathrm{d}x=4\pi vR^4/3.$$

例 3.3.22(引力做功应用) (1) 求证: 把质量为 m 的物体从地球表面升高到 h 处所做的功是

$$W=k[R(R+h)]^{-1}mMh,$$

其中 k 是引力常数, M 是地球的质量, R 是地球的半径;

(2) 自地面垂直向上发射火箭, 火箭的质量为 m. 试计算将火箭发射到距地面的高度为 h 时所做的功, 并由此计算第二宇宙速度 (即火箭脱离地球引力范围所需的初速度).

解 (证) 题思路 (1) 以地球中心为原点, x 轴正向向上, 此时功的微元 $\mathrm{d}W=x^{-2}kMm\mathrm{d}x$, 因而所求的功为

$$W=\int_R^{R+h}x^{-2}kMm\mathrm{d}x=kMm(-x^{-1})|_R^{R+h}=kMmh(R(R+h))^{-1};$$

(2) 当火箭在地面时, 地球对火箭的引力为 $f=R^{-2}kMm$, 此时应等于重力 mg, 即 $R^{-2}kMm=mg$, $k=M^{-1}R^2g$, 于是有

$$W=\frac{R^2g}{M}\cdot\frac{kmMh}{R(R+h)}=mgR^2[R^{-1}-(R+h)^{-1}],$$

为了使火箭脱离地球引力范围, 就需将火箭发射到无穷远处, 此时 $h\to+\infty$, 需要做的功为

$$W_\infty=\lim_{h\to\infty}W=mRg.$$

根据能量守恒定律, W_∞ 应等于给予火箭的动能 $2^{-1}mV_0^2$(V_0 是火箭离开地面时的初速度), 即 $2^{-1}mV_0^2=mgR$, $V_0=\sqrt{2gR}$, 再把 $g=9.8\mathrm{m}/\mathrm{s}^2$, $R=6371\mathrm{km}=6.371\times10^6\mathrm{m}$ 代入得第二宇宙速度 $V_0=11.2(\mathrm{km}/\mathrm{s})$.

3.3.7 积分思想的历史演变概况

英国历史学家汤因比说“**卓越出自艰辛**”. 唐代诗人白居易 (772~846) 有诗云“**试玉要烧三日满, 辨材需要七年期**”. 时间是检验真理与谬误的最公正无私的法官, 历经数百年的坎坷泥泞路, 如今微积分已经成为数学历史长河上的一座高耸的里程碑, 而且也是人类思维发展史上的一座金光闪闪的纪念碑. 莱布尼茨曾经说“**没有比看到发明源头更重要了, 它比发明本身更有趣**”. “偷窥” 在那茫茫学海中泛舟的寻珠探宝人, 当初在发现珍宝的过程中所经历的困难与挫折、成功与欢乐, 无疑能给我们这些后学之辈带来心灵上的震撼!

1. 古希腊哲人的贡献

要探寻积分学的起源, 得追溯到古埃及. 历史学家们说, 埃及文明发起于尼罗河, 埃及是尼罗河恩赐. 尼罗河的洪水泛滥促成了土地测量技术与几何学的发达, "几何学"(geomerty) 一词来自于古代埃及的土地测量. 求用复杂曲线围成图形的面积及像金字塔那样的四角锥形的体积是当时的重要研究课题. 历史老人有时候挺会捉弄人的, 播在古埃及的种子却在古希腊的土地上开了花.

积分思想的真正萌芽应该源自古希腊. 公元前 5 世纪, 著名的古希腊唯物论哲学家、数学家德谟克利特 (Democritus, 公元前 460~ 前 370) 创立著名的 "原子论". 他认为: "世界万物都是由无限多个简单的、永恒的原子组成的". 按照这个观点, 他认为立体是由众多不可再分的原子构成的, 计算体积不过是将这些原子集合起来. 他是历史上第一个得出圆锥或棱锥体积为等底等高的圆柱或棱柱体积的三分之一的人. 虽然他的证明是不严谨的, 但人们仍然认为积分方法的原则为德谟克利特首创.

古希腊哲学家、辩论家、数学家安蒂丰 (Antiphon, 公元前 480~ 前 411) 在研究化圆为方的问题时, 首创 "穷竭法"(也称 "耗尽法"). 他说:

"内接于圆的一个正三角形, 如果依次把图形的边数倍增 (成为内接正 6 边形, 正 12 边形等), 内接多边形的顶点, 归根到底占用圆周上所有点, 最后得到的多边形和圆相吻合. 因此, 圆与多边形面积的差最终被穷竭."

他认为这个方法能解决化圆为方的问题. 虽然他的论断是错误的, 但他的 "借助曲线形的内接直线形近似求积法" 的思想方法却有很高的价值.

古希腊数学家、天文学家欧多克索斯发展了 "穷竭法", 提出后人以他的名字命名的 "穷竭原理"(前面已经介绍), 他依据此原理证明了: "两圆面积之比等于其半径平方之比; 两球体积之比等于其半径立方之比; 圆锥体和棱锥体积各为同底同高的圆柱体和棱柱体体积的三分之一." 欧多克索斯这种直观、生动的数学方法在古希腊数学中曾起到重要作用.

在古希腊, 真正成为积分学萌芽者当推数学之神阿基米德的工作. 阿基米德成功地把 "穷竭法"、原子论思想和他的杠杆原理巧妙地结合起来, 创造出后人称为 "阿基米德平衡法" 的求积法. 阿基米德把平面图形看成是由无数条平行直线段构成, 空间图形由无数平行平面片构成. 他在其代表作《抛物弓形求积》中, 首次作出了类似于现在的 "上积分" 与 "下积分" 的和数, 前者超过所求量, 后者小于它. 两个和数的各项无限减小, 项数无限增加, 而它们 (两个和数) 之差用现在的语言来说是趋于零. 阿基米德在这里把面积 (或体积) 作为无穷多个无穷小量之和的极限来考虑的思想孕育了现代的积分思想, 但他的论证方法 (双重归谬法) 与现代积分法有着根本的区别. 顺带指出, 在数学史上, 阿基米德被称为是将熟练的计算技巧和严格证明融为一体, 将抽象理论和工程技术的具体应用紧密结合的典范.

2. 17 世纪上半叶欧洲学者的贡献

在求面积与体积方面, 16 世纪之前的学者仅停留在理解与应用阿基米德方法的层面上. 到 16、17 世纪之交, 力学、天文学及其他科学的发展为数学提出了许多新课题, 许多欧洲学者围绕求面积、体积和确定重心等问题做了大量工作. 德国天文学家、数学家开普勒 (Kepler, 1571～1630) 继承原子论的思想, 在试图阐明阿基米德方法的基础上, 将其推广为被后人称为 "同维无穷小方法" 的求面积与体积的新方法. 该方法的基本思想就是 "化曲为直", 运用无穷个 "同维无穷小"(直线形) 之和计算面积与体积. 他在其著作《酒桶的新立体几何》(1615 年) 中指出: "圆是由无数个顶点在圆心的三角形构成的, 圆周是由这些三角形的无穷小的底边构成的", 并用同样道理阐明了立体构成说, 解决了大量求面积与体积的问题. 著名的开普勒行星三定律中的第二定律: "由太阳到行星的向径扫过的面积与经过的时间成正比", 其推导过程也应用了这种求积法. 开普勒的结果是正确的, 他所采用的数学方法却是不严密的.

意大利数学家卡瓦列利 (Cavalieri, 1598～1647) 继承古希腊原子论的积分思想, 把开普勒的 "同维无穷小" 方法发展成为著名的 "不可分原理". 卡瓦列利在他的著作《不可分量几何学》中指出: "平面图形的面积是由无数个平行线段构成的, 体积是由无数个平行平面构成的". 他分别把这些低维的几何个体元素称为面积和体积的不可分元素, 并引入 "全体不可分元素之和" 的概念. 他从比较两个立体的不可分元素出发, 得到著名的 "卡瓦列利原理": "设两个立体是等高的, 如果与底面等高处的平行截面恒成定比, 则这两个立体的体积之比也等于这个比". 这与我国公元 6 世纪初期祖冲之的儿子祖暅提出 "幂势既同, 则积不容异" 的 "祖暅原理" 几乎一致.

下面以球体体积公式推导为例, 说明卡瓦列利是怎样通过不可分量的比较来求体积的.

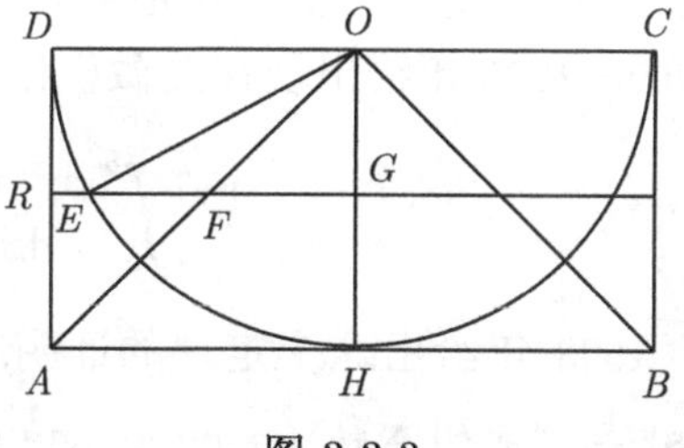

图 3-3-3

如图 3-3-3 所示, 设 DHC 是以 O 为圆心的半圆, $ABCD$ 是它的外切矩形. 以 OH 为旋转轴, 则正方形 $OHBC$ 画出圆柱, 三角形 OHB 画出圆锥, 而弧 HC 画出半球面. 用平行于底面的任意平面去截这些图形, 则产生以 G 为圆心的半径分别为 RG, FG 和 EG 的圆, 它们分别为圆柱、圆锥和半球的不可分量, 这些不可分量存在如下关系:

$$OE^2 = GO^2 + EG^2, \quad \text{即} RG^2 = FG^2 + EG^2,$$

两边乘以 π 得 $\pi RG^2 = \pi FG^2 + \pi EG^2$. 由截面的任意性, 得到圆住体积等于半球与圆锥体积之和. 再由已知的圆柱体与圆锥体的体积公式就可得到球的体积公式.

法国数学家费马、英国数学家沃里斯、英国数学家、物理学家巴罗在积分先驱工作方面做出各自不同的贡献, 由于篇幅关系, 这里不再介绍. 在 17 世纪的前三分之二的时段内, 微积分先驱者的主要工作都沉没在细节里. 许多人都在通过几何来获得严密性的努力中, 没有去探索代数和几何中蕴涵着的具有普遍性的东西, 因而都止步于微积分的大门口.

3. 牛顿与莱布尼茨的贡献

牛顿的积分 (他称之为流动量), 首先以不定积分形式出现 (即现在的原函数, 积分作为原函数的概念是瑞士数学家欧拉在 18 世纪提出的). 牛顿在 1666 年发表的论著《流数简论》中, 从确定面积的变化率入手, 通过反微分计算面积, 把面积计算看成是求切线的逆. 只要切线问题解决了, 它的反问题即求积问题也就解决了. 他以速度形式引进流数, 使用无穷小概念 (他称之为 "瞬") 建立了 "微积分基本定理", 并讨论正 (反) 微分的各种应用. 牛顿的微积分基本定理用今天的符号表示就是

$$\frac{\mathrm{d}}{\mathrm{d}x}\int_a^x f(t)\mathrm{d}t = f(x).$$

牛顿这种创造性思想的产生, 在数学史上是了不起的成就, 这一伟大思想的出现使得积分超越了几何学求积的界限. 这种思想在 18 世纪曾占主导地位, 因此 18 世纪的数学家们 (包括约翰 · 伯努利与欧拉) 集中注意力讨论微分学的基础问题.

莱布尼茨的积分思想是从古希腊的原子论那里继承过来的. 他的积分概念及其符号的引入首先出现在 1675 年的手稿中. 他的积分是以某个量分成无限多个无穷小微分 (微元) 之和的形式出现的, 他用不定积分 (实际上是现在的定积分) 表示面积, 并指出无限分割求和是微分的逆运算, 即他把求积问题化为反切线问题. 他于 1675~1676 年给出现在的微积分基本定理:

$$\int_a^b \frac{\mathrm{d}f(x)}{\mathrm{d}x}\mathrm{d}x = f(b) - f(a),$$

并于 1693 年给出这个定理的证明. 莱布尼茨曾使用 "差的计算"(calculus differetials) 与 "求和运算"(calculus summatorius) 的术语, 他认为 "d 意味着差, $\int$ 意味着和", d 会减小维数, $\int$ 将增加维数."差的计算" 后来变成专门术语 "微分学" (differential). 莱布尼茨的朋友、瑞士数学家约翰 · 伯努利 (Johann Bernoulli, 1667~1748) 主张把 "求和运算" 改为 "求整运算", 它就成为专门术语 "积分学" (integral calculus) 的来源. 两者合起来就叫微积分学, 英文简称为 "calcalus".

牛顿与莱布尼茨是站在巨人的肩膀上，从纷乱的猜测和说明中清理出前人有价值的想法，从理论上概括出具有普遍性的微积分基本定理，揭示微分与积分的本质联系，为创建微积分这门学科找到了灵魂. 正如伟人毛泽东 (1893~1976) 在其诗词《水调歌头 · 游泳》中所云："一桥飞架南北，天堑变通途". 微积分基本定理像一座金桥沟通了微分与积分的内在联系，把原本各自独立的微分与积分联结为一个有机的整体 —— 微积分. 在数学发展史上，微积分基本定理的诞生，标志着微积分的诞生，微积分基本定理的精确表述和严格证明，标志着微积分定型. 微积分作为一门学科诞生，是数学知识日积月累的结果，它的诞生不仅是数学发展的最大转折点之一，而且也为现代数学的发展奠定坚实的基础；它不仅促进了科学的繁荣、技术的进步，而且大大地促进了人类思想文化的大发展.

用微元法求和的传统积分学思想，即利用和式极限定义的定积分，虽然为解决与求总量有关的实际问题提供了一种极好的数学模型，但能用和式求极限的实际问题却是微乎其微 (除非非常简单)，因此其应用前景十分有限. 牛顿–莱布尼茨公式 (即微积分基本定理的表述形式之一) 把定积分的计算问题归结为求被积函数的某个原函数在上、下限两个点处函数值之差的问题，从而巧妙地避开了求和式极限的艰难道路，通过求不定积分的途径，给出便捷地计算定积分的途径，这为运用定积分解决与求总量有关的大量实际问题开辟了广阔的前景. 牛顿与莱布尼茨的最大功绩就在于引领人们不迷失于烦琐的计算，直接进入问题的本质. 毫不夸张地说，没有牛顿与莱布尼茨的卓越贡献，人造卫星恐怕也就上不了天，人们想到月球上行走的梦想，就永远只能是梦想了.

此外，牛顿–莱布尼茨公式无疑是高等数学乃至整个数学领域中形式最简单、思想最深刻的公式之一，它是体现数学简洁美的典范，"简单与复杂""变与不变""局部与整体""量变与质变" 等诸多对立统一的辩证思想深深地蕴涵在如此简单的一个等式中. 思想内涵如此深厚，堪称数学极品中的极品，人类智慧的光辉结晶.

4. 柯西与黎曼的贡献

18 世纪末，欧拉从本质上已经发展出定积分的理论. 法国数学家拉普拉斯 (Laplace, 1749~1827) 于 1779 年将其定名为 "定积分"(他给后世留下名言 "我们知道的是微小的，我们不知道的是无限的"). 而后在 1820 年左右，法国数学家、物理学家傅里叶 (Fourier, 1768~1830) 将定积分表示为 $\int_a^b f(x)\mathrm{d}x$. 让定积分真正成为积分学核心概念的功臣首推法国数学家柯西.

柯西继承并发展了积分作为微元和的思想，并用极限理论定义积分. 他在其著作《无穷小分析教程概论》中，对连续函数 $f(x)$ 给出积分作为求和的极限的确切定义，并建议采用傅里叶的符号 $\int_{x_0}^{x} f(x)\mathrm{d}x$ 表示定积分. 他指出使用定积分原函数之前, 必须先确定定积分的存在性. 进一步, 他利用积分中值定理给出微积分基本定理的证明. 他还建立起关于连续函数的定积分与不定积分的联系, 证明了连续函数 $f(x)$ 的全体原函数彼此只差一个常数, 然后定义 $f(x)$ 的不定积分为

$$\int f(x)\mathrm{d}x = \int_a^x f(x)\mathrm{d}x + C,$$

柯西的这些论述是对积分理论最系统的开创性工作, 他对积分学的最大贡献是使定积分概念摆脱受几何观念的限制. 但他的 "积分和" 的概念 (在介点选取方面) 却存在本质的缺陷, 而且他所考虑的可积函数类也太窄.

德国数学家黎曼 (Riemann, 1826~1866), 于 1854 年将柯西的积分概念推广到在区间 $[a,b]$ 上有定义而且有界的函数, 使积分适用的函数类更广泛, 而且对柯西的 "积分和" 作了改良. 现在微积分教科书上的定积分通常以黎曼的名字命名. 定积分的一个实质性改进是由法国数学家达布 (Darboux, 1842~1917) 在 19 世纪末完成的. 达布将黎曼给出的可积条件的提法阐述得更加完善, 并给出证明. 黎曼给出的可积的充要条件即现在使用的《微积分》教科书中所谓上和与下和定理:

如果 $f(x)$ 在 $[a,b]$ 上为有界函数. 将 $[a,b]$ 任意分为 n 个子区间 $\Delta x_1, \Delta x_2, \cdots, \Delta x_n$, 并把 $f(x)$ 在 Δx_i 上的最大值 M_i 与最小值 m_i 之差 $M_i - m_i$ 定义为 $f(x)$ 在 Δx_i 上的振幅 D_i, 则有界函数 $f(x)$ 在 $[a,b]$ 上可积的充要条件是对于 Δx_i 的一切选法都有

$$\lim_{\max \Delta x_i \to 0} \sum_{i=1}^{n} D_i \Delta x_i = 0.$$

荷兰数学家斯蒂尔杰斯 (Stieltjes, 1856~1894) 在 1894 年又推广了黎曼积分概念, 这种积分后来成为从一般测度论上研究积分的开端. 法国数学家勒贝格 (Lebesgue, 1875~1941) 在 20 世纪初提出一种后人以他的名字命名的全新的积分理论, 在很大程度上克服了黎曼积分 (包括其余蒂尔杰斯积分) 在理论上所遇到的不可克服的障碍, 在积分学领域取得重大突破 (数学史上称其为 "积分学上的革命"). 这种积分理论不仅可以解决许多实际问题, 而且摧生现代概率论诞生. 勒贝格在积分学上的创新使积分理论达到了一个辉煌的时刻, 由于篇幅关系, 不再详细介绍.

第 4 章

乐 在 无 穷

1900 年在国际数学家大会上提出 23 个数学问题, 曾让整个数学界忙碌半个多世纪的那个德国大数学家希尔伯特宣称 “没有人能把我们从康托尔为我们创造的乐园中赶走”. 康托尔探索毕生的无穷世界是让人们抛开现实束缚的极乐园, 走进这个充满神奇的极乐园, 人们可以大开眼界, 窥视到许许多多出人意料的美景奇观. 占誉大英帝国文明半壁江山的那个莎士比亚 (William Shakespeare, 1564~1616) 曾经说 “即使把我关在果壳之中, 仍然自以为无限空间之王”. 借助上苍赐给人类的思维翅膀, 数学家们可以在无穷乐园中随心所欲、快乐无比地翩翩起舞, 尽情地享受无穷乐园的美景奇观.

探索简单思想的深刻结果是引领数学家们在无穷乐园中献身的唯一清晰原则. 数学家们研究无穷的动力并非是研究成果所能带来的名利, 恰巧在于他们在研究过程中所获得的纯粹快乐. 正是为了纯粹快乐而研究无穷, 数学家们也包括整个世界才能从中获得丰厚的红利. 数学家快乐地迈上永远开不到尽头的无穷列车, 到达每一地平线紧接着又打开更为美丽的新的地平线, 他们在可供辛勤耕耘的无穷沃土中, 将加法延伸至无穷创造出无穷级数, 将乘法延伸至无穷创造出无穷乘积, 将简单平凡的函数运算延伸至无穷创造出无穷迭代 ……

4.1 无穷级数

背景聚焦 无穷级数的题材既深奥又趣味无穷. 在理性知识女神的引领下, 我们将会进入一个神奇的无穷级数殿堂, 从这里我们可以获取极大喜悦的正能量. 无穷级数几乎与微积分同时诞生, 牛顿曾把二项式级数作为研究微积分的工具, 拉格朗日也曾试图用无穷级数构建微积分, 莱布尼茨、欧拉、伯努利 (家族) 们以及与他们同时代的许多数学家都大量使用级数. 然而在 19 世纪初之前, 人们对无穷级数的认识是很肤浅的. 直到 19 世纪中叶, 柯西等数学家才建起无穷级数的严格化理论, 澄清了对无穷级数的糊涂认识, 拓展了人类认知世界的视野, 引起人类思想的大解放.

无穷级数是人们认识客观事物数量关系的重要工具之一, 它是研究无限个离散量之和的数学模型. 无穷级数理论的本质是极限理论, 确切地说是极限理论的另一种表现形式, 但它的意义远不止是一种新的表现形式, 而是对极限理论的进一步深化. 无穷级数为数学应用带来极大方便, 无穷级数的方法是现代数学的重要方法之一, 它已被广泛地应用于数学自身以及自然科学和社会科学的许多领域. 本节仅简介数项级数的数学文化内涵及其应用.

4.1.1 收敛与发散

定义 4.1.1 给定形式数项级数 $\sum\limits_{n=1}^{\infty} a_n$. 称 $S_n = \sum\limits_{i=1}^{n} a_i$ 为 $\sum\limits_{n=1}^{\infty} a_n$ 的前 n 项部分和, 称 a_n 为 $\sum\limits_{n=1}^{\infty} a_n$ 的通项; 如果 $\lim\limits_{n\to\infty} S_n = S \in \mathbf{R}$, 则称数项级数 $\sum\limits_{n=1}^{\infty} a_n$ 收敛, 并称 S 为数项级数 $\sum\limits_{n=1}^{\infty} a_n$ 的和, 即 $\sum\limits_{n=1}^{\infty} a_n = S$; 如果 $\sum\limits_{n=1}^{\infty} a_n = S$, 则称

$$R_n = S - S_n = \sum_{k=n+1}^{\infty} a_k$$

为数项级数 $\sum\limits_{n=1}^{\infty} a_n$ 的余项 (注意: 只有在 $\sum\limits_{n=1}^{\infty} a_n$ 收敛的情形下 R_n 才有意义!); 如果 $\lim\limits_{n\to\infty} S_n$ 不存在或者极限值为 ∞, 则称数项级数 $\sum\limits_{n=1}^{\infty} a_n$ 发散 (无意义!).

背景聚焦 级数收敛及级数和的正确定义是由傅里叶在 1811 年首先给出的. 大数学家高斯在 1812 年的一篇论文《关于超几何级数的研究》中, 对级数的收敛作了极其严密的研究, 但他只关心特殊的级数而没有讨论收敛级数的一般原则. 关于级数收敛性具有广泛意义的论述 (我们今天所学的定义) 在柯西的《分析教程》(1821) 中首次出现. 此外也由于数项无穷级数收敛学说的大部分结果由柯西建立, 因此世人公认常数项无穷级数学说的创建人是柯西.

定理 4.1.1(必要条件) 若 $\sum\limits_{n=1}^{\infty} a_n$ 收敛, 则 $\lim\limits_{n\to\infty} a_n = 0$ 且 $\lim\limits_{n\to\infty} R_n = 0$.

评注 证明由定义可得. 通项 $a_n \to 0$ 并不能保证 $\sum\limits_{n=1}^{\infty} a_n$ 收敛, 最典型的例子说是下面即将介绍的调和级数.

定理 4.1.2(线性不变性) 若 $\sum\limits_{n=1}^{\infty} a_n$ 与 $\sum\limits_{n=1}^{\infty} b_n$ 都收敛, 则 $\forall \alpha, \beta \in \mathbf{R}$, $\sum\limits_{n=1}^{\infty} (\alpha a_n +$

$\beta b_n)$ 收敛且

$$\sum_{n=1}^{\infty}(\alpha a_n+\beta b_n)=\alpha\sum_{n=1}^{\infty}a_n+\beta\sum_{n=1}^{\infty}b_n.$$

定理 4.1.3(柯西准则) $\sum\limits_{n=1}^{\infty}a_n$ 收敛 $\Leftrightarrow \forall\varepsilon>0,\ \exists N\in\mathbf{N}^+$, 当 $m>N$ 时, $\forall p\in\mathbf{N}^+$ 有

$$|a_{m+1}+a_{m+2}+\cdots+a_{m+p}|<\varepsilon.$$

评注 上述两个定理的证明可由定义及数列极限的性质可得.

定理 4.1.4(加括号不变性) 若 $\sum\limits_{n=1}^{\infty}a_n$ 收敛, 则不会因为加括号 (不更改顺序) 而改变其收敛性, 而且其和不变.

评注 证明只需注意到收敛的子列必收敛而且具有相同的极限即得, 加括号后的新级数收敛并不能推得原来的级数收敛, 如考察 $\sum\limits_{n=1}^{\infty}(-1)^{n+1}$ 即可.

例 4.1.1 求下述无穷级数 $\sum\limits_{n=1}^{\infty}a_n$ 的和:

(1) $a_n=\arctan(1/(n^2+n+1))$; (2) $a_n=\arctan(2/n^2)$;

(3) $a_n=\dfrac{1}{2^n}\tan\left(\dfrac{n}{2^n}\right)$; (4) $a_n=\dfrac{1}{n(n+m)}$ (常数 $m\in\mathbf{N}^+$);

解题思路 (1)
$$\begin{aligned}\tan a_n&=(n^2+n+1)^{-1}=[(n+1)-n][1+n(n+1)]^{-1}\\&=\tan(\arctan(n+1)-\arctan n),\end{aligned}$$
$$a_n=\arctan(n+1)-\arctan n,$$
$$S_n=\sum_{i=1}^{n}a_i=\arctan(n+1)-\arctan 1\to\pi/4;$$

(2)
$$\begin{aligned}\tan a_n&=2/n^2=[(n+1)-(n-1)]\cdot[1+(n-1)(n+1)]^{-1}\\&=\tan(\arctan(n+1)-\arctan(n-1)],\end{aligned}$$
$$a_n=\arctan(n+1)-\arctan(n-1),$$
$$S_n=\sum_{i=1}^{n}a_i=\arctan(n+1)+\arctan n-\arctan 1\to 3\pi/4;$$

(3) 由 $\cot 2x=(1-\tan^2 x)(2\tan x)^{-1}$ 可得 $\tan x=\cot x-2\cot 2x$, 因此

$$\begin{aligned}S_n&=\sum_{k=1}^{n}2^{-k}\tan(x/2^k)=\sum_{k=1}^{n}2^{-k}(\cot(x/2^k)-2\cot(x/2^{k-1}))]\\&=2^{-n}\cot(x/2^n)-\cot x\to x^{-1}-\cot x;\end{aligned}$$

(4) $S_{im}=m^{-1}[(1+1/2+\cdots+1/m)]-[(im+1)^{-1}+\cdots+(im+m)^{-1}]$

$\to m^{-1}(1+1/2+\cdots+1/m)$;

例 4.1.2 用柯西准则判断以下列 a_n 为通项的数项级数 $\sum\limits_{n=1}^{\infty}a_n$ 的敛散性:

(1) $a_n=\dfrac{1}{n^2}\sin n^3$; (2) $a_n=\dfrac{1}{3n-2}+\dfrac{1}{3n-1}-\dfrac{1}{3n}$;

(3) $a_n=[\cos n\alpha-\cos(n+1)\alpha]/n$(常数 $\alpha\neq 0$).

提示 (1) $\left|\sum\limits_{k=n+1}^{n+p}\dfrac{\sin k^3}{k^2}\right|\leqslant\sum\limits_{k=n+1}^{n+p}\dfrac{1}{k^2}\leqslant\sum\limits_{k=n+1}^{n+p}\dfrac{1}{k(k-1)}=\dfrac{1}{n}-\dfrac{1}{n+p}\leqslant\dfrac{1}{n}\to 0\ (n\to\infty)$;

(2) $\left|\sum\limits_{k=n+1}^{n+n}\left(\dfrac{1}{3k-2}+\dfrac{1}{3k-1}-\dfrac{1}{3k}\right)\right|\geqslant\sum\limits_{k=n+1}^{n+n}\dfrac{1}{3k-2}\geqslant\dfrac{n}{6n}=\dfrac{1}{6}$;

(3)
$$\begin{aligned}&\left|\sum_{k=n+1}^{n+p}\frac{\cos k\alpha-\cos(k+1)\alpha}{k}\right|\\
=&\left|\frac{\cos(n+1)\alpha}{n+1}+\sum_{k=n+1}^{n+p-1}\frac{\cos(k+1)\alpha}{k+1}-\sum_{k=n+1}^{n+p-1}\frac{\cos(k+1)\alpha}{k}-\frac{\cos(n+1+p)}{n+1+p}\right|\\
\leqslant&\frac{1}{n+1}+\left(\frac{1}{n+1}-\frac{1}{n+p}\right)+\frac{1}{n+p}=\frac{2}{n+1}\to 0\ (n\to\infty).\end{aligned}$$

例 4.1.3 设 $\sum\limits_{n=1}^{\infty}a_n$ 是正项级数, $S_n=\sum\limits_{i=1}^{n}a_i$, $R_n=\sum\limits_{i=n+1}^{\infty}a_i$. 证明下述命题:

(1) 若 $\sum\limits_{n=1}^{\infty}a_n$ 发散, 则 $\sum\limits_{n=1}^{\infty}S_n^{-1}a_n$ 发散, $\sum\limits_{n=1}^{\infty}S_n^{-2}a_n$ 收敛;

(2) 若 $\sum\limits_{n=1}^{\infty}a_n$ 收敛, 则 $\sum\limits_{n=1}^{\infty}R_n^{-1}a_n$ 发散, $\sum\limits_{n=1}^{\infty}(\sqrt{R_{n-1}}+\sqrt{R_n})^{-1}a_n$ 收敛.

证明思路 (1) 发散由

$$\sum_{k=n+1}^{n+p}\frac{a_k}{S_k}\geqslant\sum_{k=n+1}^{n+p}\frac{a_k}{S_{n+p}}=1-\frac{S_n}{S_{n+p}}\to 1\ (p\to+\infty)$$

可得; 收敛由

$$\frac{a_n}{S_n^2}\leqslant\frac{a_n}{S_nS_{n-1}}=\frac{S_n-S_{n-1}}{S_nS_{n-1}}=\left(\frac{1}{S_{n-1}}-\frac{1}{S_n}\right)\ (n=2)$$

可推得

$$\sum_{k=1}^{n}\frac{a_k}{S_k^2}=\frac{1}{a_1}+\sum_{k=2}^{n}\frac{a_k}{S_k^2}\leqslant\frac{1}{a_1}+\frac{1}{S_1}-\frac{1}{S_n}\leqslant\frac{2}{a_1};$$

(2) 发散由

$$\sum_{k=n+1}^{n+p}\frac{a_k}{R_k}>\sum_{k=n+1}^{n+p}\frac{a_k}{R_n}=1-\frac{R_{n+p}}{R_n}\to 1\ (p\to+\infty)$$

可推得; 收敛则由

$$\sum_{k=1}^{n}\frac{a_k}{\sqrt{R_{k-1}}+\sqrt{R_k}}=\sum_{k=1}^{n}(\sqrt{R_{k-1}}-\sqrt{R_k})=\sqrt{R_0}-\sqrt{R_n}\to\sqrt{R_0}$$

可推得 (其中 $R_0=\sum\limits_{k=1}^{\infty}a_k$).

评注 由例 4.1.3 可知不存在收敛最慢与发散最慢的正项级数, 即有下述命题成立:

(1) 若 $\sum\limits_{n=1}^{\infty}a_n$ 收敛 ($a_n>0$), 则存在单调递增收敛于 $+\infty$ 的 $\{t_n\}$ 使得 $\sum\limits_{n=1}^{\infty}t_na_n$ 收敛;

(2) 若 $\sum\limits_{n=1}^{\infty}a_n$ 发散 ($a_n>0$), 则存在单调递降收敛于零的正数列 $\{t_n\}$ 使得 $\sum\limits_{n=1}^{\infty}t_na_n$ 发散.

进一步, 通过考察 $\sum\limits_{n=1}^{\infty}a_n^2$ 与 $\sum\limits_{n=1}^{\infty}a_n$(其中 $a_n\geqslant 0$), 不难发现也不存在收敛最快与发散最快的级数.

4.1.2 几何级数

形如

$$\sum_{n=0}^{\infty}ar^n=a+ar+ar^2+\cdots+ar^{n-1}+ar^n+\cdots$$

的级数, 称其为几何级数. 该级数的前 n 项部分和为

$$S_n=a+ar+\cdots+ar^{n-1}=a\frac{1-r^n}{1-r}.$$

当 $|r|<1$ 时, 有 $\lim\limits_{n\to\infty}S_n=\dfrac{a}{1-r}$. 这样, 我们就可得到下述命题.

命题 4.1.1 若 $|r|<1$, 则几何级数 $\sum\limits_{n=1}^{\infty}ar^n$ 收敛而且其和为 $\dfrac{a}{1-r}$.

评注 几何级数在实际中有广泛应用, 后面将举例说明. 无穷多个数相加竟然获得有限值的和, 似乎使古人非常惊奇. 雅各布 · 伯努利 (Jakob Bernoulli,

1654~1705) 在《论无穷级数》的序言中写了下列六行小诗:

无穷级数啊, 即便想把你看作是无穷的东西,
你却仍是有限之和, 在界限前面躬下了身躯,
在贪婪的万物之中, 印下无穷之神的身影,
虽然身受限制, 却又无穷增加,
我多么欣喜, 在无法度量的细物之中,
在那微小又微小之中, 我看到了无穷之神.

接下来, 我们介绍关于几何级数的历史趣闻.

历史趣闻 如果将 $a=1, r=-1$ 代入上述几何级数可得

$$1-1+1-1+\cdots=1/2.$$

这是意大利比萨大学的格兰迪 (Luigi Guido Grandi,1671~1742) 教授获得的 "结果". 当然, 这个 "结果" 还可以用下述更简单的方法推出.

设 $S=1-1+1-1+\cdots$, 则有

$$S=1-(1-1+1-\cdots)=1-S,$$

于是有 $S=\frac{1}{2}$. 大家不要认为, 这种错误只发生在一般数学家身上. 其实, 著名数学家莱布尼茨曾主张, 它的和可能是 0 或者 1, 而且概率相等, 所以其 "真" 值应该是它们的平均值, 即 $\frac{1}{2}$. 这与格兰迪的奇妙的 "解释" 真是异曲同工. 然而, 莱布尼茨的这个证明竟为拉格朗日等大数学家们所接受! 然而伟大的欧拉做得更绝, 他在

$$1+r+r^2+r^3+\cdots+r^n+\cdots=\frac{1}{1-r}$$

中, 令 $r=-1$, 得出 $S=\frac{1}{2}$ 的结果. 并进一步将 $r=-1$ 代入

$$\frac{1}{(1+r)^2}=1-2r+3r-4r+\cdots$$

中, 得到 $\infty=1+2+3+\cdots$.

令 $r=2$, 得到 "$-1=1+2+2^2+2^3+\cdots$" 这样荒谬的结果, 欧拉竟也接受了.

不仅如此, 由于这个级数右边各项的和应超过 $1+2+3+\cdots$ 的和, 于是欧拉得出

$$-1=1+2+2^2+2^3+\cdots>1+2+3+\cdots=\infty.$$

最终, 欧拉得出结论:

−1比无穷大更大!

过去是正数大于零，零大于负数. 按照上面无穷级数求和法可得到，无穷大大于正数，而负数又大于无穷大. 由此，欧拉得出断言：

∞必须是介于正数和负数之间的一种极限，与 0 相似!

不仅如此，格兰迪发现还有许多更奇妙的系列等式：

$$\frac{1}{1+r}=1-r+r^2-r^3+r^4-r^5+\cdots,$$
$$\frac{1}{1+r+r^2}=1-r+r^3-r^4+r^6-r^7+\cdots,$$
$$\frac{1}{1+r+r^2+r^3}=1-r+r^4-r^5+r^8-r^9+\cdots.$$

将 $r=1$ 代入上述系列等式，可以求得无穷级数

$$1-1+1-1+1-\cdots$$

的和可以分别等于 $\frac{1}{2},\frac{1}{3},\frac{1}{4},\cdots,\frac{1}{m},\cdots$.

对此，他说到 "世界能够从空无所有中随意创造". 由此我们看到了上帝从无到有创造世界的象征. 他还对这个结果做出 "奇妙" 的解释：

父亲留给两个儿子一块宝石，由兄弟两人轮流保存，每人保存一年. 于是，交给对方保存的时候，可以说所有权是 0，自己保存的时候，可以说所有权是 1，而平均而言，每人的所有权为 $\frac{1}{2}$.

鼎鼎大名的大数学家为何会犯如此低级的错误，其原因就在于没有弄明白无穷级数中极为关键的概念，即收敛与发散.

例 4.1.4 $0.\dot{9}=1$ 吗？这是一个引起人们普遍兴趣与困惑的问题. 许多人相信，1 与 $0.\dot{9}=0.9999\cdots$ 两者并不相等，具体而言，1 与 $0.\dot{9}$ 总是多那么一点点. 然而，它们确确实实是相等的. 利用初等代数的方法，可以给出下述三种证明方法.

证法一 因 $\frac{1}{3}=0.33333\cdots$，两边同乘以 3，得 $0.\dot{9}=1$.

证法二 因 $\frac{1}{9}=0.111111\cdots$，两边同乘以 9，得 $0.\dot{9}=1$.

证法三 令 $x=0.99999\cdots$，两边分别扩大 10 倍，得 $10x=9.99999\cdots$，于是，$10x=9+x$，$x=1$.

显然，上述几种证明方法都是不够严密的，因为它们都涉及把有穷运算套用到无穷运算中. 事实上，只有利用上述命题 4.1.1 的结果，才能给出严格证明：

$$0.\dot{9}=\frac{9}{10}+\frac{9}{10^2}+\cdots+\frac{9}{10^n}+\cdots=\sum_{n=1}^{\infty}\frac{9}{10^n}=\frac{9}{19}\left(1-\frac{1}{10}\right)^{-1}=1.$$

例 4.1.5(阿基里斯追龟悖论) 阿基里斯是希腊神话中善跑的英雄. 这一悖论是说, 乌龟先出发一段时间之后, 阿基里斯再出发追乌龟, 乌龟尽管跑得很慢, 但是阿基里斯却永远追不上乌龟. 因为阿基里斯要想追上乌龟, 就必须先到达乌龟的出发点, 而当阿基里斯到达乌龟的出发点之后, 乌龟则会利用之前阿基里斯跑完这段路程的时间再向前爬一段, 此时乌龟在阿基里斯的前面, 也就需要阿基里斯再去追, 如此重复下去, 乌龟总在阿基里斯的前面.

为清楚起见, 我们不妨用具体数据来说明. 假设跑神每小时能跑 100km, 乌龟每小时只能爬 10km. 跑神等乌龟爬行了 100km 再开始跑, 等跑神追到乌龟的起点位置时, 乌龟已向前爬行了 10km; 当跑神跑到第 110km 处时, 乌龟又向前爬行了 1km; 当跑神再跑 1km 时, 乌龟又爬行了 $\frac{1}{10}$km, $\cdots$ 无论如何, 跑神总是落在乌龟后面.

根据运动力学中的行程追及问题可知跑神追上乌龟所用的时间为

$$\frac{100}{100-10}=\frac{10}{9}(\text{小时}).$$

按照芝诺的设计, 计算到第 n 次追的步骤, 所用的时间是

$$S_n=1+\frac{1}{10}+\frac{1}{100}+\cdots+\frac{1}{10^{n-1}}(\text{小时}),$$

它小于无穷等比级数 $\sum\limits_{n=0}^{\infty}\frac{1}{10^n}$ 的和 $\frac{10}{9}$. 这里芝诺设置的疑难关键之处就基于人们普遍认为无穷多个数的和必是无穷这样的错误认识, 他故意把追的过程划分为无穷多个步骤, 而忽视有限时间同时也被划分为无限个小段这个基本事实.

例 4.1.6(古老的分牛传说) 传说古代印度有一位老人, 临终前留下遗嘱, 要把 19 头牛分给三个儿子, 老大分总数的 1/2, 老二分总数的 1/4, 老三分总数的 1/5. 按印度的教规, 牛被视为神, 不能宰杀, 只能整头分. 先人的遗嘱更要无条件地服从. 老人去世后, 三兄弟为分牛一事而绞尽脑汁, 但计无所出, 最后决定诉诸官府. 官府本是酒囊饭袋, 遇到此等难事, 自是一筹莫展, “便以清官难断家务事” 为由, 一推了之.

话说邻村住着一位智叟, 一天他路过三兄弟家门, 见三人愁眉不展, 唉声叹气, 寻问之下, 方知此事. 但见老人沉思片刻说: “这好办! 我有一头牛借给你们. 这样, 总共就有 20 头牛. 老大分 1/2 可得 10 头, 老二分 1/4 可得 5 头, 老三分 1/5 可得 4 头, 你等三人共分去 19 头牛, 剩下 1 头再还我! ”

真是妙绝! 一个曾经使人绞尽脑汁的难题, 竟如此轻松巧妙地得以解决, 这自然引起了当时人们的热议, 并一时传为佳话, 以至流传至今. 不过, 后来人们在钦佩之余总带有一丝怀疑, 老大似乎只该分 9.5 头, 最后他怎么竟得了 10 头呢?

这件事最后惊动了数学家, 他们决心对此弄个水落石出! 数学家们进行了如下运算: 19 头牛按老大 1/2、老二 1/4、老三 1/5 的份额去分, 各人分别可得 19/2 头、19/4 头和 19/5 头, 这里显然没有分完, 还剩下

$$\left(19-\frac{19}{2}-\frac{19}{4}-\frac{19}{5}\right)=\frac{19}{20}(\text{头}).$$

所剩的牛自然仍要按遗嘱分给各人, 于是老大又得 $\frac{1}{2}\times\frac{19}{20}$ 头, 老二又得 $\frac{1}{4}\times\frac{19}{20}$ 头, 老三又得 $\frac{1}{5}\times\frac{19}{20}$ 头. 计算一下便知道, 牛仍未被分完, 此时还剩下 $\frac{19}{20^2}$ 头, 于是还得按遗嘱规定去分, 如此等等. 这个过程可以一直延续到无穷, 只是每次所剩越来越少罢了!

很明显, 在上述过程中老大共分得牛数为

$$S_1=\frac{19}{2}+\frac{1}{2}\times\frac{19}{20}+\frac{1}{2}\times\frac{19}{20^2}+\cdots=\frac{19}{2}\left(1-\frac{1}{20}\right)^{-1}=10;$$

同理, 老二、老三所分牛数分别为 $S_2=5$, $S_3=4$.

数学家们终于用审慎的数学论证支持了智叟.

评注 事实上, 这个古老的 "难题", 现在利用小学数学中关于比数的知识就能解决. 按遗嘱三兄弟所获牛数的比为 $2^{-1}:4^{-1}:5^{-1}=10:5:4$, 只要最后这个简单的整数比能够将 19 整分, 那么整分就可实现.

例 4.1.7(雪花曲线) 雪花曲线, 又名科克曲线, 它是瑞典数学家科克 (Kock Helge von) 首次在 1904 年发明的. 该曲线按照下述方法构造. 给定一个每边长为 a 的三角形 (见图 4-1-1), 按如下规则可以作成一个新的图形: 第一次将每边三等分, 以中间的一段为边, 向形外接上去一个正三角形, 得到一个六角星 (图 4-1-2), 它的边界由 12 个 $a/3$ 长的线段围成, 此凹多边形记作 K_1; 第二次在凹多边形 K_1 中, 再将 12 边中的每一边三等分, 以中间的一段为边, 向形外接上去一个更小的正三角形, 得到凹多边形 K_2(图 4-1-3); 不断重复, 产生一凹多边形序列 $K_n(n=1,2,\cdots)$. 它们的边界变得越来越细微曲折, 它使人想起一种理想的雪花. 人们称凹多边形 K_n 的边界曲线为雪花曲线. 试问: 凹多边形 K_n 的周长是多少? 凹多边形的面积是多少?

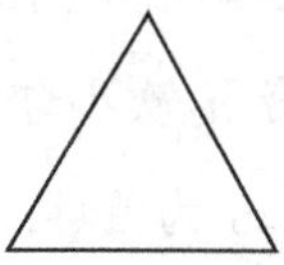

图 4-1-1

图 4-1-2

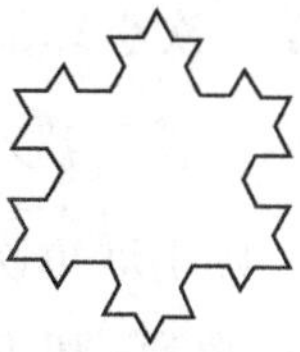

图 4-1-3

简解 设第 n 条曲线的长为 L_n, 所围的面积为 A_n. 初始三角形的周长为 $L_0=3a$, 面积 $A_0=(\sqrt{3}/4)a^2$, 则雪花曲线长的递推关系式为: $L_n=(4/3)L_{n-1}$. 由此得通项公式: $L_n=(4/3)^nL_0$. 易见, 每次增加的三角形个数是相邻的前一次图形的边数, 而增加的小正三角形, 由于与相邻前一次所得的正三角形相似, 且相似比是 1/3, 所以增加的每个小三角形面积是相邻前一次所得的一个三角形面积的 1/9. 这样, 每次增加的面积是增加的三角形个数与增加的每个小三角形面积之乘积, 可得递推关系式:

$$A_n=A_{n-1}+3\times 4^{n-1}\times\frac{A_0}{9^n}=A_{n-1}+\left(\frac{4}{3}\right)^{n-1}\frac{A_0}{3^n}.$$

再用累加法可得通项公式:

$$A_n=A_0+\frac{A_0}{3}\left[1+\frac{4}{9}+\frac{16}{81}+\cdots+\left(\frac{4}{9}\right)^{n-1}\right]=\left\{1+\frac{3}{5}\left[1-\left(\frac{4}{9}\right)^n\right]\right\}A_0.$$

于是有

$$L=\lim_{n\to\infty}L_n=\lim_{n\to\infty}(4/3)^nL_0=+\infty,$$

$$A=\lim_{n\to\infty}A_n=\lim_{n\to\infty}\left\{1+\frac{3}{5}\left[1-\left(\frac{4}{9}\right)^n\right]\right\}A_0=\frac{8}{5}A_0.$$

从这里我们可以看到非常奇特的现象: *周长是无限大的曲线所围的面积却是有限数*. 数学家们对此奇特现象的深入探究, 发掘出一门应用很广泛的分形几何学.

例 4.1.8 如图 4-1-4 所示, 斜面倾角为 30°, 在斜面底端有一弹簧 (其长度可忽略不计), 若一小球从斜面 50cm 高处自由滚下, 与弹簧碰撞, 再反弹后所能达到的高度是原来的 4/5, 分别求小球从开始到终止所通过的总路程与所需要的时间.

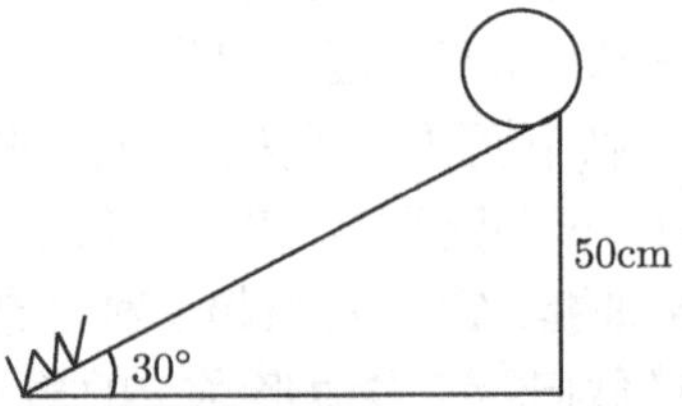

图 4-1-4

解 第 1 次小球滚下的路程 $S_1=\dfrac{50}{\sin 30^\circ}=100\text{cm}$, 第 2 次小球滚下的路程 $S_2=\dfrac{4}{5}S_1$, 第 3 次小球滚下的路程 $S_3=\dfrac{4}{5}S_2,\cdots$, 第 n 次小球滚下的路程 $S_n=\dfrac{4}{5}S_{n-1}$, 则小球每次流下的路程组成一个以 $S_1=100\text{cm}$ 为首项, 以 4/5 为公比的无穷等比数列. 则小球从开始到终止所通过的总路程为

$$S=S_1+2S_2+2S_3+\cdots=2(S_1+S_2+S_3+\cdots)-S_1$$

$$= 2 \times 100(1-4/5)^{-1} - 100 = 1000 - 100 = 900(\text{cm}) = 9(\text{m}).$$

小球第 1 次滚下至反弹前所需时间为

$$t_1 = \sqrt{\frac{2S_1}{g\sin 30^\circ}} = \sqrt{\frac{4S_1}{g}} = \frac{2}{\sqrt{g}}(\text{s})(\text{其中 } g = 9.8\text{m/s}^2 \text{ 为重心加速度}),$$

小球第 2 次滚下至反弹前所需时间

$$t_2 = \sqrt{\frac{2S_2}{g\sin 30^\circ}} = \sqrt{\frac{4}{5}} \times \sqrt{\frac{4S_1}{g}} = \sqrt{\frac{4}{5}}t_1,$$

小球第 3 次滚下至反弹前所需时间

$$t_3 = \sqrt{\frac{2S_2}{g\sin 30^\circ}} = \sqrt{\frac{4}{5}} \times \sqrt{\frac{4S_2}{g}} = \left(\sqrt{\frac{4}{5}}\right)^2 \sqrt{\frac{4S_1}{g}} = \left(\sqrt{\frac{4}{5}}\right)^2 t_1,$$

……

小球第 n 次滚下至反弹前所需时间

$$t_n = \sqrt{\frac{2S_n}{g\sin 30^\circ}} = \left(\sqrt{\frac{4}{5}}\right)^{n-1} \sqrt{\frac{4S_1}{g}} = \left(\sqrt{\frac{4}{5}}\right)^{n-1} t_1,$$

即小球每次滚下至反弹前所需时间组成一个以

$$t_1 = \sqrt{\frac{4S_1}{g}} = \frac{2}{\sqrt{g}}$$

为首项, 以 $\sqrt{\dfrac{4}{5}}$ 为公比的无穷等比数列, 则小球从开始到终止所需的总时间为

$$\begin{aligned} t &= t_1 + 2t_2 + 2t_3 + \cdots = 2(t_1 + t_2 + t_3 + \cdots) - t_1 \\ &= 2 \times \frac{2}{\sqrt{g}}\left(1 - \sqrt{\frac{4}{5}}\right)^{-1} - \frac{2}{\sqrt{g}} \approx 11.64(\text{s}), \end{aligned}$$

即小球从开始到终止所通过的总路程为 9m, 所需的总时间为 11.64s.

4.1.3 调和级数

形如

$$\sum_{n=1}^{\infty} \frac{1}{n} = 1 + \frac{1}{2} + \frac{1}{3} + \cdots + \frac{1}{n} + \cdots$$

的级数, 称其为调和级数 (harmonic series).

粗看起来, 数列 $\{1/n\}$ 随着 n 不断增大, $1/n$ 无限接近 0, 数列中各项的和所形成的级数也应该是收敛的. 但是经过严格的证明发现, 调和级数是一个发散的级数. 这也就是为什么对于刚刚接触调和级数的人来讲, 难以理解的原因, 因为调和级数发散的性质是违反直觉的.

评注 证明调和级数发散的最简方法, 是利用柯西准则反证之. 下面介绍由奥里斯梅 (Oresme, 1323～1382) 给出的历史的最早证明及其别具一格的反证法.

证法一(Oresem) $S_1 = 1$,

$$\begin{aligned} S_2 &= 1 + \frac{1}{2}, \\ S_4 &= S_2 + \frac{1}{3} + \frac{1}{4} > S_2 + \frac{1}{4} + \frac{1}{4} = 1 + \frac{2}{2}, \\ S_8 &= S_4 + \frac{1}{5} + \frac{1}{6} + \frac{1}{7} + \frac{1}{8} > S_4 + \frac{1}{2} > 1 + \frac{3}{2}, \end{aligned}$$

由数学归纳法可证得 $\forall n$ 有

$$S_{2^n} > 1 + \frac{n}{2}.$$

由此可见 $\{S_n\}$ 是无上界的数列, 因而不收敛.

证法二(反证法) 设 $S_n = \sum_{k=1}^{n} \frac{1}{k}$, 而 $\lim_{n\to\infty} S_n = S$ 存在, 分拆 $S_{2n} = A_n + B_n$, 其中

$$A_n = 1 + \frac{1}{3} + \frac{1}{5} + \cdots + \frac{1}{2n-1}, \quad B_n = \frac{1}{2} + \frac{1}{4} + \frac{1}{6} + \cdots + \frac{1}{2n}.$$

由于 $B_n = \frac{1}{2}S_n$, 因此 $\lim_{n\to\infty} B_n = \frac{1}{2}S$. 于是有

$$\lim_{n\to\infty} A_n = \lim_{n\to\infty} (S_{2n} - B_n) = \frac{1}{2}S.$$

注意到 $\forall n$ 都有 $A_n - B_n > \frac{1}{2}$. 因此 $\{A_n\}$ 与 $\{B_n\}$ 不可能收敛到同一极限.

评注 调和级数是发散得特别慢的级数, 利用现代计算机可以计算:

前 100 个数的和约为 7.485,
前 100 万个数的和大约为 14.357,
前 10 亿个数的和大约为 21,
前 10000 亿个数的和接近 28,
……

如果为了得到超过 100 的部分和, 人们就得把调和级数的前 1.5×10^{43} 项相加. 一台每秒执行 100 万条指令的计算机需要耗费 1.5×10^{37} 秒的时间来完成这项工

作. 然而, 宇宙的年纪大约为 10^{17} 秒. 因此这里的计算仅仅是一种理论上的可能. 更夸张地, 如果使其和超过 1000, 那么就得把前 1.1×10^{434} 多项加起来.

挺有意思, 利用调和级数的发散性, 可以构建非常有趣的蠕虫悖论.

蠕虫悖论 1867 年, 德国数学家施瓦兹 (Armin Schwarz, 1843~1921) 在讲授无穷级数时, 提出下述的蠕虫问题:

一条蠕虫以每秒 1cm 的速度在一根长 1m 的橡皮绳上从一端向另一端爬行, 而橡皮绳每秒钟长 1m. 问这条虫子能否爬到橡皮绳的另一端?

为了增加爬行的难度, 我们把施瓦兹原问题中的橡皮绳长与绳伸长数都改为 100m, 于是得到如下问题: 一条蠕虫沿着一条长 100m 的橡皮绳以每秒 1cm 的速度由一端向另一端爬行. 在 1s 之后, 橡皮绳像橡皮筋一样拉长为 200m. 再过 1s 后, 它又拉长为 300m. 如此下去, 每当蠕虫爬完 1s 后, 橡皮绳就拉长 100m.

当然, 这个的问题是纯数学化的. 即我们假定绳子、蠕虫都是理想化的: 橡皮绳可任意拉长, 而不知疲倦也不会死的蠕虫会一直往前爬. 另外, 橡皮绳的伸长被认为是均匀的, 这意味着在绳子拉长时, 蠕虫的位置会相应均匀向前挪动. 现在问, 如此下去, 蠕虫能否最终爬到橡皮绳的另一端?

凭直觉, 很多人会认为, 蠕虫爬行的那点可怜的路程远远赶不上橡皮绳的不断拉长. 然而这一问题的结论却是: 蠕虫真能爬到绳的另一端. 奇怪吗?

我们下面就来解释一下其中的奥妙.

在第 1s 中, 蠕虫爬行了 1cm, 绳长此时是 100m, 因此 1s 后, 蠕虫爬到了绳子的 $\dfrac{1}{10000}$ 处. 此时, 橡皮绳开始拉长 100m. 因为绳子是均匀拉长, 相应的, 绳子上的蠕虫均匀向前挪动了, 因此它的进程仍位于绳子拉长后的 $\dfrac{1}{10000}$ 处.

在第 2s 中, 蠕虫继续爬行 1cm, 绳长此时已是 200m, 因此 2s 后, 蠕虫在前面的基础上 $\left(\text{即位于绳子 } \dfrac{1}{10000} \text{ 处}\right)$, 又爬行了绳长的 $\dfrac{1}{20000}$. 于是, 蠕虫的进程到了绳子的 $\dfrac{1}{10000}+\dfrac{1}{20000}$ 处. 此时, 橡皮绳又开始拉长 100m. 与上面解释的道理相同, 绳子拉长后, 蠕虫的进程仍位于绳子的 $\dfrac{1}{10000}+\dfrac{1}{20000}$ 处.

在第 3s 中, 蠕虫又爬行了 1cm, 绳长此时已是 300m, 因此 3s 后, 蠕虫在前面的基础上 $\left(\text{即位于绳子 } \dfrac{1}{10000}+\dfrac{1}{20000} \text{ 处}\right)$, 又爬行了绳长的 $\dfrac{1}{30000}$. 于是, 蠕虫的进程到了绳子的

$$\frac{1}{10000}+\frac{1}{20000}+\frac{1}{30000}$$

处. 此时, 橡皮绳又开始拉长 100m. 同样的道理, 绳子拉长后, 蠕虫的进程仍位于绳子的 $\dfrac{1}{10000}+\dfrac{1}{20000}+\dfrac{1}{30000}$ 处.

以此类推, 在第 n 秒后, 蠕虫的进程将位于绳子的

$$\frac{1}{10000}+\frac{1}{20000}+\frac{1}{30000}+\cdots+\frac{1}{n\times 10000}=\frac{1}{10000}\left(1+\frac{1}{2}+\frac{1}{3}+\cdots+\frac{1}{n}\right)$$

处, 蠕虫能否爬到绳子的另一端, 就要看

$$\frac{1}{10000}\left(1+\frac{1}{2}+\frac{1}{3}+\cdots+\frac{1}{n}\right)$$

能否达到 1, 或者说

$$1+\frac{1}{2}+\frac{1}{3}+\cdots+\frac{1}{n}$$

能否达到 10000. 注意到调和级数的发散性, 我们可以从理论上证明蠕虫总能在有限的时间内到达终点. 利用高级计算机程序, 可以求得蠕虫为实现自己的目标需要爬行的秒数近似等于 e^{10000}. 因此, 我们不妨联想一下中国古代神话 "精卫填海".

虽然调和级数是发散的, 但对调和级数作一点微小的改变, 即删除初看起来并不那么显眼的项, 却会得到收敛级数.

例 4.1.9 求证: 在调和级数 $\sum\limits_{n=1}^{\infty}\frac{1}{n}$ 中去掉分母 n 含有数字 0 的项所剩余的项组成的新级数收敛, 其和不超过 90; 若去掉所有分母中含有 9 的那些项所组成的新级数收敛, 其和不超过 80.

证明思路 在第一种情形下, 分母是 n 位数的项共有 9^n 项, 其和不超过 $9^n 10^{-(n-1)}$; 在第二种情形下, 分母是 n 位数的项共有 9^n-9^{n-1} 项, 其和不超过 $(9^n-9^{n-1})\cdot 10^{-(n-1)}$. 详细证明请读者自己补充.

4.1.4 正项级数

若 $a_n\geqslant 0$, 则称 $\sum\limits_{n=1}^{\infty}a_n$ 为正项级数. 因在有序观念的统领下, 正项级数的研究相对要方便得多. 首先建立正项级数的收敛特征定理.

定理 4.1.5(收敛特征) 正项级数 $\sum\limits_{n=1}^{\infty}a_n$(即 $a_n>0$) 收敛当且仅当 $\sum\limits_{n=1}^{\infty}a_n$ 的前 n 项部分和序列 $\{S_n\}$ 有上界.

评注 该定理的证明可由定义及数列极限的性质直接获得.

从正项级数的收敛特征出发, 不难推得正项级数敛散性的比较判别法 (比较原则). 比较判别法是判别正项级数收敛 (或发散) 的最基本的方法, 也是最核心的方法, 其他判别法只不过比较判别法的特例或引伸.

定理 4.1.6(比较原则) 设 $\sum\limits_{n=1}^{\infty}a_n$ 与 $\sum\limits_{n=1}^{\infty}b_n$ 都是正级数. 若当 n 充分大时有 $a_n\leqslant b_n$, 则可从 $\sum b_n$ 收敛推得 $\sum a_n$ 收敛, 而从 $\sum a_n$ 发散推得 $\sum b_n$ 发散.

评注 利用比较判别法及几何级数的收敛性, 我们可以建立达朗贝尔比式判别法及柯西根式判别法, 还可建立积分判别法. 这些常用方法的建立与应用, 在通常的数学分析教材中都可找到, 这里不详细展开. 有了正项级数的收敛理论, 我们就可以很轻松地为正实数的十进制无穷小数展开提供合法的理论依据, 这里也不详细展开讨论.

接下来, 我们着重介绍建立在 p-级数 (也称广泛调和级数) 基础之上的各种判别法.

命题 4.1.2 若 $p \leqslant 1$, 则无穷级数 $\sum\limits_{n=1}^{\infty}\dfrac{1}{n^p}$ 发散; 若 $p>1$, 则 $\sum\limits_{n=1}^{\infty}\dfrac{1}{n^p}$ 收敛.

证明思路 由 $p<1$ 时有 $\dfrac{1}{n^p} \geqslant \dfrac{1}{n}$, 从而由 $\sum\limits_{n=1}^{\infty}\dfrac{1}{n}$ 发散可知 $\sum\limits_{n=1}^{\infty}\dfrac{1}{n^p}(p \leqslant 1)$ 发散. 由定义及例 2.1.8(2) 可知, 当 $p>1$ 时, $\sum\limits_{n=1}^{\infty}\dfrac{1}{n^p}$ 收敛.

定理 4.1.7(Raabe 判别法) 求证下述命题:

(1) 等式形式 若存在 $\delta>0$, 使得 n 充分大时有

$$\frac{a_n}{a_{n+1}} \geqslant 1+\frac{1+\delta}{n},$$

则 $\sum\limits_{n=1}^{\infty} a_n$ 收敛; 若当 n 充分大时有

$$\frac{a_n}{a_{n+1}} \leqslant 1+\frac{1}{n},$$

则 $\sum\limits_{n=1}^{\infty} a_n$ 发散;

(2) 极限形式 若 $\dfrac{a_n}{a_{n+1}}=1+\dfrac{r}{n}+o\left(\dfrac{1}{n}\right)$, 则 $r>1(<1)$ 时 $\sum\limits_{n=1}^{\infty} a_n$ 收敛 (发散);

(3) 对数比值形式 若 $\lim\limits_{n\to\infty} n\ln(a_n/a_{n+1})=l$, 则 $l>1(<1)$ 时 $\sum\limits_{n=1}^{\infty} a_n$ 收敛 (发散);

(4) 广义比值形式 若 $\lim\limits_{n\to\infty}\left(\dfrac{a_n}{a_{n+1}}\right)^n=q$, 则 $q>1/\mathrm{e}(q<1/\mathrm{e})$ 时 $\sum\limits_{n=1}^{\infty} a_n$ 收敛 (发散).

证 仅证 (3)(其他利用对数函数的特性可以相互转化). 任取 $p\in(1,l)$, 当 n 充分大时有 $n\ln(a_n/a_{n+1})>p$, 即

$$a_n a_{n+1}^{-1}>\mathrm{e}^{p/n}>(1+n^{-1})^p=n^{-p}(n+1)^p,$$

由 $\sum_{n=1}^{\infty} n^{-p}$ 收敛即得收敛性证明.

发散性证明利用 $(1+(n-1)^{-1})^n > \mathrm{e}$ 及 $\sum_{n=1}^{\infty} \frac{1}{n}$ 发散即得.

定理 4.1.8(Bertrand 判别法)　求证下述命题:

(1) 不等式形式　若存在 $\delta > 0$, 使得 n 充分大时有

$$\frac{a_n}{a_{n+1}} \geqslant 1 + \frac{1}{n} + \frac{1+\delta}{n\ln n},$$

则 $\sum_{n=1}^{\infty} a_n$ 收敛; 当 n 充分大时有

$$\frac{a_n}{a_{n+1}} \leqslant 1 + \frac{1}{n} + \frac{1}{n\ln n},$$

则 $\sum_{n=1}^{\infty} a_n$ 发散;

(2) 极限形式　若 $\frac{a_n}{a_{n+1}} = 1 + \frac{1}{n} + \frac{b}{n\ln n} + o\left(\frac{1}{n\ln n}\right)$, 则 $b > 1 (< 1)$ 时 $\sum_{n=1}^{\infty} a_n$ 收敛 (发散).

证明思路　以 (2) 为例. 若 $b > 1$, 任取 $p \in (1, b)$, 由

$$\begin{aligned}\frac{(n+1)\ln^p(n+1)}{n\ln^p n} &= \left(1+\frac{1}{n}\right)\left(1+\frac{\ln(1+n^{-1})}{\ln n}\right)^p \\ &= \left(1+\frac{1}{n}\right)\left(1+\frac{p}{n\ln n}+o\left(\frac{1}{n\ln n}\right)\right) \\ &= 1+n^{-1}+p(n\ln n)^{-1}+o(n\ln n)^{-1}(n\to\infty)\end{aligned}$$

及条件可得 n 充分大时有

$$a_n a_{n+1}^{-1} > (n+1)\ln^p(n+1)\cdot(n\ln n)^{-1},$$

由 $\sum_{n=1}^{\infty}(n\ln^p n)^{-1}$ 收敛可知 $\sum_{n=1}^{\infty} a_n$ 收敛;

若 $b < 1$, 在上述证明思路中取 $p = 1$ 可得 n 充分大时有

$$a_n/a_{n+1} < (n+1)\ln(n+1)\cdot(n\ln n)^{-1},$$

由 $\sum_{n=1}^{\infty}(n\ln n)^{-1}$ 发散可知 $\sum_{n=1}^{\infty} a_n$ 发散.

定理 4.1.9(Gauss 判别法) 求证: 若 $\dfrac{a_n}{a_{n+1}}=1+\dfrac{\mu}{n}+o\left(\dfrac{1}{n^{1+\varepsilon}}\right)$(其中 $\varepsilon>0$), 则 $\mu>1(\leqslant 1)$ 时级数 $\sum\limits_{n=1}^{\infty}a_n$ 收敛 (发散).

证明思路 易见 $\mu>1$ 与 $\mu<1$ 时都是 Raabe 判别法的特例.

当 $\mu=1$ 时, 由 $\lim\limits_{n\to\infty}n^{-\varepsilon}\ln n=0$ 可得

$$\lim_{n\to\infty}n\ln n[n(a_na_{n+1}^{-1}-1)-1]=0,$$

由 Bertrand 判别法可知 $\sum\limits_{n=1}^{\infty}a_n$ 发散.

定理 4.1.10(Gauss 判别法推广) 设 $\dfrac{a_n}{a_{n+1}}=d+\dfrac{r}{n}+\dfrac{b}{n\ln n}+o\left(\dfrac{1}{n\ln n}\right)$. 求证:

(1) $d>1(<1)$ 时 $\sum\limits_{n=1}^{\infty}a_n$ 收敛 (发散);

(2) $d=1$ 且 $r>1(<1)$ 时 $\sum\limits_{n=1}^{\infty}a_n$ 收敛 (发散);

(3) $d=1, r=1$ 且 $b>1(<1)$ 时 $\sum\limits_{n=1}^{\infty}a_n$ 收敛 (发散).

评注 这是 d'Alember 比值判别法、Raade 判别法、Bertrand 判别法的综合.

定理 4.1.11(Kummer 判别法) 求证下述命题:

(1) 正项级数 $\sum\limits_{n=1}^{\infty}a_n$ 收敛 $\Leftrightarrow$ 存在正数列 $\{b_n\}$ 及 $\delta>0$ 使得 n 充分大时有

$$\frac{a_n}{a_{n+1}}b_n-b_{n+1}\geqslant\delta;$$

(2) $\sum\limits_{n=1}^{\infty}a_n$ 发散 $\Leftrightarrow$ 存在发散的正项级数 $\sum\limits_{n=1}^{\infty}\dfrac{1}{d_n}$ 使得 n 充分大时有

$$\frac{a_n}{a_{n+1}}d_n-d_{n+1}\leqslant 0.$$

进一步, d'Alember 比值判别法、Raabe 判别法、Bertrand 判别法都是 Kummer 判别法的特例.

证明思路 若当 n 充分大时有

$$b_na_na_{n+1}^{-1}-b_{n+1}\geqslant\delta>0,$$

即 $a_nb_n - a_{n+1}b_{n+1} \geqslant \delta a_{n+1}$，由 $\sum\limits_{n=1}^{\infty}(a_nb_n - a_{n+1}b_{n+1})$ 收敛可知 $\sum\limits_{n=1}^{\infty} a_n$ 收敛; 若 $\sum\limits_{n=1}^{\infty} a_n$ 收敛, 记 $R_n = \sum\limits_{k=n+1}^{\infty} a_k$. 令 $b_n = R_n a_n^{-1}$, 则有

$$b_n a_n a_{n+1}^{-1} - b_{n+1} = R_n a_{n+1}^{-1} - R_{n+1} a_{n+1}^{-1} = 1,$$

此时取 $\delta = 1$ 即可.

若当 n 充分大时有

$$d_n a_n a_{n+1}^{-1} - d_{n+1} \leqslant 0,$$

即 $a_n a_{n+1}^{-1} \leqslant d_{n+1} d_n^{-1}$, 由发散情形的比较判别法的比值形式 $\sum\limits_{n=1}^{\infty} a_n$ 发散;

若 $\sum\limits_{n=1}^{\infty} a_n$ 发散, 记 $S_n = \sum\limits_{i=1}^{n} a_i$, $d_n = S_n a_n^{-1}$, 利用柯西准则可证 $\sum\limits_{n=1}^{\infty} d_n^{-1}$ 发散, 而且有

$$b_n a_n a_{n+1}^{-1} - b_{n+1} = S_n a_{n+1}^{-1} - S_{n+1} a_{n+1}^{-1} = -1 < 0.$$

进一步, 分别取 $b_n = 1$ 与 $b_n = n$ 可得 d'Alember 比值判别法与 Raade 判别法.

若取 $b_n = d_n = n \ln n$, 则由 Kummer 判别法可得 Bertrand 判别法. 事实上, 注意到

$$(n+1)\ln(n+1)(n\ln n)^{-1} = 1 + n^{-1} + (n+1)\ln(1+n^{-1})(n\ln n)^{-1}$$

以及当 n 充分大时有

$$1 + \frac{\delta}{2} > (n+1)\ln\left(1 + \frac{1}{n}\right),$$

由此即可推得.

定理 4.1.12(对数判别法) 求证下述命题:

(1) 若 $\lim\limits_{n\to\infty} \dfrac{\ln(1/a_n)}{\ln n} = r > 1(< 1)$, 则正项级数 $\sum\limits_{n=1}^{\infty} a_n$ 收敛 (发散);

(1)$'$ 若 $\lim\limits_{n\to\infty} \sqrt[\ln n]{a_n} = l < 1/\mathrm{e}(> 1/\mathrm{e})$, 则正项级数 $\sum\limits_{n=1}^{\infty} a_n$ 收敛 (发散);

(2) 若 $\lim\limits_{n\to\infty} \dfrac{\ln(1/(na_n))}{\ln\ln n} = r > 1(< 1)$, 则正项级数 $\sum\limits_{n=1}^{\infty} a_n$ 收敛 (发散);

(2)$'$ 若 $\lim\limits_{n\to\infty} (na_n)^{1/\ln\ln n} = l < 1/\mathrm{e}(> 1/\mathrm{e})$, 则正项级数 $\sum\limits_{n=1}^{\infty} a_n$ 收敛 (发散).

证明思路 对 (1) 与 (2) 取 $p\in(1,r)$ 分别有 $a_n<n^{-p}$ 及 $a_n<(n\ln^p n)^{-1}$, 再利用常规判别法即可完成证明.

例 4.1.10(广义比较判别法) 设 $\{a_n\}$ 与 $\{b_n\}$ 都是正数列. 求证: 若 n 充分大时有

$$\frac{a_{n+1}}{a_n}\leqslant\frac{b_{n+1}}{b_n},$$

则由 $\sum\limits_{n=1}^{\infty}b_n$ 收敛推出 $\sum\limits_{n=1}^{\infty}a_n$ 收敛; 而 $\sum\limits_{n=1}^{\infty}a_n$ 发散推出 $\sum\limits_{n=1}^{\infty}b_n$ 发散.

证明思路 通过连乘的技巧, 利用比较判别法可完成证明.

例 4.1.11(自比较判别法) 设 $\{a_n\}$ 是正数列. 求证:

$$\sum_{n=1}^{\infty}a_n\text{ 收敛 }\Leftrightarrow\sum_{n=1}^{\infty}\frac{a_n}{1+a_n}\text{ 收敛 }\Leftrightarrow\sum_{n=1}^{\infty}\ln(1+a_n)\text{ 收敛}.$$

证 利用比式判别法可得.

例 4.1.12(Sapagof 判别法) (1) 若 $\{a_n\}$ 是单调减少的正数列, 则

$$\lim_{n\to\infty}a_n=0\Leftrightarrow\sum_{n=1}^{\infty}\left(1-\frac{a_n}{a_{n+1}}\right)\text{发散};$$

(2) 若 $\{a_n\}$ 是单调递增的正数列, 则

$$\{a_n\}\text{ 有界 }\Leftrightarrow\sum_{n=1}^{\infty}\left(1-\frac{a_n}{a_{n+1}}\right)\text{ 收敛}.$$

证明思路 利用部分序列放大及柯西准则可得.

例 4.1.13 设正项级数 $\sum\limits_{n=1}^{\infty}a_n$ 收敛而且 $\{a_n\}$ 单调递减. 求证: $\lim\limits_{n\to\infty}na_n=0$; 进一步, 举例说明去掉单调的条件, 结论不真.

证明思路 由条件有

$$na_{2n}\leqslant a_{n+1}+a_{n+2}+\cdots+a_{2n},$$

由柯西准则有 $\lim\limits_{n\to\infty}2na_{2n}=0$, 再由

$$(2n+1)a_{2n+1}\leqslant(2n+1)a_{2n}$$

可得 $\lim\limits_{n\to\infty}(2n+1)a_{2n+1}=0$.

反例考虑 $a_n=\begin{cases}n^{-1}, & n=k^2,k=1,2,\cdots,\\ n^{-2}, & \text{其余 }n.\end{cases}$

4.1.5 一般项级数

背景聚焦 在初等数学中,我们知道任何有限和都可以重新排列项的顺序,而不影响和的值(结合律与交换律). 在无穷求和运算中,是否也有同样如此? 人们曾假定无穷级数的项是可以任意地重新排列的. 考察具有交错正负号的调和级数:

$$\sum_{n=1}^{\infty}(-1)^{n-1}\frac{1}{n}=1-\frac{1}{2}+\frac{1}{3}-\frac{1}{4}+\frac{1}{5}-\cdots$$

利用欧拉极限(见例 2.1.10(2))可知

$$\ln 2=1-\frac{1}{2}+\frac{1}{3}-\frac{1}{4}+\frac{1}{5}-\cdots. \tag{1}$$

悖论之一(劳斯 · 鲍尔) 等式 (1) 两边同乘以 2 得到

$$2\ln 2=2-1+\frac{2}{3}-\frac{1}{2}+\frac{2}{5}-\frac{1}{3}+\frac{2}{7}-\frac{1}{4}+\frac{2}{9}-\frac{1}{5}+\cdots$$

合并分母相同的项,可得

$$2\ln 2=1-\frac{1}{2}+\frac{1}{3}-\frac{1}{4}+\frac{1}{5}-\cdots=\ln 2,$$

于是有 $2=1$.

悖论之二(克里斯托尔悖论) 对等式 (1) 的右边重排并作简单的变换得

$$\begin{aligned}\ln 2&=1-\frac{1}{2}+\frac{1}{3}-\frac{1}{4}+\frac{1}{5}-\frac{1}{6}+\frac{1}{7}-\frac{1}{8}+\cdots\\&=\left(1+\frac{1}{3}+\frac{1}{5}+\cdots\right)-\left(\frac{1}{2}+\frac{1}{4}+\frac{1}{6}+\cdots\right)\\&=\left\{\left(1+\frac{1}{3}+\frac{1}{5}+\cdots\right)+\left(\frac{1}{2}+\frac{1}{4}+\frac{1}{6}+\cdots\right)\right\}-2\left(\frac{1}{2}+\frac{1}{4}+\frac{1}{6}+\cdots\right)\\&=\left(1+\frac{1}{2}+\frac{1}{3}+\cdots\right)-\left(1+\frac{1}{2}+\frac{1}{3}+\cdots\right)=0.\end{aligned}$$

悖论之三 将等式 (1) 的两边同乘以 $\frac{1}{2}$, 奇数分母不出现用 0 补上:

$$\frac{1}{2}\ln 2=0+\frac{1}{2}+0-\frac{1}{4}+0-\frac{1}{6}+0-\frac{1}{8}+0-\frac{1}{10}+0-\cdots$$

与式 (1) 两边对应相加得

$$\begin{aligned}\frac{3}{2}\ln 2&=1+\frac{1}{3}-\frac{1}{2}+\frac{1}{5}+\frac{1}{7}-\frac{1}{4}+\cdots\\&=1-\frac{1}{2}+\frac{1}{3}-\frac{1}{4}+\frac{1}{5}-\frac{1}{6}+\frac{1}{7}-\cdots=\ln 2.\end{aligned}$$

如此混乱不堪,产生悖论的原因在哪里? 柯西在他关于无穷级数的完整理论中引进绝对收敛与条件收敛的概念,彻底解决了这一问题.

1. 交错级数

定义 4.1.2 若 $\{a_n\}$ 是正数列, 则称 $\sum\limits_{n=1}^{\infty}(-1)^{n-1}a_n\left(\text{或}\sum\limits_{n=1}^{\infty}(-1)^n a_n\right)$ 为交错级数.

关于交错级数具有下述重要结果.

定理 4.1.13(交错项级数的莱布尼茨判别法) 若正数列 $\{a_n\}$ 单调递降收敛于 0, 则交错项级数 $\sum\limits_{n=1}^{\infty}(-1)^{n-1}a_n\left(\text{或}\sum\limits_{n=1}^{\infty}(-1)^n a_n\right)$ 收敛, 而且 $\sum\limits_{n=1}^{\infty}(-1)^{n-1}a_n = S \leqslant a_1$(或 $\geqslant -a_1$).

评注 通过考察部分和序列 $\{S_{2n-1}\}$ 与 $\{S_{2n}\}$ 即可获得定理的推论.

2. 条件收敛与绝对收敛

定义 4.1.3 若 $\sum\limits_{n=1}^{\infty}|a_n| < +\infty$, 则称 $\sum\limits_{n=1}^{\infty}a_n$ 绝对收敛; 若 $\sum\limits_{n=1}^{\infty}a_n$ 收敛但 $\sum\limits_{n=1}^{\infty}|a_n|$ 发散, 则称 $\sum\limits_{n=1}^{\infty}a_n$ 条件收敛.

定义 4.1.4(正、负部级数) 若记 $a_n^+ = (|a_n| + a_n)/2$, $a_n^- = (|a_n| - a_n)/2$, 则分别称 $\sum\limits_{n=1}^{\infty}a_n^+$ 与 $\sum\limits_{n=1}^{\infty}a_n^-$ 为 $\sum\limits_{n=1}^{\infty}a_n$ 的正、负部级数.

定理 4.1.14(条件收敛与绝对收敛的特性) 下述命题成立:

(1) 若 $\sum\limits_{n=1}^{\infty}|a_n| < +\infty$, 则称 $\sum\limits_{n=1}^{\infty}a_n$ 收敛; 反之不真;

(2) 若 $\sum\limits_{n=1}^{\infty}a_n$ 条件收敛, 则 $\sum\limits_{n=1}^{\infty}a_n^+$ 与 $\sum\limits_{n=1}^{\infty}a_n^-$ 都发散, 而且 $\lim\limits_{n\to\infty} S_n^+(S_n^-)^{-1} = 1$(其中 S_n^+ 与 S_n^- 分别表示 $\sum\limits_{n=1}^{\infty}a_n^+$ 与 $\sum\limits_{n=1}^{\infty}a_n^-$ 的前 n 项部分和);

(3) $\sum\limits_{n=1}^{\infty}|a_n| < +\infty \Leftrightarrow \sum\limits_{n=1}^{\infty}a_n^+$ 与 $\sum\limits_{n=1}^{\infty}a_n^-$ 都收敛 $\Leftrightarrow \sum\limits_{n=1}^{\infty}a_n$ 的任何子级数 $\sum\limits_{i=1}^{\infty}a_{n_i}$(原级数的部分项组成) 都收敛.

评注 (1) 的证明由柯西准则证之, 反例考虑 $\sum\limits_{n=1}^{\infty}(-1)^{n-1}/n$;

(2) 注意到 $a_n = a_n^+ - a_n^-$ 及 $S_n = S_n^+ - S_n^-$ 即可证之;

(3) 注意到 $|a_n| = a_n^+ + a_n^-$ 及正项级数的任何子级数都收敛即可证之.

3. 级数重排与级数乘积

定义 4.1.5(级数重排) 若把级数 $\sum_{n=1}^{\infty} a_n$ 中的项按照某种规则重新排列组成一个新的级数 $\sum_{n=1}^{\infty} a'_n$, 则称 $\sum_{n=1}^{\infty} a'_n$ 为级数 $\sum_{n=1}^{\infty} a_n$ 的一个重排 (更序).

定义 4.1.6(级数乘积) 设 $\sum_{n=1}^{\infty} a_n$ 与 $\sum_{n=1}^{\infty} b_n$ 是给定的数项级数. 若记

$$c_k = a_1 b_k + a_2 b_{k-1} + \cdots + a_k b_1 = \sum_{i=1}^{k} a_i b_{k-i+1}$$

(等指标高作和法, 即按对角线法排列作和), 则称 $\sum_{n=1}^{\infty} c_n$ 为级数 $\sum_{n=1}^{\infty} a_n$ 与 $\sum_{n=1}^{\infty} b_n$ 的柯西乘积, 若记 $c'_k = a_k b_1 + a_k b_2 + \cdots + a_k b_k + a_{k-1} b_k + \cdots + a_2 b_k + a_1 b_k$(爬山法作和, 即按正方形方法排列作和), 则称 $\sum_{n=1}^{\infty} c'_n$ 为级数 $\sum_{n=1}^{\infty} a_n$ 与 $\sum_{n=1}^{\infty} b_n$ 的正方形乘积.

关于级数重排与级数乘积具有下述三个重要定理.

定理 4.1.15(绝对收敛重排定理) 绝对收敛级数 $\sum_{n=1}^{\infty} a_n$ 的任何重排级数 $\sum_{n=1}^{\infty} a'_n$ 仍然绝对收敛, 且其和不变.

定理 4.1.16(条件收敛重排定理) 条件收敛级数 $\sum_{n=1}^{\infty} a_n$ 的重排级数 $\sum_{n=1}^{\infty} a'_n$ 可以收敛, 也可以发散, 而且重排级数 $\sum_{n=1}^{\infty} a'_n$ 的和可取遍所有实数及 $\pm\infty$.

定理 4.1.17(绝对收敛乘积定理) 若 $\sum_{n=1}^{\infty} a_n$ 与 $\sum_{n=1}^{\infty} b_n$ 都绝对收敛, 那么由所有乘积 $a_i b_j (i, j = 1, 2, \cdots)$ 项重排的级数 $\sum_{n=1}^{\infty} \omega_n$ 也绝对收敛, 而且 $\sum_{n=1}^{\infty} \omega_n = \left(\sum_{n=1}^{\infty} a_n\right)\left(\sum_{n=1}^{\infty} b_n\right)$.

证明思路 定理 4.1.15 的证明先考虑正项级数 (比较法), 再考虑正、负部分解; 定理 4.1.16 的证明篇幅较长, 从略; 定理 4.1.17由乘积项组成的重排级数的绝对值级数 $\sum_{n=1}^{\infty} |\omega_n|$ 的部分和必不超过 $\sum_{n=1}^{\infty} |a_n|$ 与 $\sum_{n=1}^{\infty} |b_n|$ 的某部分和的乘积 (取下标最大者), 从而收敛; 再用正方形排列法 (考虑相对应的部分和) 可推得 $\sum_{n=1}^{\infty} \omega_n =$

$\left(\sum_{n=1}^{\infty} a_n\right)\left(\sum_{n=1}^{\infty} b_n\right)$.

4. 任意项级数

若通项 a_n 的符号不呈现某种规律性, 则称 $\sum_{n=1}^{\infty} a_n$ 为任意项级数. 讨论任意项级数的收敛性, 需要用到阿贝尔变换及阿贝尔引理.

引理 4.1.1(分部求和公式也称阿贝尔变换)　设 $\varepsilon_i, v_i (i=1,2,\cdots,n)$ 为两个给定的实数组, 若令 $\sigma_k = v_1 + v_2 + \cdots + v_k (k=1,2,\cdots,n)$, 则有

$$\sum_{i=1}^{n} \varepsilon_i v_i = (\varepsilon_1 - \varepsilon_2)\sigma_1 + (\varepsilon_2 - \varepsilon_3)\sigma_2 + \cdots + (\varepsilon_{n-1} - \varepsilon_n)\sigma_{n-1} + \varepsilon_n \sigma_n.$$

评注　阿贝尔变换的几何解释是把平面坐标系中横加的条形面积之和转化为竖加, 证明只需注意到 $\sigma_1 = v_1, v_k = \sigma_k - \sigma_{k-1}$ 即可.

引理 4.1.2(阿贝尔引理)　$\varepsilon_i, v_i, \sigma_i (i=1,2,\cdots,n)$ 的假设与引理 4.1.1 相同. 若 $\{\varepsilon_i\}$ 是单调数组, $\varepsilon = \max\limits_{1\leqslant i\leqslant n}\{|\varepsilon_i|\}$, 而且存在常数 M 使得 $|\sigma_i| \leqslant M (i=1,2,\cdots,n)$, 则有下述不等式成立:

$$\left|\sum_{i=1}^{n} \varepsilon_i v_i\right| \leqslant 3M\varepsilon.$$

评注　证明由引理 4.1.1 及绝对值三角不等式即得.

定理 4.1.18(狄利克雷判别法)　若数项级数 $\sum_{n=1}^{\infty} b_n$ 的部分和序列 $\{S_n\}$ 有界, 且数列 $\{a_n\}$ 单调收敛于 0, 则数项级数 $\sum_{n=1}^{\infty} a_n b_n$ 收敛.

定理 4.1.19(阿贝尔判别法)　若数项级数 $\sum_{n=1}^{\infty} b_n$ 收敛, 且数列 $\{a_n\}$ 单调有界, 则级数 $\sum_{n=1}^{\infty} a_n b_n$ 收敛.

评注　证明由柯西准则及阿贝尔引理可得.

5. 典型例题选讲

例 4.1.14　判别以下列 a_n 为通项的数项级数 $\sum_{n=1}^{\infty} a_n$ 的敛散性:

(1) $a_n = \sin(\sqrt{n^2+1}\pi)$; (2) $a_n = (-1)^{n+1}(\sqrt[n]{3} - 1)$;

(3) $a_n = (-1)^n n^{-\sigma} \ln n$; (4) $a_n = (-1)^n (n^k \ln^2 n)^{-1}$;

(5) $a_n = (-1)^{n+1} \dfrac{1}{2n-1}\left(1 + \dfrac{1}{2} + \cdots + \dfrac{1}{n}\right)$; (6) $a_n = (\ln n)^{-1}(\ln\ln n)\sin n$;

(7) $a_n=(-1)^n(1+n^{-1})^n(\sqrt{n})^{-1}$;

(8) $a_n=(-1)^{[\sqrt{n}]}n^{-1}$;

(9) $a_n=(-1)^{n+1}(\sqrt{n+1+(-1)^{n+1}})^{-1}$;

(10) $a_n=(-1)^n(\sqrt{n}+(-1)^n)^{-1}(n\geqslant 2)$.

解题思路 (1) $a_n=(-1)^n\sin(\sqrt{n^2+1}\pi-n\pi)=(-1)^n\sin(\pi/(\sqrt{n^2+1}+n))$, $|a_n|\sim(2n)^{-1}\pi$, 条件收敛 (莱布尼茨定理, 比较判别法);

(2) $\sqrt[n]{3}-1\sim n^{-1}\ln 3$, 条件收敛 (同上);

(3) $\sigma>1$: 绝对收敛 (与 $\sum n^{-p}$ 比较); $0<\sigma\leqslant 1$: 条件收敛 (同上); $\sigma\leqslant 0$: 发散 ($|a_n|\to 0$ 不成立);

(4) $k\geqslant 1$: 绝对收敛 ($k>1$ 与 $\sum n^{-p}$ 比较, $k=1$ 用积分判别法); $0<k\leqslant 1$: 条件收敛 (同上); $k\leqslant 0$: 发散 (同上);

(5)
$$
\begin{aligned}
|a_n|&=\frac{1}{2n-1}\left(1+\frac{1}{2}+\cdots+\frac{1}{n}\right)=\frac{(2n-1)+2}{(2n+1)(2n-1)}\left(1+\frac{1}{2}+\cdots+\frac{1}{n}\right)\\
&=\frac{1}{2n+1}\left(1+\frac{2}{2n-1}\right)\left(1+\frac{1}{2}+\cdots+\frac{1}{n}\right)\\
&>\frac{1}{2n+1}\left(1+\frac{1}{2}+\cdots+\frac{1}{n}+\frac{1}{n+1}\right)=|a_{n+1}|,
\end{aligned}
$$
又 $|a_n|=(2n-1)^{-1}(\ln n+c+r_n)\to 0$, $n|a_n|\to+\infty$ 条件收敛 (同上);

(6) 由 $2\sin(1/2)\sum\limits_{k=1}^{n}\sin k=\cos(1/2)-\cos(n+(1/2))$ 可知 $\left\{\sum\limits_{k=1}^{n}\sin k\right\}$ 有界, 以及 $b_n=(\ln\ln n)/\ln n\searrow 0$ 可知条件收敛 (狄利克雷判别法);

(7) $\sum\limits_{n=1}^{\infty}(-1)^n(\sqrt{n})^{-1}$ 条件收敛, $\{(1+n^{-1})^n\}$ 单调有界, $\sqrt{n}|a_n|\to \mathrm{e}$, 条件收敛 (阿贝尔判别法);

(8) 当 $n^2\leqslant k<(n+1)^2-1$ 时, $[\sqrt{k}]=n$, 符号相同项加括号, 令 $b_n=\sum\limits_{i=n^2}^{(n+1)^2-1}i^{-1}$, 则 $\sum\limits_{n=1}^{\infty}a_n$ 与 $\sum\limits_{n=1}^{\infty}(-1)^n b_n$ 具有相同的敛散性. 由

$$
b_n=\left(\frac{1}{n^2}+\cdots+\frac{1}{n^2+n-1}\right)+\left(\frac{1}{n^2+n}+\cdots+\frac{1}{n^2+2n}\right)<\frac{n}{n^2}+\frac{n+1}{n^2+n}=\frac{2}{n},
$$

$$
b_n=\left(\frac{1}{n^2}+\cdots+\frac{1}{n^2+n}\right)+\left(\frac{1}{n^2+n+1}+\cdots+\frac{1}{n^2+2n}\right)>\frac{n+1}{n^2+n}+\frac{n}{n^2+2n}>\frac{2}{n+1},
$$

可得

$$
2/(n+3)<b_{n+1}<2/(n+1)<b_n,
$$

且 $\lim\limits_{n\to\infty}nb_n=2$, 故条件收敛;

(9) 由 $S_{2n}=\left(\frac{1}{\sqrt{3}}-\frac{1}{\sqrt{2}}\right)+\left(\frac{1}{\sqrt{5}}-\frac{1}{\sqrt{4}}\right)+\cdots+\left(\frac{1}{\sqrt{2n+1}}-\frac{1}{\sqrt{2n}}\right)\searrow$,

$$S_{2n}=-\frac{1}{\sqrt{2}}+\left(\frac{1}{\sqrt{3}}-\frac{1}{\sqrt{4}}\right)+\cdots+\left(\frac{1}{\sqrt{2n-1}}-\frac{1}{\sqrt{2n}}\right)+\frac{1}{\sqrt{2n+1}}>-\frac{1}{\sqrt{2}}$$

及 $S_{2n+1}=S_{2n}+a_{2n+1}$ 与 $\lim\limits_{n\to\infty}\sqrt{n}|a_n|=1$ 可知原级数条件收敛;

(10) 由 $a_n=(-1)^n(\sqrt{n}-(-1)^n)(n-1)^{-1}=(-1)^n\sqrt{n}(n-1)^{-1}-(n-1)^{-1}(n\geqslant 2)$ 可知原级数发散.

例 4.1.15 求证: (1) 若将 $\sum\limits_{n=1}^{\infty}(-1)^{n-1}/n$ 按先选 p 个正项再选 q 个负项的顺序循环排列, 则所得新级数的和为

$$\ln 2+(\ln p-\ln q)/2.$$

(2) 进一步, 试将 $\sum\limits_{n=1}^{\infty}(-1)^{n-1}/n$ 重排使其发散到 $+\infty$.

证明思路 (1) $S_{2n}=\sum\limits_{k=1}^{2n}\frac{1}{k}-2\left(\sum\limits_{k=1}^{n}\frac{1}{2k}\right)=(\ln 2n+c+r_{2n})-(\ln n+c+r_n)\to\ln 2$;

$$\begin{aligned}(2)\ S_{(p+q)k}=&\left(1+\frac{1}{3}+\cdots+\frac{1}{2p-1}\right)-\left(\frac{1}{2}+\frac{1}{4}+\cdots+\frac{1}{2q}\right)+\cdots\\&+\left(\frac{1}{2p(k-1)+1}+\cdots+\frac{1}{2pk-1}\right)-\left(\frac{1}{2q(k-1)+2}+\cdots+\frac{1}{2qk}\right)\\=&\left(1+\frac{1}{3}+\frac{1}{5}+\cdots+\frac{1}{2pk-1}\right)-\left(\frac{1}{2}+\frac{1}{4}+\cdots+\frac{1}{2qk}\right)\\=&\left(1+\frac{1}{2}+\cdots+\frac{1}{2pk}\right)-\frac{1}{2}\left(1+\frac{1}{2}+\cdots+\frac{1}{pk}\right)\\&-\frac{1}{2}\left(1+\frac{1}{2}+\cdots+\frac{1}{qk}\right)\\=&(\ln 2pk+c+r_{2pk})-(\ln pk+c+r_{pk})/2-(\ln qk+c+r_{qk})/2\\&\to\ln 2+(\ln p-\ln q)/2.\end{aligned}$$

易见 $\lim\limits_{k\to+\infty}S_{(p+q)k+m}=\lim\limits_{k\to+\infty}S_{(p+q)k}(m=1,2,\cdots,p+q-1)$.

进一步, 利用 $\sum\limits_{n=1}^{\infty}\frac{1}{2n-1}=+\infty$, 记 $n_1=2$, 则 $S_{n_1}=1-\frac{1}{2}\geqslant\frac{1}{2}$; 取 n_2 使得,

$$S_{n_2}=1+\left(\frac{1}{3}+\frac{1}{5}+\cdots+\frac{1}{2k_1-1}\right)\geqslant 2,\quad S_{n_2+1}=S_{n_2}-\frac{1}{4}\geqslant\frac{7}{4};$$

取 n_3 使得

$$S_{n_3}=S_{n_2+1}+\left(\frac{1}{2k_1+1}+\cdots+\frac{1}{2k_2-1}\right)\geqslant 3,\quad S_{n_3+1}=S_{n_3}-\frac{1}{6}\geqslant\frac{17}{6};$$

一般地取 $n_k(k\geqslant 2)$ 使得

$$S_{n_k}\geqslant k,\quad S_{n_k+1}=S_{n_k}-(2k)^{-1}\geqslant k-(2k)^{-1}.$$

一直下去, $\forall n(\geqslant n_2)$, 必存在 k 使得 $S_{n_{k-1}+1}\leqslant S_n\leqslant S_{n_k}$, $\lim\limits_{n\to\infty}S_n=+\infty$.

例 4.1.16 试用阿贝尔变换证明下述命题:

(1) 若 $\sum\limits_{n=1}^{\infty}a_nb_n$ 收敛, 且 $\{b_n\}$ 单调趋于 0, 则 $\lim\limits_{n\to\infty}b_nS_n=0$(其中 $S_n=\sum\limits_{i=1}^{n}a_i$);

(2) 若 $\sum\limits_{n=1}^{\infty}na_n$ 收敛, 则 $\sum\limits_{n=1}^{\infty}a_n$ 收敛且 $\lim\limits_{n\to\infty}nR_n=0$(其中 $R_n=\sum\limits_{k=n+1}^{\infty}a_k$).

证明思路 (1) 不妨设 $\{b_n\}$ 单调减. $\forall\varepsilon>0$, $\exists N$, 当 $n>N$ 时有 $|b_n|<\varepsilon$, 令 $M=\left|\sum\limits_{i=1}^{N}a_i\right|$. 固定 $n(>N)$, $\{b_nb_k^{-1}\}$ 关于 k 单调增, 令 $\sigma_k=\sum\limits_{i=1}^{k}a_{N+i}b_{N+i}$, $t_k=b_nb_{N+k}^{-1}$, 则

$$\begin{aligned}\left|\sum_{k=N+1}^{n}a_kb_k\right|&=\left|\sum_{k=N+1}^{n}a_kb_k(b_nb_k^{-1})\right|\\&=|\sigma_1t_1+(\sigma_2-\sigma_1)t_2+\cdots+(\sigma_{n-N}-\sigma_{n-N-1})t_{n-N}|\\&=|(t_1-t_2)\sigma_1+\cdots+(t_{n-N-1}-t_{n-N})\sigma_{n-N-1}+t_{n-N}\sigma_{n-N}|\\&\leqslant[|t_1-t_2|+\cdots+|t_{n-N-1}-t_{n-N}|+|t_{n-N}|]\varepsilon\leqslant 3\varepsilon,\end{aligned}$$

于是当 $n>N$ 时有 $\left|\sum\limits_{k=1}^{n}a_kb_n\right|\leqslant\left|\sum\limits_{k=1}^{N}a_kb_n\right|+\left|\sum\limits_{k=N+1}^{n}a_kb_n\right|\leqslant(M+3)\varepsilon$.

(2) 由 $a_n=na_n\cdot n^{-1}$ 及阿贝尔判别法可知 $\sum\limits_{n=1}^{\infty}a_n$ 收敛. 令 $\sigma_k=\sum\limits_{i=1}^{k}(n+i)a_{n+i}$, 则 $\forall\varepsilon>0,\exists N$, 当 $n>N$ 时, $\forall k,|\sigma_k|<\varepsilon$, 由

$$\begin{aligned}\left|\sum_{k=n+1}^{n+p}a_k\right|&=\left|\sum_{k=1}^{p}(n+k)a_{n+k}(n+k)^{-1}\right|\\&=\left|\frac{\sigma_1}{n+1}+\frac{\sigma_2-\sigma_1}{n+2}+\cdots+\frac{\sigma_p-\sigma_{p-1}}{n+p}\right|\\&=\left|\frac{\sigma_p}{n+p}+\left(\frac{1}{n+1}-\frac{1}{n+2}\right)\sigma_1+\cdots+\left(\frac{1}{n+p-1}-\frac{1}{n+p}\right)\sigma_{p-1}\right|\\&\leqslant\left(\frac{1}{n+p}+\frac{1}{n+1}-\frac{1}{n+p}\right)\varepsilon=\frac{\varepsilon}{n+1}<\frac{\varepsilon}{n},\end{aligned}$$

令 $p\to+\infty$ 得 $R_n\leqslant\varepsilon/n$, 即 $nR_n\leqslant\varepsilon(n>N)$.

例 4.1.17 证明下述命题:

(1) 狄利克雷判别法之逆 若 $\sum\limits_{n=1}^{\infty}u_n$ 收敛, 则存在 u_n 的分解 $u_n=a_nb_n$ 使得数列 $\{a_n\}$ 单调收敛于 0, 级数 $\sum\limits_{n=1}^{\infty}b_n$ 的部分和序列 $\{S_n\}$ 有界.

(2) 阿贝尔判别法之逆 若 $\sum\limits_{n=1}^{\infty}u_n$ 收敛, 则存在 u_n 的分解 $u_n=a_nb_n$ 使得数列 $\{a_n\}$ 单调有界, 级数 $\sum\limits_{n=1}^{\infty}b_n$ 收敛.

证明思路 (1) 由级数收敛的必要条件, $\exists\{n_i\}(\nearrow)$ 使得 $n>n_i$ 时有

$$\left|\sum_{k=n}^{\infty}u_k\right|<i^{-3}\ (i=1,2,\cdots).$$

令 $a_n=\begin{cases}1, & 1\leqslant n\leqslant n_1\\ i^{-1}, & n_i<n\leqslant n_{i+1}\end{cases}$ $(i=1,2,\cdots)$, $b_n=u_na_n^{-1}(i=1,2,\cdots)$, 记 $L=\sum\limits_{i=1}^{n_1}|u_i|$, 当 $n>n_1$ 时必存在 k 使得 $n_k<n\leqslant n_{k+1}$, 而且有

$$\begin{aligned}\left|\sum_{i=1}^{n}b_i\right|&=\left|\sum_{i=1}^{n_1}u_i+\sum_{i=n_1+1}^{n_2}u_i+\sum_{i=n_2+1}^{n_3}2u_i+\cdots+\sum_{i=n_k+1}^{n}ku_i\right|\\&\leqslant L+\left(\left|\sum_{i=n_1+1}^{\infty}u_i\right|+\left|\sum_{i=n_2+1}^{\infty}u_i\right|\right)+2\left(\left|\sum_{i=n_2+1}^{\infty}u_i\right|+\left|\sum_{i=n_3+1}^{\infty}u_i\right|\right)+\cdots\\&\quad+k\left(\left|\sum_{i=n_k+1}^{\infty}u_i\right|+\left|\sum_{i=n+1}^{\infty}u_i\right|\right)\\&\leqslant L+(1^{-3}+2^{-3})+2(2^{-3}+3^{-3})+\cdots\\&\quad+(k-1)((k-1)^{-3}+k^{-3})+k(k^{-3}+k^{-3})\\&\leqslant L+2(1^{-2}+2^{-2}+\cdots+k^{-2})\leqslant L+4.\end{aligned}$$

(2) 利用 (1) 的结果, 令 $a_n'=\operatorname{sgn}a_n\cdot\sqrt{|a_n|}$, $b_n'=b_n\sqrt{|a_n|}$, 则 $\{a_n'\}$ 单调收敛于 0, 由狄利克雷判别法 $\sum\limits_{n=1}^{\infty}b_n'$ 收敛, $u_n=a_n'b_n'$ 为所求分解.

例 4.1.18 求证下述命题:

(1) $\sum\limits_{n=1}^{\infty}a_n$ 绝对收敛 $\Leftrightarrow\forall$ 满足 $\lim\limits_{n\to\infty}b_n=0$ 的数列 $\{b_n\}$ 都有 $\sum\limits_{n=1}^{\infty}a_nb_n$ 收敛;

(2) $\sum_{n=1}^{\infty} b_n^2 < +\infty \Leftrightarrow \forall$ 满足 $\sum_{n=1}^{\infty} a_n^2 < +\infty$ 的 $\{a_n\}$ 都有 $\sum_{n=1}^{\infty} a_n b_n$ 收敛.

证明思路 (1)"$\Rightarrow$" 显然 (收敛数列必有界).

反之, 若 $\sum_{n=1}^{\infty} |a_n| = +\infty$, 必存在 $\{k_i\}$ ($\nearrow k_0 = 1$) 使得 $\sum_{n=k_{i-1}+1}^{k_i} |a_n| > n$ ($i = 1, 2, \cdots$).

令 $b_n = \begin{cases} \text{sgn}a_n, & 1 \leqslant n \leqslant k_1, \\ (i+1)^{-1}\text{sgn}a_n, & k_i < n \leqslant k_{i+1}, i = 1, 2, \cdots, \end{cases}$ 则 $b_n \to 0$, 但

$$\begin{aligned}\sum_{n=1}^{\infty} a_n b_n &= \sum_{n=1}^{k_1} |a_n| + \sum_{n=k_1+1}^{k_2} 2^{-1}|a_n| + \cdots + \sum_{n=k+1}^{k_{i+1}} (i+1)^{-1}|a_n| + \cdots \\ &> 1 + 2^{-1} \cdot 2 + \cdots + (i+1)^{-1}(i+1) + \cdots = +\infty. \text{ 矛盾!}\end{aligned}$$

(2) "$\Rightarrow$" 不难由柯西不等式推得;

反之, 若 $\sum_{n=1}^{\infty} b_n^2 = +\infty$, 则必存在 $\{n_i\} \nearrow$ 使得

$$\sum_{k=n_{i-1}+1}^{n_i} b_k^2 = B_{n_i} > i^2 \ (i = 1, 2, \cdots),$$

其中 $n_0 = 0$, 令 $a_n = b_n / B_{n_i} (n_{i-1} + 1 \leqslant n \leqslant n_i)$, 可得

$$\sum_{n=1}^{\infty} a_n^2 = \sum_{i=1}^{\infty} B_{n_i}^{-1} < \sum_{i=1}^{\infty} i^{-2},$$

但 $\sum_{n=1}^{\infty} a_n b_n = 1 + 1 + \cdots + 1 + \cdots = +\infty$. 矛盾!

4.2 无穷乘积

在本书既将接近尾声的时候, 我们已经惊喜地发现在无穷的王国中有许许多多可供耕耘的沃土. 在 4.1 节中我们看到将初等数学中的有限加法运算延伸至无穷, 创造出丰富美丽的无穷级数理论. 无穷级数涉及无限多项数的加减, 它的结果可能是收敛到一个有限的数值, 也可能是发散. 同样道理, 我们若将有限连乘积延伸至无穷, 则可以构建既有趣又令人想象不到的无穷乘积理论. 本节将简介无穷乘积的基本理论、无穷小数列的无穷乘积及其欧拉的一个伟大定理.

4.2.1 无穷乘积收敛与发散

定义 4.2.1 设 $\{p_n\}$ 是给定的数列, 称形式乘积

$$\prod_{n=1}^{\infty} p_n = p_1p_2p_3\cdots$$

为无穷乘积; $P_n = \prod_{i=1}^{n} p_i$ 称为 $\prod_{n=1}^{\infty} p_n$ 的第 n 个部分积; p_n 称为 $\prod_{n=1}^{\infty} p_n$ 的通项.

若 $\lim_{n\to\infty} P_n = P \in \mathbf{R}\backslash\{0\}$, 则称无穷乘积 $\prod_{n=1}^{\infty} p_n$ 收敛, 且记作 $\prod_{n=1}^{\infty} p_n = P$; 否则 (包括 $\lim_{n\to\infty} P_n = 0, \pm\infty, \infty$ 或不存在) 称无穷乘积 $\prod_{n=1}^{\infty} p_n$ 发散; 特别地, 当 $P = 0$ 时, 称无穷乘积 $\prod_{n=1}^{\infty} p_n$ 发散于 0.

定理 4.2.1(必要条件) 若无穷乘积 $\prod_{n=1}^{\infty} p_n$ 收敛, 则 $\lim_{n\to\infty} p_n = 1$ 而且 $\lim_{n\to\infty} \prod_{k=n+1}^{\infty} p_k = 1$.

评注 证明由 $P_n = P_n \cdot P_{n-1}^{-1}$ 及 $\prod_{k=n+1}^{\infty} p_k = \left(\prod_{k=1}^{\infty} p_k\right)\left(\prod_{k=1}^{n} p_k\right)^{-1}$ 可得.

因此, 为方便起见, 常将 p_n 写作 $p_n = 1 + a_n$ 的形式. 这样, 必要条件又可表述作:

若无穷乘积 $\prod_{n=1}^{\infty}(1+a_n)$ 收敛, 则 $\lim_{n\to\infty} a_n = 0$. 反之不真, 考虑 $\prod_{n=1}^{\infty}\left(1+\frac{1}{n}\right)$ 即可.

定理 4.2.2(充要条件) 无穷乘积 $\prod_{n=1}^{\infty} p_n$ 收敛

$\Leftrightarrow$ 部分积序列 $\{P_n\}$ 是柯西列且存在 $h > 0$ 使得 $|P_m| \geqslant h(m = 1, 2, \cdots)$
$\Leftrightarrow \forall\varepsilon > 0, \exists N,$ 当 $n > N$ 和 $k \geqslant 1$ 时 $|P_{n+k} \cdot P_n^{-1} - 1| < \varepsilon$.

证明思路 第一个充要条件由定义及极限保号性可得, 第二个充要条件是第一个充要条件的不等式表述形式 (“$\Leftarrow$”: 由条件可得 n 充分大时有 $|P_N|/2 < |P_n| < 3|P_N|/2$).

定理 4.2.3(对偶性质) 设 $p_n > 0$.

$$\prod_{n=1}^{\infty} p_n = P > 0 \Leftrightarrow \sum_{n=1}^{\infty} \ln p_n = \ln P;$$

$$\prod_{n=1}^{\infty} p_n \text{ 发散于 } 0 \Leftrightarrow \sum_{n=1}^{\infty} \ln p_n \text{ 发散于 } -\infty.$$

评注 证明只需考虑部分和取对数即可. 由对偶定理可推得应用很方便的两个推论:

推论 4.2.1 设 $a_n > 0$(或 $a_n < 0$), 则无穷乘积 $\prod\limits_{n=1}^{\infty}(1+a_n)$ 收敛 $\Leftrightarrow$ 级数 $\sum\limits_{n=1}^{\infty} a_n$ 收敛;

推论 4.2.2 若级数 $\sum\limits_{n=1}^{\infty} a_n$ 收敛, 则 $\prod\limits_{n=1}^{\infty}(1+a_n)$ 收敛 $\Leftrightarrow \sum\limits_{n=1}^{\infty} a_n^2$ 收敛;

推论 4.2.3 若级数 $\sum\limits_{n=1}^{\infty} a_n^2$ 收敛, 则 $\prod\limits_{n=1}^{\infty}(1+a_n)$ 收敛 $\Leftrightarrow \sum\limits_{n=1}^{\infty} a_n$ 收敛.

证明只需注意到当 $a_n \neq 0$ 时, $\lim\limits_{n\to\infty} a_n = 0 \Leftrightarrow \lim\limits_{n\to\infty} a_n^{-1}\ln(1+a_n) = 0$ 即可.

例 4.2.1 讨论下列 p_n 为通项的无穷乘积 $\prod\limits_{n=1}^{\infty} p_n$ 敛散性:

(1) $p_n = 1 - \dfrac{1}{n+1}$; (2) $p_n = \dfrac{n}{\sqrt{n^2+1}}$;

(3) $p_n = \left(\dfrac{n^2-1}{n^2+1}\right)^p$($n \geqslant 2$, p 为实数); (4)$p_n = \cos\dfrac{x}{2^n}$.

解题思路 (1) $P_n = \prod\limits_{k=1}^{n}\left(1-\dfrac{1}{k+1}\right) = \prod\limits_{k=1}^{n}\dfrac{k}{k+1} = \dfrac{1}{n+1} \to 0$(发散);

(2) $P_n = 1 + \dfrac{n}{\sqrt{n^2+1}} - 1 = 1 - \dfrac{1}{\sqrt{n^2+1}(n+\sqrt{n^2+1})} \sim 1 - \dfrac{1}{2n^2}$,

$\sum\limits_{n=1}^{\infty}\dfrac{1}{2n^2}$ 收敛, 因此 $\prod\limits_{n=1}^{\infty} p_n$ 收敛;

(3) $\dfrac{n^2-1}{n^2+1} = 1 - \dfrac{2}{n^2+1}$, $\prod\limits_{n=2}^{\infty}\left(1-\dfrac{2}{n^2+1}\right)$ 收敛,

因此, $\prod\limits_{n=2}^{\infty}\left(1-\dfrac{2}{n^2+2}\right)^p = \left[\prod\limits_{n=2}^{\infty}\left(1-\dfrac{2}{n^2+2}\right)\right]^p$ 收敛;

(4) 记 $P_n = \prod\limits_{k=1}^{n}\cos\dfrac{x}{2^k}$($x \neq 0$), 则有

$$2^n \sin\frac{x}{2^n} P_n = \cdots = \sin x,$$

$$P_n = \left(2^n \sin\frac{x}{2^n}\right)^{-1} \sin x \to \frac{\sin x}{x};$$

评注 我们在例 4.2.1(4) 中取 $x = \frac{\pi}{2}$ 得 $\prod\limits_{n=1}^{\infty} \cos\frac{\pi}{2^{n+1}} = \frac{2}{\pi}$, 注意到

$$\cos\frac{\pi}{4} = \frac{\sqrt{2}}{2}, \cos\frac{\pi}{8} = \sqrt{\left(1+\cos\frac{\pi}{4}\right)\Big/2} = (\sqrt{2+\sqrt{2}})/2,$$

$$\cdots\cdots,$$

于是, 由此可获得著名的韦达公式

$$\frac{2}{\sqrt{2}} \cdot \frac{2}{\sqrt{2+\sqrt{2}}} \cdot \frac{2}{\sqrt{2+\sqrt{2+\sqrt{2}}}} \cdots = \left(\prod_{n=1}^{\infty} \cos\frac{\pi}{2^{n+1}}\right)^{-1} = \frac{\pi}{2}.$$

例 4.2.2 设 $a_1 = 1$, $a_n = n(a_{n-1}+1)(n \geqslant 2)$. 求证 $\prod\limits_{k=1}^{\infty}(1+a_k^{-1}) = \mathrm{e}$.

证明思路 由 $a_n^{-1}(a_{n-1}+1) = n^{-1}$ 可得

$$\begin{aligned}P_n &= (1+a_1^{-1})(1+a_2^{-1})\cdots(1+a_n^{-1}) = a_1^{-1}(a_1+1)a_2^{-1}(a_2+1)\cdots a_n^{-1}(a_n+1)\\ &= a_1^{-1}(a_n+1)\cdot 2^{-1}\cdots n^{-1} = (n!)^{-1}(a_n+1),\end{aligned}$$

$$\begin{aligned}(n!)^{-1}a_n &= [(n-1)!]^{-1}a_{n-1} + [(n-1)!]^{-1}\\ &= \cdots = (1!)^{-1}a_1 + (1!)^{-1} + \cdots + [(n-1)!]^{-1} = \sum_{k=0}^{n-1}(k!)^{-1}.\end{aligned}$$

因此 $\lim\limits_{n\to\infty} P_n = \lim\limits_{n\to\infty}(n!)^{-1}a_n = \mathrm{e}$.

4.2.2 绝对收敛与条件收敛

定义 4.2.2 如果无穷乘积 $\prod\limits_{n=1}^{\infty}(1+|a_n|)$ 收敛, 则称无穷乘积 $\prod\limits_{n=1}^{\infty}(1+a_n)$ 绝对收敛; 如果无穷乘积 $\prod\limits_{n=1}^{\infty}(1+a_n)$ 收敛, 但 $\prod\limits_{n=1}^{\infty}(1+|a_n|)$ 发散, 则称无穷乘积 $\prod\limits_{n=1}^{\infty}(1+a_n)$ 条件收敛.

评注 由定义及 4.2.1 中的相关结果, 我们不难推得下述命题成立:

(1) 绝对收敛乘积必收敛;

(2) 无穷乘积 $\prod\limits_{n=1}^{\infty}(1+a_n)$ 绝对收敛 $\Leftrightarrow \sum\limits_{n=1}^{\infty}|\ln(1+a_n)|$ 收敛 $\Leftrightarrow \sum\limits_{n=1}^{\infty}|a_n|$ 收敛.

例 4.2.3 设 $a_n = \begin{cases} -(\sqrt{k})^{-1}, & n = 2k-1, \\ (\sqrt{k})^{-1} + k^{-1} + (k\sqrt{k})^{-1}, & n = 2k. \end{cases}$ 求证:

$$\sum_{n=1}^{\infty} a_n, \quad \sum_{n=1}^{\infty} a_n^2, \quad \prod_{n=1}^{\infty} (1+|a_n|)$$

都发散, 但 $\prod\limits_{n=2}^{\infty}(1+a_n)$ 收敛.

证明思路 $\sum\limits_{n=1}^{2N} a_n = \sum\limits_{k=1}^{N}(a_{2k-1}+a_{2k}) = \sum\limits_{k=1}^{N}(\sqrt{k})^{-1} + \sum\limits_{k=1}^{N}(k\sqrt{k})^{-1} \to +\infty$; 由

$$a_n^2 = \begin{cases} -k^{-1}, & n = 2k-1 \\ [(\sqrt{k})^{-1} + k^{-1} + (k\sqrt{k})^{-1}]^2, & n = 2k, \end{cases}$$

$$\sum_{n=1}^{2N} a_n^2 = \sum_{k=1}^{N}(a_{2k-1}^2 + a_{2k}^2) \geqslant \sum_{k=1}^{N} k^{-1} \to +\infty;$$

$$1 + a_n = \begin{cases} 1 - (\sqrt{k})^{-1}, & n = 2k-1, \\ (1+(\sqrt{k})^{-1})(1+k^{-1}), & n = 2k, \end{cases}$$

$$\prod_{n=2}^{2N}(1+a_n) = (1+a_2)\prod_{k=2}^{N}(1+a_{2k-1})(1+a_{2k}) = 4\prod_{k=2}^{N}(1-k^{-2}) = 2\cdot\frac{N+1}{N} \to 2,$$

$$\prod_{n=2}^{2N+1}(1+a_n) = \prod_{n=2}^{2N}(1+a_n)(1+a_{2n+1}) \to 2,$$

因此 $\prod\limits_{n=2}^{\infty}(1+a_n) = 2$.

4.2.3 无穷小数列的无穷乘积

在高等数学教学中, 经常会遇到学生问无穷个无穷小的乘积是否为无穷小的问题. 要回答这个问题并不容易, 我们首先要弄清无穷多个无穷小乘积的概念.

定义 4.2.3 设 $\{x_n^m\}(m=1,2,\cdots)$ 是给定的可列个数列. 固定 n, 令 $P_n^m = \prod\limits_{i=1}^{m} x_n^i$. 如果 $\lim\limits_{m\to\infty} P_n^m = P_n$ 存在 $(n=1,2,\cdots)$, 则称 $\{P_n\}$ 是可列个无穷数列 $\{x_n^m\}(m=1,2,\cdots)$ 的无穷乘积数列.

例 4.2.4 设 $x_n^m = \begin{cases} 1, & n < m, \\ 3m/n, & n \geqslant m, \end{cases}$, $m=1,2,\cdots$. 易见, 对任意固定的 m, $\{x_n^m\}$ 是无穷小数列, 且当 $m > n$ 时,

$$P_n^m = \frac{3\cdot 1}{n}\cdot\frac{3\cdot 2}{n}\cdot\frac{3\cdot 3}{n}\cdot\cdots\cdot\frac{3\cdot n}{n}\cdot 1 = \frac{3^n n!}{n^n},$$

所以有 $P_n = \dfrac{3^n n!}{n^n}$. 因为

$$\frac{P_{n+1}}{P_n} = \frac{3}{(1+n^{-1})^n} \geqslant \frac{3}{\mathrm{e}} > 1,$$

所以 $\lim\limits_{n\to\infty} P_n = \infty$.

该例告诉我们, 无穷多个无穷小数列的乘积数列可以是无穷大数列.

例 4.2.5 设 $x_n^m = \begin{cases} 1, & n < m, \\ \dfrac{n^{n-1}}{3^{n-1}(n-1)!}, & n = m, \quad m = 1, 2, \cdots. \\ 3m/n, & n > m, \end{cases}$

易见, 对任意固定的 m, $\{x_n^m\}$ 是无穷小数列且当 $m > n$ 时,

$$P_n^m = \frac{3\cdot 1}{n}\cdot\frac{3\cdot 2}{n}\cdot\frac{3\cdot 3}{n}\cdot\cdots\cdot\frac{3\cdot(n-1)}{n}\cdot\frac{n^{n-1}}{3^{n-1}(n-1)!}\cdot 1\cdot\cdots\cdot 1 = 1,$$

于是有 $P_n = 1(n = 1, 2, \cdots)$, 从而 $\lim\limits_{n\to\infty} P_n = 1$.

该例告诉我们, 无穷个无穷小数列的乘积数列可以是存在非零有限极限值的收敛数列.

例 4.2.6 设 $x_n^m = \begin{cases} 1, & n < m, \\ (-1)^n\cdot\dfrac{n^{n-1}}{3^{n-1}(n-1)!}, & n = m, \quad m = 1, 2, \cdots. \\ 3m/n, & n > m, \end{cases}$

易见, 对任意固定的 m, $\{x_n^m\}$ 是无穷小, 且当 $m > n$ 时

$$P_n^m = \frac{3\cdot 1}{n}\cdot\frac{3\cdot 2}{n}\cdot\frac{3\cdot 3}{n}\cdot\cdots\cdot\frac{3\cdot(n-1)}{n}\cdot(-1)^n\cdot\frac{n^{n-1}}{3^{n-1}(n-1)!}\cdot 1\cdot\cdots\cdot 1 = (-1)^n,$$

于是有 $P_n = (-1)^n$. 显然 $\lim\limits_{n\to\infty} P_n$ 不存在.

该例告诉我们, 无穷个无穷小数列的乘积可以是极限不存在的数列.

例 4.2.7 设 $x_n^m = \dfrac{1}{n}$, $m = 1, 2, \cdots$. 易见 $P_n = 0(n = 1, 2, \cdots)$.

该例告诉我们, 无穷多个无穷小数列的乘积也可以是无穷小数列 (这里是 0 数列).

4.2.4 欧拉的一个伟大定理

要从欧拉 (应用数学王国中的亚历山大) 庞大的数学体系中寻找出少数几个最具代表性的伟大定理是很困难的. 不过, 欧拉将有限多项式的求根公式大胆地推广到无限多项式, 发明了比其他任何人都聪明的非正统求和方法, 无疑值得后学之辈崇拜之极.

不妨从代数多项式求根问题谈起, 追溯一下伟大的欧拉发现一个求无穷级数和的伟大定理的心路历程.

设 $P(x)$ 为 n 次多项式, 其 n 个根为 $x=a$, $x=b$, $x=c$, $\cdots$, $x=d$, 换言之,

$$P(a)=P(b)=P(c)=\cdots=P(d)=0.$$

我们再设 $P(0)=1$. 然后, 欧拉知道可以将 $P(x)$ 分解为如下 n 个一次项乘积的形式:

$$P(x)=\left(1-\frac{x}{a}\right)\left(1-\frac{x}{b}\right)\left(1-\frac{x}{c}\right)\cdots\left(1-\frac{x}{d}\right),$$

考虑一下这个一般公式的合理性是明智的. 通过直接代入, 我们就得到

$$P(a)=\left(1-\frac{a}{a}\right)\left(1-\frac{a}{b}\right)\left(1-\frac{a}{c}\right)\cdots\left(1-\frac{a}{d}\right)=0,$$

同理可得 $P(b)=P(c)=\cdots=P(d)=0$, 而且 $P(0)=1$.

欧拉仔细思考了这一方程, 其后他判断同样的法则必定也适用于"无穷多项式". 他特别相信模式的推广 (这和牛顿很相像), 既然这一模式对有限多项式是正确的, 为什么不能推广到无穷多项式呢? 现代数学家们都知道这种做法是十分危险的, 而且将适用于有限多项式的公式推广为适用于无穷多项式的公式, 肯定会遇到巨大的困难. 这种推广当然要比欧拉想象得更微妙, 也需要更加小心谨慎. 也许他仅仅是幸运, 也许他的数学直觉实在是太强大了. 无论如何, 他的大胆推广取得了成功. 欧拉用他超凡的、令人屏息的洞察力作为纽带, 将全部零散的部件组合在了一起, 获得了下述闻名于世的伟大定理.

定理 4.2.4(欧拉的一个伟大定理) $1+\dfrac{1}{4}+\dfrac{1}{9}+\dfrac{1}{16}+\dfrac{1}{25}+\cdots+\dfrac{1}{k^2}+\cdots=\dfrac{\pi^2}{6}$.

分析与证 欧拉首先引入函数

$$f(x)=1-\frac{x^2}{3!}+\frac{x^4}{5!}-\frac{x^6}{7!}+\frac{x^8}{9!}-\cdots.$$

在欧拉看来, $f(x)$ 就是无穷多项式, 并且 $f(0)=1$(这里显而易见的). 因此, 可以利用上述方法, 对这一函数方程作因式分解, 以确定方程 $f(x)=0$ 的根. 为此, 我们注意到, 对 $x\neq 0$,

$$\begin{aligned}f(x)&=x\cdot\frac{1-\dfrac{x^2}{3!}+\dfrac{x^4}{5!}-\dfrac{x^6}{7!}+\dfrac{x^8}{9!}-\cdots}{x}\\&=\frac{x-\dfrac{x^3}{3!}+\dfrac{x^5}{5!}-\dfrac{x^7}{7!}+\dfrac{x^9}{9!}-\cdots}{x}\\&=\frac{\sin x}{x}(\text{根据 }\sin x\text{ 的泰勒展开式}).\end{aligned}$$

因此, 只要 x 不等于 0, 解 $f(x)=0$ 就等于解 $\frac{\sin x}{x}=0$, 而后者又可以 (通过简单的交叉相乘方法) 简化为解 $\sin x=0$. 我们在前面已看到, 恰好在 $x=0$, $x=\pm\pi$, $x=\pm 2\pi$, $\cdots$ 时, 正弦函数等于 0. 当然, 我们必须从 $f(x)=0$ 的解中排除 $x=0$, 因为我们已规定 $f(0)=1$. 换言之, $f(x)=0$ 的解正好是 $x=\pm\pi$, $x=\pm 2\pi$, $x=\pm 3\pi$, $\cdots$.

基于这些考虑, 欧拉将 $f(x)$ 分解因式为

$$f(x)=\left(1-\frac{x}{\pi}\right)\left(1-\frac{x}{-\pi}\right)\left(1-\frac{x}{2\pi}\right)\left(1-\frac{x}{-2\pi}\right)\left(1-\frac{x}{3\pi}\right)\left(1-\frac{x}{-3\pi}\right)\cdots$$
$$=\left[\left(1-\frac{x}{\pi}\right)\left(1-\frac{x}{-\pi}\right)\right]\left[\left(1-\frac{x}{2\pi}\right)\left(1-\frac{x}{-2\pi}\right)\right]\left[\left(1-\frac{x}{3\pi}\right)\left(1-\frac{x}{-3\pi}\right)\right]\cdots,$$

这等价于

$$1-\frac{x^2}{3!}+\frac{x^4}{5!}-\frac{x^6}{7!}+\frac{x^8}{9!}-\cdots=\left[1-\frac{x^2}{\pi^2}\right]\left[1-\frac{x^2}{4\pi^2}\right]\left[1-\frac{x^2}{9\pi^2}\right]\left[1-\frac{x^2}{16\pi^2}\right]\cdots.$$

我们称这一方程为关键方程. 这是一个极不寻常的结果, 因为它使一个无穷和等于一个无穷乘积. 也就是说, 最初确定 $f(x)$ 的无穷级数等于方程右边的无穷乘积. 对于欧拉之类的数学家来说, 这是非常有启发性的. 事实上, 他现在即将完成他的证明, 但许多读者也许还完全蒙在鼓里, 不知他的论证走向何方.

欧拉所做的是, 设想 "乘出" 上述方程右边的无穷乘积, 然后合并 x 的同类项. 这样, 第一项就将是所有 1 的乘积, 当然, 等于 1. 为得到 x^2 项, 我们就必须用 1 依次去乘余因子中的 x^2 项. 这样, 欧拉的 "无穷乘法" 问题就变成了下列方程:

$$1-\frac{x^2}{3!}+\frac{x^4}{5!}-\frac{x^6}{7!}+\frac{x^8}{9!}-\cdots=\left[1-\frac{x^2}{\pi^2}\right]\left[1-\frac{x^2}{4\pi^2}\right]\left[1-\frac{x^2}{9\pi^2}\right]\left[1-\frac{x^2}{16\pi^2}\right]\cdots=$$
$$1-\left(\frac{1}{\pi^2}+\frac{1}{4\pi^2}+\frac{1}{9\pi^2}+\frac{1}{16\pi^2}+\cdots\right)x^2+(\cdots)x^4-\cdots$$

最后, 迷雾终于开始散去. 也就是说, 欧拉只要乘出无穷乘积, 得到两个相等的无穷和, 那么, 同指数的 x 项也就当然相等了. 请注意, 两个级数的第一项都是 1. 因此, 两个级数中的 x^2 项, 其系数也必定相等. 即

$$-\frac{1}{3!}=-\left(\frac{1}{\pi^2}+\frac{1}{4\pi^2}+\frac{1}{9\pi^2}+\frac{1}{16\pi^2}+\cdots\right),$$

然后, 在方程两边同乘以 -1, 注意到左边有 $3!=6$, 而右边则提取公因子 π^2, 于是, 欧拉得到 $\frac{1}{6}=\frac{1}{\pi^2}\left(1+\frac{1}{4}+\frac{1}{9}+\frac{1}{16}+\cdots\right)$. 最后, 应用交叉相乘法, 即得到了令人震惊的事实:

$$1+\frac{1}{4}+\frac{1}{9}+\frac{1}{16}+\cdots=\frac{\pi^2}{6}.$$

点评 就这样, 莱昂哈德 · 欧拉发现了其他数学家几十年都未能发现的答案. 完全肯定地说 $\pi^2/6$ 的数值就等于 $1.6449\cdots$, 这一近似值恰好就是欧拉最初所计算的数值. 然而, 在欧拉之前, 人们对于这一级数的和恰好等于 π^2 的六分之一, 完全一无所知. 这是一个多么古怪的结果. 出于数学本身所蕴含的种种神秘之原因, 这一级数的和竟然产生了一个关于 π 的公式. 因为 π 当然是与圆密切相关的, 但是因为 1, 4, 9, 16 这些数则与正方形密不可分, 所以, 很难想象这二者会联系在一起. 甚至欧拉自己也对这个答案感到吃惊. 他的公式过去是, 至今依然是所有数学问题中最独特和最令人吃惊的一个. 这一出乎意料的结果, 以及这种极其巧妙的推导方法, 使欧拉的定理成为第一流的伟大定理.

4.2.5 欧拉的伟大定理引申

在上述欧拉的伟大定理的推证过程中, 欧拉还发现下述重要事实:

$$\frac{\sin x}{x}=\prod_{n=1}^{\infty}\left(1-\frac{x^2}{n^2\pi^2}\right).$$

若将 $x=\dfrac{\pi}{2}$ 代入上述公式, 经过简化运算可推得沃里斯在 1650 年得到的无穷乘积公式

$$\frac{\pi}{2}=\frac{2\times2\times4\times4\times6\times6\times8\times8\times\cdots}{1\times3\times3\times5\times5\times7\times7\times9\times\cdots}.$$

在无穷级数求和方面, 欧拉可以说是花样百出, 他认为自己发现的计算他那奇妙的求和公式还是计算更加 “疯狂” 的级数的钥匙. 例如, 假设我们想要求偶数平方的倒数和:

$$\frac{1}{4}+\frac{1}{16}+\frac{1}{36}+\frac{1}{64}+\frac{1}{100}+\cdots+\frac{1}{(2k)^2}+\cdots.$$

欧拉首先得取公因数 1/4, 然后, 应用 “伟大定理”, 得出

$$\begin{aligned}&\frac{1}{4}+\frac{1}{16}+\frac{1}{36}+\frac{1}{64}+\frac{1}{100}+\cdots\\=&\frac{1}{4}\left(1+\frac{1}{4}+\frac{1}{9}+\frac{1}{16}+\frac{1}{25}+\cdots\right)\\=&\frac{1}{4}\left(\frac{\pi^2}{6}\right)=\frac{\pi^2}{24}.\end{aligned}$$

于是, 欧拉也可以毫不费力地计算出所有奇数平方的倒数和, 因为

$$\begin{aligned}&1+\frac{1}{9}+\frac{1}{25}+\frac{1}{49}+\cdots\\=&\left(1+\frac{1}{4}+\frac{1}{9}+\frac{1}{16}+\frac{1}{25}+\cdots\right)-\left(\frac{1}{4}+\frac{1}{16}+\frac{1}{36}+\frac{1}{64}+\frac{1}{100}\cdots\right)\\=&\frac{\pi^2}{6}-\frac{\pi^2}{24}=\frac{\pi^2}{8}.\end{aligned}$$

欧拉显然为他的发现欣喜若狂，他再接再厉，提出了求整数四次方的倒数问题：

$$1+\frac{1}{16}+\frac{1}{81}+\frac{1}{256}+\frac{1}{625}+\frac{1}{1296}+\cdots+\frac{1}{k^4}+\cdots.$$

他能确定这个和吗？欧拉认识到他应该回到关键方程上来，不过这次是要确定方程两边 x^4 项的系数. 但是，怎样才能从关键方程右边的无穷乘积中找到 x^4 项呢？这并不是一个小问题. 在求解这一问题的过程中，欧拉再次得益于他识别模式的敏锐感觉和他关于任何有限乘积都可以推广到无穷乘积的信念.

为了理解欧拉的推理过程，我们先举两个十分简单但却富有启发性的例子，看看 x^4 项的系数. 第一个例子是

$$\begin{aligned}(1-ax^2)(1-bx^2)&=1-(a+b)x^2+abx^4\\&=1-(a+b)x^2+\frac{1}{2}[(a+b)^2-(a^2+b^2)]x^4;\end{aligned}$$

第二个例子是

$$\begin{aligned}&(1-ax^2)(1-bx^2)(1-cx^2)\\=&1-(a+b+c)x^2+(ab+ac+bc)x^4-(abc)x^6\\=&1-(a+b+c)x^2+\frac{1}{2}[(a+b+c)^2-(a^2+b^2+c^2)]x^4-(abc)x^6.\end{aligned}$$

这些方程可以通过简单地乘出右边方括号中的各项来直接验算.

请注意，一个模式已经出现，即将 $(1-ax^2)(1-bx^2)(1-cx^2)$ 等一系列因式相乘后，和 $(a+b+c+\cdots)$ 的平方与平方和 $(a^2+b^2+c^2+\cdots)$ 二者之差的一半，就是 x^4 的系数. 如果这一模式适用于两个或三个这种因式的乘积，那么，为什么不能推广到四个、五个，甚至无穷多个因式的乘积呢？再次回到关键方程，欧拉兴奋地推导出

$$\begin{aligned}&1-\frac{x^2}{3!}+\frac{x^4}{5!}-\frac{x^6}{7!}+\frac{x^8}{9!}-\cdots\\=&\left(1-\frac{x^2}{\pi^2}\right)\left(1-\frac{x^2}{4\pi^2}\right)\left(1-\frac{x^2}{9\pi^2}\right)\left(1-\frac{x^2}{16\pi^2}\right)\cdots.\end{aligned}$$

我们看到，在这里，$1/\pi^2$ 相当于 a，$\frac{1}{4\pi^2}$ 相当于 b，$\frac{1}{9\pi^2}$ 相当于 c，等等. 于是应用我们对 x^4 系数的这一观察结果，就得到

$$\begin{aligned}&1-\frac{x^2}{3!}+\frac{x^4}{5!}-\frac{x^6}{7!}+\frac{x^8}{9!}-\cdots\\=&1-\left(\frac{1}{\pi^2}+\frac{1}{4\pi^2}+\frac{1}{9\pi^2}+\cdots\right)x^2+\frac{1}{2}\left[\left(\frac{1}{\pi^2}+\frac{1}{4\pi^2}+\frac{1}{9\pi^2}+\frac{1}{16\pi^2}+\cdots\right)^2\right.\\&\left.-\left(\frac{1}{\pi^4}+\frac{1}{16\pi^4}+\frac{1}{81\pi^4}+\frac{1}{256\pi^4}+\cdots\right)\right]x^4-\cdots.\end{aligned}$$

欧拉现在开始考虑这一方程两边的 x^4 的系数. 方程左边的 x^4 项的系数为

$$\frac{1}{5!}=\frac{1}{120}.$$

而右边的对应系数就非常复杂, 但我们可以用代数方法进行整理, 先提取 π 的同次幂公因数, 然后再应用上述伟大定理的结论. 换句话说, 方程右边的 x^4 项的系数是

$$\begin{aligned}
&\frac{1}{2}\left[\left(\frac{1}{\pi^2}+\frac{1}{4\pi^2}+\frac{1}{9\pi^2}+\frac{1}{16\pi^2}+\cdots\right)^2-\left(\frac{1}{\pi^4}+\frac{1}{16\pi^4}+\frac{1}{81\pi^4}+\frac{1}{256\pi^4}+\cdots\right)\right]\\
&=\frac{1}{2}\left[\frac{1}{\pi^2}\left(1+\frac{1}{4}+\frac{1}{9}+\frac{1}{16}+\cdots\right)^2-\frac{1}{\pi^4}\left(1+\frac{1}{16}+\frac{1}{81}+\frac{1}{256}+\cdots\right)\right]\\
&=\frac{1}{2\pi^4}\left[\left(\frac{\pi^2}{6}\right)^2-\left(1+\frac{1}{16}+\frac{1}{81}+\frac{1}{256}+\cdots\right)\right]\\
&=\frac{1}{72}-\frac{1}{2\pi^4}\left(1+\frac{1}{16}+\frac{1}{81}+\frac{1}{256}+\cdots\right).
\end{aligned}$$

现在, 答案就在眼前. 欧拉令以上两个 x^4 的系数相等, 得到如下方程, 并进行求解:

$$\frac{1}{120}=\frac{1}{72}-\frac{1}{2\pi^4}\left(1+\frac{1}{16}+\frac{1}{81}+\frac{1}{256}+\cdots\right),$$

所以

$$\frac{1}{2\pi^4}\left(1+\frac{1}{16}+\frac{1}{81}+\frac{1}{256}+\cdots\right)=\frac{1}{72}-\frac{1}{120}=\frac{1}{180}.$$

最后, 通过交叉相乘, 就得出了欧拉的公式:

$$1+\frac{1}{16}+\frac{1}{81}+\frac{1}{256}+\cdots+\frac{1}{k^4}+\cdots=\frac{2\pi^4}{180}=\frac{\pi^4}{90}.$$

这里, 欧拉发现了一个真正奇特的结果, 这个结果将完全四次方的倒数与 π 的四次方联系在了一起. 然后, 他像一个孩子发现了新玩具一样, 兴高采烈地应用他非凡的技巧, 去求更奇特级数的和. 他还不断对偶次幂级数进行推算, 直至算出 26 次幂的结果.

很遗憾, 他没有给出像 $\sum\limits_{k=1}^{\infty}\frac{1}{k^3}$ 或者带奇次指数的其他级数的显式求和公式. 关于这些级数的和, 欧拉写道: “既不能用对数表示, 又不能用圆周率 π 表示, 也不能通过其他任何有限形式赋予一个值.” 被这个恼人的问题难住以后, 欧拉显然很受挫, 一度承认进一步的研究对他来说是 “没有意义的”. 至此, 甚至连欧拉自己也感到厌倦了.

毫无疑问, 历史上没有一个人曾踏上这一数学之旅. 从实用性的角度来看, 这些事情可能都很无聊, 但不论它们有多么琐碎, 都确实是人类知识的一大进步, 因

为它们发现了整数乘方的倒数与最重要常数 π 之间关系, 而这些关系, 以前的人们从未想到过. 今天, 我们认识到, 欧拉在无穷的应用中并不十分严格. 他相信有限级数所产生的模式和公式可以自动推广到无穷情形, 这与其说是科学, 不如说是一种信念, 其后的数学家提供了大量的例证, 证明了欧拉的这种推而广之的鲁莽行为是十分愚蠢的. 总之, 欧拉未能为他的推理提供充分的逻辑依据, 这个罪名是成立的. 然而, 这些批评丝毫无损于他的声望. 尽管他推论无穷级数的方法还十分幼稚, 可以他所有这些奇妙的级数和如今都已通过以今天逻辑严密性的更高标准论证.

4.3 无穷迭代

无穷迭代是以无穷多的步骤形式呈现出来的美妙数学过程, 就像人生一直在不断重现相同的生命形式一样, 无穷迭代的本质就是应用同一个规则连续不断地操作直至无穷. 这个规则可以用一个数学公式也可用文字来描述, 无穷迭代能让人们的想象力不断翻腾, 不断创造出在生活世界里并不那么熟悉的全新的思维之花. 我们这里仅对最简单的无穷迭代数列作初步探讨.

所谓无穷迭代数列, 就是指给定函数 f 以及初始项 a_0, 利用递推公式

$$a_{n+1} = f(a_n) \ (n \in \mathbf{N})$$

以迭代方式生成的数列 $\{a_n\}$. 无穷迭代数列收敛特性研究涉及方程与不动点、泰勒展开等数学思想方法的综合应用, 因而理论及应用研究的内容都非常丰富.20 世纪 70 年代中期得到蓬勃发展的混沌理论研究、离散动力系统的理论及应用研究都是建立在无穷迭代序列理论研究的基础之上的. 在科学计算中, 大量的近似计算方法都是用迭代方式来实现的. 此外, 无穷迭代数列的研究成果及其思想方法可应用于函数迭代与函数方程理论研究中. 进一步, 应用无穷迭代数列的收敛理论可以解决现实世界中的大量实际问题.

本节将介绍无穷迭代数列的数学文化内涵及其实际应用.

4.3.1 线性迭代数列

线性迭代数列是形式最简单的无穷迭代数列. 线性迭代数列的收敛特性非常好, 而且在现实世界中具有广泛的应用. 接下来, 我们将介绍三类常见的线性迭代数列的收敛特性及其他们在解决实际问题中的广泛应用.

1. 一元一阶线性迭代数列

一元一阶线性迭代数列是最具代表性的线性迭代数列, 其他两种线性迭代数列可以归结到一元一阶线性迭代数列的情形, 因此是研究线性迭代数列的基础. 运用方程 (或不动点) 的思想, 不难得到求一元一阶线性迭代数列的通项公式, 在此基础上就可建立收敛特征定理.

背景聚焦(人口问题)　在 3.2.3 小节中, 我们已经谈到英国人口学家 Malthus 最早构建了人口总数的数学模型, 这里重述其离散的情形. 设 $P(n)$ 表示某人口群体在时间段 n 开始时的总数, 若按年计算, 设初始年为 0, 令人口增长量为

$$\Delta P(n) = P(n+1) - P(n).$$

Malthus 提出:

$$\Delta P(n) = bP(n)\ (\text{其中 } b \text{ 表示出生率与死亡率之差})$$

的数学假设, 即人口增量与原人口数成正比的假设, 于是有

$$P(n+1) = P(n) + \Delta P(n) = P(n) + bP(n) = kP(n),$$

其中 $k = 1 + b$. 该预测人口变化的数学公式, 称为 Malthus 模型. 这里的 $\{P(n)\}$ 正是中学数学中学过的等比数列, 也称几何数列. 当 $b > 0$ 时, 该数列随 n 的增大而无限地增大, 就像 Malthus 本人所说的那样 "几何地" 增大.

另一方面, Malthus 又认为第 n 年可提供的食物数量 $F(n)$ 只能通过在小量土地上扩大耕作而增加, 充其量为

$$F(n+1) = F(n) + c,$$

其中 c 为常数. 这里的 $\{F(n)\}$ 正是中学数学中学过的等差数列, 也称算术数列. 据此, Malthus 提出食物只能 "算术地" 增加的著名论断.

现在回头看, Malthus 的人口论具有很大的局限性. 但是, 他开创了人口研究的数学建模方法的先河, 功不可没.Malthus 提及的两个数列正是下面将要介绍的一元一阶线性迭代数列的两个特例.

定义 4.3.1　称由一元线性函数 $f(x) = px + q(p, q$ 为常数) 产生的迭代数列

$$x_{n+1} = px_n + q(n \in \mathbf{N}, x_0\text{为给定的初始值})$$

为一元一阶线性迭代数列.

评注　当 $p = 1, q \neq 0$ 时, 得到等差数列; 当 $p \neq 1, q = 0$ 时得到等比数列. 在中学数学中, 我们已经得到等比数列与等差数列的通项公式, 利用通项公式不难建立相关的收敛特征定理, 这里略.

接下来, 我们将研究一元一阶线性迭代数列收敛特征.

引理 4.3.1 一元一阶线性迭代序列的通项公式为

(1) 当 $p=1$ 时, $x_n=nq+x_0(n\in\mathbf{N}^+)$,

(2) 当 $p\neq 1$ 时, $x_n=p^n(x_0-x_*)+x_*$,

其中 $x_*=\dfrac{q}{1-p}$ 是一元一次方程 $x=px+q$ 的根 (即函数 $f(x)=px+q$ 的不动点).

证 (1) 当 $p=1$ 时, 一元一阶迭代序列是等差序列, 用累加法不难求得

$$x_n=nq+x_0(n\in\mathbf{N}^+);$$

(2) 在迭代式 $x_n=px_{n-1}+q$ 的两边同时减去方程 $x=px+q$ 的根 $x_*=\dfrac{q}{1-p}$, 逐次迭代即可得到

$$x_n-x_*=p(x_{n-1}-x_*)=\cdots=p^n(x_0-x_*).$$

移项整理即得.

定理 4.3.1(收敛特征) 设 $x_{n+1}=px_n+q$ 是给定的一元一阶线性迭代数列.

(1) 若 $p=1$, 则

$$\lim_{n\to\infty}\frac{x_{n+1}}{x_n}=1, \text{而且} \lim_{n\to\infty}n\left(\frac{x_{n+1}}{x_n}-1\right)=1,$$

这就是说 $\left\{\dfrac{x_{n+1}}{x_n}-1\right\}$ 与 $\left\{\dfrac{1}{n}\right\}$ 是同阶无穷小数列;

(2) 若 $0<|p|<1$, $x_*=\dfrac{q}{1-p}$ 是方程 $x=px+q$ 的根, $x_0\neq x_*$, 则

$$\lim_{n\to\infty}x_n=x_*, \text{而且} \lim_{n\to\infty}\frac{x_n-x_*}{p^n}=x_0-x_*,$$

这就是说 $\{x_n-x_*\}$ 与几何数列 $\{p^n\}$ 是同阶无穷小数列.

证 (1) 当 $p=1$ 时, 由引理 4.3.1(1) 有 $x_n=nq+x_0$, 于是有

$$\lim_{n\to\infty}\frac{x_{n+1}}{x_n}=\lim_{n\to\infty}\frac{(n+1)q+x_0}{nq+x_0}=1,$$

$$\lim_{n\to\infty}n\left(\frac{x_{n+1}}{x_n}-1\right)=\lim_{n\to\infty}\frac{nq}{nq+x_0}=1;$$

(2) 当 $0<|p|<1$ 时, 由引理 4.3.1(2), 有

$$x_n=p^n(x_0-x_*)+x_*,$$

利用 $\lim_{n\to\infty} p^n = 0$, 立即可推得

$$\lim_{n\to\infty} x_n = x_*, \quad \lim_{n\to\infty} \frac{x_n - x_*}{p^n} = \lim_{n\to\infty} \frac{p^n(x_0 - x_*)}{p^n} = x_0 - x_*.$$

一元一阶线性迭代数列, 由于其表述特别简单, 因而在解决实际问题中具有广泛应用. 我们这里仅举四个典型的实例.

例 4.3.1(药物残留) 人在用药 (注射针剂或口服药片) 后, 药物在人体内发生化学反应, 其含量不断衰减. 假设某种药物在人体内每 4 小时排出其含量的 1/4, 这就是说, 如果一次注射 100mg 该种药物, 那么在 4 小时之后, 该药物的 1/4 排出体外, 残留在体内 3/4, 即 75mg 仍留在血液中; 再过 4 小时, 这 75mg 的药物中的 1/4 又排出体外, 其 3/4 残留在体内; 继续下去, …… 由数学归纳法可知, 第 $4n$ 小时之后, 人体内的药物残留量 d_n 为

$$d_{n+1} = \frac{3}{4} d_n, \quad d_0 = 100.$$

这里的 $\{d_n\}$ 是首项为 100, 公比为 3/4 的等比数列.

(1) 假设在首次注射 100mg 该种药物 (即 $d_0 = 100$) 后, 每隔 4 小时再注射 100mg. 试问第 $4n$ 小时后人体内药物总量 d_n 是多少? 当 $n \to \infty$ 时, 人体内药物总量趋于什么值?

(2) 如果首次注射 1000mg 该种药物 (即 $d_0 = 1000$) 后, 再每隔 4 小时再注射 100mg. 试问结果又如何变化?

(3) 如果改作每次都注射 50mg, 那么情况又该如何变化?

(4) 如何将上述数学模型一般化, 供医生在临床医学实践中参考?

解 (1) 易见 $d_1 = \frac{3}{4} d_0 + 100,\ d_2 = \frac{3}{4} d_1 + 100,\ d_3 = \frac{3}{4} d_2 + 100, \cdots$.

一般地有

$$d_n = \frac{3}{4} d_{n-1} + 100, \quad d_0 = 100.$$

解方程 $d = \frac{3}{4} d + 100$ 得 $d_* = 400$, 由引理可得

$$d_n = d_* + \left(\frac{3}{4}\right)^n (d_0 - d_*),$$

把 $d_0 = 100,\ d_* = 400$ 代入得

$$d_n = 400 + \left(\frac{3}{4}\right)^n \cdot 100,$$

于是有 $\lim_{n\to\infty} d_n = 400 (= d_*)$, 即当 n 充分大时, 人体内药物总量趋近于 400mg.

(2) 若 $d_0=1000$ 代替 (1) 中的 $d_0=100$, 可得

$$d_n=400+\left(\frac{3}{4}\right)^n\cdot 600.$$

此时也有 $\lim\limits_{n\to\infty} d_n=400$, 即当 n 充分大时, 人体内药物总量也趋于 400mg.

(3) 如果每次都注射 50mg, 那么药物在体内的残留量为

$$d_n=\frac{3}{4}d_{n-1}+50,\quad d_0=50.$$

此时方程 $d=\frac{3}{4}d+50$ 的解为 $d_*=200$, 由引理可得

$$d_n=d_*+\left(\frac{3}{4}\right)^n(d_0-d_*)=200-\left(\frac{3}{4}\right)^n\cdot 150.$$

此时有 $\lim\limits_{n\to\infty} d_n=200$, 即当 n 充分大时, 药物在人体内的残留量趋于稳定值 200mg.

(4) 一般地, 若设每次某药物的注射量为 $q$mg, 一个周期后该药物的残留率为 p(常数 $0<p<1$), 则 n 个周期后人体内该药物的残留量为

$$d_{n+1}=pd_n+q\ (n\in\mathbf{N}),$$

d_0 为首次注入量. 解方程 $d=pd+q$ 得 $d_*=\dfrac{q}{1-p}$, 于是由引理得

$$d_n=d_*+p^n(d_0-d_*)(n\in\mathbf{N}).$$

这里的 d_* 就是使人体内的药物残留量的长期的稳定值达到所期望的水平.

在本例的 (1) 中, 药物在人体内的残留率为 $p=\dfrac{3}{4}$, $d_*=400$, 每次注入量 $q=\dfrac{1}{4}d_*=100$. 如果医生需要患者的长期的药物残留量的稳定值 120mg, 那么每次的注射量为

$$q=\frac{1}{4}\times 120=30(\text{mg}).$$

如果另一种药物在一个周期后仅有 $\dfrac{1}{6}$ 排出体外, 那么该药物的残留率为 $\dfrac{5}{6}$, 此时有

$$d_*=\frac{q}{1-p}=6q,$$

这表明长期的稳定值为每次注射量的 6 倍.

例 4.3.2(蛛网模型) *在市场经济中存在这样的循环现象:*

若去年的某种商品比如猪肉生产量供过于求, 则猪肉的售价就会降低; 猪肉的价格降低会使今年养猪者减少, 这样今年猪肉的生产量供不应求, 于是猪肉的价格又上扬; 猪肉价格上扬又使明年猪肉产量增加, 从而又造成新的供过于求, ……

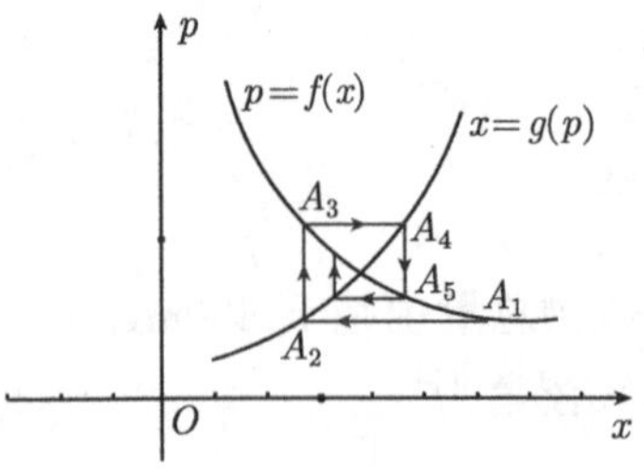

图 4-3-1

据有关统计资料获知, 某市 2011 年的猪肉产量为 30 万吨, 肉价为每千克 20 元, 2012 年猪肉产量减少为 25 万吨, 肉价上升为每千克 24 元. 已知 2013 年的猪肉产量 28 万吨, 若维持目前的消费水平与产生模式, 并假定猪肉产量与价格之间是函数关系. 试问若干年后猪肉的生产量与价格水平是否会趋于稳定? 如果能够稳定, 那么稳定的生产量与价格分别是多少?

解 设第 n 年的猪肉生产量为 x_n, 猪肉价格为 p_n, 由于当年生产量勾股定理当年价格, 故有 $p_n = f(x_n)$; 而当年价格又决定第二年的生产量, 故有 $x_{n+1} = g(p_n)$.

在经济学中, $p_n = f(x_n)$ 称为需求函数, $x_{n+1} = g(p_n)$ 称为供应函数. 产销关系图 4-3-1 呈现如下过程:

$$x_1 \to p_1 \to x_2 \to p_2 \to x_3 \to p_3 \to x_3 \to p_4 \to \cdots.$$

令 A_1 坐标为 (x_1, p_1), A_2 坐标为 (x_2, p_1), A_3 坐标为 (x_2, p_2), A_4 坐标为 (x_3, p_3), $\cdots\cdots$ 一般地, A_{2k-1} 坐标为 (x_k, p_k), A_{2k} 坐标为 $(x_{k+1}, p_k)(k = 1, 2, \cdots)$. 将点列 $A_1, A_2, A_3, \cdots$ 描在平面直角坐标系中, 我们将会发现 A_{2k} 都满足 $x = g(p)$, 而 A_{2k-1} 都满足 $p = f(x)$, 如图 4-3-1 所示. 这种关系很像一个蛛网, 因而称其为蛛网模型.

现在回到前面提出的猪肉生产问题, 将 2011 年的猪肉产量记为 x_1, 2011 年的猪肉价格记为 p_1, 依次类推, 由假定可得到点列

$$A_1(30, 20), A_2(25, 20), A_3(25, 24), A_4(28, 242), \cdots.$$

按照线性假设, 需求函数 $p = f(x)$ 是一条直线, 而且 $A_1(30, 20)$, $A_3(25, 24)$ 位于该直线上, 由直线两点式方程可得需求函数为

$$p_n = 44 - \frac{4}{5}x_n \ (n \in \mathbf{N}).$$

供应函数 $x = g(p)$ 也是一条直线, 而且 $A_2(25, 20)$, $A_4(28, 24)$ 位于该直线上, 也由直线两点式方程可得供应函数为

$$x_{n+1} = 10 + \frac{3}{4}p_n \ (n \in \mathbf{N}).$$

将 p_n 的表达式代入可得

$$x_{n+1} = 44 - \frac{3}{5}x_n \ (n \in \mathbf{N}).$$

又将 x_{n+1} 的表达式代入 p_{n+1} 的表达式可得

$$p_{n+1}=36-\frac{3}{5}p_n\ (n\in\mathbf{N}).$$

解方程 $x=44-\frac{3}{5}x$ 得 $x_*=27.5$; 解方程 $p=36-\frac{3}{5}p$ 得 $p_*=22.5$. 由定理 4.3.1 可得

$$\lim_{n\to\infty}x_n=27.5,\quad \lim_{n\to\infty}p_n=22.5.$$

这就是若干年后, 猪肉的生产量与价格都会趋于稳定, 生产量稳定在 27.5 万吨的水平上, 而价格稳定在 22.5 元的水平上.

例 4.3.3(地图不动点) 将一张包括边界的地图等比例缩小以后以任意角度放入原地图内 (不将地图翻转). 求证: 有且仅有一点代表了两张地图的同一位置.

证 把原地图放在复平面内, 不妨使得复数 0 和 1 都在原地图内. 把地图缩小并旋转的过程用 f 来代表. 易见在 f 的作用下, 任意三角形的像均和原三角形相似, 且保持定向不变. 现将地图所在的复平面上的区域记作 M, 它在 f 作用下的像记作 $f(M)$. 由题意, $f(M)\subset M$.

设 $f(0)=\alpha$, $f(1)=\beta$ 是两个不同的复数, 且因为地图压缩变换将使得两点间的距离缩小, 故

$$|\alpha-\beta|<1.$$

在 M 内任取一个 $z\neq 0,1$, 它在变换下的像为 $f(z)$, 根据相似关系, 我们有

$$\frac{f(z)-\alpha}{\beta-\alpha}=\frac{z-0}{1-0},$$

即 $f(z)=(\beta-\alpha)z+\alpha$. 这时, 解方程 $f(z)=z$ 可得

$$\gamma=\frac{\alpha}{1+\alpha-\beta}.$$

接下来, 我们证明 γ 在 M 中. 任取 $z_0\in M$, 记 $z_1=f(z_0)\in f(M)\subset M$, 以此类推, $z_n=f(z_{n-1})(n\in\mathbf{N}^+)$ 在 M 中, 即

$$z_n=(\beta-\alpha)z_{n-1}+\alpha.$$

在 M 中, 由于 $|\beta-\alpha|<1$, 利用定理 4.3.1 可得 $\lim\limits_{n\to\infty}z_n=\gamma$.

注意到地图所在的区域 M 是复平面的闭集, γ 是 M 中点列 $\{z_n\}$ 的极限, 因此 $\gamma\in M$. 再注意到变换 f 是连续函数, 由

$$f(\gamma)=f(\lim_{n\to\infty}z_n)=\lim_{n\to\infty}f(z_n)=\lim_{n\to\infty}f(z_{n-1})=\lim_{n\to\infty}z_n=\gamma,$$

可知 γ 是 f 的不动点.

再证不动点的唯一性. 假设有两个不同的不动点 γ_1 和 γ_2, 那么有

$$|f(\gamma_1)-f(\gamma_2)| = |\gamma_1-\gamma_2|,$$

这与 f 为压缩变换矛盾, 故不动点唯一.

例 4.3.4(圆内接三角形的极限) 在圆 O 中任意构造一个内接 $\triangle ABC$, 它的三个内角分别记作 $\angle A_0, \angle B_0, \angle C_0$. 然后取弧 AB, 弧 BC, 弧 CA 的中点, 记作 C_1, A_1, B_1, 得到一个新的内接 $\triangle A_1B_1C_1$. 依此类推得到 $\triangle A_nB_nC_n$, $n\in\mathbf{N}^+$. 求证:

$$\lim_{n\to+\infty}\angle A_n=\lim_{n\to+\infty}\angle B_n=\lim_{n\to+\infty}\angle C_n=\pi/3.$$

证 首先考虑 $\angle A_n$. 根据题设, $\angle A_n$ 所对应的弧段是半段 $\angle B_{n-1}$ 所对应的弧段和半段 $\angle C_{n-1}$ 所对应的弧段之和, 故

$$\angle A_n=\frac{\angle B_{n-1}+\angle C_{n-1}}{2}=\frac{\pi}{2}-\frac{\angle A_{n-1}}{2}.$$

令 $x_n=\angle A_n$, $p=-\dfrac{1}{2}$, $q=\dfrac{\pi}{2}$, 方程 $x=\dfrac{\pi}{2}-\dfrac{x}{2}$ 有根 $x_*=\dfrac{\pi}{3}$. 由 $|p|=\dfrac{1}{2}$ 及定理 4.3.1 可得 $\lim\limits_{n\to+\infty}\angle A_n=\dfrac{\pi}{3}$.

同理可求 $\angle B_n$ 和 $\angle C_n$ 的极限.

2. 一元一阶分式线性迭代数列

一元一阶分式线性迭代数列是迭代数列研究中的热点问题, 由于其结构比一元一阶线性迭代数列要复杂, 各种各样的数学思想方法在其研究都能派上用场, 因此研究成果颇为丰富. 我们这里运用方程的思想建立收敛特征定理, 并给出其应用.

背景聚焦(修正 Malthus 模型) 1840 年, 比利时人口统计学家 Verhulst 认为个体的存活机会依赖于自身应付同其他竞争冲突的能力. 于是提出将人口增量计算公式修正为

$$\Delta p(n)=bp(n)-c(p(n))^2,$$

其中竞争项 $-c(p(n))^2$ 表明, 单位时间内两个成员相遇次数的统计平均值与 p^2 成正比, 从而得到

$$p(n+1)=kp(n)-c(p(n))^2,$$

其中 c 为竞争冲突常数. 从实际使用的效果看, 这个模型似乎比 Malthus 模型 (去掉竞争项) 更加令人满意, 特别是因为它预测人口总数会稳定在一个不变的水平上. 然而, 随着竞争常数 c 的选取方法不同, 该模型的求解将显示出非常复杂的状况, 甚至导致一些完全意想不到的结果和见解, 从而引出一门称之为浑沌动力学的全新

的数学学科. 对于一般的参数 c, 到目前为止还没有得到一般的求解公式. 如果将其稍作修改, 即用 $p(n)p(n+1)$ 代替 $(p(n))^2$, 那么, 上述模型将变成易于求解的形式

$$p(n+1)=kp(n)-cp(n)p(n+1),$$

重新整理得

$$p(n+1)=\frac{kp(n)}{1+cp(n)}.$$

这正是接下来将要介绍的一元一阶分式线性迭代数列的特例.

进一步, 上述迭代数列可转化为线性迭代数列. 事实上, 迭代等式的两边分别取倒数, 再令 $q(n)=\dfrac{1}{p(n)}$, 则得

$$q(n+1)=\frac{1}{k}q(n)+\frac{c}{k},$$

解方程 $x=\dfrac{1}{k}x+\dfrac{c}{k}$ 得 $q_*=\dfrac{c}{b}$, 于是由引理 4.3.1 可得

$$q(n)=q_*+(q(0)-q_*)k^{-n}.$$

记 $p_*=\dfrac{b}{c}$, 再把这里的 q 换回 p 可得

$$p(n)=\frac{p_*p(0)}{p(0)+(p_*-p(0))k^{-n}},$$

由此可得 $\lim\limits_{n\to\infty}p(n)=p_*$. 即随着 n 的增大, 人口将趋于稳定值 $p_*=\dfrac{b}{c}$.

定义 4.3.2 称由分式线性函数 $f(x)=\dfrac{ax+b}{cx+d}$ 产生的迭代数列

$$x_n=\frac{ax_{n-1}+b}{cx_{n-1}+d}\ (\text{其中}a,b,c\neq 0,d,x_0\text{是给定的常数}),$$

称其为一元一阶分式线性迭代序列. 先建立一元一阶分式线性迭代数列的收敛特征定理.

定理 4.3.2 设 $x_n=\dfrac{ax_{n-1}+b}{cx_{n-1}+d}(n\geqslant 1)$ 为给定的一元一阶线性迭代序列. 若 α,β 为方程 $x=\dfrac{ax+b}{cx+d}$ 的两根 (可以是复根). 则

(1) 当 $\alpha=\beta=\dfrac{a-d}{2c}$ 时有

$$\lim_{n\to\infty}x_n=\alpha\text{且}\lim_{n\to\infty}n(x_n-\alpha)=\frac{a+b}{2c},$$

即 $\{x_n-\alpha\}$ 与 $\left\{\dfrac{1}{n}\right\}$ 是同阶无穷小数列;

(2) 当 $\alpha\neq\beta$ 且 $|c\alpha+d|>|c\beta+d|$ 时, 记 $\gamma=\dfrac{c\beta+d}{c\alpha+d}$, $m=\dfrac{x_0-\alpha}{x_0-\beta}\neq 0$, 有

$$\lim_{n\to\infty}x_n=\alpha \text{ 而且 } \lim_{n\to\infty}\left(\frac{1}{\gamma}\right)^n(x_n-\alpha)=m(\alpha-\beta),$$

即 $\{x_n-\alpha\}$ 与几何数列 $\{\gamma^n\}$ 是同阶无穷小数列.

证 (1) 注意到 $\alpha(c\alpha+d)=a\alpha+b$, 由

$$\begin{aligned}x_n-\alpha&=\frac{ax_{n-1}+b}{cx_{n-1}+d}-\alpha\\&=\frac{a(x_{n-1}-\alpha)+a\alpha+b}{c(x_{n-1}-\alpha)+(d+c\alpha)}-\alpha\\&=\frac{(a-c\alpha)(x_{n-1}-\alpha)}{c(x_{n-1}-\alpha)+(d+c\alpha)},\end{aligned}$$

当 $\alpha=\beta=\dfrac{a-d}{2c}$ 时, 有

$$a-c\alpha=d+c\alpha=(a+d)/2,$$

令 $b_n=\dfrac{1}{x_n-\alpha}$, $q=\dfrac{c}{a+d}$, 则有

$$b_n=b_{n-1}+q\ (n\in\mathbf{N}),$$

即 $\{b_n\}$ 是等差数列, 从而有 $b_n=nq+b_0$, 因此有

$$x_n=\alpha+\frac{1}{nq+b_0},$$

得证.

(2) 当 $\alpha\neq\beta$ 时, 由

$$x_n-\alpha=\frac{ax_{n-1}+b}{cx_{n-1}+d}-\frac{a\alpha+b}{c\alpha+d}=\frac{(ad-bc)(x_{n-1}-\alpha)}{(cx_{n-1}+d)(c\alpha+d)},$$
$$x_n-\beta=\frac{ax_{n-1}+b}{cx_{n-1}+d}-\frac{a\alpha+b}{c\beta+d}=\frac{(ad-bc)(x_{n-1}-\beta)}{(cx_{n-1}+d)(c\beta+d)}$$

可推得

$$\frac{x_n-\alpha}{x_n-\beta}=\frac{c\beta+d}{c\alpha+d}\cdot\frac{x_{n-1}-\alpha}{x_{n-1}-\beta}=\cdots=m\gamma^n.$$

由此可解得

$$x_n=\frac{\alpha-m\beta\gamma^n}{1-m\gamma^n},$$

由 $|\gamma| < 1$ 可得 $\lim\limits_{n\to\infty} x_n = \alpha$. 再由

$$x_n - \alpha = \frac{(\alpha-\beta)m\gamma^n}{1-m\gamma^n}$$

可推得

$$\lim_{n\to\infty}\left(\frac{1}{\gamma}\right)^n (x_n-\alpha) = (\alpha-\beta)m.$$

接下来, 举两个例子介绍一元一阶分式线性迭代数列的数学内部应用.

例 4.3.5($\sqrt{a}$ 的迭代序列) 设 $x_0 > 0$, $a > 0$, $x_{n+1} = \dfrac{a+x_n}{1+x_n}(n \geqslant 1)$. 若记 $r = \dfrac{1-\sqrt{a}}{1+\sqrt{a}}$, 则

$$\lim_{n\to\infty} x_n = \sqrt{a} \text{而且} \lim_{n\to\infty}\left(\frac{1}{\gamma}\right)^n (x_n-\sqrt{a}) = 2\sqrt{a}\cdot\frac{x_0-\sqrt{a}}{x_0+\sqrt{a}}.$$

证 易见方程 $x = \dfrac{a+x}{1+x}$ 有实根 $\alpha = \sqrt{a}$ 及 $\beta = -\sqrt{a}$, 而且 $|1+\sqrt{a}| > |1-\sqrt{a}|$, 由定理 4.3.2 即可完成证明.

例 4.3.6 设 $x_0 > 0$, $a > 0$, $x_{n+1} = \dfrac{a(1+x_n)}{a+x_n}(n \geqslant 1)$. 若记 $r = \dfrac{\sqrt{a}-1}{\sqrt{a}+1}$, 则

$$\lim_{n\to\infty} x_n = \sqrt{a} \text{而且} \lim_{n\to\infty}\left(\frac{1}{\gamma}\right)^n (x_n-\sqrt{a}) = 2\sqrt{a}\cdot\frac{x_0-\sqrt{a}}{x_0+\sqrt{a}}.$$

证 注意到

$$\frac{1}{x_{n+1}} = \frac{a+x_n}{a(1+x_n)} = \frac{ax_n^{-1}+1}{a(x_n^{-1}+1)} = \frac{x_n^{-1}+a^{-1}}{x_n^{-1}+1},$$

令 $y_n = \dfrac{1}{x_n}$, $b = \dfrac{1}{a}$, 则上式简化为

$$y_{n+1} = \frac{y_n+b}{y_n+1},$$

由例 4.3.5 即得 $\lim\limits_{n\to\infty} y_n = \sqrt{b}$ 而且

$$\lim_{n\to\infty}\left(\frac{1+\sqrt{b}}{1-\sqrt{b}}\right)^n (y_n-\sqrt{b}) = 2\sqrt{b}\cdot\frac{y_0-\sqrt{b}}{y_0+\sqrt{b}},$$

将 $y_n=\dfrac{1}{x_n}, b=\dfrac{1}{a}$ 代入上述结论中即可得到

$$\lim_{n\to\infty} x_n=\lim_{n\to\infty}\frac{1}{y_n}=\frac{1}{\sqrt{b}}=\sqrt{a},$$

$$\begin{aligned}&\lim_{n\to\infty}\left(\frac{1+\sqrt{b}}{1-\sqrt{b}}\right)^n(y_n-\sqrt{b})\\=&\lim_{n\to\infty}\left(\frac{1+\sqrt{a^{-1}}}{1-\sqrt{a^{-1}}}\right)^n\left(\frac{1}{x_n}-\frac{1}{\sqrt{a}}\right)=\lim_{n\to\infty}\left(\frac{\sqrt{a}+1}{\sqrt{a}-1}\right)^n\frac{\sqrt{a}-x_n}{x_n\sqrt{a}}\end{aligned}$$

另一方面, 又有

$$\begin{aligned}&\lim_{n\to\infty}\left(\frac{1+\sqrt{b}}{1-\sqrt{b}}\right)^n(y_n-\sqrt{b})\\=&2\sqrt{b}\cdot\frac{y_0-\sqrt{b}}{y_0+\sqrt{b}}=\frac{2}{\sqrt{a}}\cdot\frac{x_0^{-1}-\sqrt{a^{-1}}}{x_0^{-1}+\sqrt{a^{-1}}}=\frac{2}{\sqrt{a}}\cdot\frac{\sqrt{a}-x_0}{\sqrt{a}+x_0},\end{aligned}$$

于是有

$$\lim_{n\to\infty}\left(\frac{\sqrt{a}+1}{\sqrt{a}-1}\right)^n(x_n-\sqrt{a})=2\sqrt{a}\cdot\frac{x_0-\sqrt{a}}{x_0+\sqrt{a}}.$$

例 4.3.7 设有理数列 $\{a_n\}$ 与 $\{b_n\}$ 满足

$$(1+\sqrt{2})^n=a_n+b_n\sqrt{2},$$

若记 $t_n=\dfrac{a_n}{b_n}, \gamma=\dfrac{1-\sqrt{2}}{1+\sqrt{2}}$, 则

$$\lim_{n\to\infty} t_n=\sqrt{2}\text{而且}\lim_{n\to\infty}\left(\frac{1}{\gamma}\right)^n(t_n-\sqrt{2})=2\sqrt{2}\gamma.$$

证 由 $(1+\sqrt{2})^{n+1}=(1+\sqrt{2})^n(1+\sqrt{2})=(a_n+b_n\sqrt{2})(1+\sqrt{2})$

$$=(a+2b_n)+(a_n+b_n)\sqrt{2}=a_{n+1}+b_{n+1}\sqrt{2}$$

可得

$$\begin{cases}a_{n+1}=a_n+2b_n,\\b_{n+1}=a_n+b_n,\end{cases}$$

两式相除, 可得

$$t_{n+1}=\frac{t_n+2}{t_n+1},$$

方程 $x=\dfrac{x+2}{x+1}$ 有实根 $\alpha=\sqrt{2}, \beta=-\sqrt{2}$, 再由 $|1+\sqrt{2}|>|1-\sqrt{2}|$ 及定理 4.3.2 即可得证.

3. 一元二阶线性迭代数列

一元二阶线性迭代数列也是比较早就得到深入研究的迭代数列, 由于它与一元二次方程联系紧密, 因此研究内容相当丰富, 应用也极为广泛. 有不少数学竞赛题就是以一元二阶线性迭代数列为背景派生出来的. 我们这里也运用方程 (不动点) 的思想, 建立收敛特征定理, 并举例说明其应用.

背景聚焦(Fibonacci 问题)　1202 年, 出生于比萨的意大利著名数学家莱翁那多 (比萨的列奥纳多 (Leonardo Bigollo, 1175~1250), 别名斐波那契 (Fibonacci) 在其名为《算盘书》的著作中提出兔子繁殖问题:

某人在年初养了一对小兔, 假设每对成年兔子一个月后生一对小兔, 而每对小兔在一个月后成年. 如果中途不发生死亡的情况, 试问一年之后共有多少对家兔?

为了便于直观理解, 根据题设, 我们列表如下:

月底	上年 12 月	1 月	2 月	3 月	4 月	5 月	6 月	⋯
小兔	1	0	1	1	2	3	5	⋯
大兔	0	1	1	2	3	5	8	⋯
合计	1	1	2	3	5	8	13	⋯

依此类推, 我们不难发现, 7 月底有 21 对, 8 月底有 34 对, ⋯⋯ 这就是说, 后一个月的兔子对数是前两个月的兔子对数之和. 于是, 一年内各个月的月底以及年初的兔子对数状况为

$$1,1,2,3,5,8,13,21,34,55,89,144,233.$$

问题到此并没有终结. 一般地, 设 $F(n)$ 是第 n 个月末家兔的对数, $a(n)$ 为成年兔子的对数, $b(n)$ 为小兔对数, 则有

$$F(n)=a(n)+b(n).$$

一个月之后, 原先的小兔长成成年兔子, $a(n)$ 对成年兔子又生 $a(n)$ 对小兔, 因此

$$a(n+1)=a(n)+b(n), b(n+1)=a(n),$$

于是有

$$\begin{aligned}F(n+2)&=a(n+2)+b(n+2)\\&=a(n+1)+b(n+1)+a(n+1)\\&=F(n+1)+F(n).\end{aligned}$$

由上述递推式产生的迭代数列 $\{F(n)\}$, 称为斐波那契数列. 该数列有许多美妙的性质. 比如

$$\lim_{n\to\infty}\frac{F(n)}{F(n+1)}=\frac{\sqrt{5}-1}{2},\quad \lim_{n\to\infty}\frac{F(n+1)}{F(n)}=\frac{\sqrt{5}+1}{2}.$$

这里的极限值, 在几何中称其为黄金分割. 该数列在大自然与生产实践、美学研究中都有广泛的应用.1962 年, 一群美国学者成立了一个斐波那契协会, 目的为"对斐波那契数列及相关题材交换想法及增进研究". 在 1963 年, 又发行了一本《斐波那契季刊》的数学学术刊物, 专门刊登关于斐波那契数列的新结果, 以及各式各样相关的数列及函数, 一个如此简单的迭代数列居然产生那么大的反响, 我们不得不感叹数学世界真美妙!

斐波那契数列只是我们接下来要介绍的一元二阶线性迭代数列的特例.

定义 4.3.3 形如 $x_{n+1}=px_n+qx_{n-1}$(其中 x_1,x_0,p,q 为给定的常数) 的迭代序列, 称其为一元二阶线性迭代序列.

先建立一元二阶线性迭代序列的收敛特征定理.

定理 4.3.3 设 $x_{n+1}=px_n+qx_{n-1}$ 为给定的一元二阶线性迭代序列, α,β 是其特征方程 $x^2=px+q$ 的两个根. 若令

$$t_n=\frac{x_{n+1}}{x_n},\quad \gamma=\frac{\beta}{\alpha},\quad m=\frac{x_1-\alpha x_0}{x_1-\beta x_0}\ (x_1\neq\alpha x_0,x_1\neq\beta x_0),$$

则当 $\alpha=\beta\left(=\dfrac{p}{2}\right)$ 时, 有

$$\lim_{n\to\infty}t_n=\alpha,\text{而且}\lim_{n\to\infty}n(t_n-\alpha)=\alpha;$$

而当 $\alpha\neq\beta$ 且 $|\alpha|>|\beta|$ 时, 有

$$\lim_{n\to\infty}t_n=\alpha,\text{而且}\lim_{n\to\infty}\left(\frac{1}{\gamma}\right)^n(t_n-\alpha)=(\alpha-\beta)m.$$

证 由韦达定理, 有

$$\alpha+\beta=p,\quad \alpha\beta=-q,$$

代入原迭代式, 有

$$x_{n+1}=(\alpha+\beta)x_n-\alpha\beta x_{n-1},$$

重新整理, 得

$$\begin{cases}x_{n+1}-\alpha x_n=\beta(x_1-\alpha x_{n-1}),\\x_{n+1}-\beta x_n=\alpha(x_1-\beta x_{n-1}).\end{cases}$$

由等比数列的性质, 可得

$$\begin{cases}x_{n+1}-\alpha x_n=\beta^n(x_1-\alpha x_0)\\x_{n+1}-\beta x_n=\alpha^n(x_1-\beta x_0)\end{cases};$$

当 $\alpha\neq\beta$ 时, 两式相除可得

$$\frac{x_{n+1}-\alpha x_n}{x_{n+1}-\beta x_n}=m\gamma^n,$$

左边分子分母同时除以 x_n, 即得

$$\frac{t_n-\alpha}{t_n-\beta}=m\gamma^n,$$

当 $\alpha\neq\beta$ 时, 仿照定理 4.3.2 的证明方法可推得定理结论成立;

当 $\alpha=\beta$ 时, 在上面所得的递推式 (两式相同) 两边同时除以 α^{n+1}, 得

$$\frac{x_{n+1}}{\alpha^{n+1}}-\frac{x_n}{\alpha^n}=\frac{1}{\alpha}(x_1-\alpha x_0).$$

由此可见, $\left\{\dfrac{x_n}{\alpha^n}\right\}$ 是等差数列, 从而有

$$\frac{x_n}{\alpha^n}=x_0+\frac{n}{\alpha}(x_1-\alpha x_0),$$

即 $x_n=\alpha^n x_0+n\alpha^{n-1}(x_1-\alpha x_0)$, 由此即可推得定理结论成立.

评注 回到斐波那契数列的情形. 易见斐波那契数列的特征方程 $x^2-x-1=0$ 有实根 $\alpha=\dfrac{1+\sqrt{5}}{2}$ 及 $\beta=\dfrac{1-\sqrt{5}}{2}$, 而且 $|\alpha|>|\beta|$. 由定理 4.3.3 可得

$$\lim_{n\to\infty}\frac{F(n+1)}{F(n)}=\frac{1+\sqrt{5}}{2}.$$

其实, 利用一阶分式线性递推数列的收敛特征定理, 求斐波那契数列前后项之比的极限更为方便, 这里略.

接下来, 举两个具体的例子介绍一元二阶线性迭代序列的数学内部应用.

例 4.3.8 给定迭代序列满足

$$a_1=0,\quad a_{n+1}=5a_n+\sqrt{24a_n^2+1}.$$

令 $t_0=0$, $t_n=\dfrac{a_{n+1}}{a_n}(n\geqslant 1)$, $\gamma=\dfrac{5+2\sqrt{6}}{5-2\sqrt{6}}$, 则

$$\lim_{n\to\infty}t_n=5+2\sqrt{6}\text{ 而且 }\lim_{n\to\infty}\gamma^n(t_n-5-2\sqrt{6})=4\sqrt{6}.$$

证 原递推式两边平方重新整理可得

$$a_{n+1}^2-10a_na_{n+1}+a_n^2=1,$$

用 $n-1$ 代 n 可得

$$a_n^2-10a_na_{n-1}+a_{n-1}^2=1,$$

因此 a_{n+1} 与 a_{n-1} 都是一元二次方程 $x^2-10a_nx+a_n^2-1=0$ 的根, 由韦达定理得 $a_{n+1}+a_{n-1}=10a_n$, 即

$$a_{n+1}=10a_n-a_{n-1}.$$

一元二次方程 $x^2-10x+1=0$ 有实根 $\alpha=5+2\sqrt{6}$, $\beta=5-2\sqrt{6}$. 再由 $|\alpha|>|\beta|$ 及定理 4.3.3 即可完成证明.

例 4.3.9 给定迭代序列 $\{a_n\}$ 满足

$$a_0=-1,\quad a_1=1,\quad a_n=2a_{n-1}+3a_{n-2}+3^n\ (n\geqslant 2).$$

若令 $t_n=\dfrac{a_{n+1}}{a_n}$, 则有

$$\lim_{n\to\infty}t_n=3\text{而且}\lim_{n\to\infty}n(t_n-3)=3.$$

证 从形式上看, 本题归属于非齐次一元二阶迭代数列的范畴, 其实利用解代数方程的方法可将其转化为一元一阶线性迭代数列求解之. 易见一元二次方程 $x^2=2x+3$ 的两根分别是 $\alpha=-1,\beta=3$. 由

$$a_n-3a_{n-1}=-(a_{n-1}-3a_{n-2})+3^n,$$

两边同时除以 3^n, 再令 $b_n=\dfrac{a_n-3a_{n-1}}{3^n}$, 得

$$b_1=\frac{4}{3},\quad b_n=-\frac{1}{3}b_n+1.$$

两边减去方程 $x=-\dfrac{1}{3}x+1$ 的根 $\dfrac{3}{4}$ 得

$$b_n-\frac{3}{4}=-\frac{1}{3}\left(b_{n-1}-\frac{3}{4}\right),$$

求得 $b_n=\dfrac{3}{4}+\left(-\dfrac{1}{3}\right)^{n-1}\left(b_1-\dfrac{3}{4}\right)$, 即

$$b_n=\frac{(-7)\times(-1)^n+3^{n+1}}{4\times 3^n},$$
$$a_n-3a_{n-1}=\frac{1}{4}[(-7)\times(-1)^n+3^{n+1}].$$

再由 $a_n+a_{n-1}=3(a_{n-1}+a_{n-2})+3^n$, 仿照上述同样的推理方法又可求得

$$a_n+a_{n-1}=3^n\cdot(n-1),$$

联立刚得到的两个递推式可解得

$$a_n=\frac{1}{16}[(4n-3)\times 3^{n+1}-7\times(-1)^n].$$

由此即可证得

$$\lim_{n\to\infty} t_n = \lim_{n\to\infty} \frac{a_{n+1}}{a_n} = \lim_{n\to\infty} \frac{(4n+1)\cdot 3^{n+2} - 7\cdot(-1)^{n+1}}{(4n-3)\cdot 3^{n+1} - 7\cdot(-1)^n} = 3,$$

不难推得

$$\lim_{n\to\infty} n(t_n - 3) = \lim_{n\to\infty} n\cdot \frac{4\cdot 3^{n+2} - 14\cdot(-1)^{n+1}}{(4n-3)\cdot 3^{n+1} - 7\cdot(-1)^n} = 3.$$

4.3.2 非线性迭代数列

研究非线性迭代数列的收敛特性是一件富有实际意义而且具有很强挑战性的工作, 相比线性迭代数列而言, 非线性迭代数列要复杂许多, 然而在大多数的文章中出现的是如何证明线性迭代序列的渐进性以及如何求解非线性迭代序列极限, 但是对于非线性迭代序列是以什么速度趋于这个极限的, 至今它没有系统的结果, 我们这里仅对几类特殊的非线性迭代序列的收敛速度及其渐近性作初步探讨.

1. 一元二次迭代数列的收敛性

我们首先考察形式非常简单的一元二次函数 $f(x) = x^2 + 1$ 所产生的迭代数列 $x_{n+1} = x_n^2 + 1(n \in \mathbf{N})$. 给定 x_0,

$$\begin{aligned}
x_1 &= x_0^2 + 1,\\
x_2 &= x_1^2 + 1 = (x_0^2+1)^2 + 1 = x_0^4 + 2x_0^2 + 2,\\
x_3 &= x_2^2 + 1 = (x_0^4 + 2x_0^2 + 2)^2 + 1 = x_0^8 + 4x_0^6 + 8x_0^2 + 5,\\
x_4 &= x_3^2 + 1 = (x_0^8 + 4x_0^6 + 8x_0^2 + 5)^2 + 1\\
&= x_0^{16} + 8x_0^{14} + 32x_0^{12} + 80x_0^{10} + 138x_0^8 + 168x_0^6 + 144x_0^4 + 80x_0^2 + 26,\\
&\cdots\cdots
\end{aligned}$$

至此为止, 我们很难从中发现什么规律. 如果需要知道更大足标的 x_n 用 x_0 表示的解析式, 利用手工计算将会非常困难. 实际上, 利用计算机可写出 x_7 用 x_0 表示的解析式, 共有 65 项, 而其中拥有最大系数的一项是

$$401481288931706103014 4x_0^{48}.$$

至于 x_{10}, 那将会有 513 项, 其中最大的系数出现在 x_0^{392} 之前, 大约是 4.667×10^{179}, 这里一个长达 180 位的正整数, 其复杂性简直难以想象. 因此要研究这类数列的特性, 其困难程度是不言而喻的.

但对某些特殊情形, 我们可以利用特殊的数学方法获得比较漂亮的结果.

定理 4.3.4 设 $x_{n+1} = ax_n^2 + bx_n + c$ 是给定的一元二次迭代序列. 常数 a, b, c 满足

$$4ac = b^2 - 2b.$$

此时, $\alpha=-\dfrac{b}{2a}$ 是一元二次方程 $x=ax^2+bx+c$ 的一个根. 给定 x_0, 记 $\gamma=a(x_0-\alpha)$. 如果 $|\gamma|<1$, 那么有

$$\lim_{n\to\infty}x_n=\alpha\text{而且}\lim_{n\to\infty}\left(\frac{1}{\gamma}\right)^{2^n}(x_n-\alpha)=\frac{1}{a}.$$

证 由条件, 可得

$$\begin{aligned}x_{n+1}-\alpha&=a(x_n-\alpha+\alpha)^2+b(x_n-\alpha+\alpha)+c-\alpha\\&=a(x_n-\alpha)^2+2a\alpha(x_n-\alpha)+b(x_n-\alpha)+a\alpha^2+b\alpha+c-\alpha\\&=a(x_n-\alpha)^2,\end{aligned}$$

不妨设 $x_n-\alpha>0(n\in\mathbf{N})$. 令 $t_n=\ln(x_n-\alpha)$, 则有

$$t_{n+1}=2t_n+\ln a,$$

等式两边同时加 $\ln a$ 得

$$t_{n+1}+\ln a=2(t_n+\ln a).$$

于是有

$$t_n=2^n(t_0+\ln a)-\ln a=\ln\frac{(t_0a)^{2^n}}{a},$$

因此有

$$x_n-\alpha=\frac{1}{a}[a(x_0-\alpha)]^{2^n},$$

由此求得

$$x_n=\frac{[a(x_0-\alpha)]^{2^n}}{a}+\alpha=\frac{\gamma^{2^n}}{a}+\alpha,$$

由 $|\gamma|<1$ 可得 $\lim\limits_{n\to\infty}x_n=\alpha$, 而且有

$$\lim_{n\to\infty}\left(\frac{1}{\gamma}\right)^{2^n}(x_n-\alpha)==\lim_{n\to\infty}\left(\frac{1}{\gamma}\right)^{2^n}\cdot\frac{\gamma^{2^n}}{a}=\frac{1}{a}.$$

例 4.3.10 求证: 若正数列 $\{a_n\}$ 满足:

$$a_0=1,a_{n+1}=\frac{1}{2}a_n(4-a_n)\ (n\in\mathbf{N}).$$

则

$$\lim_{n\to\infty}a_n=2\text{ 而且 }\lim_{n\to\infty}2^{2^n}(2-a_n)=2.$$

证 易见 $\alpha=2$ 是方程 $x=\dfrac{1}{2}x(4-x)$ 的正根, 仿照定理 4.3.4 推导方法可得

$$\frac{1}{2}a_n(4-a_n)-2=\left(-\frac{1}{2}\right)(a_n-2)^2,$$

于是有

$$a_n = (-2)\left[\left(-\frac{1}{2}\right)(a_0-2)\right]^{2^n} + 2 = (-2)\cdot\left(\frac{1}{2}\right)^{2^n} + 2,$$

从而有

$$\lim_{n\to\infty} a_n = 2, \text{而且} \lim_{n\to\infty} 2^{2^n}(2-a_n) = 2.$$

2. 简单有理迭代数列的收敛特性

对函数 $f(x) = x^2 - a$(其中 $a > 0$) 应用关于方程求根的牛顿迭代序列

$$x_{n+1} = x_0 - \frac{f(x_n)}{f'(x_n)}$$

可产生求平方根 $\sqrt{a}$ 的迭代数列

$$x_{n+1} = \frac{1}{2}\left(x_n + \frac{a}{x_n}\right).$$

不少文献对该迭代数列的收敛性进行讨论, 并证明其收敛速度是 2 阶的. 我们这里将建立更为一般的相关结果.

定理 4.3.5 设 $x_{n+1} = \dfrac{ax_n^2+b}{2ax_n+c}$ 是给定的有理迭代序列, 其中 $a \neq 0, b, c$ 为常数. 设 α, β 为有理数, 是方程 $x = \dfrac{ax^2+b}{2ax+c}$ 的两个根, 给定 $x_0, \gamma = \dfrac{x_0-\alpha}{x_0-\beta}$. 若 $|\gamma| < 1$, 则

(1) $\lim\limits_{n\to\infty} x_n = \alpha$ 而且 $\lim\limits_{n\to\infty}\left(\dfrac{1}{\gamma}\right)^{2^n}(x_n-\alpha) = (\alpha-\beta)$,

即 $\{x_n-\alpha\}$ 与几何级数的子列 $\{\gamma^{2^n}\}$ 是同阶无穷小数列;

(2) $\lim\limits_{n\to\infty} \dfrac{x_n-\alpha}{(x_{n-1}-\alpha)^2} = 0$(收敛速度为 2 阶).

证 由题设, 对 $x_* = \alpha$(或 β) 有

$$\begin{aligned}
x_{n+1} - x_* &= \frac{ax_n^2+b}{2ax_n+c} - x_* \\
&= \frac{ax_n^2+b-x_*(2ax_n+c)}{2ax_n+c} \\
&= \frac{a(x_n-x_*)^2 + 2ax_*(x_n-x_*) + ax_*^2 + b - x_*(2ax_n+c)}{2ax_n+c} \\
&= \frac{a(x_n-x_*)^2}{2ax_n+c},
\end{aligned}$$

于是有

$$\frac{x_{n+1}-\alpha}{x_{n+1}-\beta} = \left(\frac{x_n-\alpha}{x_n-\beta}\right)^2,$$

通过取对数的技巧, 我们可求得

$$\frac{x_n-\alpha}{x_n-\beta}=\left(\frac{x_0-\alpha}{x_0-\beta}\right)^{2^n}=\gamma^{2^n},$$

由此可解得

$$x_n=\frac{\alpha-\beta\gamma^{2^n}}{1-\gamma^{2^n}}.$$

于是有 $\lim\limits_{n\to\infty}x_n=\alpha$ 而且

$$\lim_{n\to\infty}\left(\frac{1}{\gamma}\right)^{2^n}(x_n-\alpha)=\lim_{n\to\infty}\frac{\gamma^{2^n}(\alpha-\beta)}{\gamma^{2^n}(1-\gamma^{2^n})}=\alpha-\beta,$$

再由 $x_n-\alpha=\dfrac{a(x_{n-1}-\alpha)^2}{2ax_n+c}$ 可得

$$\lim_{n\to\infty}\frac{x_n-\alpha}{(x_{n-1}-\alpha)^2}=\frac{a}{2a\alpha+c}.$$

推论 4.3.1 设 $x_0>0,\ a>0,\ x_{n+1}=\dfrac{1}{2}\left(x_n+\dfrac{a}{x_n}\right),\ r=\dfrac{x_0+\sqrt{a}}{x_0-\sqrt{a}}$. 下述结论成立:

(1) $\lim\limits_{n\to\infty}x_n=\sqrt{a}$ 而且 $\lim\limits_{n\to\infty}r^{2^n}(x_n-\sqrt{a})=2\sqrt{a}$;

(2) $\lim\limits_{n\to\infty}\dfrac{x_n-\sqrt{a}}{(x_{n-1}-\sqrt{a})^2}=\dfrac{1}{2\sqrt{a}}$.

证 由定理 4.3.5 直接可得.

对函数 $f(x)=x^2-a(a>0)$ 应用关于方程求根的哈雷迭代序列

$$x_{n+1}=x_n-\frac{2f(x_n)f'(x_n)}{2[f'(x_n)]^2-f''(x_n)f(x_n)}$$

可产生求平方根 $\sqrt{a}$ 的另一迭代序列

$$x_{n+1}=\frac{x_n(x_n^2+3a)}{3x_n^2+a}.$$

不少数学分析教材讨论该数列的收敛特性, 我们这里将应用求解初等代数方程的方法建立哈雷迭代序列的收敛速度及收敛特征性定理.

定理 4.3.6 设 $x_0>0,\ a>0,\ x_{n+1}=\dfrac{x_n(x_n^2+3a)}{3x_n^2+a}(n\geqslant 0),\ r=\dfrac{x_0+\sqrt{a}}{x_0-\sqrt{a}}$. 下述结论成立:

(1) $\lim\limits_{n\to\infty}x_n=\sqrt{a}$ 而且 $\lim\limits_{n\to\infty}r^{3^n}(x_n-\sqrt{a})=2\sqrt{a}$;

(2) $\lim\limits_{n\to\infty}\dfrac{x_n-\sqrt{a}}{(x_{n-1}-\sqrt{a})^3}=\left(\dfrac{1}{2\sqrt{a}}\right)^2$(收敛速度为 3 阶).

证 易见方程 $x=\dfrac{x(x^2+3a)}{3x^2+a}$ 有两个实根 $\alpha=\sqrt{a}, \beta=-\sqrt{a}$. 在原递推式两边分别减去 α 与 β 可得

$$x_{n+1}-\sqrt{a}=\frac{x_n(x_n^2+3a)}{3x_n^2+a}-\sqrt{a}=\frac{(x_n-\sqrt{a})^3}{3x_n^2+a},$$

$$x_{n+1}+\sqrt{a}=\frac{x_n(x_n^2+3a)}{3x_n^2+a}+\sqrt{a}=\frac{(x_n+\sqrt{a})^3}{3x_n^2+a},$$

于是有

$$\frac{x_n-\sqrt{a}}{x_n+\sqrt{a}}=\left(\frac{x_{n-1}-\sqrt{a}}{x_{n-1}+\sqrt{a}}\right)^3=\cdots=\left(\frac{x_0-\sqrt{a}}{x_0+\sqrt{a}}\right)^{3^n},$$

$$x_n-\sqrt{a}=(1/r)^{3^n}(x_n+\sqrt{a}),$$

$$x_n=\frac{\sqrt{a}\left[1+(1/r)^{3^n}\right]}{1-(1/r)^{3^n}},$$

从而有 $\lim\limits_{n\to\infty}x_n=\sqrt{a}$, 而且

$$\lim_{n\to\infty}r^{3^n}(x_n-\sqrt{a})=2\sqrt{a},\quad \lim_{n\to\infty}\frac{x_n-\sqrt{a}}{(x_{n-1}-\sqrt{a})^3}=\left(\frac{1}{2\sqrt{a}}\right)^2.$$

3. 简单无理迭代数列

无理迭代序列也是非线性迭代序列中的一类非常难处理的无穷迭代数列, 我们这里仅对三类非常特殊的无理迭代序列, 建立其收敛特征定理.

定理 4.3.7 给定迭代序列 $x_{n+1}=\sqrt{ax_n^2+b}$ (其中 a,b 为常数而且 $b>0$). 记方程 $x=\sqrt{ax^2+b}$ 的根为 $\alpha=\sqrt{\dfrac{b}{1-a}}$. 若 $|a|<1$, 则

$$\lim_{n\to\infty}x_n=\alpha \text{ 而且 } \lim_{n\to\infty}\left(\frac{1}{a}\right)^n(x_n-\alpha)=\frac{x_0^2-\alpha^2}{2\alpha}.$$

证 由条件可得

$$x_{n+1}=\sqrt{ax_n^2+(1-a)\alpha^2}=\sqrt{a(x_n^2-\alpha^2)+\alpha^2},$$

重新整理得

$$x_{n+1}^2-\alpha^2=a(x_n^2-\alpha^2),$$

因此可见, $\{x_n^2-\alpha^2\}$ 是等比数列, 于是有

$$x_n^2-\alpha^2=a^n(x_0^2-\alpha^2),$$

$$x_n=\sqrt{a^n(x_0^2-\alpha^2)+\alpha^2},$$

这样有

$$\lim_{n\to\infty}x_n=\lim_{n\to\infty}\sqrt{a^n(x_0^2-\alpha^2)+\alpha^2}=\alpha,$$

再由

$$x_n-\alpha=\frac{a^n\left(x_0^2-\alpha^2\right)}{x_n+\alpha},$$

不难推得

$$\lim_{n\to\infty}\left(\frac{1}{a}\right)^n(x_n-\alpha)=\lim_{n\to\infty}\frac{a^n\left(x_0^2-\alpha^2\right)}{x_n+\alpha}=\frac{x_0^2-\alpha^2}{2\alpha}.$$

定理 4.3.8 给定迭代序列 $x_{n+1}=\sqrt{2+x_n}(|x_0|<1)$. 若记 $\theta=\arccos\left(\frac{x_0}{2}\right)$, 则 $\lim\limits_{n\to\infty}x_n=2j$而且 $\lim\limits_{n\to\infty}4^n(x_n-2)=-\theta^2$.

证 由条件可得

$$x_1=\sqrt{2+x_0}=\sqrt{2+2\cos\theta}=2\cos\left(\frac{\theta}{2}\right),$$

$$x_2=\sqrt{2+x_1}=\sqrt{2+2\cos\left(\frac{\theta}{2}\right)}=2\cos\left(\frac{\theta}{2^2}\right),$$

一般地, 由数学归纳法可证得

$$x_n=2\cos\left(\frac{\theta}{2^n}\right),$$

于是由函数 $f(x)=\cos x$ 的连续性可得 $\lim\limits_{n\to\infty}x_n=2$; 再由

$$x_n-2=2\left[\cos\left(\frac{\theta}{2^n}\right)-1\right]=-4\sin^2\left(\frac{\theta}{2^{n+1}}\right),$$

可得

$$\lim_{n\to\infty}4^n\cdot(x_n-2)=\lim_{n\to\infty}-4^{n+1}\cdot\frac{\sin^2\left(\frac{\theta}{2^{n+1}}\right)}{\frac{\theta^2}{4^{n+1}}}\cdot\theta^2=-\theta^2.$$

定理 4.3.9 若给定迭代序列 $a_{n+1}=\dfrac{a_n}{\sqrt{1+a_n^2}+1}$(其中 $a_0=1$). 则有

$$\lim_{n\to\infty}a_n=0\ 而且\ \lim_{n\to\infty}2^na_n=\frac{\pi}{4}.$$

证 由条件可得

$$a_{n+1}=\frac{\sqrt{1+a_n^2}-1}{a_n},$$

令 $a_n=\tan\lambda_n$, 则 $\lambda_0=\dfrac{\pi}{4}$,

$$\tan\lambda_{n+1}=a_{n+1}=\frac{\sqrt{1+\tan^2\lambda_n}-1}{\tan\lambda_n}$$
$$=\frac{\sec\lambda_n-1}{\tan\lambda_n}=\frac{1-\cos\lambda_n}{\sin\lambda_n}=\tan\left(\frac{\lambda_n}{2}\right),$$

由 $\tan x$ 的严格单调性可得 $\lambda_{n+1}=\dfrac{\lambda_n}{2}$, 于是由等比数列的性质可推得

$$\lambda_n=\frac{\lambda_0}{2^n}=\frac{\pi}{2^{n+2}},$$

即 $a_n=\tan\left(\dfrac{\pi}{2^{n+2}}\right)$, 再由 $\tan x$ 的连续性

$$\lim_{n\to\infty}a_n=\lim_{n\to\infty}\tan\left(\frac{\pi}{2^{n+2}}\right)=0,$$

$$\lim_{n\to\infty}2^n\cdot a_n=\lim_{n\to\infty}2^n\cdot\tan\left(\frac{\pi}{2^{n+2}}\right)=\lim_{n\to\infty}\frac{\pi}{4}\cdot\frac{\tan\left(\frac{\pi}{2^{n+2}}\right)}{\frac{\pi}{2^{n+2}}}=\frac{\pi}{4}.$$

4.3.3 平均数迭代数列

大家知道, 给定 n 个实数 $x_1,x_2,\cdots,x_n$, 可以构造出各种各样的平均数. 在日常生活中应用最为广泛的平均数有三种:

(1) 算术平均数 $A_n=\dfrac{x_1+x_2+\cdots+x_n}{n}$;

(2) 几何平均数 $G_n=\sqrt[n]{x_1x_2\cdots x_n}$;

(3) 调和平均数 $H_n=\dfrac{n}{\dfrac{1}{x_1}+\dfrac{1}{x_2}+\cdots+\dfrac{1}{x_n}}$.

在实际应用中, 算术平均数适用范围最为广泛, 几何平均数常用于经济增长率的计算, 调和平均数常用于平均速度的计算. 利用凸函数 $y=\mathrm{e}^x$ 的 Jensen 不等式可以证明:

$$H_n\leqslant G_n\leqslant A_n.$$

利用不同的平均数及不同的产生方式, 我们又可获得各种各样的由平均数产生的递推数列. 颇有意思的事情是在研究这些递推数列的变化趋势 (即研究它们的极限) 的过程中, 我们将会发现它们有一些共性的东西 (即数学上的不变量). 大家知道, 能用发展变化的眼光看事物是很重要的, 但只看到 “变” 而没有看到隐藏在 “变” 的背后不变的东西 (往往是变化中最重要、最能反映变化本质的东西) 是远远不够的. 科学与人文研究的共同任务就是要找出 “变化中不变的规律”. 实际上, 科

学家与人文学家都很关心并积极利用某种变化中不变的东西. 比如物理学中有能量守恒定律、动量守恒定律, 化学中有物质不灭的质量守恒定律、化学反应中的平衡方程式, 数学中有各种各样的不动点定理以及方程与几何学中的不变量, 又如古典诗词的内容虽然千变万化, 但基本的格律却不变等. 从下面的讨论中, 我们将会看到 "不变量" 思想在研究由平均数产生的递推数列中将起着关键性的作用.

1. Schwab 数列的收敛特性

定义 4.3.4 假定 x_0, y_0 为非零的正常数. 称由递推式

$$\begin{cases} x_{n+1} = \dfrac{1}{2}(x_n + y_n), \\ y_{n+1} = \sqrt{x_{n+1} y_n} \end{cases} \quad (n = 0, 1, 2, \cdots)$$

确定的数列 $\{x_n\}$, $\{y_n\}$ 为施瓦布 (Schwab) 数列.

定理 4.3.10 若 $\{x_n\}$, $\{y_n\}$ 是 Schwab 数列, 而且 $0 < x_0 < y_0$, 令 $\theta = \arccos \dfrac{x_0}{y_0}$, $a = (\sqrt{y_0^2 - x_0^2})/\theta$. 则

(1) $\lim\limits_{n\to\infty} x_n = \lim\limits_{n\to\infty} y_n = a$;

(2) $\lim\limits_{n\to\infty} 4^n(y_n - a) = \dfrac{\theta\sqrt{y_0^2 - x_0^2}}{6}$, $\lim\limits_{n\to\infty} 4^n(a - x_n) = \dfrac{\theta\sqrt{y_0^2 - x_0^2}}{3}$.

证 由 $\dfrac{x_{n+1}}{y_{n+1}} = \dfrac{x_{n+1}}{\sqrt{x_{n+1} y_n}} = \sqrt{\dfrac{x_{n+1}}{y_n}} = \sqrt{\dfrac{1 + (x_n/y_n)}{2}}$ 及 $\dfrac{x_0}{yy_0} = \cos\theta$ 与三角函数半角公式可得

$$\frac{x_n}{y_n} = \cos\frac{\theta}{2^n},$$

于是有 $1 - \left(\dfrac{x_n}{y_n}\right)^2 = \sin^2\dfrac{\theta}{2^n}$, 再由

$$\begin{aligned} y_{n+1}^2 - x_{n+1}^2 &= x_{n+1} y_n - x_{n+1}^2 = \frac{(x_n + y_n) y_n}{2} - \frac{(x_n + y_n)^2}{4} \\ &= \frac{y_n^2 - x_n^2}{4} = \cdots = \frac{y_0^2 - x_0^2}{4^{n+1}}, \end{aligned}$$

可得 $y_n^2 \sin^2\dfrac{\theta}{2^n} = \dfrac{y_0^2 - x_0^2}{4^n}$, 由此可求得

$$y_n = \frac{\sqrt{y_0^2 - x_0^2}}{2^n} \cdot \frac{1}{\sin(\theta/2^n)},$$

因此有 $\lim\limits_{n\to\infty} x_n = \lim\limits_{n\to\infty} y_n = \dfrac{\sqrt{y_0^2 - x_0^2}}{\theta}$;

再由

$$y_n - a = \frac{\sqrt{y_0^2 - x_0^2}}{2^n \sin(\theta/2^n)} - \frac{\sqrt{y_0^2 - x_0^2}}{\theta}$$

$$
\begin{aligned}
&=\frac{\sqrt{y_0^2-x_0^2}}{\theta}\left[\frac{\theta}{2^n\sin(\theta/2^n)}-1\right]\\
&=\frac{\sqrt{y_0^2-x_0^2}}{\theta}\cdot\frac{2^n}{\theta}\cdot\frac{1}{\sin(\theta/2^n)}\left[1-\frac{2^n}{\theta}\sin\frac{\theta}{2^n}\right]\\
&=\frac{\sqrt{y_0^2-x_0^2}}{\theta}\cdot\frac{2^n}{\theta}\frac{1}{\sin(\theta/2^n)}\left[\frac{(\theta/2^n)^2}{6}+o\left(\frac{\theta}{2^n}\right)^2\right],
\end{aligned}
$$

可得

$$
\lim_{n\to\infty}4^n(y_n-a)=\frac{\theta\sqrt{y_0^2-x_0^2}}{6},
$$

而且有

$$
\begin{aligned}
\lim_{n\to\infty}4^n(a-x_n)&=\lim_{n\to\infty}4^n(a-\cos(\theta/2^n)y_n)\\
&=\lim_{n\to\infty}4^n(a-y_n)+\lim_{n\to\infty}4^n y_n(1-\cos(\theta/2^n))\\
&=-\frac{\theta\sqrt{y_0^2-x_0^2}}{6}+a\cdot\frac{\theta^2}{2}=\frac{\theta\sqrt{y_0^2-x_0^2}}{3}.
\end{aligned}
$$

推论 4.3.2 若 $x_{n+1}=\dfrac{2x_ny_n}{x_n+y_n}$, $y_{n+1}=\sqrt{x_{n+1}y_n}(n\geqslant 1)$, 而且 $0<y_0<x_0$. 令 $\theta=\arccos\dfrac{y_0}{x_0}$, $b=\dfrac{x_0y_0\theta}{\sqrt{x_0^2-y_0^2}}$, 则有

(1) $\lim\limits_{n\to\infty}x_n=\lim\limits_{n\to\infty}y_n=b$;

(2) $\lim\limits_{n\to\infty}4^n(x_n-a)=\dfrac{x_0y_0\theta^3}{3\sqrt{x_0^2-y_0^2}}$, $\lim\limits_{n\to\infty}4^n(a-y_n)=\dfrac{x_0y_0\theta^3}{6\sqrt{x_0^2-y_0^2}}$;

评注 令 $s_n=\dfrac{1}{x_n}$, $t_n=\dfrac{1}{y_n}$, 即可归结到定理 4.3.10 的情形.

2. 算术调和平均数列的收敛特性

定义 4.3.5 假定 x_0, y_0 为非零的正常数. 称由递推式

$$
\begin{cases}
x_{n+1}=\dfrac{1}{2}(x_n+y_n),\\
y_{n+1}=\dfrac{2x_ny_n}{x_n+y_n}
\end{cases}
$$

确定的数列 $\{x_n\}$, $\{y_n\}$ 为算术调和平均数列.

定理 4.3.11 若 $\{x_n\}$, $\{y_n\}$ 为算术调和平均数列, 而且 $0<y_0<x_0$. 令 $r=\dfrac{\sqrt{x_0y_0}+y_0}{\sqrt{x_0y_0}-y_0}$. 则

(1) $\lim\limits_{n\to\infty}x_n=\lim\limits_{n\to\infty}y_n=\sqrt{x_0y_0}$;

(2) $\lim\limits_{n\to\infty}r^{2^n}(x_n-\sqrt{x_0y_0})=\lim\limits_{n\to\infty}r^{2^n}(\sqrt{x_0y_0}-y_n)=2\sqrt{x_0y_0}$.

证 (1) 易见 $y_n < y_{n+1} < x_{n+1} < x_n$, 而且有

$$x_{n+1}y_{n+1} = x_n y_n = \cdots = x_0 y_0,$$

由此不难推得 $\lim\limits_{n\to\infty} x_n = \lim\limits_{n\to\infty} y_n = \sqrt{x_0 y_0}$;

(2) 令 $a_n = \dfrac{1}{x_n}$, $b_n = \dfrac{1}{y_n}$, 由

$$y_{n+1} = \frac{2x_n y_n}{x_n + y_n} = \frac{2x_0 y_0}{x_n + y_n} = \frac{x_0 y_0}{x_{n+1}}$$

可得 $b_{n+1}^{-1} = x_0 y_0 a_{n+1}$, 且有

$$b_{n+1} = \frac{a_n + b_n}{2} = \frac{1}{2}\left(b_n + \frac{1}{x_0 y_0 b_n}\right),$$

两边同时乘以 $\sqrt{x_0 y_0}$, 再令 $t_n = \sqrt{x_0 y_0} b_n$, 则有

$$\begin{aligned}
t_{n+1} &= \frac{t_n + t_n^{-1}}{2} = \frac{t_n^2 + 1}{2t_n},\\
t_{n+1} \pm 1 &= \frac{t_n^2 + 1}{2t_n} \pm 1 = \frac{(t_n \pm 1)^2}{2t_n},\\
\frac{t_n - 1}{t_n + 1} &= \left(\frac{t_{n-1} - 1}{t_{n-1} + 1}\right)^2 = \cdots = \left(\frac{t_0 - 1}{t_0 + 1}\right)^{2^n} = (1/r)^{2^n},
\end{aligned}$$

由此得 $t_n = \dfrac{1 + (1/r)^{2^n}}{1 - (1/r)^{2^n}}$, $\lim\limits_{n\to\infty} t_n = 1$, 而且

$$\begin{aligned}
2 &= \lim_{n\to\infty} r^{2^n}(t_n - 1) = \lim_{n\to\infty} r^{2^n}\left(\frac{\sqrt{x_0 y_0}}{y_n} - 1\right)\\
&= \lim_{n\to\infty} r^{2^n}(\sqrt{x_0 y_0} - y_n)\lim_{n\to\infty}(1/y_n),
\end{aligned}$$

即 $\lim\limits_{n\to\infty} r^{2^n}(\sqrt{x_0 y_0} - y_n) = 2\lim\limits_{n\to\infty} y_n = 2\sqrt{x_0 y_0}$. 同理可证

$$\lim_{n\to\infty} r^{2^n}(x_n - \sqrt{x_0 y_0}) = 2\sqrt{x_0 y_0}.$$

3. 同步平均数列的收敛特性

由给定的三个实数, 按照同一种平均按同步方式产生的迭代数列, 称其为同步迭代数列.

定理 4.3.12 设 x_0, y_0, z_0 是给定的三个实数 (其中任何一个都不是另外两个的算术平均数), 若 $\{x_n\}$, $\{y_n\}$, $\{z_n\}$ 满足

$$x_{n+1} = \frac{y_n + z_n}{2},\quad y_{n+1} = \frac{z_n + x_n}{2},\quad z_{n+1} = \frac{x_n + y_n}{2}\ (n \geqslant 1),$$

令 $a=\dfrac{x_0+y_0+z_0}{3}$. 则有

(1) $\lim\limits_{n\to\infty} x_n=\lim\limits_{n\to\infty} y_n=\lim\limits_{n\to\infty} z_n=a$;

(2) $\lim\limits_{n\to\infty}(-2)^n(x_n-a)=x_0-a$,

$\lim\limits_{n\to\infty}(-2)^n(y_n-a)=y_0-a$,

$\lim\limits_{n\to\infty}(-2)^n(z_n-a)=z_0-a$.

证 (1) 由假设有

$$\begin{aligned}
&x_{n+1}+y_{n+1}+z_{n+1}=x_n+y_n+z_n=\cdots=x_0+y_0+z_0,\\
&x_{n+1}-y_{n+1}=-\frac{x_n-y_n}{2}=\cdots=\frac{x_0-y_0}{(-2)^{n+1}},\\
&y_{n+1}-z_{n+1}=-\frac{y_n-z_n}{2}=\cdots=\frac{y_0-z_0}{(-2)^{n+1}},\\
&z_{n+1}-x_{n+1}=-\frac{z_n-x_n}{2}=\cdots=\frac{z_0-x_0}{(-2)^{n+1}},\\
&x_n=\frac{(x_n+y_n+z_n)+2(x_n-y_n)+(y_n-z_n)}{3}\\
&\quad=a+\frac{2(x_n-y_n)}{3}+\frac{y_n-z_n}{3}\\
&\quad=a+\frac{2}{3}\cdot\frac{x_0-y_0}{(-2)^n}+\frac{1}{3}\cdot\frac{y_0-z_0}{(-2)^n},
\end{aligned}$$

于是有 $\lim\limits_{n\to\infty} x_n=a$, 同理可证 $\lim\limits_{n\to\infty} y_n=\lim\limits_{n\to\infty} z_n=a$;

(2) 易见 $\lim\limits_{n\to\infty}(-2)^n(x_n-a)=\dfrac{2}{3}(x_0-y_0)+\dfrac{y_0-z_0}{3}=x_0-a$, 其余同理可证.

推论 4.3.3 设 x_0, y_0, z_0 是给定的三个实数 (其中任何一个都不是另外两个的调和平均数), 若 $\{x_n\}, \{y_n\}, \{z_n\}$ 满足

$$x_{n+1}=\frac{2y_nz_n}{y_n+z_n},\quad y_{n+1}=\frac{2x_nz_n}{x_n+z_n},\quad z_{n+1}=\frac{2x_ny_n}{x_n+y_n}\quad (n\geqslant 1),$$

令 $b=\dfrac{3}{x_0^{-1}+y_0^{-1}+z_0^{-1}}$. 则有

(1) $\lim\limits_{n\to\infty} x_n=\lim\limits_{n\to\infty} y_n=\lim\limits_{n\to\infty} z_n=b$;

(2) $\lim\limits_{n\to\infty}(-2)^n(x_n-b)=b^2\left(\frac{1}{b}-\dfrac{1}{x_0}\right)$,

$\lim\limits_{n\to\infty}(-2)^n(y_n-b)=b^2\left(\dfrac{1}{b}-\dfrac{1}{y_0}\right)$,

$\lim\limits_{n\to\infty}(-2)^n(z_n-b)=b^2\left(\dfrac{1}{b}-\dfrac{1}{z_0}\right)$.

证 用 $s_n=\dfrac{1}{x_n}$, $t_n=\dfrac{1}{y_n}$ 及 $w_n=\dfrac{1}{z_n}$, 代替定理 4.3.12 中的 x_n, y_n 与 z_n 即得.

推论 4.3.4 设 x_0, y_0, z_0 是给定的三个正数 (其中任何一个数不是另外两个数的几何平均数), 若 $\{x_n\}$, $\{y_n\}$, $\{z_n\}$ 满足

$$x_{n+1}=\sqrt{y_nz_n},\quad y_{n+1}=\sqrt{z_nx_n},\quad z_{n+1}=\sqrt{x_ny_n}\ (n\geqslant 1),$$

令 $c=\sqrt[3]{x_0y_0z_0}$. 则有

(1) $\lim\limits_{n\to\infty}x_n=\lim\limits_{n\to\infty}y_n=\lim\limits_{n\to\infty}z_n=c$;

(2) $\lim\limits_{n\to\infty}(-2)^n(x_n-c)=c\ln(x_0/c)$,

$\lim\limits_{n\to\infty}(-2)^n(y_n-c)=c\ln(y_0/c)$,

$\lim\limits_{n\to\infty}(-2)^n(z_n-c)=c\ln(z_0/c)$.

证 令 $s_n=\ln x_n$, $t_n=\ln y_n$, $w_n=\ln z_n$, $a=\ln c$, 代入定理 4.3.12 中的 x_n, y_n 与 z_n, 再结合 $\lim\limits_{n\to\infty}\dfrac{\mathrm{e}^{s_n}-\mathrm{e}^{\ln c}}{s_n-\ln c}=\mathrm{e}^{\ln c}=c$, 即可完成证明.

评注 全书的正文到此结束. 无穷的话题非常广泛而且深奥无比, 本书仅仅从微积分文化这个小小的视角对奇妙无比的无穷乐园作初步探索, 写作本书的意图在于抛砖引玉.

最近, 季李真教授给本书作者推荐了一本有关无穷话题的名作《Secrets of Infinity: 150 Answers to an Enigma》, 该著作的题材极为广泛而且精彩无比, 读者朋友如果有兴趣阅读的话, 必将获得一场心灵上的美的洗礼!

后记：相识无穷 呼唤信仰

数学需要相识无穷，时代需要呼唤信仰．大数学家希尔伯特说：“数学是关于无穷的科学”；他的得意门生外尔 (Weyl, 1885～1955) 说：“数学的本质就是研究无穷”、“无穷是数学的灵魂”．不管哪一句话都表明：无穷与数学结下不解之缘．在数学的世界里，如果没有“无穷”，那肯定是一个很无聊的地方；如果没有“无穷”，数学家们就没有事情可干了．信仰是做人的灵魂，信仰也是做人之根本．一个人如果没有健康的信仰，那么他活着是没有多少意义的．

20 世纪最伟大的科学家爱因斯坦 (Albert Einstein,1879～1955) 曾断言“关于宇宙最不可理解的事情，就是宇宙可以被理解”．在某种意义上说，宇宙与无穷是同义词，其实要真正理解它们都比人类徒步登天还难．伽利略在其著作《关于两种新科学的对话》(1638 年) 中曾经说：“无穷大因为它的巨大，无穷小因为它的微小，都超出了人们有限的认识范围”．帕斯卡尔也认为无穷是不可知的，他在其论著《论人在宇宙中的存在意义》对此有其独到而且深刻的精彩论述，现摘录几个片断：

“比起无穷来，人算得了什么呢？相对于无穷来说，他是虚无，相对于虚无来说，他又是万有．人是虚无和万有之间的一个中项，他根本无法理解这两个极限．万事的终结和起源，对人来说，是隐藏着的，是不能识破的秘密．人不能认识他想当然的虚无，也不能认识他陷入其中的无穷．”

“在自然界的无穷大和无穷小两个无穷之间，人们比较容易想象的是无穷大．人们没有认真地考虑这两个无穷，才轻率地研究起大自然来，不知量力地自以为他们同自然界是对称的．然而，他们研究一切事物的起源，以便对万物都有所认识．但他们的态度之傲慢，就像他们所要研究的对象一样地无穷．其实，要探求大自然的秘密，如果不具有自然一样的无穷智力，就是傲慢．”

“人类的理性总是为变幻无常的现象所欺骗．事实上，在两个无穷之间，不论什么有限的东西都不能固定，不论是什么样的庞然大物，无穷都会立即把它席卷而去．从无穷的观点看，一切有限的东西都是等同的，找不出什么理由来说明，为什么要特别认为其中的一个比另一个好，其实这种比较毫无意义，只不过是增加人们的痛苦而已．”

与哲学家、科学家相比，数学家们相识无穷的雄心要大得多．最典型的代表人物是大名鼎鼎的希尔伯特，他认为“在数学内部没有不可知”，而且在他的墓碑上刻有誓言: “我们必须知道, 我们将会知道”. 这句名言引领不知其数的杰出人物投入到数学这项伟大的事业中. 相比而言, 法国数学家、物理学家拉普拉斯 (Pierre-Simon Laplace,1749~1827) 要低调得多, 他的遗言是 “我们知道的是微小的, 我们不知道的是无限的.” 到底谁的话更确切呢? 实际上, 数学工作者要真正认识 “无穷” 的本质是超越数学范畴的.

在数学发展的历史上, 非常不幸的事情发生在 1931 年. 著名奥地利数理逻辑专家哥德尔 (Kurt Godel, 1906~1978) 在这一年发表了他的不完备定理, 震惊整个数学界 (波及科学界). 用通俗的数学语言写出来, 他的定理可陈述为:

“在包含自然数的任何系统中, 一定有这样的命题, 它是真的, 但不能被证明; 任何包含了自然数的形式系统, 如果它是相容的, 那么它的相容性不可能在系统之内得到证明.”

哥德尔的不完备定理告诉人们: 数学的能力是有限的, 任何数学体系都不可能证实它的相容性, 不能证明所有真命题正确与否, 都可能有自相矛盾的内容; 数学家也面临着传播谬误的危险! 这真是晴天霹雳, 骤然粉碎了希尔伯特追随者们的美梦! 针对这种现象, 外尔曾感叹说: “上帝是存在的, 数学无疑是相容的; 魔鬼是存在的, 因为人们无法证明数学的相容性”. 为什么会这样呢? 都是无穷惹的祸! 有一位西方哲学家说过 “你不能与未来斗, 时间不在我们这一边”. 与此相呼应, 我们不妨说 “谁都无法与无穷斗, 真理总躲在迷雾中”.

哥德尔的发现对数学界的打击是巨大的, 数学作为绝对真理的化身, 由此丧失了其不该拥有的地位. 美国数学史学家 M. 克莱因 (M·Kline,1908~1992) 曾这样说, 数学也像其他科学一样, 作为一个整体已经历了数个黄金时代, 现在数学圈的蜜月期行将结束, 谁都无法阻挡. 数学新的发现将会越来越难, 小的改进将会成为主要目标, 更加深入的理解将需要日益艰巨的思考才能达到. 试问, 既然这样, 数学家们是否就该垂头丧气, 什么事情都不干呢? 答案显然是还要继续干, 正如古希腊神话中的西西弗里推石头, 虽然他明知石头永远推不上山顶, 但是还得永远推下去, 除非他被压在大石头下面!

诚如南唐李煜 (937~978) 在《虞美人》中所云: “问君能有几多愁, 恰似一江春水向东流”.“无穷”, 正像那无穷的江水, 始终给数学家及喜欢探索无穷奥妙的科学家们添加无穷的困扰、无穷的愁! 神奇又怪异的 “无穷”, 真是招人爱又惹人恨!

信仰是什么? 说得更直白一些, 信仰就是做人的方向. 说得更具体一些, 信仰就是指人们相信人生中有一种比自己的生命更重要的东西, 值得为之活着, 必要时也值得为之献身. 信仰高于日常生活. 信仰, 就像日月星辰一样在我们头顶照耀, 我们相信它并且仰望它, 但是, 它又不像日月星辰那样可以用眼睛看见, 只不过是我们心中的一种观念而已.

美国诗人詹姆斯 · 艾伦 (James Alan,1943~) 在其经典著作《做你想做的人》中写道："人的思想就像一个花园，可以井然有序，也可以杂草丛生——但是不管是哪种结果，它都是拥有生命力的. 如果没有将有用的种子种下去，到处都将是没有用处的杂草种，那么结果只会杂草丛生."

实际上，每个人都是自己灵魂的园丁，都是自己人生航船的掌舵者. 要想让自己的思想花园不荒芜，就必须要在自己的心田里播上健康信仰的种子. 一个人如果没有健康的信仰，就不可能有纯洁的心灵，从而就不可能有高尚的思想. 一个人如果没有高尚的思想，常常会陷入软弱、无助与痛苦中不能自拔. 一个人如果没有自己的健康信仰，就会丢失做人的原则；没有了做人的原则，生命成长就会迷失方向；人一旦迷失了方向，其精神就会死亡、生命就会堕落.

《至尊奥义书》中说："一味追求物欲者，将坠入人生的暗流；一味追求精神者，将坠入更深的暗洞. 物质、精神比翼齐飞者，将今生幸福，来世快乐." 在我们这个物欲横流的时代里，还有多少人真正在追逐精神信仰呢？似乎大多数人都在追逐物欲的无限：

我们的房子要住大的，哪怕被每月的房贷压得喘不过气；我们的交际圈要广些，哪怕每天奔命于吵闹的酒局、尴尬的应酬；我们的旅游要走的地方多，哪怕其实只是赶着在一个又一个景点拍张照片…….

其实，我们拼命追求这些身外之物的满足，只不过是一种病态的快乐，病态的快乐越多，我们的敬畏之心就越远. 德国大哲学家康德 (Immanuel Kant, 1724~1804) 说："人生需要对两样东西保持敬畏：一是头顶的星空，二是心中的道德律令". 没有敬畏之心的人生，必然是病态的人生；没有敬畏之心的社会，必然是病态的社会. 有一位智者说过，"人类的聪明可以发展出灿烂的文明，人类的愚昧也足以毁灭自己的家园". 在由"丛林法则"主导一切的恶性竞争社会中，如果没有合理的制度予以抑制，如果没有达成天下如一家的共识，那么人类最终将会走上一条同归于尽的路. 这就是说，无论是个人还是社会，没有健康的信仰是非常可怕的. 没有信仰的人是精神残缺的人，没有信仰的社会是不会进步的社会；只有人人都有健康信仰到来之时，我们的社会才会有长治久安到来之日.

生活在竞争过度的后工业化时代中的人需要心灵有所依、灵魂有所系，每个人都需要认清自己的生命目标. 唯有人人都用善良的眼睛看世界，世界才会有善良. 当今这个浮躁的时代太需要呼唤健康信仰正常回归. 也许人们永远不能相识无穷，也许呼唤健康信仰正常回归仅仅是一种美好的愿望. 但我们应该明白，世界上有许多事情是不可为的，而且有时候明知不可为还得去为. 也许这就是人之所以称为人的理由吧！

参考文献

克莱因 M. 2003. 古今数学思想 (1-4). 张理京, 等, 译. 上海: 上海科技出版社

M. 克莱因著. 2000. 数学：确定性的丧失. 李宏魁, 译. 长沙：湖南科学技术出版社

克莱因 M. 2004. 西方文化中的数学. 张祖贵, 译. 上海：复旦大学出版社

克莱因 F. 2008. 高观点下的初等数学 (1-3). 舒湘芹等, 译. 上海：复旦大学出版社

柯朗 R, H· 罗宾. 2005. 什么是数学. 左平, 等译. 上海：复旦大学出版社

约瑟夫. 马祖尔. 2006. 雨林中的欧几里德. 吴飞, 译. 重庆：重庆出版社

爱德华 · 伯格, 迈克索 · 斯塔伯德. 2007. 数学爵士乐. 唐璐, 等, 译. 长沙：湖南科学技术出版社

克利福德 ·A· 皮科夫. 2010. 数学之恋. 马东玺, 译. 长沙：湖南科学技术出版社

马科斯 · 杜 · 李托斯. 2007. 素数的音乐. 孙维昆, 译. 长沙：湖南科技出版社

帕帕斯 X. 1999. 数学的奇妙. 陈以鸿, 等译. 上海：上海科技出版社

卡尔克劳森. 2005. 数学魔法. 周立彪, 译. 长沙：湖南科学技术出版社

保罗 · 贝纳塞拉夫, 希拉里 · 普特南, 等. 2003. 数学哲学. 朱永林, 等译. 北京：商务出版社

伽莫夫. G. 2007. 从一到无穷大. 暴永宁, 译. 北京：科学出版社

戴维 · 福斯特 · 华莱士. 2009. 跳跃的无穷. 胡凯衡, 译. 长沙：湖南科技出版社

马奥尔. 2000. 无穷之旅：关于无穷大的文化史. 王前, 译. 上海：上海教育出版社

阿米尔 · 艾克塞尔. 2008. 神秘的阿列夫 $\aleph$. 左平, 译. 上海：上海科学技术出版社

宾利. 2012. 万物皆数. 马仲文, 译. 广州：南方时报出版社

德福林. 2013. 数学的语言：化无形为可见. 洪万生, 洪赞天, 苏意雯, 英家铭, 译. 桂林：广西师范大学出版社

丹齐克. 2000. 数：科学的语言. 苏仲湘, 译. 上海：上海教育出版社

克劳森. 2001. 数学旅行家：漫游数学王国. 袁向东, 袁钧, 译. 上海：上海教育出版社

斯图尔特. 2012. 数学万花筒. 张云, 译. 北京：人民邮电出版社

克里利. 2012. 影响数学发展的 20 个大问题. 王耀杨, 译. 北京：人民邮电出版社

埃尔维斯. 2012. 如何破解达芬奇密码？35 问提示数学之美. 刘熙, 译. 北京：人民邮电出版社

贝诺瓦・里多. 2010. 数学的 14 个关键词. 张琳敏, 译. 上海：上海科学技术出版社

黑木哲德. 2007. 数学符号理解手册. 赵雪梅, 译. 上海: 学林出版社

普瓦德万 R L. 2005. 四维施行. 吴炜, 戴涛, 译. 长沙：湖南科学技术出版社

理查德・曼凯维奇. 2009. 数学的故事. 冯速, 马晶, 冯丁妮, 译. 海口：海南出版社

邓纳姆. 2013. 天才引导的历程：数学中的伟大定理. 李繁荣, 李莉, 译. 北京：机械工业出版社

邓纳姆. 2010. 微积分的历程：从牛顿到勒贝格. 李伯民, 汪军, 张怀勇, 译. 北京：人民邮电出版社

邓纳姆. 2010. 微积分的历程. 李伯民, 汪军, 张怀勇, 译. 北京：人民邮电出版社

马奥尔. 2010. e 的故事：一个常数的传奇. 周昌智, 毛兆荣, 译. 北京：人民邮电出版社

烟村洋太朗. 2008. 图解数学学习法. 刘玮, 译. 海口：南海出版社

班纳 A. 2011. 普林斯顿微积分读本. 杨爽, 赵晓婷, 高璞, 译. 北京：人民邮电出版社

休斯・哈利特. 2010. 实用微积分. 朱来义, 等, 译. 北京：人民邮电出版社

亚当斯 C, 哈斯 J, 汤普森 A. 2004. 微积分之屠龙宝刀. 张菽, 译. 长沙：湖南科学技术出版社

小平邦彦. 2006. 微积分入门：一元微积分. 裴东河, 译. 北京：人民邮电出版社

比廷杰. 2006. 微积分及其应用. 杨奇, 毛云, 译. 北京：机械工业出版社

阿里波夫, 萨多夫尼奇, 丘巴里阔夫. 2006. 数学分析讲议. 第 3 版. 琨杨, 译. 北京：高等教育出版社

卓里奇. 2006. 数学分析. 1 卷. 4 版. 蒋铎, 琨杨, 周美珂, 等译. 北京：高等教育出版社

川久保胜夫. 2003. 数学的奥秘. 李景华, 译. 北京：科学出版社

郡山彬. 2005. 轻松解读数学：数学超入门. 何敏, 叶霞, 译. 上海：上海世界图书出版社

平野叶一. 2005. 轻松解读数学：微积分超入门. 乔颖, 译. 上海：上海世界图书出版社

李贞礼. 2008. 数学的捷径. 任姬, 译. 北京：中国市场出版社

格里费斯・奥德诺. 1996. 模型数学. 萧礼, 张志军, 译. 北京：科学出版社

马丁・科思恩. 2005. 101 个哲学问题. 伍中友, 译. 北京：新华出版社

理查德・卡斯维尔. 2010. 运命之迷. 李爱群, 周虹, 张瑞, 译. 北京：经济日报出版社

约翰. 巴罗. 2000. 不论 —— 科学的极限与极限的. 李新洲, 徐建军, 翟向华, 译. 上海：上海科技出版社

斯宾格勒. 2006. 西方的没落. 吴琼, 译. 上海：上海三联书店

华罗庚. 2009. 高等数学引论 (第一册). 北京：高等教育出版社

张景中. 2003. 数学与哲学. 北京：中国少年儿童出版社

张景中. 2003. 漫话数学. 北京：中国少年儿童出版社

张景中. 1985. 从 $\sqrt{2}$ 谈起. 上海：上海教育出版社

高隆昌. 2004. 数学及其认识. 北京：高等教育出版社

韩雪涛. 2006. 数学悖论与三次数学危机. 长沙：湖南教育出版社

韩雪涛. 2007. 从惊呀到思考. 长沙：湖南教育出版社

李浙生. 1995. 数学科学与辩证法. 北京：首都师范大学出版社

周述岐. 1993. 数学思想和数学哲学. 北京：中国人民大学出版社

高夯. 2001. 高观点下的中学数学 —— 分析学. 北京：高等教育出版社

王树禾. 2002. 数学聊斋. 北京：科学出版社

史宁中, 陶剑, 陈德生, 等. 2007. 中学概率与微积分研究. 北京：高等教育出版社

郜舒竹. 2012. 为教师的微积分. 北京：首都师范大学出版社

齐植兰, 李心灿. 2005. 微积分. 北京：高等教育出版社

王庚. 2004. 数学文化与数学教育：数学文化报告集. 北京：科学出版社

刘三阳, 于力, 李广民. 2007. 数学分析选讲. 北京：科学出版社

孙涛. 2004. 数学分析经典习题解析. 北京：高等教育出版社

徐沥泉. 2003. 教学 · 研究 · 发现 ——MM 方式演译. 北京：科学出版社

王伟叶, 熊斌. 2010. 函数迭代与函数方程. 上海：上海科技教育出版社

李心灿. 1997. 高等数学应用 205 例. 北京：高等教育出版社

邱森. 2010. 微积分课题精编. 北京：高等教育出版社

裴礼文. 2006. 数学分析中的典型问题与方法. 第 2 版. 北京：高等教育出版社

王向东. 2002. 数学分析典型方法. 开封：河南大学出版社

谢惠民, 恽自求, 易法槐, 等. 2003. 数学分析习题课讲义. 北京：高等教育出版社

孙本旺, 汪浩. 1981. 数学分析中的典型例题和解题方法. 长沙：湖南科技出版社

舒阳春. 2006. 高等数学中的若干问题解析. 北京：科学出版社

陈仁政. 2005. 不可思议的 e. 北京：科学出版社

王树禾. 2004. 数学演义. 北京：科学出版社

张奠宙, 丁传松, 柴俊. 2011. 情真意切话数学. 北京：科学出版社

徐利治. 2008. 论无限：无限的数学与哲学. 大连：大连理工大学出版社

何华灿, 何智涛. 2011. 统一无穷理论. 北京：科学出版社

郭龙先. 2011. 代数学思想史的文化解读：从结绳纪事到无穷集合. 上海：上海三联书店

张知学 2010. 数学文化. 石家庄：河北教育出版社

杨艳萍, 杨耕文. 2010. 微积分的思想方法溯源. 济南：山东大学出版社

顾新. 2012. 思考的乐趣. 北京：人民邮电出版社

向隆万. 2012. 数学赏析. 上海：上海交通大学出版社

毛文凤. 2005. 微积分初步：无限和变化的乐园. 北京：中国大百科出版社

方延明. 2007. 数学文化. 北京：清华大学出版社

沈宏梁. 2010. 无限的探索. 北京：清华大学出版社

胡作玄. 2008. 数学是什么. 北京：北京大学出版社

梁昌洪. 2009. 话说极限. 北京：科学出版社

李忠. 2009. 奇妙的无穷. 北京：高等教育出版社

刘里鹏. 2009. 从割圆术走向无穷小 —— 揭密微积分. 长沙：湖南科学技术出版社

齐民友. 2004. 重温微积分. 北京：高等教育出版社

陈守信. 2009. 数学分析选讲. 北京：机械工业出版社

徐新亚, 夏海峰. 2008. 数学分析选讲. 上海：同济大学出版社

林成新. 2005. 数值计算方法 (上册). 2 版. 北京：科学出版社

赵焕光. 2008. 数的家园. 北京：科学出版社

赵焕光. 2004. 实变函数. 成都：四川大学出版社

赵焕光, 林长胜. 2005. 数学分析. 成都：四川大学出版社

陈珺. 2003. 宇宙简史. 北京：线装书局

苏芯. 2012. 思想实验. 南京：江苏人民出版社